JN421748

콘크리트공학

CONCRETE ENGINEERING

최 완 철 저

도서출판 동화기술

콘크리트

최 완철

네 처음 만날 때 그렇게 야단법석이다가
스스로 굳어져 비 바람 더위 추위
온 몸으로 막아준 고마움 무심히 잊고 지나더니

세월 흘러 주름 흠결 못났노라
입방아 박절 너무하고나
아뿔싸 어쩌랴! 세상 사람들 인심인 것을.

나 알고 있나네.
온갖 풍파 견뎌준 당신
그대의 심덕은 뉘 안해의 품성이어라.

<콘크리트 균열과 성능저하, 동화기술, 2010>

목차

Chapter 4 혼화재료

Chapter 5 수화반응과 조직구성

Chapter 6 굳지않은 콘크리트

Chapter 7 배합설계

Chapter 8 경화한 콘크리트의 역학적 특성

Chapter 9 시간의존 변형특성

Chapter 10 수화열과 온도균열

Chapter 11 내구성능과 확산 특성

Chapter 12 성능저하

Chapter 13 균열과 진단

Chapter 14 콘크리트의 열전달, 파괴역학, 전기적 특성

Chapter 15 콘크리트 시공

Chapter 16 용도별 콘크리트

Chapter 17 특수 콘크리트

머리말

21세기에 들어온 이래 각 분야의 기술예측보고서가 발간되었으며 콘크리트 산업은 향후 100여년까지도 지구환경보전에 공헌하고 사회기반에 기여할 것으로 확산되었다. 인간이 만들어낸 재료 중에서 콘크리트만큼 많이 사용된 재료가 없고, 미래에도 콘크리트는 건설을 주도할 주재료임에는 의심의 여지가 없다고 하겠다. 1919년 평양 승호리에 처음으로 시멘트 공장을 설립한 이래 지난 세기 우리나라의 눈부신 경제성장 과정에서 콘크리트 구조물은 국가 발전과 생활환경 개선에 중추적인 역할을 하여 왔다. 동시에 다른 분야에 못지않게 우리의 콘크리트에 관한 지식 또한 이제는 어느 정도 넓고 깊게 축적되었다.

콘크리트공학은 재해로부터 구조물로서 안전을 확보하고, 재료성질에 근거하여 최적 배합하며, 설계를 통하여 구조성능, 사용성, 내구성 등 콘크리트의 재료 성능을 극대화하기 위한 기술, 학문이라고 할 수 있다. 건설구조물로서 제반 성능 수준을 만족시켜야 하고, 이 과정에서 콘크리트의 내재적 특성인 균열, 변형, 성능저하를 제어하여 소정의 내구연한을 확보하도록 설계, 배합하여 타설, 관리함이 기술의 핵심이라 하겠다.

그 동안 콘크리트 분야에는 대학교재, 전문서 외에 많은 도서가 발간되었다. 주요 교재는 재료와 생산, 시공 위주로 내용을 담고 있어 공학에서 기본이 되는 개념과 현상은 다소 미흡하였다고 판단된다. 이 책에서는 콘크리트 재료, 생산 외에 미세구조, 물리, 화학적 현상, 여러 가지 성능 등 공학적 개념에 대하여 좀 더 자세하게 기술하고자 하였다.

이 책은 학부는 물론 대학원생, 기술자가 현업에서 활용할 수 있도록 저술하였다. 이 책은 크게 네 부분으로 구분되어지며 독자에 따라 읽어 나갈 수 있게 하였다. 첫째, 재료와 생산 부분으로서 기존 책을 발전시켜 건설 엔지니어가 알아야 할 내용 위주로 하였다. 방대한 부분을 가능한 줄이고 필수 내용만 담기로 하였다. 둘째, 콘크리트공학에서 기본이 되는 개념과 현상을 깊게 다루었다. 독자가 가능한 자연과학으로부터 콘크리트의 여러 가지 성능을 이해하도록 하였다. 셋째, 좀 어렵지만 콘크리트 초년 연구자에게 도움이 될 수 있는 열전달, 물질 확산, 전기적 성능, 파괴역학에 관련된 기본이론을 정리하였다. 이 부분은 학부생이나 시간이 부족할 경우에는 생략할 수 있겠다. 넷째, 최근 발전하는 여러 가지 용도의 콘크리트, 특수 콘크리트를 간략히 소개 하였다. 많은 용도의 특수 콘크리트가 세계도처에서 개발되고 있으나 지면상 축소하고 소개 정도에 그쳤으니 관련 문헌을 참고하기 바란다.

이 책은 건설 현장에서 쉽게 활용될 수 있도록 서술하고자 하였다. 특히, 우리나라 콘크리트구조설계기준과 콘크리트 표준시방서의 관련 내용을 언급함으로서 전반적으로 콘크리트에 대한 이해와 실제 활용이 용이하도록 저술하고자 하였다. 가능한 장별로 예제를 삽입하고 말미에 연습문제를 넣었다. 학부 실험을 고려하여 내용을 서술하였으며 관련 표준을 부록에 정리하였다.

이 책이 우리나라 콘크리트에 종사하는 건축, 토목 건설기술자, 연구자에게 또 콘크리트 기술의 발전에 조금이나마 도움이 될 수 있기를 바란다. 이 책을 준비하면서 콘크리트공학의 깊고 방대함에 다시 한 번 더 놀라 옷깃을 여민다. 늘 그러하듯이 필자의 학문이 얕음에 민망이 앞선다. 천학비재의 부족함이 나타나기에는 불과 수일이 걸리지 않으리라!

책이 출판되기까지 좋은 저서들, 자료들, 그리고 많은 분들의 도움이 있었다. 먼저 오랫동안 콘크리트 학문의 길에 대해 자주 이야기를 나눈 전남대학교 김우 교수, 이 책 초안을 읽고 토목 분야에서 여러 가지 제언하여 준 한서대 김상철 교수, 성균관대 이광명 교수, 그리고 책의 방향을 조언하고 늘 옆에서 받혀주는 숭실대 동료인 최경규 교수에게 감사드린다. 원고 교정에 힘써준 조한솔 양에게 그 동안의 노고를 치하하며 책의 출간을 지켜보고 응원하여 주는 대학원 졸업생 제자들에게 고마움을 전한다.

끝으로 많은 원문 그림과 수식이 있고 특별하여 이 책을 편집하는 데 어려움이 매우 많았으리라 생각된다. 이런 어려움에도 불구하고 좋은 책을 만들기 위하여 애써주신 도서출판 동화기술 편집인 여러분과 정우용 회장님에게 감사드린다.

서울 상도동에서
우봉 최 완철
(旴奉 崔 完喆)

1 CHAPTER

서론

콘크리트는 시멘트, 모래, 자갈 그리고 소량의 특수 혼화재료와 물의 적절한 혼합으로 얻어지며 인간이 만들어낸 재료 중에서 가장 많이 사용되는 산업재료이다. 우리는 콘크리트 구조물 안에서 살고, 일하고 휴식하고, 때때로 집회와 공연과 같은 크고 작은 활동을 하며, 콘크리트로 만들어진 도로와 교량을 이용하여 이동한다.

콘크리트공학은 콘크리트 재료의 과학적 특성을 이해하여 제조하며, 현장의 각 환경 여건을 고려하여 안전하며 내구성 높은 구조물을 건설하기 위한 기술을 다루는 응용과학이다. 이 장에서는 콘크리트의 여러 가지 특성을 서론 수준에서 기술한다. 콘크리트의 많은 장점을 소개하고 현재 콘크리트 기술의 한계와 앞으로 발전될 방향을 간략히 제시한다.

1.1 • 개요

콘크리트공학은 재해로부터 콘크리트 구조물로서 안전을 확보하고, 재료성질에 근거하여 최적 배합하며, 공사기간과 비용 면에서 경제적이어야 할 뿐만 아니라, 설계를 통하여 구조성능, 사용성, 내구성 등 콘크리트의 재료 성능을 극대화하기 위한 기술, 학문이라고 정의할 수 있다. 건설 구조물로서 제반 성능 수준을 만족시켜야 하고, 이 과정에서 콘크리트의 내재적 특성인 균열, 변형, 성능저하를 제어하여 소정의 내구연한을 확보하도록 설계, 배합하여 타설, 관리함이 기술의 핵심이라 하겠다.

콘크리트는 재료과학 차원에서 천연 암석 재료의 화합물로 분류되어 원자 간의 결합력이 커서 압축강도가 높다. 또한 강성이 좋아 대형 건설 구조물에 적합한 구조재료이다. 그러나 공유결합으로 인장강도가 낮아 작은 소성 변형에도 쉽게 파괴되는 취성 재료이다. 또한 콘크리트는 굳기 전 액상에서부터 굳은 상태에 도달되기 전에 중간 단계를 거치며 이 때 약한 결합력과 낮은 결합에너지로(그림 1.1) 소성 변형에 취약하다. 이 경화 기간 이후에도 외력 외에 재료 특성인 건조수축, 소성침하, 수화열 등으로부터 변형이 커지고 내외부에서 크고 작은 균열이 형성될 수 있다.

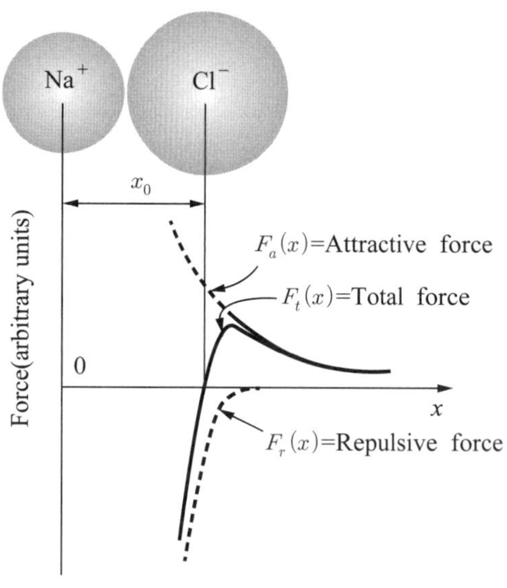

(a) 평형거리에 따른 인발력과 반발력 곡선

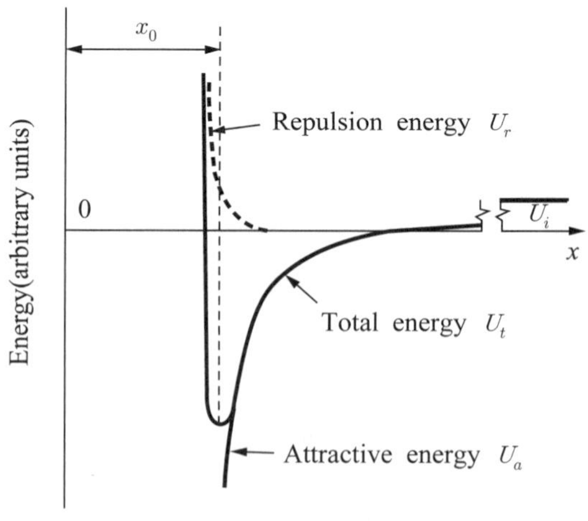

(b) 화합물의 평형거리에 따른 결합에너지

[그림 1.1] NaCl 원자 상호간의 결합력과 결합에너지 곡선

(출처 : Schaffer J., Saxena A., Antolovich A., Sanders T. and Warner S., "The Science and Design of Engineering Materials", 1999)

콘크리트는 자유전자가 없어 전기와 열에 대해서 좋은 절연체이며 융점이 높아 내화재료로 우수하다. 또한 강한 결합으로 화학적으로 안정성을 유지하여 일상 조건에서 잘 견디는 내구 재료이다. 그러나 사용되는 동안 여러 가지 극심한 환경과 악조건에 노출됨으로서 화학적으로 침해를 받게 되어 손상이 일어나고 장기적으로 성능이 저하된다.

콘크리트는 천연석을 열처리로 가공하여 얻은 시멘트와 어떤 지역에서든지 쉽게 얻을 수 있는 물, 모래, 자갈의 주 재료만으로 임의의 거대한 건설물을 축조해 해왔다. 콘크리트는 우리 손으로 우리가 원하는 형태와 크기로 무엇이든지 만들어 왔으며 매우 경제적이다. 현장에서 곧 바로 건설할 수 있음은 큰 장점이 되지마는 철저한 품질관리와 끝없는 일손의 필요는 콘크리트의 한계이기도 하다.

이와 같이 콘크리트는 물리적으로, 화학적으로 훌륭한 재료이지만, 현장 제조와 균열이라는 어쩔 수 없는 고유의 약점과 더불어 콘크리트가 견디어 줘야 할 불가피한 침해 환경이 수없이 많기 때문에 기술발전이 계속 이루어져야 한다. 또한 건설 기술자는 콘크리트 특성에 대하여 폭넓게 학습하여 설계, 시공, 유지관리 과정에서 적절한 대책을 적기에 조치할 수 있도록 높은 기술을 소유하여야 한다.

1.2 • 콘크리트 특성

콘크리트는 시멘트와 물이 만나 접착재가 되고 이 접착재를 자연 재료인 골재에 부어넣어 굳어진 복합재료이다. 석회석과 점토를 일정 비율로 혼합하고 고온으로 소성시켜 얻어지는 포틀랜드시멘트는 물을 만나 **수화반응**이 일어나 견고하고 안정된 시멘트 풀이 된다. 이 때 **물-시멘트** 배합 비율에 따라 상당 부분의 물은 계속 수화반응에 소요되고 나머지는 **모세공극** 속에 내재하거나 재령이 경과하게 됨에 따라 증발하게 된다.

콘크리트는 처음 액상 상태에서부터 어느 정도 시간이 경과한 후에 응결 상태에 도달함으로 굳기 전에 콘크리트를 현장에 운반하고 타설하며 마감작업을 순조롭게 수행할 수 있다. 굳지않은 콘크리트의 작업성을 확보하기 위하여 물-시멘트비가 높은 콘크리트를 현장에서는 선호된다. 고강도콘크리트를 얻기 위해서는 물-시멘트비는 낮아야 하며 **워커빌리티**를 좋게 하기 위하여 **유동화제**를 사용한다. 굳지않은 콘크리트는 적절한 워커빌리티를 가져야 할 뿐만 아니라 충분한 점성이 있어야 **재료 분리**가 일어나지 않는다.

시멘트의 주성분들은 물을 만나면 급격하게 반응하고 초기에는 겔 상태를 유지하다가 경화되면서 침상 조직 또는 극히 미세한 쉬트나 층을 형성하여 비결정질 구조체가 된다. 굳어진 **시멘트 경화체**는 광학현미경으로 관찰하면 수화물외에 미수화된 시멘트, 여러 가지 크기의 모세공극으로 구성되어 있으며 공극의 일부에는 수분이 남아 있다. 경화된 시멘트 경화체 내의 공극은 그 형태와 크기가 다양하며 콘크리트 특성에 미치는 영향이 매우 크다(그림 1.2). 시멘트 경화체에 존재하는 미세공극의 크기는 5~25 Å*으로서 콘크리트의 강도나 투수성에는 대체로 무관하지만 수분의 결합에 큰 영향을 미친다.

콘크리트 수화 생성물은 암석 재료와 같이 원자 간의 결합력이 커서 압축강도가 높다. 콘크리트는 압축을 받을 때, 골재와 시멘트 경화체 계면에서 미세 균열이 서서히 형성되고 진전이 느리며, 일찍이 **비탄성**을 나타낸다. 이후 압축 변형이 증가되면서 내부 균열이 확대되고 최고 응력에 도달될 때에는 육안으로도 관찰할 수 있다. 이러한 비탄성 특성은 콘크리트 공시체를 압축강도 실험함으로서 얻어지는 **응력－변형률 곡선**으로 알 수 있다. 한편, 콘크리트에 인장응력이 작용될 때에는 생성된 내부 균열들이 미세공극을 통해 빠르게 전파되고 따라서 콘크리트의 인장강도는 매우 낮다.

콘크리트 내의 미세공극에 있는 함수량은 변화하며, 함수 변화 속도에 따라 **건조수축** 등 장기변형 성능이 달라진다. 콘크리트는 하중이 증가하지 않아도 시간이 경과함에 따라 변형이 계속 되며 이를 **크리프**라고 한다. 콘크리트의 장기변형은 시간 의존적 특성으로 건조수축, 크리프 등 시간 해석을 수행하여야 한다.

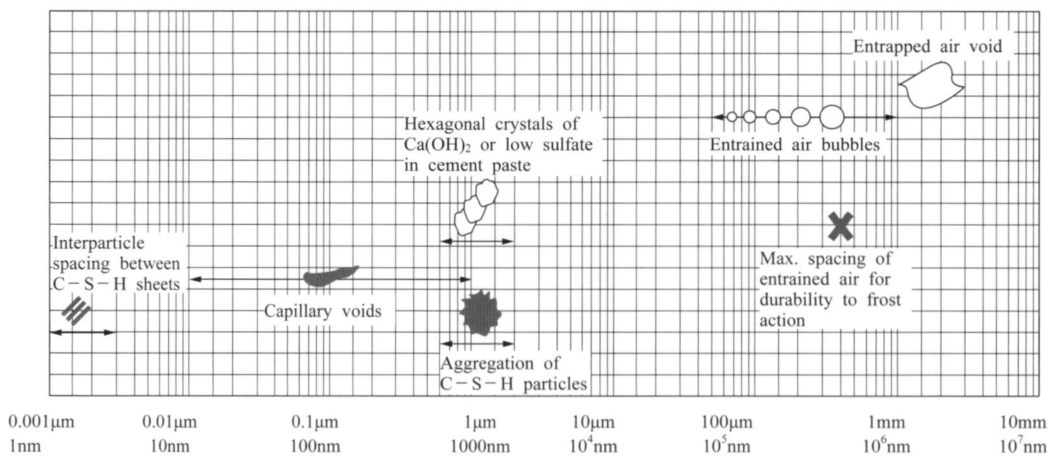

[그림 1.2] 시멘트 경화체 내에 존재하는 미세공극 구조의 치수
(출처 : Mehta K. and Monteiro P., "Concrete", 1993)

* 1 Å＝0.1 nm＝10^{-10} m

콘크리트의 수화반응과정에서 열을 방출하며 **수화열**은 여러 단계에서 콘크리트에 중요한 영향을 미친다. 열은 굳지않은 콘크리트의 특성을 지배하며 이는 서중 및 한중 콘크리트, 매스콘크리트 공사에서 주요 검토 사항이 된다.

콘크리트는 그 특성상 장기적으로 **내구성**을 저하시키는 수많은 요인을 안고 있다. 내부에 다양한 크기의 공극과 균열을 통하여 구조물의 수명동안 수분이 이동할 뿐만 아니라 외기 습기와 유해물질이 내부로 침투된다. 콘크리트 구조물의 장기 **성능저하**는 염류의 침해, 콘크리트의 탄산화, 동결융해작용, 철근의 부식, 황산의 화학적 침식, 알칼리골재반응 등 물리 화학적 현상으로 그 범위가 넓다.

균열의 발생은 콘크리트 구조물에서 내재적 성상으로 회피할 수 없으며 어느 정도 크기의 균열은 있게 마련이다. 그러나 허용치를 초과할 경우 손상이라 보고 적절한 보수를 하게 되며 성공적으로 보수하기 위해서는 손상의 원인과 현상을 정확하게 규명, **진단**하여야 한다. 콘크리트 구조물의 보수 **유지관리** 기술은 21세기에 발전될 중요기술로서 예측되고 있다.

콘크리트 구조물의 설계, 시공법, 유지관리에 대해서는 국내외 여러 가지 기준, 시방이 제시되어 있다. 우리나라에서도 **콘크리트구조기준**(이하 **구조기준**)이나 **콘크리트 표준시방서**(이하 **표준시방서**)에서 관련 규정과 해당 시방을 공종에 따라서 자세히 기술하고 있다. 이 책에서는 국내 독자를 위하여 우리나라의 기준과 시방서를 때때로 인용하여 활용성을 높이고자 한다.

1.3 • 콘크리트의 우수성

콘크리트는 어떤 재료보다 우수하여 다양한 목적으로 가장 널리 사용되는 건설재료이다. 콘크리트의 우수성으로 콘크리트 재료는 인간이 물 다음으로 가장 많이, 널리 사용한다. 콘크리트는 표 1.1에서 보듯이 건설 구조재료로서 많은 장점을 갖고 있으며 일부 단점도 있는 재료이다. 지구상에서 어디서나 쉽게 구할 수 있는 석회석과 점토를 가공하여 시멘트를 만들고 자갈, 모래, 물로서 현장에서 타설함으로서 구축성이 높다. 인간을 열로부터 또한 여러 가지 유해물질로부터 보호할 수 있는 내열, 내구재료이다. 콘크리트는 우리가 원하는 형태와 크기로 무엇이라도 만들어 왔으며 경제적이기 때문에 다소의 단점을 쉽게 능가한다. 최근 100층을 초과하는 초고층 건축물이 도처에 콘크리트로 건설되고 있고 관련 기술은 계속 발전되고 있다.

[표 1.1] 건설재료로서 콘크리트의 장·단점

장 점	단 점
타설이 용이하다.	인장강도가 낮다.
내구성이 높다.	연성이 낮다.
내열성이 높다.	부피변화가 불안정이다.
에너지 효율이 높다.	물을 사용한다.
현장에서 제조한다.	무겁다.
경제적이다.	
심미적(임의 형태)이다.	

다른 어느 건설재료보다 콘크리트는 물이나 해수에 강하다. 품질이 좋은 콘크리트는 내구성이 매우 높은 재료이며, 조만간에 재령 100년이 되는 콘크리트 구조물이 국내에서도 흔하게 찾아볼 수 있을 것이다. 적합한 골재를 사용하고 시멘트 풀의 화학성분과 미세구조를 적절하게 함으로서, 콘크리트는 동결융해, 마모등 물리적인 침식뿐 만 아니라 황산염, 염화물 등 화학적인 침해에 대해서도 훌륭히 저항한다.

콘크리트는 매우 심한 부식 환경에 노출되지 않는 한, 강 구조물과 달리 특별한 방청 도료가 필요하지 않다. 콘크리트는 내화성이 매우 높은 재료이다. 고열에 노출되더라도, 또한 심하게 손상을 받는다 하더라도, 강 구조물이 복원이 불가능한 손상을 입을 수 있는 시간 동안에도 콘크리트 구조물은 구조 안정성을 유지한다.

콘크리트는 색, 표면 질감, 형태 등을 자유롭게 표현할 수 있고 이러한 미적 표현에서도 다른 재료에 비하여 자유롭다. 이러한 여러 가지 장점으로 콘크리트는 다양하게 다량으로 사용되고 있다.

표 1.2에서 콘크리트는 다른 건설 재료와 잘 비교되고 있다. 최근 이산화탄소 감소대책이 중요하며 지구온난화에 대해 각 나라마다 논란이 심화되고 산업 방향이 결정된다. 콘크리트는 다른 어떤 건설 재료보다 에너지 효율이 뛰어나다. 콘크리트는 천연 목재보다는 못하지만 금속 또는 강재보다 훨씬 작은 에너지를 사용하여 생산된다. 강재는 300 GJ/m^{3}의 에너지가 요구되나, 콘크리트의 구성성분인 시멘트를 생산하는 데는 22 GJ/m^3, 콘크리트는 3.4 GJ/m^{3}의 에너지가 소요된다. 더욱이 콘크리트는 무기질 혼화재인 플라이애쉬, 고로슬래그, 실리카퓸 등으로 대체함으로서 에너지 요구량을 더욱 줄일 수 있으며 이에 대한 연구 개발이 계속 수행되고 있다.

[표 1.2] 콘크리트와 다른 건설 재료의 비교

재료	밀도 (kg/m³)	인장강도 (MPa)	탄성계수 (GPa)	열팽창 계수 (10^{-6}/℃)	열전도율 (W/m·K)	에너지효율 (GJ/m³)
알루미늄						
순수 알루미늄	2,800	100	70	23	220	360
합금	2,800	300	70	23	125	360
강철						
연강	7,800	400	210	12	50	300
경강	7,800	1,900	210	12	50	300
유리	2,500	60	65	6	3	50
목재						
연한 목재	350	50	5.5	–	0.2~0.6	–
강한 목재	700	100	10	–	0.2~0.6	–
플라스틱(폴리스티렌)	1,000	~50	~3	72	0.1	–
암석(화강암)	2,600	~20(~25[a])	~50	7~9	3	–
콘크리트	2,300	3(35[a])	~25	10	3	3.4

[a] 압축강도

출처 : Mindess S., Young F., and Darwin D., "Concrete", 2003

1.4 • 콘크리트의 과제와 발전 방향

콘크리트는 시멘트 경화체와 골재로서 구성되는 복합 재료이지마는 좀 더 엄격하게는 시멘트 경화체와 골재 사이의 계면이 하나 더 포함되어야 한다. 시멘트 경화체와 골재는 내부에 다양한 크기의 공극을 가진 다공체이며 계면 또한 미세한 균열이 분포되어 있고 파괴 특성이 독특하다. 이러한 복합체 미세구조 특성은 콘크리트 특성을 매우 복잡하게 하며, 이제까지 균질 재료에 적용되었던 많은 물리적 화학적 해석 모델이 콘크리트에 적용하기에는 어려움이 크다. 예로서, 콘크리트가 응력을 받을 때에는, 골재와 시멘트 경화체 사이에 있는 계면의 공극이나 미세 균열 파괴가 콘크리트의 비탄성을 지배하는데, 이에 대한 이론적 모델이 용이하지 않다. 이러한 해석의 어려움으로 탄성계수 등 많은 설계식이 실험 또는 경험식에 머무르고 있다.

콘크리트는 상온에서 수분의 손실로 상당한 양의 회복되지 않는 수축이 발생하며, 일반적인 사용조건에서도 크리프 변형이 크다. 이와 같이 장기 변형에 대한 예측이 어렵고 불안정하여 많은 실험 연구가 수행되고 설계와 시공 과정에서 상호 검증이 요구되고 있다.

콘크리트는 수밀성이 높고 화학적으로도 안정된 재료이다. 그러나 콘크리트의 미세공극은 수분의 이동을 허용한다. 수분이 침투 증발 될 뿐만 아니라 외기 습기와 유해물질이 내부로 확산되며 콘크리트 본연의 시멘트 수화물을 분해 변질하게 하며 이러한 성능저하 작용에 대한 예측이 쉽지 않다. 콘크리트 구조물이 내구연한 동안 내구성을 확보하는가를 판단하기 위하여 내구성 평가를 시행하며, 그 결과에 따라 가능한 대책을 수립하는 성능위주 시방으로 발전되어야 한다.

최근 콘크리트 강도는 발전을 거듭하여 압축강도 100 MPa의 레미콘이 보편적으로 사용되고 있다. 휨강도가 150 MPa에 도달하고 1 % 이상의 변형률을 갖는 고인성 콘크리트가 개발되고 있다. 섬유보강 콘크리트, 수축보상 콘크리트, 폴리머 콘크리트 등 새로운 소재와 기술이 꾸준히 개발되어 콘크리트의 단점을 줄이고 있다.

다음은 콘크리트가 계속 연구되고 콘크리트 공학이 지속적으로 발전하여야 할 배경을 나열하여 본다.

1. 구조물의 안전에 대한 신뢰도 향상을 위해
2. 공사 과정을 개선시킬 때, 재료의 물리적 특성과 환경의 정밀한 검토를 위해
3. 요구되는 성능에 적합한 콘크리트 선정과 배합설계를 위해
4. 콘크리트 성능에 대한 평가기법 향상을 위해
5. 새로운 구조 설계법에 대응하기 위해
6. 손상에 대한 정확한 진단과 보수 재료의 선정을 위해

연습문제

1 콘크리트의 역학적과 화학적 특성을 원자 간의 결합력과 관련하여 설명하라.

2 콘크리트가 장기적으로 성능이 저하되는데, 외부요인과 내부요인으로 구분하여 설명하라.

3 콘크리트에서 미세공극이 성능에 어떻게 영향을 주는가를 설명하라.

4 콘크리트가 구조재료로서 가장 널리 사용되는 이유를 설명하라.

5 콘크리트 해석이 어려운 이유를 재료 차원에서 설명하라.

6 콘크리트 재료의 문제점 또는 한계에 대하여 설명하라.

7 콘크리트 재료가 강재에 비하여 우수한 점을 설명하라.

참고문헌

1. 한국콘크리트학회, "콘크리트구조기준 해설", 기문당, 2012, 599 pp.
2. 한국콘크리트학회, "콘크리트표준시방서 해설", 기문당, 2009, 854 pp.
3. 한국콘크리트학회, "최신콘크리트공학", 기문당, 2011, 930 pp.
4. 한국콘크리트학회, "21세기 콘크리트 기술", 기문당, 2001, 256 pp.
5. Mehta K. and Monteiro P., "Concrete", 3rd ed., *Prentice Hall*, 2006, 659 pp.
6. Mindess S., Young F., and Darwin D., "Concrete", 2nd ed., *Prentice Hall*, 2003, 644 pp.
7. Neville A. M., "Properties of Concrete", 4th ed., *John Wiley & Sons, Inc.,* 1996, 844 pp.
8. Rolf E. Hummel, "Understanding Materials Science", *Springer*, 1998, 407 pp.
9. Schaffer J., Saxena A., Antolovich S., Sanders T. and Warner S., "The Science and Design of Engineering Materials", 2nd Ed., *WCB/McGraw-Hill,* 1999, p.33.

2 CHAPTER

시멘트

유사 이래로 인류는 흙이나 돌로부터 문명의 이기를 만들고자 하였으며, 집안에서 사용할 수 있는 온갖 그릇, 토기와 도기와 자기를 진흙과 불을 이용하면서 발전시켜 왔다. 규산이나 알루미나 성분이 함유된 점토를 잘 성형하여 만든 형태를 불에 구우면 재질이 치밀하여 지고 단단하게 변한다는 사실을 알게 되었다.

석재를 높게 쌓기 위하여 우수한 접착재를 원하였고 동/서양에서 돌로부터 얻어지는 특정 성분의 비금속 무기재료가 유용하다는 것을 알게 되었다. 석회암을 분말을 만들어 불에 태우면 물에 잘 녹지 않고 오래 견딘다는 사실은 이미 수천 년 전부터 알았고 당시의 우수한 석회 접착재로 지은 건축물이 현재까지 보존되고 있다. 이 장에서는 시멘트의 역사를 간략히 알아보고 현재 사용되고 있는 시멘트의 제조, 조성, 종류, 요구 성능과 시험법을 설명한다.

2.1 • 시멘트의 역사

인류가 석회 성분을 가진 시멘트나 모르타르 접착재를 건설 구조물에 사용한지는 오래 전이다. 일찍부터 석회에 열을 가하면 강도가 높고 물에 녹아 반죽이 되는 건설용 접착재를 얻는다는 것을 알 게 되었고 이들 결과는 곳곳에 남아 있다. B.C. 3000년경 이집트 고왕국 파라오들은 높이 100 m가 넘는 피라미드를 건설할 때, 칼슘 성분을 가진 석고를 태워 만든 석고모르타르(gypsum mortar)를 사용하였다. 석고를 약 130℃ 정도에 태워 만든 소석고燒石膏는 경화가 되지 않는 비수경성*(non-hydraulic) 재료로 분류된다. 천연의 이수석고는 불에 태우면 반수석고가 되고 반응은 다음과 같다.

$$2CaSO_4\ 2H_2O \xrightarrow[300℃]{heat} 2CaSO_4\ 1/2H_2O + 3H_2O \tag{2.1}$$

그 이전인 B.C. 6000경에 중근동 지역에서는 석고대신에 석회석을 불에 태워 얻은 석회모르타르(lime mortar)를 사용하였다. 석회모르타르는 약 900℃에서 불에 태우며 생석회를 얻고 이 때 반응은 다음과 같다.

$$CaCO_3 \xrightarrow[900℃]{heat} CaO + CO_2 \tag{2.2}$$

생석회에 물을 가하면 소석회 또는 수산화칼슘이 되고 우수한 접착재가 되지만 이후 공기 중의 탄산가스를 표면에서부터 흡수하여 다시 석회가 되고 서서히 강도를 잃게 된다.

$$CaO + H_2O \longrightarrow \overset{CO_2}{Ca(OH)_2} \longrightarrow CaCO_3 + H_2O \tag{2.3}$$

위의 석회모르타르나 석고모르타르는 물을 만났을 때 경화 반응이 일어나지 못함으로 여전히 비수경성 재료이다. 그러나 잘 다짐함으로서 이산화탄소가 침투하지 못하고 물이 내부 깊숙이 스며드는 것이 어렵다는 장점이 있다. 이 방법으로 만들어진 석회 성분의 접착재는 꽤 우수함으로 밝혀지고 있으며 이 접착 재료를 사용하여 건설한 로마의 콜로세움, 대수로 구조물들이 수천 년 동안의 비 바람에도 여전히 견고하게 서 있다.

선사시대에 중국과 동북아시아 지역에서도 석회가 이미 사용된 것으로 알려지고 있다. 기초나 기단 등의 터를 다지는 지정공법에서 석회에 풍화토나 모래를 일정비율

*** 비수경성**非水硬性 공기 중에서 건조하고 탄산가스를 만나 굳어지지마는 수화반응이 일어나지 않음.

로 섞은 진흙을 혼합한 회토에 물을 부어 비벼 단단한 기반을 조성한 것으로 알려 지고 있다. 18세기 말 정조 시대에 축성한 수원성 축성공사지에 기록 되어 있다(화성성역의궤 1801). 그 이전인 5세기경에 건조된 길림성 장군총에 자갈과 석회를 혼합하여 사용한 사실이 발견되고 있다.

18세기 실학자 박제가가 저술한 북학의에는 석회와 불에 구운 기와가루, 그리고 모래를 섞은 것을 삼화회三和灰라고 기록하고 있다. 그 당시 파초라나巴初喇那라고 불리는 서국에서 온 물건을 분쇄하여 석회와 섞고 물을 넣어 쓰는데 그 회즙이 돌의 틈새로 스며들어 굳게 엉킨 뒤에는 강철보다 더 강하게 된다고 기술하고 있다.

근대 산업혁명 이후 물질 구성에 대해 과학 이론이 크게 발전함에 따라 현재의 시멘트가 탄생 되었다. 18세기 후반이후 19세기 초반까지 시멘트에 대해 개척적인 연구가 지속적으로 이어졌다. 1756년 영국에서 John Smeaton에 의해 여러 가지 석회석과 포졸란 재료를 시험하여 Eddystone 등대 건설에 시도하였고, 1813년 프랑스에서는 Vicat(침에 의한 응결시간 시험법을 개발)에 의해 석회암과 점토의 합성 혼합물을 소성하여 인공 수경성 석회를 만들었다. 오늘날 사용하고 있는 시멘트는 1824년 영국의 벽돌기술자 Josef Aspdin의 발명으로 인정하고 있으며 포틀랜드는 그의 특허명칭으로 유래 되었다.

칼슘 성분을 가진 석회석을 분쇄한 후 실리카와 알루미늄 성분을 가진 점토를 일정비율로 섞어 미분쇄한 것을 소성로燒成爐(kiln)에 넣어 소성함으로서 균질하며 높은 강도를 발휘하게 되었다. 이후 19세기에 시멘트의 제조와 생산 공정은 계속 개발되고 대량으로 생산하게 되었다. 시멘트의 제조와 함께 재료를 시험하고 그 성질을 규명하는 연구가 지속되었고 특수 용도에 적합한 시멘트, 결합재가 계속 개발되었다. 인장강도, 압축강도에 관한 시험법이 체계화 되었고 20세기에 들어 여러 가지 시험법이 표준화 되었다.

우리나라 시멘트 공장은 1919년에 연간 생산량 6만 톤 규모의 건식공장이 평양 근교에 세워졌다. 1942년 8만 톤 규모의 삼척공장이 건설되었으며, 이후 수차례 경제개발계획에 따라 시멘트 생산 공장과 설비는 눈부신 발전을 거듭하였다. 시멘트와 콘크리트가 우리의 근대 산업 발전에 기여한 공로는, 1973년 경부 고속도로를 시작하여 이루 말할 수 없다. 2000년에 들어서 생산량은 연간 5000여만 톤으로 세계 제5위권에 도달하였고 아직도 콘크리트는 우리나라 사회 기간 시설물의 건설에 크게 공헌하고 있다.

2.2 • 시멘트의 제조와 조성

2.2.1 시멘트의 제조

포틀랜드시멘트는 석회석, 점토, 규석, 산화철원료 등을 건식 회전형 킬른에서 혼합하여 고온으로 소성화(firing) 시켜 생산한다. 석회석은 시멘트의 주원료로 석회석 광산에서 채굴되며 우리나라의 석회석 광산은 주로 강원, 충북, 경북 지방에 분포되어 있고 양질의 석회석이 생산되고 있다. 점토질 원료로서 규산질의 점토류와 혈암, 이암 등을 사용된다. 점토 중에서 이산화규소 성분이 부족할 때에는 연질 규석이나 가용성 백토를 첨가하고, 산화철 성분이 부족할 때에는 슬래그를 추가한다.

회전형 킬른은 내부에 내화벽돌을 쌓은 강철제의 직경이 6 m, 길이 200 m에 달하는 커다란 원통으로 3~5℃ 정도의 경사를 두고 1분에 2~3회의 속도로 회전을 한다. 원료 처리 공정에서 분쇄, 혼합한 조합 원료는 킬른의 위 끝에서 공급되고, 아래 끝에서 중유나 미분탄 등의 연료를 버너로 불어 넣어 연소 시킨다. 혼합된 시멘트 원재료는 가열 위치를 서서히 통과하면서 화학적으로 새로운 물질로 변한다.

그림 2.1은 킬른에서 시멘트 성분이 생성되는 반응의 개략도이다. 약 500℃에서

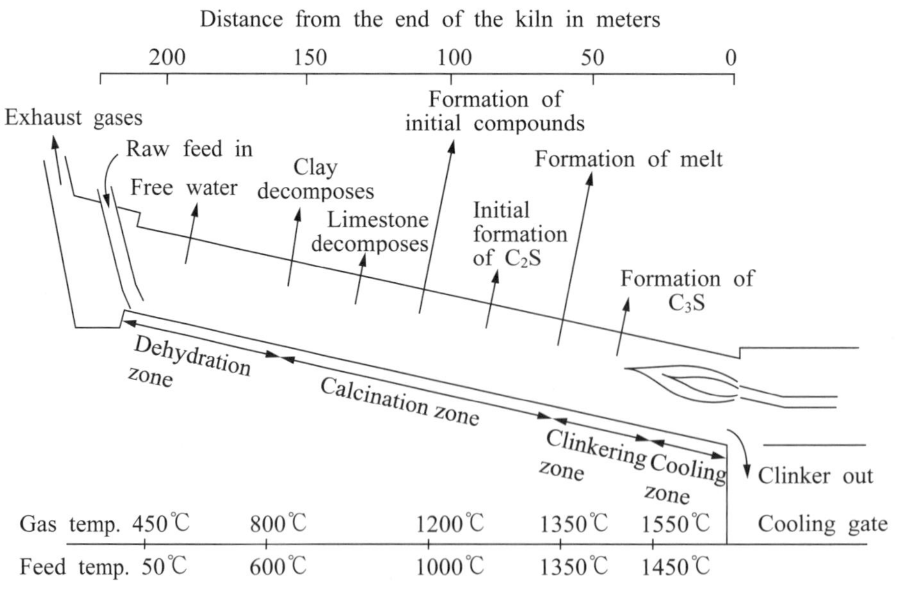

[그림 2.1] 킬른에서 시멘트 성분이 생성되는 반응의 개략도

(출처 : Mindess S., Young F., and Darwin D., "Concrete", 2003)

점토가 열분해 되어 결정수가 탈수하기 시작하며(dehydration), 약 700℃에서 석회석, 즉 칼슘탄화물이 분해(calcination)한다. 약 800℃에서 시멘트의 주성분인 C_2S(규산 2석회)를 얻게 되며 900℃에서 C_3A(알루민산 3석회)와 C_4AF(철알루민산 4석회)의 생성이 개시된다. 약 1,200℃에서 석회석은 액상화가 계속되어 용해되어 소결燒結(sintering)하기 시작하여 C_3S(규산 3석회)가 생성되며 소성된 클링커를 얻게 된다(clinkering). 이와 같이 킬른에서 가열 온도에 따라 탈수와 석회석의 열분해, 소결 반응을 거치면서 시멘트의 주요 화합물들을 얻게 된다.

킬른에서 최종적으로 얻어지는 직경 5~60 mm 다공성 덩어리 생성물을 클링커라고 하는데, 이후 냉각시키고 분쇄기로 옮겨 분쇄하면 우리에게 친숙한 미분말의 시멘트가 된다. 이때 클링커만을 미분쇄하여 시멘트를 만들면 응결이 너무 빨라 콘크리트 작업이 곤란하며, 따라서 시멘트의 급결, 특히 C_3A의 조기 수화를 방지하기 위하여 소량의 석고(gypsum)를 투입한다. 적절한 혼합 이후 대형 사일로에 저장함으로서 화학성분과 소성조건의 차이를 줄일 수 있게 되고 시멘트의 품질을 균질하게 만들 수 있다.

시멘트의 제조방법으로는 각 원료를 수분 1 % 이하로 건조한 후 미분쇄하여 회전로에서 소성하는 건식법(dry process)과 원료를 건조시키지 않고 그대로 분쇄 배합하고 원료 전체에 일정량의 물을 가하고 진흙형 케이크(sludge cake)로 하여 회전로에 넣어 소성하는 습식법(wet process)이 있다. 건식법과 습식법에서 1 kg의 클링커당 800, 1,600 kcal의 열을 필요로 한다. 두 방법의 장점을 취합한 반습식법은 연료 소비량은 1,000~1,100 kcal이며 현재 가장 많이 사용되고 있다.

2.2.2 시멘트의 조성

시멘트는 석회석, 점토, 규석, 철 등의 원료 혼합물을 약 1,450℃까지 가열하여 얻은 클링커에 석고를 가하여 분쇄한 것이다. 전형적인 포틀랜드시멘트의 화학성분은 CaO 60~67 %, SiO_2 17~25 %, Al_2O_3 3~8 %, Fe_2O_3 0.5~6 %로 구성되어 있고 그 외 여러 종류의 산화물을 포함하고 있다. 클링커의 주 화합물은 규산삼석회(C_3S), 규산이석회(C_2S), 알루민산삼석회(C_3A), 철알루민산사석회(C_4AF), 이수석고들이다. 보통 포틀랜드시멘트는 클링커 광물로는 어느 정도 불순물을 함유함으로 이들을 각각 알라이트(alite), 벨라이트(belite), 알루미네이트상(aluminate phase), 페라이트상(ferrite phase)으로 지칭하기도 한다. 이들 화합물은 생성시에 온도가 달랐듯이 성분이 달라서, 물을 만나게 되면 수화반응속도와 강도 발현 특성이 달라진다. 따라서 화합물의 조성을 조정함으로서 각 용도에 맞게 시멘트의 특성을 조정하여 제품으로 생산하고

[표 2.1] 포틀랜드시멘트의 성분과 조성량의 일례

성 분	조성량(%)과 특성치
SiO_2	21.96
Al_2O_3	4.27
Fe_2O_3	3.28
CaO	64.30
MgO	1.34
SO_2	2.91
K_2O	0.52
Na_2O	0.23
C_3S	53
C_2S	23
C_3A	5.8
C_4AF	10.0
블레인(m^2/kg)	389
응결시간(min)	
초결	112
종결	157
수화열(cal/g)	100.9

있다. 예컨대, 중용열 시멘트는 수화열을 낮추기 위해서 C_3S, C_3A를 줄이고 C_2S 양을 많이 하며, 조강 시멘트는 C_3S를 많게 하고 C_2S를 적게 하여 조기강도를 크게 한다. 이렇게 클링커 광물질의 양을 적절히 조절하여 성질이 다른 포틀랜드시멘트를 얻는다. 표 2.1은 포틀랜드 보통 시멘트의 성분의 화학식과 각 조성량의 한 예를 보여주고 있다.

시멘트의 주성분은 규산삼석회(C_3S), 규산이석회(C_2S), 알루민산삼석회(C_3A), 철알루민산사석회(C_4AF), 이수석고들이며 이들 조성에 따라 보통 시멘트, 중용열 시멘트, 조강 시멘트, 저열 시멘트, 내황산 시멘트 등의 5종으로 구분 생산한다. 중용열 시멘트는 수화열을 낮추기 위해서 C_3S, C_3A를 줄이고 C_2S 양을 많이 하며, 조강 시멘트는 C_3S를 많게 하고 C_2S를 적게 하여 조기강도를 크게 한다. 이렇게 클링커 광물질의 양을 적절히 조절하여 성질이 다른 포틀랜드시멘트를 얻는다.

시멘트의 원료는 천연 광물을 그대로 사용하여 성분 차이가 크기 때문에 화학 분석치는 평균적 화학조성으로 나타낸다. 시멘트 조성량은 시멘트 성질에 직접적인 관계가 없고 시멘트 화합물의 조성을 알아야 한다. 시멘트 화합물에서 각 상相(phase)을 산출하는 데는 다음의 보그(Bogue) 계산식을 사용한다.

$$C_3S = 4.07(CaO) - 7.60(SiO_2) - 6.72(Al_2O_3) - 1.43(Fe_2O_3) - 2.85(SO_3) \quad (2.4)$$

$$C_2S = 2.87(SiO_2) - 0.76C_3S \quad (2.5)$$

$$C_3A = 2.65(Al_2O_3) - 1.69(Fe_2O_3) \quad (2.6)$$

$$C_4AF = 3.94(Fe_2O_3) \quad (2.7)$$

여기서 각 성분의 양은 질량 백분율을 나타낸다. 표 2.1에서와 같이 시멘트 성분 SiO_2 등의 조성량을 알면 화합물 C_3S 등의 조성량 값을 위의 식을 이용하여 각각 계산할 수 있다. 시멘트 클링커의 성분관리에 이용되는 수치로서 수경률, 규산률, 철률, 석회포화도 등이 있다. 수경률水硬率(hydraulic modulus)은 염기성 성분인 CaO의 산성 성분(SiO_2, Al_2O_3, Fe_2O_3의 합)에 대한 비율로서 수경률이 크면 비중이 높고 수화열도 증가한다. 이와 같이 포틀랜드시멘트의 화합물 조성을 알면 시멘트의 특성을 예상할 수 있다. 더 중요한 것은 화합물의 조성을 조정함으로서 특수한 용도에 맞게 시멘트의 특성을 수정할 수 있다.

시멘트는 물과 반응하여 수화물을 만들고, 수화반응은 시멘트 중의 존재하는 화합물의 수화 속도에 의하여 결정된다. 당연히 수화반응은 C_3S, C_2S, C_3A, C_4AF, 이수석고의 각각에 따라 다르게 나타난다. 표 2.2는 시멘트 주요 화합물의 수화 특성을 간략히 보여주고 있다.

시멘트 전체에서 조성량이 큰 C_3S의 반응은 대체로 빠른 편이다. C_2S의 수화반응도 비슷하게 일어나지만 수화는 느리다. C_3A가 가장 빠르고 C_4AF는 중간 정도이다. 수화 속도는 $C_3A > C_3S > C_4AF > C_2S$ 순이며, 각 성분의 반응성은 시멘트의 종류에 따라 달라진다. 반응 속도에 따라 콘크리트 강도 발현 속도가 따라 가고 발열 또한 같은 순서로 발생된다.

시멘트 경화체에서 강도 생성은 규산칼슘이 대부분 차지한다. 반응속도와 강도 발현이 반드시 직접 관계를 가지는 것은 아니나, C_3S가 대부분의 초기강도(3~4주)

[표 2.2] 시멘트 주요 화합물의 수화 특성

화합물	반응속도	발열량	시멘트에 기여도	
			강도	발열
C_3S	중간 정도	중간 정도	큼	큼
C_2S	느림	적음	초기는 적고, 장기적으로 큼	적음
$C_3A + C\bar{S}H_2$	빠름	매우 많음	적음	매우 큼
$C_4AF + C\bar{S}H_2$	중간 정도	중간 정도	적음	중간 정도

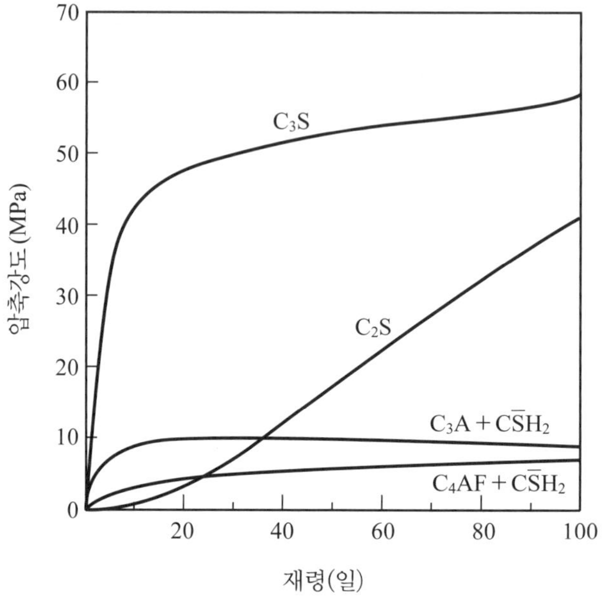

[그림 2.2] 시멘트 화합물별 압축강도 발현

(출처 : Mindess S., Young F., and Darwin D., "Concrete", 2003)

발현에 기여하며 최종강도에는 C_3S와 C_2S가 주로 영향을 미친다. C_3A는 수화하면서 이수석고가 용해되어 나오는 황산이온과 반응하여 에트린자이트(ettringite : calcium sulfoaluminate hydrate)를 형성한다. 에트린자이트는 황산염이 충분히 공급된 경우에만 안정된 수화물이 된다. 그림 2.2는 시멘트 화합물의 종류별로 압축강도 발현에 기여하는 정도를 보여주고 있다. 시멘트의 수화반응에 대해서는 제3장에서 다시 자세히 다루어진다.

2.3 • 시멘트의 종류

2.3.1 포틀랜드시멘트

시멘트 화합물의 일반적인 역할이 다름으로 화합물의 성분비를 조정하여 시멘트의 성질을 바꿀 수 있다. 대부분 국가에서는 시멘트는 사용목적에 따라 보통, 중용열, 조강, 저열, 내황산염의 제품으로 구분하여 생산한다. 포틀랜드시멘트는 보통 시멘트, 중용열 시멘트, 조강 시멘트, 저열 시멘트, 내황산염 시멘트로 성능을 조정하여 5종류의 제품으로 생산한다. 표 2.3은 KS L 5201에서 규정된 포틀랜드시멘트 5종류를

[표 2.3] KS L 5201에 규정된 포틀랜드시멘트의 종류

종류	명칭
1종	보통 포틀랜드시멘트(ordinary portland cement)
2종	중용열 포틀랜드시멘트(moderate heat portland cement)
3종	조강 포틀랜드시멘트(early strength portland cement)
4종	저열 포틀랜드시멘트(low heat portland cement)
5종	내황산염 포틀랜드시멘트(sulfate resisting portland cement)

나타내고 있다.

보통 포틀랜드시멘트

가장 많이 쓰이는 보편화된 시멘트로서 우리나라 전체 시멘트의 90 % 이상을 차지한다. 중용열과 조강 포틀랜드시멘트의 거의 중간적인 성질을 갖으며, 일반 구조물, 콘크리트 제품 등으로 여러 방면에 사용되고 있다. 보통 포틀랜드시멘트가 다른 시멘트보다 널리 쓰이는 이유는 원료가 석회석과 점토로 구하기 쉽고 제조공정이 간단하며 그 성능이 우수하기 때문이다.

중용열 포틀랜드시멘트

수화열을 낮추기 위해서 C_3S, C_3A를 줄이고 장기강도를 좋게 하기 위하여 C_2S 양을 크게 한다. 수화열은 7일에 70 cal/g 이하, 28일에 80 cal/g 이하이다. 중용열 포틀랜드시멘트의 특성은 다음과 같다.

1. 조기강도는 보통 포틀랜드시멘트에 비해 작으나 장기강도는 거의 같다.
2. 건조수축이 작다.
3. 화학저항성이 크고 내산성이 우수하다.
4. 수화열이 보통 포틀랜드시멘트보다 적으므로 댐이나 매스콘크리트 등 단면이 큰 콘크리트에 적합하다.

조강 포틀랜드시멘트

C_3S를 많게 하고 C_2S를 적게 하여 조기강도를 크게 한다. 실리카(SiO_2), 알루미나(Al_2O_3), 산화철(Fe_2O_3)에 대한 석회(CaO)의 비율이 2.20~2.27 정도로 비교적 크다. 조기 강도를 얻기 위하여 분말도가 크고 원료의 엄선과 배합에 유의하여야 한다. 조강 포틀랜드시멘트의 특성은 다음과 같다.

1. 시멘트의 28일 강도가 재령 7일 정도면 나타나고 장기강도는 보통 포틀랜드시멘트와 큰 차이가 없다. 보통 포틀랜드시멘트와 비교해서 1일 강도는 약 3배, 3일 강도 또한 약 3배이다.
2. 수화속도가 빨라 조기에 고강도를 발현하고 거푸집 회전율이 좋아 양생기간 및 공사기간의 단축이 가능하다.
3. 수화열이 커서 저온 시에도 강도 발현이 크므로 동기 공사나 긴급 공사, 2차 제품, 프리스트레스 공사에 유리하다.
4. 수화열이 크므로 단면이 큰 콘크리트 구조물에는 부적합하다.

내황산염 포틀랜드시멘트

C_3A의 양을 4 % 이하로 하고 C_4AF 함량을 증가시킨 시멘트이다. 황산염은 시멘트 수화물과 반응하여 팽창성 물질을 생성시켜 서서히 균열, 박리, 심지어 붕괴에 이르게 한다. 황산염과 반응성을 작게 한 것으로 황산염의 작용을 받는 토양에 건설되는 콘크리트 구조물에 적합하다. 우리나라에서는 해양구조물에 사용되고 있다.

백색 포틀랜드시멘트

원료로서 철분, 마그네시아가 적은 백색 점토와 석회석을 원료로 하고 소성 연료는 석탄 대신 중유를 사용하여 만든다. 보통 포틀랜드시멘트는 산화철 함량이 약 3 %인데 비하여 이 시멘트는 0.3 % 이하가 되도록 제한한다. 순백의 시멘트(white portland cement)로서 착색 안료와 혼합하여 도장용, 장식용, 표식용, 인조대리석 제조에 사용된다.

표 2.4는 화합물의 조성과 분말도가 서로 다른 5종류의 포틀랜드시멘트의 대표적인 화학조성과 특성을 나타내고 있다.

[표 2.4] 조성과 분말도가 다른 5종류의 포틀랜드시멘트의 특성(ASTM C 150)

	1종	2종	3종	4종	5종
C_3S	55	55	55	42	55
C_2S	18	19	17	32	22
C_3A	10	6	10	4	4
C_4AF	8	11	8	12	12
$C\bar{S}H_2$	6	5	6	4	4
분말도(블레인, m^2/kg)	365	375	550	340	380
1일 압축강도(MPa)	15	14	24	4	12
7일 수화열(J/g)	350	265	370	235	310

2.3.2 혼합시멘트

앞에서 언급한 포틀랜드시멘트 외에 포틀랜드시멘트에 혼합물질을 섞은 시멘트를 혼합시멘트라고 한다. 주로 혼합되는 재료는 고로슬래그(blast furnace slag), 포졸란(pozzolan), 플라이애쉬(fly ash) 등이 있으며 경제성뿐만 아니라 자원 절약, 에너지 절약 차원에서 소비량이 증가되고 있다. 혼합시멘트 중에서 고로슬래그 시멘트는 KS L 5210, 플라이애쉬 시멘트는 KS L 5211, 포틀랜드 포졸란 시멘트는 KS L 5401에서 규정하고 있다.

고로슬래그 시멘트

고로에서 선철을 생산할 때 발생하는 슬래그를 용융상태에서 수중에 투입시켜 급냉하면 유리질의 모래입자로 되며 잠재수경성을 가진다. 고로슬래그는 포틀랜드시멘트의 수화에 의하여 생성되는 수산화칼슘($Ca(OH)_2$) 또는 석고 등의 자극을 받아 수화하고 경화하는 성질 즉, 잠재수경성(latent hydraulic)을 나타낸다. 고로슬래그 시멘트는 보통 포틀랜드시멘트 클링커에 고로슬래그를 적당량 혼합한 후 석고를 가하여 미분쇄하거나 또는 슬래그를 단독으로 분쇄한 후 포틀랜드시멘트에 가하여 혼합하여 만든다. 고로슬래그 시멘트의 특성은 다음과 같이 요약된다.

1. 초기강도는 약간 낮으나 장기강도는 보통시멘트와 거의 비슷하거나 크다.
2. 내화학약품성이 좋으므로 해수, 공장폐수, 하수 등에 접하는 콘크리트에 적합하다.
3. 수화열이 비교적 적다.
4. 내열성이 크고 수밀성이 좋다.
5. 콘크리트 블리딩이 적어진다.
6. 댐, 하천, 항만 공사 등 토목구조물에 적합하다.

플라이애쉬 시멘트

플라이애쉬는 석탄을 원료로 하는 화력발전소에서 미분탄을 1,400~1,500℃에서 고온으로 연소시킬 때 탄분이 용융되어 발생된다. 고온의 연소가스와 함께 굴뚝에 이르는 도중 급격히 냉각시켜 표면장력에 의해 구형의 1~150 μm 정도의 미세한 분말을 집진장치로 포집한다. 플라이애쉬를 포틀랜드시멘트 클링커에 혼합하여 분쇄한 것을 플라이애쉬 시멘트라고하며 그 특성은 다음과 같이 요약된다.

1. 콘크리트 워커빌리티가 증대되어 사용수량을 감소시킬 수 있다.
2. 수밀성이 양호하여 해수에 대한 저항성이 커서 토목구조물에 사용된다.

3. 조직을 치밀하게 함으로서 고강도콘크리트 제조에 활용된다.
4. 수화열이 적고 건조수축도 적다.
5. 단점으로 조기 강도가 낮다.
6. 가격이 저렴하다.

포졸란 시멘트

천연산이나 인공 실리카질 혼화재료를 총칭하여 포졸란이라 하는데, 이를 포틀랜드 시멘트 클링커에 조합하여 적당량 석고를 첨가하여 만든 시멘트이다. 포졸란 재료는 그 자신은 굳어지지 않지마는 물이 존재할 때 자극제와 반응하여 저용해도의 화합물을 생성하는 성질 즉, 포졸란 반응(pozzolanic reaction)을 일으킨다. 위의 반응으로 인하여 실리카 시멘트의 성질이 개선되며 그 특성은 다음과 같이 요약된다.

1. 콘크리트 워커빌리티가 증대되며 블리딩을 감소시킨다.
2. 초기강도는 약간 작으나 장기강도는 약간 크다.
3. 수밀성이 좋고 내구성이 향상되어 토목구조물에 사용된다.
4. 보통 포틀랜드시멘트보다 화학저항성이 우수하다.

2.3.3 특수 시멘트

포틀랜드시멘트와 혼합시멘트가 갖지 못한 새로운 특수 성능을 부여한 수경성 시멘트를 특수 시멘트라고 한다. 특수 시멘트로서 내화물용 알루미나 시멘트(KS L 5205), 또한 팽창질석을 사용한 단열시멘트(KS L 5216), 팽창성 수경시멘트(KS L 5217), 조적용 시멘트(KS L 5219)가 사용되고 있다. 그 외 특수목적으로 유정시멘트, 천연시멘트, 칼슘알루미네이트 시멘트, 마그네시아 시멘트, MDF 시멘트, DSP 시멘트 등 여러 시멘트가 개발되어 다양한 용도로 사용되고 있다.

알루미나 시멘트

알미늄 원광인 보크사이트(bauxite)와 석탄석을 분쇄하여 전기로나 회전로 등에서 배합한 후 1,400℃ 이상에서 용융하여 제조한 것이 알루미나 시멘트(alumina cement)이다. 알루미나가 다량 함유된 시멘트로서 물을 가하면 6~12시간만에 보통 포틀랜드시멘트의 재령 28일 정도의 강도가 발현된다. 이 시멘트의 특성은 다음과 같다.

1. 초조강성을 가지며 1일에 압축강도가 40~50 MPa에 도달할 수 있다.
2. 발열량이 크기 때문에 긴급공사나 한중공사에 적합하다.
3. 응결 경화 속도가 20℃ 이상에서는 지연되며 고온에서 양생될 경우 강도 저하가 현

저하다.
4. 산, 염류, 해수 등의 화학적 침식에 저항성이 크다.
5. 내화성이 우수하므로 내화물에 사용된다.

초속경시멘트

응결 경화시간을 임의로 조절할 수 있는 시멘트(regulated set cement)로서 일명 제트 시멘트(zet cement)라고도 부른다. 강도 발현이 매우 빠르기 때문에 동절기 공사, 시멘트 2차제품, 숏크리트, 그라우팅 등 일반적으로 긴급 보수용으로 쓰인다. 이 시멘트의 특성은 다음과 같다.

1. 응결시간이 짧고 경화 시에 발열이 크다.
2. 2~3시간에 압축강도 10~20 MPa 강도를 발휘하며 재령 1일에 40 MPa 강도를 발현한다.
3. 보통 포틀랜드시멘트와 혼합하여 사용하지 않도록 주의가 필요하다.

벨라이트 시멘트

포틀랜드시멘트 클링커의 상 조직을 크게 변화시키지 않고도 클링커 제조 시 에너지 소비를 줄이고자 한 시멘트이다. 실제로 벨라이트 시멘트는 에너지소비를 감소시키며 NO_x, CO_2 가스의 방출을 줄게 한다. 또한 보통 포틀랜드시멘트에 비하여 적은 양의 석회석 사용을 가능하게 한다. 벨라이트 시멘트는 고강도콘크리트에 적합한 고분말도형과 저발열콘크리트 용도에 맞는 저분말도형으로 생산되고 있다. 이 시멘트의 특성은 다음과 같다.

1. 가장 큰 장점으로 수화열이 적다.
2. 장기강도가 높고 유동성이 좋으며 내구성이 높다.
3. 대규모의 댐공사나 고층건축물에 적합하다.

팽창시멘트

일반 시멘트를 사용한 콘크리트는 건조에 의하여 수축하는데 이는 균열의 원인이 되므로 시멘트의 경화한 후 수축하는 성질을 개선할 목적으로 개발한 것이 팽창시멘트(expansive cement)이다. 팽창시멘트의 팽창기구는 에트린자이트의 침상 결정을 다량으로 생성시켜 그것의 팽창을 이용한 것이다. 수축률이 보통콘크리트에 비하여 20~30 % 작다. 보통 콘크리트에 비하여 양생이 매우 중요하며 믹싱 시간이 길어지면 팽창률이 감소한다. 이 시멘트의 특성은 다음과 같다.

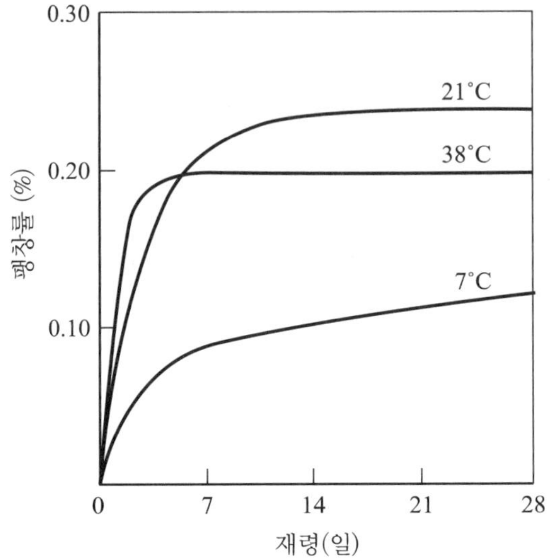

[그림 2.3] K형 팽창시멘트 콘크리트의 양생온도가 팽창에 미치는 영향

(출처 : Mindess S., Young F., and Darwin D., "Concrete", 2003)

1. 팽창시멘트를 사용함에 있어 수화중에 시멘트의 팽창을 적절하게 제어 하여야 한다.
2. 세부 인자로서 시멘트량, 시멘트의 분말도, 물-시멘트비, 혼화재료등 배합과 관련된 사항 외에 철근의 배근량, 배근위치도 중요한 변수가 된다.
3. 혼합, 운송, 타설시간 등 타설조건은 물론 습윤양생기간, 양생온도 등 양생조건도 고려하여야 성공적인 팽창콘크리트가 된다.

그림 2.3은 팽창시멘트를 사용할 때, 양생온도에 따른 팽창률의 차이를 보여주고 있다. 대체로 높은 온도에서 양생할 때 팽창이 증가하며 사용 전에 온도를 고려하여야 한다.

2.4 • 시멘트의 성능과 시험법

포틀랜드시멘트는 철저한 품질관리를 하면서 생산되어야 하기 때문에 시멘트의 시험법이 중요하며 시멘트의 화학적, 물리적 요구기준은 산업규격으로 제정되어 있다. 건설기술자에게는 포틀랜드시멘트의 물리적 요구조건, 예컨대, 분말도, 응결, 안정성 등이 좀 더 의미를 갖는다. KS L 5201에서 규정한 포틀랜드시멘트의 물리적 요구조건은 표 2.5와 같으며 각 시험방법을 다음에서 간략히 기술하고자 한다.

[표 2.5] 포틀랜드시멘트의 물리적 요구조건(KS L 5201)

항목				1종	2종	3종	4종	5종
분말도	비표면적(blaine) cm^2/g			2,800이상	2,800이상	3,300이상	2,800이상	2,800이상
안정도	오토클레이브 팽창도 %			0.8이하	0.8이하	0.8이하	0.8이하	0.8이하
응결 시간	길모어	초결	분	60이상	60이상	60이상	60이상	60이상
		종결	시간	10이하	10이하	10이하	10이하	10이하
	비카	초결	분	60이상	60이상	45이상	60이상	60이상
		종결	시간	10이하	10이하	10이하	10이하	10이하
수화열 J/g	7일			–	290이하	–	250이하	–
	28일			–	340이하	–	290이하	–
압축 강도 MPa (N/mm^2)	1일			–	–	10.0이상	–	–
	3일			12.5이상	7.5이상	20.0이상	–	10.0이상
	7일			22.5이상	15.0이상	32.5이상	7.5이상	20.0이상
	28일			42.5이상	32.5이상	47.5이상	22.5이상	40.0이상

1 J(Joule) = 0.2392 cal

비중

일반적으로 시멘트에서 SiO_2, Fe_2O_3가 많으면 비중이 크고, CaO, Al_2O_3가 많으면 비중이 작다. 그러므로 비중은 이들 성질을 판정하는데 지표가 될 수 있다. 시멘트의 비중은 시멘트의 품질이 나빠질 경우 작아진다. 클링커의 소성이 불충분하거나 혼합물이 섞여 있을 경우에 비중은 작아진다. 또한 시멘트가 풍화되거나 저장기간이 길어졌을 때에 낮아질 수 있다. 포틀랜드시멘트의 비중은 한국산업규격에서 3.05 이상으로 규정하고 있으며 종류에 따라 다르며, 보통, 조강, 중용열 포틀랜드시멘트에서 각각 3.10~3.18, 3.10~3.15, 3.18~3.23 범위에 있다.

분말도

포틀랜드시멘트의 마지막 공정에서 클링커와 석고를 미세하게 분쇄하며 이 때 결정되는 분말도粉末度(fineness)는 수화반응 동안의 시멘트 거동을 좌우한다고 말할 수 있다. 분말도, 즉 입자의 고운정도가 증가하면 수화속도가 증가하며, 강도 발현과 수화열 발현속도가 증가한다. 또한 분말도가 증가하면 응결시간이 단축되고 점성이 높아져서 블리딩이 줄어든다. 그러나 분말도가 너무 높으면 풍화가 쉽고 건조수축이 커져서 균열이 발생하기 쉽다. 또한 분말도가 너무 높은 경우, 응결시간을 유지하기 위하여 석고 투입량을 증가시켜야 한다.

분말도는 비표면적*, 즉 시멘트 1 g 또는 1 kg에 들어있는 모든 입자의 표면적의 합으로 평가한다. 시멘트 분말도를 측정하는 시험법으로는 유리 용기에 등유를 채우고 시멘트를 주입한 후, 빛을 통과시켜 빛의 강도를 측정하여 비표면적을 추산하는 탁도계 시험법(turbidimeter)을 이용한다. 또한 시멘트 압축 시험체를 만들고 공기를 통과시켜, 투과 속도를 측정하는 블레인 공기투과시험(blaine air permeability)으로 분말도를 측정한다.

응결시간

응결은 굳지않은 콘크리트에서 강성이 발휘되는 시점으로 정의되며 응결이 시작되는 시점(초결)과 끝나고 경화가 시작되는 시점(종결)은 콘크리트 타설 공사에서 매우 중요하다. 초결(initial set)은 페이스트가 어느 정도 굳어져서 더 이상 형태를 뒤흔들 수 없는, 타설 관련 작업을 할 수 없는 시점이며 종결(final set)은 페이스트가 굳어져서 어느 정도의 하중도 받을 수준까지 경화된 시점을 말한다. 초결은 2~4시간 사이에, 종결은 5~8시간 사이에 발생한다. 일반적으로 응결은 단위수량과 관계되며 수량이 많을수록 응결이 늦어진다.

[그림 2.4] 비카 침에 의한 응결시간 시험법(KS L 5108)

* **비표면적** 어떤 물체의 부피 v와 표면적 s의 비로서 s/v가 됨. 한 변의 길이가 x인 정육면체의 비표면적을 구해보면 부피는 x^3이고 표면적은 $6x^2$이므로 비표면적은 $6x^2/x^3=6/x$가 되며, 동일한 정육면체의 모양이라 해도 작은 것일수록 비표면적은 커지게 된다(출처 : 콘크리트 용어해설, 한국콘크리트학회, 2012).

시멘트페이스트의 응결시험은 비카 침에 의한 응결시간 시험법(KS L 5108)과 길모어 침에 의한 응결시간 시험법(KS L 5103)이 있다. 직경 1 mm의 비카 침(Vicat needle)이 시멘트페이스트 이내로 25 mm 침투할 때를 초결, 표준침이 내려가는 것이 눈으로 볼 수 없을 때를 종결이라 한다. 길모어 침 시험법에서는 직경과 무게가 다른 침이 각각 침투하지 못하는 시점으로 초결과 종결을 판단한다.

안정성

시멘트페이스트의 불안정성(unsoundness)은 응결 후 발생하는 과도한 체적변화로 정의할 수 있다. 느리더라도 팽창이 꾸준히 일어난다면, 콘크리트의 균열이 발생되고 심지어 붕괴까지 일어날 수 있기 때문이다. 시멘트의 불안정성은 MgO 또는 유리석고의 장시간에 걸친 수화반응으로 인한 팽창에 기인한다. 따라서 불안정성은 촉진 시험을 수행하며 오토클레이브 시험이 주로 사용되고 있다. 시멘트페이스트 25×25×250 mm 시편을 24시간 양생한 후 오토클레이브 증기압에 넣은 후 팽창률을 측정하는데, 0.8 % 이하가 되어야 합격이다. 팽창량은 시멘트의 분말도, C_3A 함량 등의 요인에 영향을 받는다.

시멘트는 시간이 지남에 따라 공기 중의 이산화탄소와 수분이 반응하여 탄산칼슘을 만드는 풍화 현상이 일어나며, 시멘트가 풍화하면 비중이 감소하고 응결이 지연되며 강도가 저하 된다. 풍화의 정도는 1,000℃ 정도의 고열에서 수분과 이산화탄소의 중량 감소량 즉, 강열감량强熱減量(loss of ignition)을 측정하여 판단한다. 강열감량은 0.6~0.8 % 범위이며 시멘트가 풍화하면 강열감량이 증가하고 불안정성이 높아진다. 그 외 시멘트 조성, 분말도에 따라 크게 변하는 수화열, 압축강도 시험법이 있으며 승인을 받기 위해서는 이러한 성능의 실험 결과를 제시하여야 한다.

압축강도

압축강도는 시멘트 규격이 요구하는 것 중에서 가장 기본적인 사항이다. 국내기준을 따르면, 510 g의 시멘트와 표준사의 비를 1 : 2.45, 물－시멘트비를 48.5 %로 맞추어 강제식 믹서로 KS L 5109에 따라 기계적으로 혼련한다. 모르타르의 플로우 측정을 하고 중속으로 15초간 다시 혼련한 후 50 mm 입방형의 성형틀에 2단 채움하고 다짐하여 공시체를 제작한다. 각 재령에 대하여 3개의 공시체를 제작하고 24시간 동안 습윤양생한 후, 공시체는 23±2℃의 항온 수조에서 각 재령까지 양생한다. 압축강도를 측정할 때에는 시험체에 가하는 최대하중이 20~40초 이내에 도달하도록 가력한다. 압축강도는 다음 식으로 계산한다.

$$R_c = \frac{F_c}{25} \tag{2.8}$$

여기서 R_c는 압축강도이고, F_c는 최대하중이다.

2.5 • 시멘트의 수화열

모든 수화반응은 열이 발생하는 발열반응(exothermic reaction)이다. 시멘트 제조 과정에서 열을 공급하였던바, 수화반응에서는 열이 당연하게 방출된다. 응결 과정에서부터 열이 생성되며 경화 과정을 거치면서 생성된 열로 인하여 콘크리트의 온도는 지속적으로 상승한다. 온도상승 정도는 발열속도와 열이 외부로 빠져 나가는 속도에 의하여 상대적으로 결정된다.

수화열水和熱은 시멘트의 조성에 따라 크게 변하며 가장 많은 열을 발생시키는 성분은 C_3A, C_3S이다. 또한 분말도도 발열속도에 중요한 영향을 미친다. 분말도가 높으면 수화속도가 상승하지마는 장시간에 걸친 총 수화열에는 특별한 영향을 미치지 않는다.

수화열은 주어진 온도에서 응결과 경화 동안에 발생한 발열량으로 정의하며, 수화되지 않은 시멘트를 기준으로 cal/g으로 나타낸다. KS L 5121 규정에 따라 시험을 수행하며, 건조한 시멘트의 용해열을 7일과 28일 동안 수화된 시멘트의 용해열과 비교한다. 이 때 수화열은 적절한 수화기간 동안 건조된 시멘트와 수화된 시멘트 사이의 용해열 차이이다. 표 2.5에서 보듯이 2종 및 4종 시멘트만이 수화열에 대한 요구조건이 규정되어 있다.

시멘트를 구성하는 각각의 주요성분에 의해 구하며 최종 수화열(H_T)은 재령별로 다음 식과 같이 계산할 수 있다.

$$H_T(\text{cal/g})_{3\text{일}} = 57(C_3S) + 12(C_2S) + 210(C_3A) + 69(C_4AF) \tag{2.9}$$

$$H_T(\text{cal/g})_{1\text{년}} = 118(C_3S) + 54(C_2S) + 228(C_3A) + 90(C_4AF) \tag{2.10}$$

여기서 ( )는 시멘트에 대한 성분의 중량비를 나타낸다. 포틀랜드시멘트의 최종 수화열은 60~100 cal/g의 범위에 있으며, 화학 성분비가 다른 각종 시멘트는 서로 다른 수화발열량과 반응속도를 나타낸다. 동일한 배합비이라도 콘크리트의 단열온도 상승은 시멘트 종류에 따라 차이가 나게 되며, 열의 발열속도는 시멘트의 분말도, 석고 혼입량, 클링커 광물질에 관계된다.

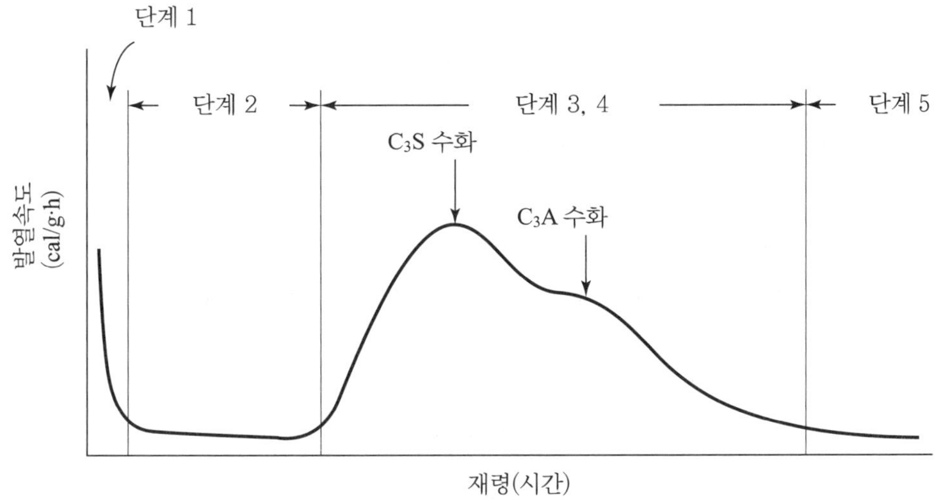

[그림 2.5] 수화반응 동안의 발열속도

(출처 : Mindess S., Young F., and Darwin D., “Concrete”, 2003)

그림 2.5는 시멘트 수화반응으로 인해 단계별로 방출되는 발열량의 변화 곡선이다. 그림에서 보듯이 시멘트가 물을 만나면 초기에 급격히 반응한다. 그러나 곧바로 수화반응이 멈춰지고 휴지기인 2단계에 들어간다. 단계 2에서는 발열량이 거의 없으며 액상 상태를 유지하고 이 단계에서 콘크리트는 작업이 가능하다. 이후 단계 3, 4에서 다시 활발히 반응하고 수화열이 최고에 도달된 이후 서서히 발열속도도 늦어진다. 콘크리트에서 열은 여러 과정에서 중요한 영향을 미친다. 시멘트 수화반응에서 방출되는 열은 굳지않은 콘크리트의 특성을 지배하며 이는 서중 및 한중 콘크리트, 매스콘크리트 공사에서 주요 검토 사항이 된다. 콘크리트의 열적 특성은 온도해석 즉, 온도 분포, 열응력, 온도균열 등을 해석하는데 기본 특성이 된다.

예제 2.1 **포틀랜드시멘트의 성분분석결과 C_3S, C_2S, C_3A, C_4AF의 양이 중량비로 각각 53, 23, 5.8, 10.0%로 얻어졌다. 재령 3일과 1년에서 수화열을 계산하라.**

풀이 $H_T(cal/g)_{3일} = 57(0.53) + 12(0.23) + 210(0.058) + 69(0.10) = 52.1$ cal/g

$H_T(cal/g)_{1년} = 118(0.53) + 54(0.23) + 228(0.058) + 90(0.10) = 97.2$ cal/g

즉 재령 3일과 1년에서 수화열은 52.1 cal/g과 97.2 cal/g이다.

연습문제

1 킬른에서 시멘트가 생성될 때, 온도별 반응과 생성 물질을 설명하라.

2 시멘트 클링커에 석고를 넣는 이유를 설명하라.

3 시멘트가 풍화하는 현상을 설명하고 콘크리트에 어떤 영향을 미치는지 설명하라.

4 보통 포틀랜드시멘트에서 규산삼석회(C_3S), 규산이석회(C_2S)의 합은 얼마인가? 또한 알루민산삼석회(C_3A)와 철알루민산사석회(C_4AF)는 각각 얼마 정도인가?

5 시멘트 수화에서 C_2S와 C_3S의 반응 차이를 설명하라.

6 포졸란 반응을 정의하고 대표되는 혼화재를 들어 그 역할을 설명하라.

7 잠재수경성을 정의하고 대표되는 혼화재를 들어 그 역할을 설명하라.

8 겨울공사, 댐공사, 하수처리, 긴급보수 공사에 대해 각각 사용될 수 있는 시멘트 종류를 들고 이유를 설명하라.

9 어느 포틀랜드시멘트의 화합물 조성으로 C_3S, C_2S, C_3A, C_4AF의 양이 중량비로 각각 67.2, 15.2, 10.3, 7.2 %일 때, 재령 3일과 1년에서 수화열을 계산하라.

참고문헌

1. 한국콘크리트학회, "콘크리트구조설계기준 해설", 기문당, 2012, 599 pp.
2. 한국콘크리트학회, "콘크리트표준시방서 해설", 기문당, 2009, 854 pp.
3. 한국콘크리트학회, "최신콘크리트공학", 기문당, 2011, 930 pp.
4. 한국콘크리트학회, "특수콘크리트공학", 기문당, 2004, 571 pp.
5. 한국콘크리트학회, "한국의 콘크리트", 기문당, 2002, 228 pp.
6. 정일영, "콘크리트구조 재료공학" 기문당, 2004, 551 pp.
7. 정재동, "콘크리트 재료공학", 보성각, 2007, 571 pp.
8. 최완철, "콘크리트 균열과 성능저하", 동화기술, 2010, 288 pp.
9. Mehta K. and Monteiro P., "Concrete", 3nd ed., *Prentice Hall*, 1996, 659 pp.
10. Mindess S., Young F., and Darwin D., "Concrete", 2nd ed., *Prentice Hall*, 2003, 644 pp.
11. Neville A. M., "Properties of Concrete", 4th ed., *John Wiley & Sons, Inc.*, 1996, 844 pp.
12. R. H. Bogue, *Chemistry of Portland Cement*, New York, Reinhold, 1995.

3 CHAPTER

골재와 배합수

골재는 콘크리트 체적의 약 70~80 %를 차지하고 있으며, 콘크리트의 특성에 가장 큰 영향을 미친다. 흔히 골재는 쉽게 공급되고 저렴하기 때문에 소홀하게 다루기 쉽다. 그러나 실제 골재의 선택의 폭은 넓고, 콘크리트의 강도, 내구성, 시공성, 경제성에 결정적이다. 따라서 골재의 역할을 충분히 이해하여야 하며 사용에 보다 신중하여야 한다.

이 장에서는 골재의 역할과 특성을 설명한다. 배합설계에서 필요한 골재의 밀도, 조립률, 입도, 흡수율 외에 내구성에서 요구되는 사항에 대해서 설명한다. 경량골재, 중량골재, 순환골재에 대하여 각각의 특성을 설명한다. 콘크리트를 제조할 때 중요한 요소의 하나인 물에 대하여 알아보고 콘크리트용 배합수로서 요구사항을 기술한다.

3.1 • 골재의 특성

3.1.1 골재의 분류와 강도

골재는 콘크리트 체적의 약 3/4를 차지하고, 콘크리트의 강도, 내구성, 시공성, 경제성을 결정한다. 대체로 골재의 강도는 그것을 사용한 콘크리트의 강도 보다 높다. 콘크리트 강도는 물-시멘트비에 의해 결정되지만 이것은 골재가 파괴되기 이전에 콘크리트가 먼저 파괴된다는 것을 전제로 한 것이다. 따라서 골재 강도가 시멘트 경화체 강도보다 커야 하는데 콘크리트 강도가 70 MPa 이상일 경우에는 골재가 매우 중요해진다.

골재의 고유 성질은 모암의 종류와 풍화의 정도에 따라 좌우된다. 우리나라에서 일반적으로 골재로 사용되는 콘크리트용 쇄석碎石은 원석이 주로 현무암, 안산암, 경질사암, 경질석회암, 또는 여기에 준하는 석질을 갖는 암석이다. 편암, 편무암, 점판암 등으로 부수었을 때, 얇은 형상으로 되거나 연질사암이나 연질응회암, 풍화한 암석으로 연약한 암석은 골재로서 사용이 제한적이다.

암석은 크게 화성암(igneous rock), 퇴적암(sedimentary rock), 변성암(metamorphic)으로 구분한다. 마그마의 고결에 의해 생성된 화성암에는 화강암, 현무암이 대표적이며, 퇴적에 의해 생성된 퇴적암은 사암, 혈암, 이판암 등이고 위의 2종류 암석이 고온 또는 고압의 변성작용에 의해 생성된 변성암으로는 편마암, 편암을 들 수 있다. 이들은 광물 또는 화학 조성, 결, 조직에 따라 다르게 불려진다.
골재의 기본이 되는 원석은 다음과 같이 분류한다.

1. 현무암계 : 안산암(andesite), 현무암(basalt), 혈암(epidiorite)
2. 화강암계 : 화강암(granite), 편마암(gneiss), 백문암(granulite), 정장석(syenite)
3. 석회암계 : 석회암(lime stone), 대리석(marble), 백운석(dolomite)
4. 사암계 : 사암(sand stone), 응회암(tuff)
5. 편암계 : 편암(schist), 점판암(slate)
6. 반암계 : 반암(porphyry), 규장암(felsite), 유문암(rhyolite)
7. 석영계 : 규암(quartzite)

골재의 강도는 골재 자체가 다양한 모양을 하고 있음으로 강도 시험을 하는 것이 쉽지 않으나, 원석으로부터 강도 시험을 수행할 수 있다. 석재의 압축강도시험은 100×100×200 mm의 각주형 시험체를 원석으로부터 만들고 압축력을 가하여 구하게 되며 대표적인 시험결과는 표 3.1과 같다.

[표 3.1] 각종 석재의 압축강도 시험의 일례

종류	비중	강도(kgf/cm^2)		
		압축	휨	인장
화강암	2.65	1,500	140	55
안산암	2.50	1,000	85	45
응회암(연질)	1.50	90	35	8
사암(연질)	2.00	450	70	25
점판암	2.70	700	700	–
대리석	2.70	1,200	110	55
석회암	2.70	500	–	–
경석(연질)	0.7	30	–	–

골재는 단단하고 강하며, 불순물이 없고 화학적으로 안정해야 한다. 다공질의 암석은 강도와 마모 저항성에 한계가 있으므로 배합할 때 부서지기 쉽고, 미세 물질이 증가함으로 워커빌리티에 나쁜 영향을 미칠 수 있다. 다음은 콘크리트용 골재의 정의와 분류를 요약한다.

1. 입경에 따른 정의
   - 잔골재 : 체가름 시험에서 10 mm 체를 전부 통과하고 5 mm 체를 질량비로 85 % 이상 통과하며 0.08 mm 체에 거의 다 남는 골재, 또는 5 mm 체를 다 통과하고 0.08 mm 체에 다 남는 골재
   - 굵은골재 : 5 mm 체에서 질량비로 85 % 이상 남는 골재, 또는 5 mm 체에 다 남는 골재

2. 밀도에 의한 분류
   - 경량골재 : 밀도가 2.50 g/cm^3 이하인 골재
   - 보통골재 : 밀도가 2.50~2.65 g/cm^3인 골재
   - 중량골재 : 밀도가 2.70 g/cm^3 이상인 골재

3.1.2 배합을 위한 특성과 시험법

골재는 단단하여야 할 뿐 아니라 입도가 고르게 분포되어 잘 채워져야 하며 콘크리트의 내구성을 저해하는 물질이 함유되지 않아야 한다. 천연의 자갈은 대체로 둥글고 체적 대비 표면적이 작음으로 소요되는 시멘트페이스트 양이 작아 배합配合설계에 여러 가지로 유리하다. 이와 같이 골재의 특성은 콘크리트에 매우 중요하며, 입형, 단위

용적질량, 밀도, 함수량, 입도분포, 조립률, 최대치수는 콘크리트의 성능을 결정하는 기본 값일 뿐만 아니라 배합설계를 위한 자료이다.

입형

골재의 입형粒形이란 골재를 구성하고 있는 각 입자의 형태를 의미한다. 일반적으로 천연의 골재인 하천, 바다, 산 등의 모래나 자갈은 입형이 좋고 인공골재인 부순모래, 부순돌, 인공경량골재, 슬래그의 입형은 나쁘다라고 할 수 있다.

좋은 입형이란 입자가 구형에 가깝고 표면 모서리가 매끈하게 마모되어 각이 없어진 상태이며 나쁜 입형이란 입자의 형상이 편평한 것이나 좁고 긴 것으로서 표면 모서리가 거칠며 각이 진 형태를 말한다.

골재의 입형은 콘크리트 품질에 큰 영향을 미치며 콘크리트 경제성에도 직접 관계되어 입형이 나쁜 골재는 시멘트를 많이 사용하게 된다. 각이 많이 지거나 편평한 골재는 구형에 가까운 골재보다 실제의 체적이 적고 공극이 많아지며 따라서 공극에 채워야 할 모르타르나 시멘트 페이스트가 많아져야 하기 때문이다. 골재의 입형은 다음의 단위용적질량, 실적률, 또는 공극률로 평가한다.

단위용적질량

골재의 단위용적질량(unit weight)은 1 m^3의 골재의 질량(kg)을 말하며 콘크리트의 제조, 배합의 결정, 현장에 있어서 골재 계량에 필요하다. 단위질량은 골재의 입도에 따라 다르며, 골재의 표면수의 양, 골재의 모양이나 크기, 계량할 때의 투입 방법에 의해 달라질 수 있다. 단위질량은 일정한 용기에 규정에 따라 골재를 채우고 그 중량을 측정하여 용기의 용적으로 나누어 구한다.

단위질량은 골재의 입도, 입형, 밀도 및 함수율에 따라 달라진다. 큰 입자와 작은 입자가 연속적으로 잘 혼합되어 있고 입형이 좋을수록 공극률이 작아지고 단위질량도 커진다. 골재의 입도와 입형이 동일하다면 골재의 비중에 비례한다. 일반적으로 골재의 단위질량은 1,450~1,700 kg/m^3 범위이며 경량 굵은골재는 700~800 kg/m^3, 경량 잔골재는 1,000~1,200 kg/m^3 범위이다.

골재의 모양과 입도를 평가하기 위하여 실적률實積率(bulk density)을 측정한다. 골재를 용기에 담았을 때, 골재가 실제로 차지하고 있는 용적의 비율을 실적률이라고 하여 다음 식으로 나타낸다.

$$\text{실적률} = \frac{w}{\gamma} \times 100 \tag{3.1}$$

여기서 w : 골재의 단위용적질량

γ : 골재의 밀도

또한 골재의 단위용적중의 공극을 비율로 나타낸 것을 공극률이라고 하며 다음 식으로 나타낸다.

$$\text{공극률} = \left(1 - \frac{w}{\gamma}\right) \times 100 \tag{3.2}$$

따라서 실적률과 공극률의 합은 100 %이다. 실적률이 클수록 골재의 모양이 좋고 입도분포가 적당하여 시멘트 풀의 양이 적게 든다. 또한 공극률이 작으면 시멘트 풀의 양이 적게 들고 경제적으로 원하는 강도의 콘크리트를 만들 수 있다. 보통 골재의 공극률은 30 % 미만이다.

밀도

밀도(density)는 질량을 체적으로 나눈 값으로 골재의 밀도는 배합설계에서 중량－체적을 환산하기 위하여 필요하며 실적률, 공극률 등의 계산에 사용된다. 밀도는 골재 함수상태에 따라 표면건조포화밀도, 절대건조밀도, 진밀도로 구분한다. 표면건조포화상태는 골재를 물에 담가 충분히 포화시킨 후, 건져 올려 흡수천에 굴려 표면수막을 제거한 상태를 지칭하며, 절대건조는 골재를 오븐에 넣어 24시간 건조하여 중량 변화가 없을 때의 상태를 말한다.

KS L 2503을 따라 골재를 망태기에 담고 공기 중에서 무게를 측정한 후, 물속에서 다시 측정하여 그 차이의 물의 무게로 나누어 먼저 비중을 구한다. 그리고 시험시의 물의 밀도*를 곱하여 골재의 표면건조포화밀도를 구하며 다음 식과 같다.

$$D_s = \frac{B}{B-C} \times \rho_w \tag{3.3}$$

여기서 D_s : 표면건조포화상태의 밀도(g/cm^3)

B : 표면건조포화상태의 시료의 질량(g)

C : 시료의 수중 질량(g)

ρ_w : 시험온도에서 물의 밀도(g/cm^3)

절대건조 상태에서 골재의 절대건조밀도는 다음 식으로 구한다.

$$D_d = \frac{A}{B-C} \times \rho_w \tag{3.4}$$

***밀도** 순수한 물의 밀도는 15℃에서 0.9991 g/cm^3, 20℃에서 0.9982 g/cm^3, 25℃에서 0.9970 g/cm^3 이다.

여기서 D_d : 절대건조상태의 밀도(g/cm³)

A : 절대건조상태의 시료의 질량(g)

또한 골재의 공극과 수분을 포함하지 않은 진밀도(apparent density)는 다음 식과 같다.

$$D_A = \frac{A}{A - C} \times \rho_w \tag{3.5}$$

여기서 D_A : 진밀도(g/cm³)

잔골재의 절대건조밀도는 2.50~2.85 g/cm³ 사이에 있으며 2.5 g/cm³ 이상을 표준으로 한다. 굵은골재의 절대건조밀도는 2.56~2.68 g/cm³범위에 있으며 2.5 g/cm³ 이상을 표준으로 한다. 고로슬래그 굵은골재의 절대건조밀도는 2.2 g/cm³ 이상으로 한다. 또한 순환 굵은골재의 절대건조밀도는 2.5 g/cm³ 이상으로 한다.

함수량

원칙적으로 흡수율이 적고 밀도가 높은 골재가 콘크리트에 좋다. 밀도와 흡수율은 반비례 관계에 있다고 볼 수 있다. 흡수율이 크다는 것은 골재 내부에 미세한 공극이 많음을 의미하며 따라서 밀도는 낮아진다. 또한 골재는 표면에 공극을 갖고 있어 물이 내부로 흡수될 수 있고, 습윤 막의 형태로 입자 표면에 남아 있을 수 있다. 골재는 다양하게 함수량(water content)을 포함하고 있기 때문에 반드시 측정하여야 한다. 만일 과잉수량이 골재 표면에 있거나 반대로 골재가 건조하여 물을 흡수하는 경우, 실제 물-시멘트비는 설계 값과 크게 달라질 수 있기 때문이다.
골재의 함수상태는 다음과 같이 편의상 4가지로 정의한다.

1. 절대건조상태(oven dry, OD) : 일정한 중량을 오븐에서 가열하여 모든 수분이 골재로 제거된 상태
2. 대기건조상태(air dry, AD) : 골재 표면의 수분은 제거된 상태로 내부 공극의 수분은 부분적으로 차 있는 상태
3. 표면건조포화상태(saturated surface dry, SSD) : 모든 내부 공극이 물로 충분히 차 있으나, 표면은 수분이 천으로 닦여져 습윤막이 없는 상태
4. 절대습윤상태(wet) : 모든 공극이 물로 차 있을 뿐만 아니라, 골재 표면 또한 습윤막이 충분히 형성되어 있는 상태

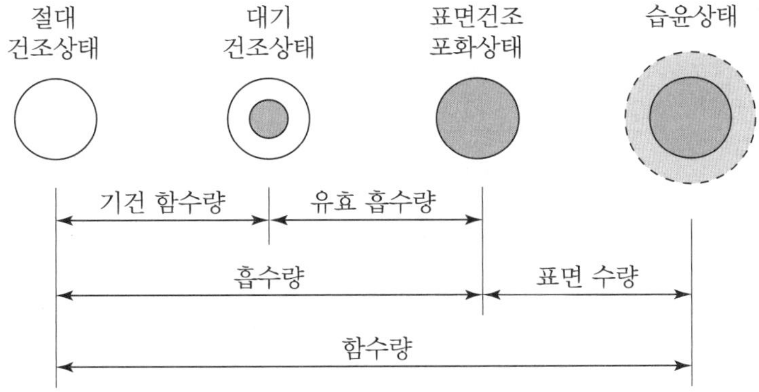

[그림 3.1] 골재의 함수 상태

그림 3.1은 위의 골재 함수 상태를 개념적으로 보여주고 있다. 4가지 상태에서 표준 함수량 상태로서는 표면건조포화상태(SSD) 또는 표건상태로 하고 함수량 계산에 기준으로 한다. 이 상태에서 골재는 물을 흡수하지도 않고, 동시에 물-시멘트비를 높게 하는 과량이지도 않기 때문이다. 굵은골재의 SSD 상태는 골재를 충분히 침수시킨 후에 헝겊 위에 굴려 표면의 수막을 닦는 것으로 만들 수 있다. 잔골재는 너무 젖거나 건조하지 않아 손으로 만졌을 때 소성 형태를 유지하는 함수 수준이라면 SSD 상태로 대략 판단한다. 흡수율(absorption)은 골재가 흡수할 수 있는 최대 수분량을 말하며 SSD 상태와 OD 상태 사이의 중량 차이로 계산하며 다음과 같이 정의한다.

$$\text{흡수율}(\%) = \frac{B-A}{A} \times 100 \tag{3.6}$$

또한 대기건조상태의 골재가 SSD 상태로 될 때까지 흡수되는 물의 양으로 정의되는 유효흡수량(effective absorption)을 계산할 수 있다. 이는 콘크리트를 비비기 시작할 때부터 타설 이후까지 골재 내부에 흡수되는 수량이다. 한편 젖은 상태 골재의 표면수량은 표면수율(surface moisture)로 정의하며 SSD 상태를 초과하는 물의 비율로 나타내며 다음 식과 같다.

$$\text{표면수율}(\%) = \frac{D-B}{B} \times 100 \tag{3.7}$$

여기서 D : 젖은 상태에서 시료의 질량(g)

보통 골재의 흡수율은 1.5 % 정도이다. 잔골재의 흡수율은 1.5 % 이하의 값을 표준으로 하며, 고로슬래그 잔골재의 흡수율은 3.5 % 이하를 표준으로 한다. 굵은골재의 흡수율은 3.0 % 이하로 하며, 순환 굵은골재의 흡수율은 3.0 % 이하로 한다. 고로슬래그 굵은골재 흡수율은 6 %를 상한값으로 한다.

[표 3.2] 골재 품질 평가의 한 예

골재의 종류 \ 분 류	등 급	비 중	흡수율(%)
잔골재	A	2.65 이상	1.5 이하
	B	2.65~2.50	1.5~3.6
	C	2.50 이하	3.5 이상
굵은골재	A	2.68 이상	1.0 이하
	B	2.68~2.56	1.0~2.0
	C	2.56 이하	2.0 이상

표준시방서에서는 위의 규정값을 만족하지 못하는 경우에 2종 이상을 혼합하여 사용하여도 좋다고 규정하여 가능한 골재 규정을 완화하고 있다. 표면수 측정은 엄밀하여야 하며, 같은 정도의 표면수로 보여도 거친 모래일수록 표면수량은 적다. 경량골재를 사용할 때에는 충분히 적셔서 표건상태를 만든 다음 사용하여야 한다. 표 3.2는 잔골재와 굵은골재의 품질 평가의 한 예이다. 등급이 높아짐에 따라 밀도는 높아지고 흡수율은 낮아진다.

예제 3.1 **굵은골재 시험 결과 다음 결과를 얻었을 때, 절건, 표건 밀도와 흡수율을 구하라. 물의 밀도는 20℃에서 0.9982 g/cm³로 한다.**

SSD 상태의 굵은골재 무게(B) = 5,510 g
수중에서 측정하였을 때의 굵은골재 무게(C) = 3,350 g
절대건조 상태에서 굵은골재 무게(A) = 5,420 g

풀이 절건밀도 $= A/(B-C) \times \rho_w = 5{,}420/(5{,}510-3{,}350) \times 0.9982 = 2.50\ g/cm^3$

표건밀도(SSD) $= B/(B-C) \times \rho_w = 5{,}510/(5{,}510-3{,}350) \times 0.9982 = 2.55\ g/cm^3$

흡수율 $= (B-A)/A = (5{,}510-5{,}420)/5420 = 0.017 = 1.7\ \%$

입도분포

작업성이 좋은 콘크리트를 얻기 위해서는 우수한 시멘트 페이스트가 되어야 하는 데, 골재 입자의 크기 분포와 입도가 중요한 사항이다. 골재의 좋은 크기 분포는 시멘트 페이스트로 채워지는 골재 사이의 공극을 줄어들게 하고, 시멘트 페이스트가 감싸야 할 골재 표면적을 줄게 하여 시공성과 내구성이 좋아 질 뿐 만 아니라, 단가도 낮아진다. 입도분포가 좋은 골재는 쉽게 채워져 실적률이 좋고 시멘트 풀이 적게 들어 단위수량, 단위시멘트도 적어지기 때문이다. 실적률은 단위 부피에 들어가는 골재의 중량으로 평가한다.

골재의 입도는 여러 가지 눈금 크기가 다른 체를 골재가 통과하는 체가름 시험(sieve analysis)을 시행함으로 얻는다. 잔골재와 굵은골재의 구분은 5 mm(4번) 체를 경계로 한다. KS F 2502을 따르며 체가름 시험이 완료되었을 각 체에 남아 있는 골재의 중량을 시료 전체 무게의 백분율로 나타내고 그림으로 나타낸 입도곡선(grading curves)을 그리고, 그 결과가 표준입도 곡선 범위에 들어야 한다. 시험에 이용되는 체의 크기는 다음의 17종류로 한다.

- 잔골재 : 0.075 0.15, 0.3, 0.6, 1.2, 2.5, 5.0, 10 mm
- 굵은골재 : 2.5, 5, 10, 15, 20, 25, 30, 40, 50, 65, 75, 100 mm

표준시방서에서 규정한 잔골재와 굵은골재의 입도는 표 3.3, 표 3.4의 범위를 표준으로 한다. 좋은 품질의 콘크리트를 만들기 위해서는 일반적으로 이들 범위 내의 잔골재와 굵은골재를 쓰는 것이 좋다. 입도가 이 범위를 벗어난 골재를 쓰는 경우에는, 2종 이상의 골재를 혼합하여 입도를 조정해서 쓰는 것이 좋다.

[표 3.3] 잔골재의 입도 표준

체의 호칭 치수 (mm)	체를 통과한 것의 질량 백분율(%)	
	천연골재	기타
10	100	100
5	95~100	90~100
2.5	80~100	80~100
1.2	50~85	50~90
0.6	25~60	25~65
0.3	10~30	10~35
0.15	2~10	2~15

[표 3.4] 굵은골재의 입도의 표준

골재 번호	체의 크기(mm) \ 체의 호칭 치수(mm)	체를 통과하는 것의 질량 백분율(%)												
		100	90	75	65	50	40	25	20	13	10	5	2.5	1.2
1	90~40	100	90~100		25~60		0~15		0~5					
2	65~40			100	90~100	35~70	0~15		0~5					
3	50~25				100	90~100	35~70	0~15		0~5				
357	50~5				100	95~100		35~70		10~30		0~5		
4	40~20					100	90~100	20~55	0~15		0~5			
467	40~5					100	95~100		35~70		10~30	0~5		
57	25~5						100	95~100		25~60		0~10	0~5	
67	20~5							100	90~100		20~55	0~10	0~5	
7	13~5								100	90~100	40~70	0~15	0~5	
78	13~2.5								100	90~100	40~75	5~25	0~10	0~5
8	10~2.5									100	85~100	10~30	0~10	0~5

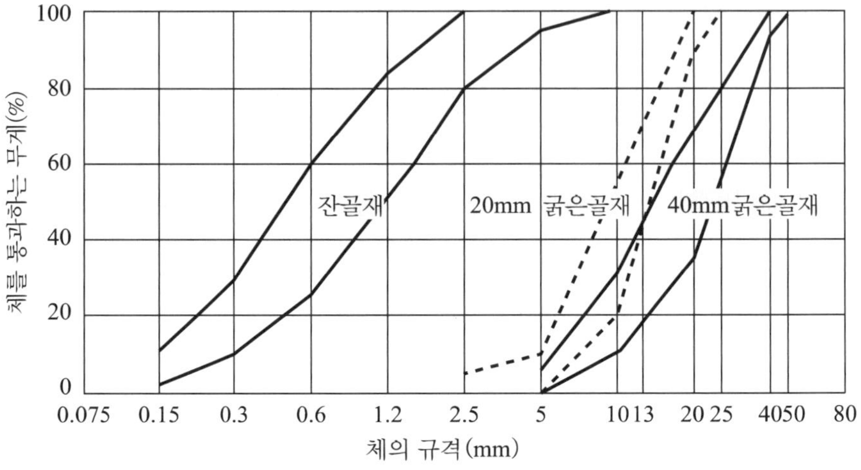

[그림 3.2] 골재의 입도곡선

그림 3.2는 골재의 입도곡선의 한 예이다. 어떤 골재의 체가름 시험 결과를 입도곡선으로 표시하여 두는 것이 바람직하다. 입도곡선은 종축에 어떤 체를 통과하는 시료의 질량백분율 또는 체에 남는 시료의 질량백분을 취하고, 횡축에 체의 크기를 나타내어 그린 것이다. 체의 크기를 표시할 때, 보통 사용되는 한 개조의 시험체에 있어서 체크기를 같은 간격으로 한다. 입도곡선으로부터 매우 잔모래, 굵은 모래, 또는 어떤 입경의 입자가 부족하거나 과다하게 혼입되어 있는지를 판단할 수 있다.

조립률

골재의 입도를 단일 값으로 나타내는 지표로서 조립률組立率(fineness modulus, FM)이라고 지칭하며 다음 식으로 계산한다. 조립률은 입경이 클수록 크고, 일반적으로 잔골재는 2~3으로 2 이하이면 가는 모래, 3 이상이면 굵은 모래로 판단하며, 굵은골재는 6~8의 범위이다. 잔골재는 2.7이 적당하며 굵은골재는 7이 적절하다.

$$\text{조립률(FM)} = (\text{각 표준체에 남은 양의 누적 백분율})/100 \tag{3.8}$$

예제 3.2 **잔골재의 체가름시험에서 통과한 양이 다음과 같을 때, 조립률을 계산하라.**

5.00(No.4) = 100 %, 2.50(No.8) = 96 %,
1.2(No.16) = 80 %, 0.60(No.30) = 50 %,
0.30(No.50) = 12 %, 0.15(No.100) = 1 %

풀이 조립률(FM) = (각 표준체에 남은 양의 누적 백분율)/100
= (0 + 4 + 20 + 50 + 88 + 99)/100 = 2.61

[표 3.5] 구조물 종류에 따른 굵은골재의 최대치수

구조물의 종류		최대치수(mm)
무근 콘크리트	단면이 큰 콘크리트(큰 기초, 큰 교각 등)	80~100
	보통 단면이 큰 콘크리트(기초, 교각, 두꺼운 벽 등)	50~80
철근 콘크리트	두꺼운 판	40~50
	판, 보, 벽, 기둥	25
	확대 기초	40
	지하벽, 케이슨	50
포장 콘크리트		50 이하
댐 콘크리트		80~150

굵은골재의 최대치수

질량으로 90 % 이상 통과하는 체 중에서 최소치수를 굵은골재의 최대치수라고 말한다. 굵은골재의 최대치수는 부재 최소치수의 1/5, 철근의 순간격의 3/4를 초과해서는 안 된다. 최대치수가 클수록 콘크리트의 단위수량 및 단위시멘트량이 감소하여 경제적이다. 대신에 굵은골재 최대치수가 지나치게 크면 혼합 및 취급이 어려우며 재료분리가 발생할 수 있다. 위의 표 3.5는 구조물 종류에 따른 굵은골재의 최대치수 범위이다.

3.2 • 골재의 내구성능과 시험법

앞에서 골재의 입도분포, 조립률, 최대치수, 함수량, 비중, 단위 중량은 배합설계를 위한 기본 시험 값이다. 사용될 골재에 대해서는 내구성능에 대하여 시험을 함께 수행하여야 한다.

골재는 콘크리트의 대부분을 차지하고 있기 때문에 골재가 유해한 물질을 함유할 때, 콘크리트는 심각한 내구성 문제를 야기시킬 수가 있다. 특히 우리나라의 경우 천연 골재 부족 현상이 심각하고 자주 골재로부터 내구성 문제가 나타나고 있음으로 골재의 내구성 시험은 매우 중요하다. 골재의 내구성 결함은 물리적 원인과 화학적 원인으로 대별 된다. 전자는 물리적 마모뿐만 아니라 동결융해, 건습의 반복에 의한 것이며 후자인 화학적 내구성 문제는 시멘트－골재 반응 등의 다양한 형태로 나타나고 있다.

골재의 내구성 측정은 현장 성능시험이 가장 좋은 방법이다. 또한 콘크리트에 타설된 골재를 평가하는 시험방법이 쉬우나 골재를 직접 시험하는 방법에 비하여 다소 많은 시간이 소요된다. 골재를 평가할 때에는 반드시 KS 규격의 시험법을 따라야 한다.

골재 중의 유해물질

골재 중의 유해물이란 점토덩이나 미세입자, 이탄, 부식토 등 유기물과 화학 염류 등 콘크리트의 강도, 내구성, 안전성을 해치는 물질을 말한다. 골재에 유해물이 있으면, 시멘트 풀과 골재와의 부착력을 감소시키고 시멘트와 화합하여 수화반응을 방해한다. 실트 또는 점토의 유해물이 과량 포함되면 콘크리트의 체적변화를 크게 하며, 콘크리트의 초기 균열을 생성시킨다. 또한 소정의 반죽질기를 얻기 위하여 단위수량이 증가되어 콘크리트 강도가 감소한다.

유해물질은 골재의 표면에 부착할 때도 있고 골재 중에 혼입되어 있는 경우도 있다. 이들의 종류는 보통 실트, 점토, 운모, 석탄, 부식토, 유기물, 염류 및 골재에 붙어 있는 부착물이다. 따라서 골재는 반드시 씻어서 사용하여야 한다. 잔골재에 함유된 유기불순물은 KS F 2510에 따라 시험 하여야 한다. 이 때 모래 위에 있는 용액의 갈색 정도에 따라 판단하며 표준색보다 옅어야 한다. 염화물을 함유하고 있는 잔골재를 사용하면 철근 부식을 유발한다. 해수중의 NaCl, $MgCl_2$가 철근의 부식을 일으키는 주요 성분이다.

표 3.6은 **표준시방서**에서 규정한 잔골재의 유해물 함량의 한도이다.

물리적 내구성 시험법

골재의 물리적 내구성은 환경적 변화로부터 체적변화가 규정치보다 커지는지 여부를 평가하는 안정성(soundness)과 단단하고 치밀한 골재를 사용하였는지를 평가하는 마모저항성(wear resistance)으로 대별된다.

[표 3.6] 잔골재의 유해물 함유량 한도(질량백분율)

종 류	최대치
점토 덩어리	1.0
0.08 mm체 통과량	
콘크리트의 표면이 마모작용을 받는 경우	3.0
기타의 경우	5.0
석탄, 갈탄 등으로 밀도 2.0 g/cm^{3}의 액체에 뜨는 것	
콘크리트의 외관이 중요한 경우	0.5
기타의 경우	1.0
염화물(NaCl 환산량)	0.04

안정도 시험은 반복적인 동결융해와 건습작용으로부터 체적변화를 일으키는 현상을 시험하게 된다. 골재의 동결융해에 대한 저항성에 영향을 주는 요인은 경화된 시멘트페이스트에 영향을 주는 요인과 유사하며 제12장에서 자세히 설명한다. 골재의 저항성은 골재 내부의 수분이 얼어서 부피 증가를 일으킬 때 높은 내부 응력이 발생하는가에 좌우 된다. 이 응력은 골재의 공극성, 투수성, 포화도에 관련된다.

골재는 콘크리트 표면의 마모 저항성 결정에 중요한 역할을 하는 것은 당연하다. 우수한 골재는 단단하고 치밀하여야 하며 약하거나 다공성 유해입자들이 없어야 한다. 골재의 마모성은 흔히 로스앤젤레스 마모시험(KS F 2508)으로 평가한다. 이 시험은 규정된 시간동안 강철보로 볼 밀링한 후에 체가름하여 중량 손실을 측정하는 과정으로 이루어진다. 이 시험법은 현장에서의 마모조건과 연관성이 적으나 골재를 다루는 과정에서 골재가 부서지는 성향을 측정하는 손쉬운 시험법이다. 콘크리트 자체의 마모저항성을 평가할 수 있을 뿐만 아니라 골재의 형상, 구조, 시멘트 풀과 골재의 부착성능을 판단할 수 있다.

화학적 내구성 시험법

대부분의 화학적 내구성 문제는 골재에 있는 실리카 성분과 시멘트에 함유되어 있는 알칼리 성분 사이의 반응으로 발생한다. 가장 빈번하게 발생하는 현상은 알칼리골재반응 또는 알칼리 실리카반응이다. 이들 반응은 내부로부터 팝아웃 또는 그물모양의 표면 균열(map cracking 또는 pattern cracking)을 발생시킨다.

시멘트에 함유된 알칼리와 골재내의 반응성이 있는 실리카 사이에 화학적 반응으로 인한 팽창에 기인한다. 다양한 형태의 실리카는 각기 다른 반응성을 갖고 있으며 결정체 형성, 내부 다공성, 결정체 크기, 그리고 내부 결정체의 변형률에 관계된다. 골재들은 서로 다른 속도로 알칼리골재반응을 일으키며, 이로 인한 피해는 구조물이 완공된 이후 수년 동안 잠재되어 있다가 서서히 나타남으로 매우 심각할 수 있다. 알칼리골재반응에 대해서는 제12장에서 자세히 설명한다.

3.3 • 그 외 여러 가지 골재

3.3.1 경량골재와 중량골재

콘크리트 구조물이 대형화 고층화됨에 따라 콘크리트 자중을 감소시킬 필요가 있다. 콘크리트 자중을 경감시키는 효과적인 방법으로 콘크리트 중에서 대부분을 점유하는

[표 3.7] 중량골재와 중량콘크리트의 밀도(g/cm³)

골재 종류	골 재	콘크리트
중정석	4.2~4.7	3.3~3.6
갈철광	2.8~3.8	2.6~2.7
자철광	4.5~5.2	3.5~3.8

골재의 경량화가 우선 해결책이다. 경량골재로 기건비중 2.0 이하를 경량골재라 호칭하고 이를 사용하는 콘크리트를 경량골재콘크리트라고 한다.

경량골재에는 천연산으로 화산석, 응회암, 용암 등이 있으며, 인공산으로 팽창성 혈암, 팽창성 점토, 플라이애쉬 등을 주원료로 하여 소성한 인공경량골재와 석탄찌꺼기 등과 같은 산업 부산물 경량골재 및 그 가공품이 있다. 인공골재는 보통 회전로에서 최고 1,000~1,200℃ 정도로 소성시키는데 이 때 혈암중의 기화물질, 주로 Fe_2O_3의 반응에 의하여 기포가 발생하여 골재 내부는 독립된 많은 기공이 생기며 표면은 딱딱한 골재가 얻어진다. 인공경량골재의 밀도는 품질을 나타낼 때, 절대건조상태의 밀도를 사용하는데 이 밀도는 입경에 따라 다르며, 입경이 클수록 작다. 콘크리트 배합 시에는 표면건조포화상태로 사용하며, 흡수상태에 따라 다르기 때문에 24시간 흡수상태를 표준으로 한다. 경량골재에 대해서는 제16장에서 자세히 다룬다.

콘크리트의 밀도를 보통의 경우보다 높게 할 필요가 있는 경우에는 표 3.7과 같은 중정석(barite), 자철광(magnetite), 갈철광(limonite) 등 밀도가 높은 중량골재를 사용한다. 중량골재는 방사선에 대하여 차폐효과를 높이기 위하여 사용되는 갈철광, 자철광 등 밀도가 큰 골재이다. 방사선 차폐체를 설계할 때에 고려해야 할 방사선에는 일반적으로 감마선과 중성자선의 2종류가 있다. X선은 그 선원에 차이가 있지만, 콘크리트의 차폐성능(radiation shielding)과 연관지어서는 기본적으로는 감마선과 동일하게 고려한다. 감마선의 차폐성능은 차폐체의 밀도와 두께에 비례한다.

3.3.2 순환골재

콘크리트골재로서 고형 폐기물을 재활용하는 방안은 증가하고 있는 폐기물 문제에 대한 미례 지향적 해결책이다. 고형 폐기물을 활용하는 방안은 새로운 발상은 아니며 고형 폐기물을 활용할 수 있는 방안은 주로 콘크리트용 재활용 골재에 집중되어 왔다. 우리나라에서도 2009년에 개정한 **표준시방서**에서 처음으로 순환골재에 대한 시방이 제시 되어 사용이 증가되고 있다.

고형 폐기물은 표 3.8에서 보듯이 많은 종류가 있다. 이들은 도시와 가정으로부터 끊임없이 생산되는 쓰레기, 벽돌, 폐콘크리트와 같은 건축폐기물, 광산에서의 잔해물

[표 3.8] 콘크리트 골재로 대용으로 사용될 수 있는 폐기물

재료	구성	관련 산업	연간생산량 (10^6 tons)
광폐기물	자연 암석	광산 및 광물질처리	2,000
고로슬래그	칼슘 및 마그네슘 석영 유리의 규산염(silicate) 혹은 알루미노 규산염(aluminosilicate)	철강	30
철강슬래그	규산염, 알루미노 규산염, 유리	철강 처리공정	30
고로 하부 애쉬 (bottom ash)	석영 유리	발전	15
플라이애쉬	석영 유리	발전	60
도시 폐기물	종이, 유리, 플라스틱, 금속	상업용 혹은 가정용 폐기물	200
소각로 잔해	용기 유리, 금속, 석영 유리	도시 및 산업	5
건물 잔해	벽돌, 콘크리트, 철근	건물 해체	25

출처 : Mindess S., Young F., and Darwin D., “Concrete”, 2003.

과 같은 버려지는 재료이다. 고로슬래그, 연슬래그, 동슬래그와 같은 산업부산물은 이미 골재 대용으로 사용할 수 있도록 **표준시방서**에서 규정되어 있다.

고로슬래그는 물을 가하거나 냉풍으로 급냉시키거나, 또는 공기중에서 서서히 냉각시키는 방법을 사용하여 제조한다. 물을 사용한 경질수쇄슬래그는 콘크리트용 잔골재로 이용되고 서서히 냉각시킨 공냉슬래그는 크러셔로 파쇄하여 콘크리트용 굵은골재로 이용한다. 고로슬래그는 냉각속도가 빠르면 다공질로 가볍고 강도가 약하며 좋지 않다. 콘크리트용 고로슬래그 잔골재와 굵은골재는 KS F 2559, KS F 2544에 규정되어 있다.

콘크리트용 골재로 폐기물을 사용하고자 할 때 고려할 사항으로 대체로 다른 재료와의 친화성, 콘크리트에 미치는 특성, 그리고 경제성이다. 먼저 폐기물은 배합에 사용된 다른 구성 성분에 나쁜 영향을 미치지 않아야 한다. 가끔 폐유리들은 알칼리골재반응을 일으킬 수 있으며, 광산 폐기물에서 추출되는 납과 아연 성분은 시멘트의 응결을 방해하는 것으로 알려져 있다. 소각로에서 잔류물로 존재하는 알루미늄은 내구성 문제를 일으킬 수 있으며 특히 염화물이 있을 때 철근 부식의 문제가 발생될 수 있다.

우리나라 순환골재에 대해서는 ‘건설폐기물 이용 촉진에 관한 법률’에 따라 건설폐기물을 물리적 화학적 처리과정을 거치고 이 규정의 의한 품질기준을 골재는 만족하여야 한다. 대체로 순환골재는 해체된 폐콘크리트를 파쇄한 후 입도 조정을 거쳐서

[표 3.9] 순환골재의 품질(콘크리트표준시방서 2009)

		순환 굵은골재	순환 잔골재	관련시험 규정
절대 건조 밀도(g/mm^2)		2.5 이상	2.2 이상	KS F 2503
흡수율(%)		3.0 이하	5.0 이하	KS F 2503
마모 감량(%)		40 이하	–	KS F 2508
입자 모양 판정 실적률(%)		55 이상	53 이상	KS F 2527
0.08 mm 체 통과량 시험에서 손실된 양(%)		1.0 이하	7.0 이하	KS F 2511
알칼리골재반응		무해할 것		KS F 2545
점토 덩어리양(%)		0.2 이하	1.0 이하	KS F 2512
안정성(%)		12 이하	10 이하	KS F 2507
이물질 함유량(%)	유기이물질	1.0 이하(용적)		KS F 2576
	무기이물질	1.0 이하(질량)		

생산하며 골재와 여기에 부착되는 모르타르로 구성된다. 순환골재의 품질은 폐콘크리트의 종류나 성상, 부착된 모르타르의 양에 영향을 받는다.

순환골재의 품질을 정하는 데는 부착된 모르타르의 양 및 품질에 관계되는 흡수율이 품질을 평가하는 주요 항목이 된다. 모르타르 성분은 미수화 상태로 존재하기 때문에 콘크리트의 알칼리양을 증가시키게 되며, 이로 인하여 순환골재를 시용한 콘크리트는 알칼리골재반응에 의한 내구성 저하가 우려된다고 할 수 있다. 모르타르 성분은 흡수율을 높여 동결융해에 대한 저항성을 저감시킬 수 있다. 이에 대한 대책으로서 가능한 플라이애쉬 시멘트, 고로슬래그 시멘트를 사용하거나 시멘트의 일부를 플라이애쉬 또는 고로슬래그 미분말을 혼합하여 사용하도록 권장되고 있다. 표 3.9는 표준시방서에서 규정한 순환골재의 품질로서 이 표준에 만족하여야 한다.

순환골재 콘크리트 제조에 있어서 순환 굵은골재의 최대치수는 25 mm 이하로 하며 가능한 20 mm로 함이 적절하다. 순환골재의 최대 치환율은 순환골재의 종류에 상관없이 총 골재용적의 30 % 이하로 한다. 순환골재 콘크리트의 공기량은 보통골재를 사용한 콘크리트보다 1 % 크게 한다. 순환골재를 사용한 콘크리트의 설계기준압축강도는 27 MPa 이하로 하며, 강도별로 이를 사용하는 콘크리트의 적용 가능한 대략의 부위는 표 3.10과 같다.

[표 3.10] 순환골재 사용방법 및 적용 가능 부위

<table>
<tr><th rowspan="2">설계기준
강도
(MPa)</th><th colspan="2">사용골재</th><th rowspan="2">적용 가능 부위</th></tr>
<tr><th>굵은골재</th><th>잔골재</th></tr>
<tr><td>21 이상
27 이하</td><td rowspan="2">천연
굵은골재
및
순환
굵은골재</td><td>천연 잔골재</td><td>기둥, 보, 슬래브, 내력벽, 교량하부공, 옹벽, 교각, 교대, 터널 라이닝공 등</td></tr>
<tr><td>21 미만</td><td>천연 잔골재
및 순환
잔골재</td><td>콘크리트 블록, 도로 구조물 기초, 측구, 집수받이 기초, 중력식 옹벽, 중력식 교대, 막콘크리트, 강도가 요구되지 않는 채움재 콘크리트, 건축물의 비구조체 콘크리트 등</td></tr>
</table>

3.3.3 저품질의 골재 문제

골재는 콘크리트 체적의 70 % 이상을 차지하며, 따라서 골재의 종류와 품질은 콘크리트의 품질에 큰 영향을 미친다. 시멘트페이스트의 건조수축을 골재가 구속하게 되므로 양질의 골재가 많을수록 건조수축을 줄이는 효과가 크다. 골재의 입도가 적정하고 입형이 둥근 것 또는 정육면체에 가까운 것이 단위수량이 적어지기 때문에 바람직하다.

예전에는 경질이고 입형이 좋은 하천자갈을 구하기가 비교적 용이하였으나 80년대 이후부터 골재의 공급이 부족하고 품질 저하가 급격히 문제 되고 있다. 따라서 육지자갈, 산자갈, 바닷자갈은 물론 쇄석 외에 부산물인 고로슬래그, 동슬래그, 연슬래그 등 여러 가지 골재를 사용하게 되었고, 경량콘크리트를 위한 인공경량골재와 고로슬래그 등이 사용하게 되었다. 이와 같이 골재의 종류가 다양하게 되었지만 반면에 품질의 저하가 문제시 되고 있다.

골재중의 유해물의 하나로서 실트질, 점토 등 골재 파쇄물 이외의 미세한 입자를 이분泥分이라고 지칭한다. 골재에 점토성분이 과다하게 포함되어 있을 때 콘크리트 표면에 균열이 발생된다. 점토 덩어리는 콘크리트 표면이 건조하여짐에 따라 수일 또는 수십일 이내에 불규칙한 그물 모양의 균열로서 나타난다. 또한 골재에 점토분이 많을 때, 레이턴스 층이 크게 형성되어 콜드 조인트를 유발시키거나 마모성을 저하시킬 수 있다. 풍화암이나 품질이 낮은 골재의 사용은 부분적인 강도 저하 또는 콘크리트에 균열을 발생시킬 수 있다.

해사나 육사, 부순모래를 사용할 경우에는 천연 잔골재에 비해 미립분(0.15 mm)이 매우 부족한 것으로 입도 불량, 유해물질 과다 함량 등의 문제로 나타나고 있다. 잔골재에서 미립분이 부족하면 점성이 낮아져서 재료분리가 일어날 가능성이 높아진다. 표준시방서에서 특수 잔골재의 미립분을 완화하여 0.15 mm 체 통과량의 범위를 2~

[표 3.11] 국내 골재의 품질상의 문제점

골재의 종류	가능성 있는 문제점
부순돌	입형 불량 점토 등 미세물질 혼입
강모래	입도 불량(상류모래 조립, 하류모래 세립) 유기물질 포함
해사	염분 세척불량 또는 미세척으로 염화물량 규정값 초과 조개껍질 함유 염분세척에 의하여 미립분 부족 입도가 고르지 못하고 단일 입도인 경우 존재
육사	점토, 실트, 유기불순물 등을 함유 유기물 제거를 위한 세척으로 미립분 부족 산모래는 풍화되어 흡수율이 높음
부순모래	입형 불량 미분량 다량 포함 미립분 부족

15 %로 규정하고 있으며 이를 엄격히 지켜야 할 것이다. 반응성 골재에 의한 균열과 피해 사례도 국내에서 최근 자주 보고되고 있다. 표 3.11은 국내 골재의 종류별로 품질상의 가능성 있는 문제점을 요약하고 있다.

3.4 • 배합수

물은 콘크리트를 제조할 때 중요한 요소의 하나이다. 배합수로서 물은 기름, 산, 유기불순물, 혼탁물 등 콘크리트나 강재의 품질에 나쁜 영향을 미치는 물질의 유해량을 함유해서는 안 된다. 배합수는 콘크리트의 응결경화, 강도의 발현, 체적변화, 워커빌리티 등의 품질에 나쁜 영향을 미치거나 강재를 녹슬게 하는 유해물질의 허용함유량을 초과하지 않아야 한다.

물의 품질에 대해서는 마실 수 있는 물이면 배합수로 사용할 수 있다. 상수도물은 시험을 하지 않아도 사용할 수 있으며, 이외의 물의 품질은 표 3.12의 기준에 적합하여야 한다. 다만, 수도법의 수질기준에 따라 품질을 만족시키고 있는 경우에는 상수도물에 준하여도 좋다.

[표 3.12] 수돗물 이외의 배합수의 품질(KS F 4009)

항 목	품 질
현탁 물질의 양	2 g/L 이하
용해성 증발잔유물의 양	1 g/L 이하
염소이온(Cl^-)량	250 mg/L 이하
시멘트 응결시간의 차	초결은 30분 이내, 종결은 60분 이내
모르타르의 압축강도비	재령 7일 및 재령 28일에서 90 % 이상

해수는 강재를 부식시킬 우려가 있으므로 철근콘크리트, 프리스트레스트콘크리트, 철골철근콘크리트 및 가외철근이 배치된 무근콘크리트에서는 배합수로서 사용할 수 없다. 가외철근이 배치되지 않은 무근콘크리트에서는 해수를 써도 상관없으나 해수를 사용하면 장기 재령에서의 콘크리트의 강도증진이 떨어지고, 내구성이 적어지는 경향이 있으며, 백화가 생기기 쉬운 점 등의 실험결과도 보고되고 있다. 또 해안근처의 우물물에서는 염화물이 함유되어 있는 경우가 많다. 부득이 염화물을 많이 함유한 우물물 등을 사용하는 경우에는, 배합수 이외의 재료에 함유된 염화물의 양도 고려해서 콘크리트중의 염화물이온의 총량이 염화물 함유량에 명시된 허용한도를 넘지 않는다는 것을 확인하여야 한다.

배합수는 콘크리트의 응결경화, 강도의 발현, 체적변화, 워커빌리티 등의 품질에 나쁜 영향을 미치거나 강재를 녹슬게 하는 물질이 유해함유량 이상 함유해서는 안 된다. 배합수는 특별한 맛, 냄새, 빛깔, 탁도 등이 없는 음료수 정도로 깨끗한 물이어야 한다. 공장하수 및 도시하수 등으로 오염된 하천, 호수, 저류의 물에는 황산염, 옥화물, 인산염, 붕산염, 탄산염이나 납, 아연, 동, 주석, 망간 등의 화합물이나 알칼리 등의 무기물 및 당류, 펄프폐액, 부식물질 등의 유기 불순물이 함유되어 있는 수가 있는데, 미량이라도 이와 같은 물질을 함유하는 물을 배합수로 사용하면 콘크리트의 응결경화, 강도의 발현, 체적변화, 워커빌리티 등에 나쁜 영향을 미칠 수가 있다. 표 3.13은 배합수로 사용될 때, 여러 가지 불순물의 허용한도를 나타내고 있다.

레디믹스트 콘크리트 공장이나 프리캐스트콘크리트 공장에서 믹서 또는 트럭 애지테이터 등을 씻은 물을 가끔 사용하는데, 윗부분의 맑은 물은 콘크리트의 강도, 워커빌리티 등에 나쁜 영향을 주지 않는 것이 확실하면 배합수로 사용할 수 있다. 다만, 회수수回收水 중에는 염화물이나 알칼리가 함유되어 있으므로 사용에 있어서는 이들을 검토하여야 한다. 표 3.13은 배합수로 사용될 때, 여러 가지 불순물의 허용한도를 나타내고 있다.

[표 3.13] 배합수 내의 불순물의 허용한도

불순물	최대 허용한도 s(ppm)	비 고
부유물(혼탁)	2,000	실트, 점토, 유기물
조류	500~1,000	연행공기
탄산염	1,000	응결시간 감소
중탄산염	400~1,000	칼슘, 마그네슘의 중탄산염에 대해 400 ppm
황산나트륨	10,000	초기강도 증가, 장기강도 감소
황산마그네슘	40,000	
염화나트륨	20,000	응결시간 감소, 초기강도 증가, 장기강도 감소
염화칼슘	~50,000	
염화마그네슘	40,000	
Iron salts	40,000	
인산염, 비산염, 붕산염	500	응결 지연
아연, 구리, 납, 망간, 주석 염	500	
무기산	10,000	pH 3.0보다 낮음
수산화나트륨	500	
황산나트륨	100	콘크리트 시험 필요
당(sugar)	500	응결 거동에 영향을 미침

출처 : Mindess S., Young F., and Darwin D., “Concrete”, 2003.

연습문제

1 콘크리트에서 골재를 소홀히 다루기 쉬운바, 골재의 역할과 중요성에 대해 설명하라.

2 골재의 실적률과 공극률을 정의하고 의미에 대해 서술하라.

3 골재의 함수상태를 그림으로 나타내어 설명하라.

4 골재의 입도와 최대크기를 정의하고 좋은 입도분포가 콘크리트에 미치는 영향을 설명하라.

5 잔골재의 체가름시험에서 통과한 양이 다음과 같을 때, 조립률을 계산하라.

5.00(No.4) = 95 %, 2.50(No.8) = 75 %,
1.2(No.16) = 45 %, 0.60(No.30) = 20 %,
0.30(No.50) = 10 %, 0.15(No.100) = 3 %

6 표면건조 포화상태에서 굵은골재 1,000 g을 물에 잠기었을 때의 무게가 633 g이었다면 이때 골재의 표건 밀도는 얼마인가?

7 골재의 유해물질을 나열하고 콘크리트에 미치는 영향을 설명하라.

참고문헌

1. 한국콘크리트학회, "콘크리트구조설계기준 해설", 기문당, 2012, 599 pp.
2. 한국콘크리트학회, "콘크리트표준시방서 해설", 기문당, 2009, 854 pp.
3. 한국콘크리트학회, "최신콘크리트공학", 기문당, 2011, 930 pp.
4. 한국콘크리트학회, "특수콘크리트공학", 기문당, 2004, 571 pp.
5. 정일영, "콘크리트구조 재료공학" 기문당, 2004, 551 pp.
6. 정재동, "콘크리트 재료공학", 보성각, 2007, 571 pp.
7. 윤재환, "포틀랜드시멘트 및 콘크리트", 세진사, 1989.
8. Mehta K. and Monteiro P., "Concrete", 3nd ed., *Prentice Hall*, 1996, 659 pp.
9. Mindess S., Young F., and Darwin D., "Concrete", 2nd ed., *Prentice Hall*, 2003, 644 pp.
10. Neville A. M., "Properties of Concrete", 4th ed., *John Wiley & Sons*, *Inc.*, 1996, 844 pp.
11. Ahmad Shayan and Aimin Xu, "Performance and Properties of Structural Concrete Made with Recycled Concrete Aggregate", *ACI Materials Journal*, Sep-Oct. 2003, pp. 371-380.

4

CHAPTER

혼화재료

혼화재료라 함은 시멘트, 골재, 물 이외에 콘크리트를 혼합할 때 목적에 따라 첨가하는 특수 재료를 말한다. 최근에 혼화재료는 눈부시게 발전함에 따라 굳지않은 또는 굳은 콘크리트에서 과거에는 도저히 실현할 수 없었던 성질들이 개발됨으로써 중요성이 크게 높아지고 있다. 흔히 오늘날 콘크리트는 과거의 콘크리트가 아니라 함은 이 혼화재료의 개발 덕분이다.

이 장에서 광물 분체로서 시멘트 대체 물질인 혼화재와 비빔 중에 용액으로 첨가되는 수용성 화학제인 혼화제의 성능과 사용법을 소개한다. 미분 재료를 첨가하는 활성 광물질인 혼화재로서 고로슬래그 미분말, 플라이애쉬, 실리카퓸과 천연 포졸란에 대하여 설명한다. 또한 화학 혼화제로서 공기연행제, 응결조절제, 유동화제 또는 감수제 외에 다양한 특수 용도의 혼화제 성능과 사용법을 설명한다.

4.1 • 혼화재

시멘트의 대체 재료로서 인공 포졸란 재료인 고로슬래그 분말, 플라이애쉬, 실리카퓸과 천연 포졸란, 팽창재 등, 콘크리트에 미분 재료를 첨가하는 활성 광물질 재료를 혼화재混和材(mineral admixture)라고 지칭한다. 광물계 혼화재는 콘크리트의 타설 작업성을 높이고 조직을 치밀하게 하여 내구성을 증대시키는 유익한 역할을 한다.

포졸란 자체는 수경성이 없지만 콘크리트 중에서 물속에 녹아있는 수산화칼슘과 상온에서 화합한다. 플라이애쉬가 인공 포졸란 재료로서 대표적이며 고로슬래그는 넓게 보아서 포졸란 물질로 분류하며 자극재가 있으면 자체적으로 수화물층을 슬래그 입자 표면에 생성시키는 점에서 잠재수경성 물질이다.

고로슬래그나 플라이애쉬와 같은 혼화재는 산업 부산물로서 친환경 재료이며 단가 낮아 경제적 이점으로 많은 레미콘 공장에서 첨가한다. 혼화재는 대부분 시멘트를 제조할 때 소요되는 에너지에 비하여 생산 시에 에너지 소비가 적고 CO_2 배출량을 줄이는 장점이 있다.

4.1.1 포졸란

포졸란이라는 명칭은 이탈리아 도시인 포졸리에서 유래되었으며 천연 또는 산업공장에서 발생되는 일부 반응성 알루미노 규산염을 말한다. 포졸란 재료는 그 자신은 굳어지지 않지마는 물이 존재할 때 자극제와 반응하여 저용해도의 화합물을 생성하는 성질 즉, 포졸란 반응을 일으킨다. 포졸란의 주성분인 비결정질의 실리카는 시멘트의 규산칼슘의 수화반응으로 생성되는 수산화칼슘과 반응하여 C−S−H를 생성시킨다. 포졸란 반응의 진행정도는 시간에 따라 줄어드는 수산화칼슘의 양으로 측정한다.

천연산으로는 화산재, 규조토, 규산 백토를 들 수 있으며, 인공 포졸란 재료로는 고로슬래그, 소성점토, 플라이애쉬, 혈암이 있다. 대체로 포졸란 반응은 반응속도가 C_2S의 느린 수화반응과 비슷하다. 인공 포졸란 재로서 대표되는 플라이애쉬는 그 반응속도가 시멘트와 비교하여 상당히 늦고 수화발열량도 적다.

플라이애쉬는 구상球狀의 미립자로 콘크리트 중에서 볼베어링과 같은 역할을 함으로서 워커빌리티를 개선시키고 소요 슬럼프를 얻기 위한 단위 수량을 감소시킬 수가 있으며 블리딩 현상도 감소된다. 포졸란 반응은 온도가 높아질수록 활성화 되어 온도가 높을수록 성능이 현저하게 개선된다. 또한 포졸란 반응은 느리기 때문에 습윤양생을 연장하여야 포졸란을 첨가한 효과를 기대할 수 있다.

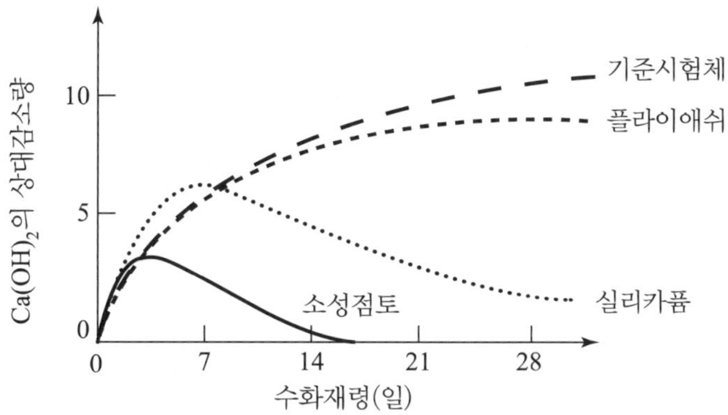

[그림 4.1] 여러 종류의 포졸란 재료의 반응성

(출처 : Mindess S., Young F., and Darwin D., "Concrete", 2003)

그림 4.1은 여러 종류의 포졸란 재료의 반응성을 비교하고 있다. 포졸란 반응의 진행 정도는 시간에 따라 줄어드는 수산화칼슘의 양을 보면 알 수 있는데 실리카퓸과 소성점토는 초기부터 빨리 줄어들어 높은 반응성을 보이고 있다.

4.1.2 고로슬래그 미분말

콘크리트에 사용되는 고로슬래그(blast furnace slag)는 철을 제련하는 과정에서 발생하는 부산물로 철광석으로부터 철을 생산하거나 철의 불순물을 정제하는 과정에서 생성된다. 슬래그는 철광석으로부터 선철을 생산하는 과정에서 발생하는 찌꺼기이며 철분이 포함되지 않은 부분이 녹아 나오는 비금속 생성물로 고로슬래그 미분말에는 석회, 실리카, 알루미나가 풍부하다.

고로슬래그 미분말은 비결정질의 유리질 재료로서 물과 접촉하여도 수화반응은 자체적으로 진행되지 않는다. 그러나 시멘트 수화반응시 생성되는 알칼리성 물질의 자극재(activator)의 영향을 받아 수화물을 생성하여 경화하는 잠재수경성潛在水硬性(latent hydraulicity)이 있다. 따라서 이 혼화재를 사용할 경우 미세 결정구조 및 화학적 성질이 포틀랜드시멘트 경화체와 다소 다른 특성을 가진다.

고로슬래그를 분쇄하여 만든 양질의 슬래그 미분말은 적절히 잘 사용하면 콘크리트의 장기강도를 증진시키고 수화열의 발생속도를 늦춘다. 또한 수밀성이 개선됨으로 황산염이나 해수에 대한 화학적 저항성이 높아지는 등의 효과가 크다. 그러나 슬래그에 따라서 반응성이 많이 다르며, 이들의 효과는 고로슬래그의 화학 성분이나 급랭의 정도, 분말도, 사용량, 석고첨가의 유무, 배합설계에 따라 상당한 차이가 있다.

고로슬래그 분말의 화학성분은 필요에 의해 첨가되는 석고를 함유한 화학성분으로

[표 4.1] 고로슬래그 활성도지수

종류	분말도(m^2/kg)	재령 7일	재령 28일	재령 91일
1종	80～100	95 이상	105 이상	105 이상
2종	60～80	75 이상	95 이상	105 이상
3종	40～60	55 이상	75 이상	95 이상

출처 : Mindess S., Young F., and Darwin D., "Concrete", 2003

표시되며, 석고가 첨가된 고로슬래그 분말은 CaO 함유량과 염기도鹽基度가 높다. 고로슬래그 염기도는 분말의 화학분석값으로 추정할 수 있으며 다음 식으로 나타낸다.

$$\text{염기도} = \frac{CaO + MgO + Al_2O_3}{SiO_2} \tag{4.1}$$

고로슬래그의 염기도는 1.40 이상의 것을 사용하도록 규정하고 있으며 염기도가 클수록 반응성이 크다.

고로슬래그의 비중은 약 2.9로 시멘트 보다 낮다. 고로슬래그 미분말은 블레인 비표면적 4,000 cm^2/g 정도의 것에서부터 10,000 cm^2/g 이상의 것까지 여러 종류가 있고 활성도지수活性度指數(activity index)에 따라서 제 성능의 차이가 크다. 혼화재로서 사용할 고로슬래그 미분말에 대한 품질 규정은 KS F 2563에 규정 되어 있다. 표 4.1은 고로슬래그의 활성도지수를 나타내고 있다. 활성도지수는 보통 포틀랜드시멘트의 50 %를 고로슬래그로 치환 사용한 모르타르의 압축강도의 상대비를 뜻한다.

4.1.3 플라이애쉬

플라이애쉬(fly ash, 또는 pulverized-fuel ash)는 화력발전소 등의 보일러에서 부산물로 생산되는 석탄회로서 연소 폐가스 중에 포함되어 있어 집진기에 의해 포집되어 회수한다. 플라이애쉬의 성질은 사용되는 석탄의 종류, 생산 공정 등에 따라 물리적 화학적 성질이 변화됨으로 품질 변동이 크다. 플라이애쉬의 비표면적은 4,000～10,000 cm^2/g의 범위에 있다. 단위 질량은 900～1,000 kg/m^3으로 시멘트의 단위질량 1,200～1,400 kg/m^3 보다 작다.

인공 포졸란 재료로서 대표되는 플라이애쉬는 그 반응속도가 시멘트와 비교하여 상당히 늦고 수화발열량도 적다. 따라서 수화열에 의한 균열을 방지할 목적으로 매스콘크리트 공사 등에 많이 활용되고 있다. 플라이애쉬는 구상의 미립자로 콘크리트 중에서 볼베어링과 같은 역할을 함으로서 워커빌리티를 개선시키고 소요 슬럼프를 얻기 위한 단위 수량을 감소시킬 수가 있으며 블리딩 현상도 감소된다.

[표 4.2] 포틀랜드시멘트, 슬래그, 실리카퓸, 플라이애쉬의 화학적 조성량

	포틀랜드시멘트	슬래그	실리카퓸	플라이애쉬
CaO	54~66	30~46	0.1~00.6	2~7
SiO_2	18~24	30~40	85~98	40~55
Al_2O_3	2~7	10~20	0.2~0.6	20~30
Fe_2O_3	0~6	4.0	0.3~1.0	5~10
MgO	0.1~4.0	2~16	0.3~3.5	1~4
SO_3	1~4	3.0	–	0.4~2.0
Na_2O	0.2~1.5	3.0	0.8~1.8	1~2
K_2O	0.2~1.5	3.0	1.5~3.5	1~5

플라이애쉬를 첨가한 콘크리트는 초기 재령에서는 일반 콘크리트보다 낮지만 재령이 길어짐에 따라 포졸란 반응이 계속되어 장기강도가 증가한다. 플라이애쉬는 1 μm 이하의 미립분의 영향으로 응집하여 고결하는 경우가 있으므로 저장에 주의하여야 한다. 플라이애쉬의 미연소 탄소에 의해 입자 표면에 유기혼화제가 흡착되어 소요 공기량을 얻기 위하여 혼화제량이 증가될 수 있다. 또한 콘크리트 운반 중에 공기량이 크게 감소될 수 있는 등의 문제점이 있으며, 따라서 플라이애쉬의 품질 변동에 대해 확인이 필요하다. 혼화재로서 사용할 플라이애쉬의 품질은 KS L 5405에 규정되어 있다. 표 4.2는 포틀랜드시멘트, 슬래그, 실리카퓸, 플라이애쉬의 화학적 조성량을 비교하여 나타내고 있다.

4.1.4 실리카퓸

실리카퓸은 실리콘이나 페로실리콘 등의 규소합금을 아크식 전기로에서 제조할 때 배출되는 가스를 집진하여 얻어지는 산업 부산물로 초미립자 포졸란 재료이다. 실리카퓸의 주성분은 비정질非晶質(amorphous)인 이산화규소(SiO_2)로서 약 85~98 %를 차지한다(표 4.2). 실리카퓸이 생성되는 과정의 반응식은 다음과 같다.

$$2SiO_2 + C \rightarrow Si + SiO_2 + CO_2 \tag{4.2}$$

실리카퓸은 입경이 1 μm 이하, 평균 0.1 μm 크기로 담배 연기 정도의 초미립 분말이며, 시멘트입자에 비해 200~300배 더 작다. 비표면적이 약 200,000~250,000 cm^2/g이며 비중이 2.1~2.2 정도이며, 단위질량은 250~300 kg/m^3으로 시멘트의 약 25 %로서 매우 작다. 약 90 %가 구형으로 구성되어 있으며 실리카퓸은 $Ca(OH)_2$와 반응하여 C−S−H를 생성시킨다. 플라이애쉬 등의 포졸란 재료와 비교하여 보면 초미립 분말로서 조기재령에서 포졸란 반응이 발생한다.

[표 4.3] 포틀랜드시멘트, 실리카퓸, 플라이애쉬의 물리적 성질

	포틀랜드시멘트	실리카퓸	플라이애쉬
단위 질량(kg/m^3)	1,200~1,400	200~300	900~1,000
비중	3.15	2.9	2.1~2.2
강열감량(%)	<0.5	2~4	3~12
비표면적(cm^2/g)	2,800~3,300	200,000	4,000~10,000

실리카퓸은 마이크로 필러(micro-filler)로서 수화 시멘트 입자사이를 채워 주고, 또한 강력한 초기 포졸란 반응으로 치밀한 미세구조를 형성하여 강도 증진에 크게 기여한다. 또한 콘크리트의 유동학적 특성이 변화되어 결합재와 골재 사이의 접촉면이 증가하여 점착력을 개선시켜 재료분리를 감소시킨다.

실리카퓸을 콘크리트에 혼합하면 시공성, 강도 증진 외에 수화열을 감소시키고 수밀성, 화학저항성, 내구성을 향상 시킬 수 있는 장점이 많음으로 용도에 따라 활용도가 높다. 그러나 단위수량이 증가하고 소성 수축균열 등의 문제점이 있어 고성능 감수제와 병용하여 사용하여야 하며, 또한 우리나라에서는 전량을 수입하여야 함으로 경제성에서 어려움이 있다. 혼화재로서 사용할 실리카퓸의 품질은 KS F 2567에 규정되어 있다.

표 4.3은 포틀랜드시멘트, 실리카퓸, 플라이애쉬의 물리적 성질을 비교하고 있다.

4.1.5 기타 혼화재

기타 혼화재로서 라이스 허스크 애쉬와 메타카올린 등이 시도되고 있다. 세계적으로 연간 약 1억 톤의 쌀겨가 처리되고 있으며, 태운 재(rice husk ash)를 혼화재로 사용한 콘크리트는 투수성이 놀랄 만큼 감소하는 것으로 알려져 있다. 화력발전에 사용되는 화석재료를 대신하여 에너지 재활용 측면에서도 유리할 수 있다.

점토 광물인 고령토의 일종인 카올린(kaolin)을 전처리하고 소성하여 일정한 입도로 분쇄한 메타카올린은 시멘트의 약 10 % 전후를 혼합 사용함으로서 콘크리트의 여러 가지 물성을 개선시킬 수 있다. 콘크리트의 초기 및 장기강도와 내구성을 증진시키고, 특히 실리카퓸에 비하여 가격 경쟁력이 있으며 국내의 풍부한 카올린을 이용할 수 있기 때문에 향후 고강도콘크리트 제조에 활용될 것으로 기대된다.

4.2 • 혼화제

광물계 혼화재를 앞에서 설명한바, 비빔 중에 용액으로 첨가되는 수용성 화학제를 혼화제混和劑(chemical additive 또는 admixture)라 정의한다. 표 4.4는 현재 사용되고 있는 화학 혼화제의 다양한 종류를 보여주고 있다. 화학 혼화제의 종류가 많다는 것은 그것을 사용하여 콘크리트의 거의 모든 특성을 변경시킬 수 있다는 것이다. 그러나 혼화제가 잘못 사용될 경우, 근본적으로 해결하기가 쉽지 않다는 점에 주의가 필요하다.

콘크리트용 혼화제로 매우 다양한 제품이 있으며 대체로 공기연행제, 응결조절제, 유동화제 또는 감수제가 대부분이며 기타 특수 혼화제로 방동제, 팽창제, 발포제, 방청제, 방습제, 수축저감제 등이 있다.

4.2.1 공기연행제

공기연행제空氣連行濟(air entraining admixture 또는 AE제)는 콘크리트 내부에 독립된 미세기포를 발생시켜 작업성 개선과 동결융해에 대한 저항성을 갖기 위한 혼화제이다. 일반적인 콘크리트에는 혼화제를 첨가하지 않아도 1 % 전후의 공기가 포함되게 되며 눈으로도 볼 수 있는 비교적 큰 입경의 잠재기포, 또는 갇힌 공기(entrapped air)가 불규칙적으로 존재하게 된다. 이에 반해 AE제에 의해 콘크리트 중에 연행기포(entrained air)는 0.05 mm에서부터 1.25 mm 정도의 작은 구형으로 존재하게 된다.

[표 4.4] 콘크리트 성능 향상을 위한 혼화제의 종류

특성	혼화제 종류
작업성	감수제 유동화제 공기연행제 펌핑조절제 수중불분리제
응결 조절	응결촉진제 응결지연제 응결확장제
강도	감수제
내구성	공기연행제 감수제 방청제

(a) 계면활성제의 분자구조 특성

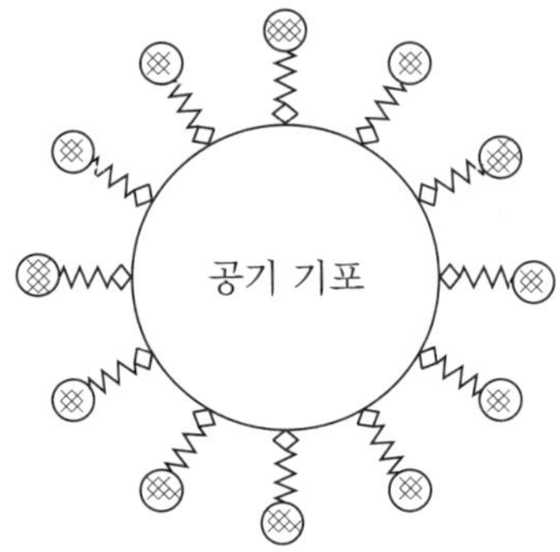

(b) 안정된 공기 기포

[그림 4.2] 계면활성제 분자구조에 의한 공기연행의 개념도

(출처 : Mindess S., Young F., and Darwin D., "Concrete", 2003)

공기연행제는 교반 중에 기포가 발생하고 기포와 물의 계면에 집중되면서 표면 장력을 감소시켜 기포의 형성을 용이하게 하고 기포 발생 후 안정화 시키는 역할을 하여 계면활성제界面活性劑(surface active agent)라고 지칭한다. 그림 4.2에서 보듯이 계면활성제의 분자구조는 비누와 같이 한쪽 끝에는 물에 녹기 쉬운 친수기(hydrophilic)와 다른 쪽 끝에는 물에 반발하는 소수기(hydrophobic)로 구성되어 계면에서 분리가 강하게 일어난다.

공기연행제로 사용되는 제품 중에서 카르본산(carboxylic acid) 또는 설폰산기(sulfonic acid)가 일반적으로 물 분자의 친수성과 관련되어 있다. 공기연행제는 물에 무수히 작은 거품을 발생시켜 볼베어링 작용을 하여 작업성을 향상시키고, 또한 기포를 안정되게 하여 경화 중에 페이스트 내에 고정된다. 좋은 기포구조는 콘크리트 입방미터 중에 수백만 개의 기포가 들어가게 되며, 공기연행제는 안정적인 기포를 형성할 수 있게 한다.

공기연행제는 콘크리트의 동결융해에 효과적이며 굳지않은 콘크리트의 워커빌리티와 점성에도 크게 도움이 된다. 공기연행 콘크리트는 타설 다짐이 용이하고 출하 및 운반 중에 블리딩이나 재료분리가 적어진다. 공기연행제를 사용하여 잔골재량이나 단위수량을 감소시키는 방법이 효과적이다. 페이스트 양이 일정할 경우, 3~4 %의 연행공기량 증가는 슬럼프값을 30~40 mm 증가 시킬 수 있다. 또한 공기량이 4 % 증가하면 단위수량은 12~25 kg/m^3 정도 감소한다.

공기연행제의 공기연행 능력은 배합에서 사용되는 콘크리트 재료에 크게 영향을 받는다. 특히 잔골재에서 미분이 많거나 플라이애쉬 등의 미분의 광물계 혼화재를 함께 첨가하면 공기연행 효과가 적게 된다. 같은 양의 공기연행제를 사용하더라도 빈배합 콘크리트가 부배합 콘크리트보다 연행이 더 많이 되며, 물－시멘트비가 낮은 콘크리트에서 연행이 적게 된다.

공기연행은 비빔 중에 변화하며 믹서 종류, 속도, 시간, 콘크리트 온도에 따라 변한다. 일반적으로 공기량은 처음에는 증가하지만 비빔 시간이 길어지면 감소한다. 특히, 레미콘 배달 중에 비빔시간이 길어져서 공기량 손실이 일어나는 경우에 조절이 필요하다. 콘크리트 중의 공기량은 온도가 높을수록 감소한다. 콘크리트 온도 10℃ 증가함에 따라 공기량은 20～30 % 감소하는 경향이 있다.

공기연행제는 단위시멘트 양이 적은 배합 또는 골재의 입도가 좋지 않거나 골재의 질이 거친 배합에서 오히려 효과적이다. 이와 같이 공기연행으로 균질하고 다짐이 잘 되는 콘크리트를 만들 수 있다. 공기연행 콘크리트의 동결융해 저항성 향상에 대해서는 제12장에서 상세히 설명한다.

4.2.2 감수제

명칭이 의미하는 것과 같이 감수제減水濟(water-reducing admixture)는 주어진 슬럼프에서 소요되는 물의 양을 줄이고자 할 때 사용하는 혼화제이다. 이 감수제의 특성은 콘크리트에 여러 가지 이점을 가져 온다. 시멘트 양을 고정하고, 목표하는 슬럼프를 줄여 실질적으로 물－시멘트비를 낮추어 강도와 내구성 향상시킨다. 또는 목표하는 슬럼프와 물－시멘트비를 변경하지 않고 단위시멘트를 감소시킬 수도 있다. 감수제는 가장 값이 비싼 시멘트 양을 줄이는 경제적 배합설계나 혹은 수화열을 줄이는 기술적인 배합설계로도 사용될 수 있다. 대체로 감수제는 단위시멘트나 단위수량을 증가시키지 않고 슬럼프를 쉽게 증가 시킬 수 있어, 타설이 어려운 경우에 사용하는 것이 일반적이다.

표 4.5에서와 같이 감수성능에 따라 감수제와 고성능감수제로 크게 분류한다. 수량을 일정하게 하고 워커빌리티를 높이기 위해서 사용한다면 유동화제(plasticizer)라고도 지칭한다. 여러 종류의 AE제도 감수제로 크게는 분류될 수 있다. KS F 2560에 의하면 감수율 4 % 이상이면 감수제로 분류한다. 보통의 AE감수제는 일반적인 사용량에서 5～10 % 정도의 감수율을 지니고 있다. 감수제의 감수효과는 종류, 시멘트 분말도, 배합, 콘크리트 온도, 투입시간 등에 따라 좌우된다. 시멘트의 조성도 중요하여, C_3A가 많거나 알칼리가 많은 시멘트에서는 감소율이 떨어지는 것으로 발표되고

[표 4.5] 감수제 분류와 성능

분류	명칭	사용량 (%)	슬럼프 증가량 (mm)	감수효과 (%)	감수효과 W/C	규격
감수제	보통	0.1	50~85	4 이상	−0.05	KS F 2560
AE감수제	일반	0.5	50~100	10 이상	−0.10	KS F 2560
	고성능	1.0	>100	18 이상	−0.15	KS F 2560
Low−range	저범위	0.1	50~85	5~10	−0.05	ASTM C 494
Mid−range	중범위	0.5	50~100	10~15	−0.10	−
High−range	고성능	1.0	>100	15~30	−0.15	ASTM C 494, C 1017

있다. 이는 C_3A의 초기 수화 과정에서, 감수제가 수화 생성물에 흡착되어 시멘트 표면에서 멀어지게 되기 때문이다.

고성능감수제(high-range water reducer 또는 super-plasticizer)는 보통 12~20 % 정도 또는 그 이상의 단위수량을 줄일 수 있는 높은 감수율을 특성으로 한다. 고성능감수제는 물−시멘트비 40 % 이하에서도 우수한 워커빌리티를 얻을 수 있기 때문에 고강도콘크리트 제조에 활용된다. 또한 단위수량을 줄이지 않고 150~250 mm 정도의 슬럼프가 큰 콘크리트 타설에 사용될 수 있으며 이때 진동 다짐을 하지 않을 수 있다. 이와 같이 워커빌리티가 매우 좋은 콘크리트를 고유동콘크리트라고 지칭한다.

고유동콘크리트는 굳지않은 상태에서 재료분리가 일어나지 않으며 높은 유동성을 가져 다짐없이 자기충전自己充塡(self-leveling)이 가능한 콘크리트이다. 타설 시에 다짐을 하지 않아도 철근이 밀집하게 배근된 거푸집 내부를 재료분리 없이 스스로 유동하여 밀실하게 충전한다. 고유동콘크리트는 굳지않은 상태에서 슬럼프 플로우 600 mm 이상이 되어야 한다. 재료분리 저항성으로 슬럼프 플로우 시험 후, 콘크리트 중앙부에는 굵은골재가 모여 있지 않고 주변부에는 페이스트가 분리되지 않아야 한다. 또한 슬럼프 플로우 500 mm 도달시간이 3~20초 범위를 만족하여야 하는 것으로 **표준시방서**에서 규정하고 있다.

감수제는 반응성 성분을 기준으로, 리그노 설포네이트(lignosulfonates), 하이드로−카르복실(hydroxy-carboxylic)산 또는 염, 그리고 수산기 폴리머(hydroxy-polymer) 등으로 분류된다. 거의 모든 고성능 감수제는 분자 질량이 낮은 합성 폴리머로 구성되어 있다. 감수제는 주로 정전기 반발력(electrostatic repulsion)이 작용되며 일부 입자간 반발작용에 의해 분산 된다. 감수제로 음전기(−이온)를 띈 폴리머 분자가 인접한 입자 간에 정전기적 인력으로 인하여 서로 반발하고 따라서 입자는 시멘트 페이스트 내에서 고르게 분산하게 된다(그림 4.3). 슬럼프가 높은 콘크리트는 어려운

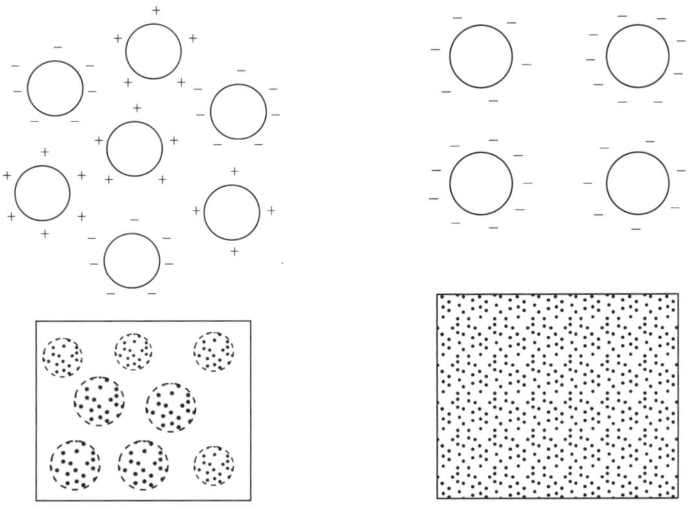

[그림 4.3] 감수제의 분산 작용

(출처 : Mindess S., Young F., and Darwin D., “Concrete”, 2003)

타설 현장에 타설을 용이하게 하는 이점을 가지고 사용된다. 고성능감수제를 사용함으로서 보통 배합설계로 과도한 재료분리와 블리딩 없이 슬럼프를 높게 하여 타설 작업이 쉬워진다. 이러한 유동화 콘크리트는 트레미 타설, 빠른 펌핑, 자기충전 작업에 특히 적합하다.

감수제 사용에 있어 급속한 슬럼프 손실, 일부 높은 블리딩 현상, 응결지연 등에 주의하여야 한다. 또한 감수제를 사용함으로서 콘크리트의 건조수축과 크리프가 증가한다는 연구 결과도 있다. 슬럼프 손실은 현장에서 추가로 혼화제를 첨가하거나, 혼화제 첨가를 타설 직전까지 미루는 방법으로 해결할 수 있다. 고성능감수제를 이용하여 제대로 설계된 유동화 콘크리트는 재료분리가 일어나지 않겠지마는 많은 양을 사용하면 과도한 블리딩과 재료분리가 일어나므로 피해야 한다. 대부분의 감수제는 응결지연제로 작용한다. 응결시간이 길어져 바람직하지 않다면, 지연 효과를 상쇄시키기 위하여 촉진제를 같이 넣어 사용할 수 있다. 사용 시에 제조사가 지정한 사용양을 반드시 지켜야 할 것이며, 농도 및 계량관리에 주의하여야 한다.

4.2.3 응결, 경화조절용 혼화제

시멘트는 물과 접촉하는 즉시 수화반응이 일어나며 차츰 유동성을 잃고 굳기 시작하여 시간이 경과함에 따라 고체화되는데, 이 과정을 응결, 경화라 한다. 응결, 경화 조절용 혼화제는 시멘트의 수화반응에 영향을 주어 초기 수화속도를 촉진, 혹은 지연시킬 목적으로 사용되는 혼화제를 지칭한다. 여기에는 급결제, 촉진제, 지연제 등이 있다. 응결, 경화를 조절하기 위한 다양한 혼화제가 개발되어 있으며, 이들 사용에 따라 응결을 지연시켜 공사시간을 충분히 확보하기 위한 경우, 긴급을 요하거나 공기 단축을 위한 공사에 쉽게 활용될 수 있다. 지연제나 촉진제는 보통 감수제나 AE감수제와 병용하여 사용되고 있다. 감수제는 표준형에 대비하여 촉진형과 지연형으로 구분하고 응결 속도 조절 기능을 부여하여 성능 규격을 분류하고 있다.

응결지연제

응결지연제(set-retarder)는 굳지않은 콘크리트의 소성상태를 일정 시간 연장할 수 있음으로 조기경화가 예상되는 서중콘크리트나 수송거리가 먼 경우에 활용할 수 있다. 굳지않은 콘크리트의 소성상태를 연장하는 것은 매스콘크리트 타설에 이점이 된다. 다음 리프트가 타설되기 전에 먼저 타설된 콘크리트가 굳어지면서 생기는 콜드 조인트도 방지할 수 있다.

일반적으로 유기혼합물은 시멘트의 수화반응을 지연시키는 성질을 가지고 있다. 유기 응결지연제는 수산화칼슘의 표면에 흡착하여 수산화칼슘의 성장을 막는다. 시멘트와 물 사이의 반응을 차단하고 시멘트의 수화물의 생성을 억제 한다. 무기 응결제를 사용하면 응결지연제가 C_3S 입자 주위에 피막을 형성하면서 수화반응을 느리게 하는 것으로 알려져 있다.

응결지연제는 리그노 설폰산(lignosulfonic acid) 염, 하이드록시 카르복실산(hydroxycarboxylic acid), 당류, 인산염과 유기 포스포네이트(phosphonate) 염, 그리고 아연, 납, 주석 등이 있다. 리그노 살폰산염은 리그닌에 잔류 성분으로 함유되어 있는 당류가 지연작용을 함으로 AE감수형 지연제로 흔히 사용된다.

지연제의 작용은 사용하는 시멘트의 조성에 영향을 받는다. 응결지연제는 C_3S의 초기 수화속도를 늦추어 잠재기를 연장시킨다. 또한 응결지연제는 C_3A와 관련된 알루미네이트상(aluminate phase)의 수화를 지연시키는 경향이 있다. 수화 초기에 C_3A 생성물이 형성되는 동안 응결지연제가 흡착될 수 있다.

응결지연제를 사용할 때, 공기연행에 미치는 영향을 고려하여야 한다. 대체로 응결지연제는 굳지않은 콘크리트에서 슬럼프 손실 속도를 증가시킬 수 있으며, 비록 응결이 연장되었다 하더라도 콘크리트를 타설할 수 있는 시간은 줄어든다. 제품 사양서에는 무첨가에 상대적으로 60~210분 정도 지연될 수 있으나 과잉 첨가시에 과도한 공기 연행, 조기 강도 문제 등이 있으므로 일반적으로 60~120분 정도 지연되도록 하는 첨가량 범위에서 사용하는 것이 바람직하다.

응결촉진제, 급결제

응결촉진제(set-accelerating admixture)를 사용할 때, 정상적인 응결 및 강도발현 과정을 촉진시키는 혼화제와 급결성을 제공하는 혼화제로 구분하는 것이 중요하다. 촉진제는 거푸집의 조기 탈형, 한냉지에서 콘크리트의 응결, 경화 불량방지와 양생기간의 단축을 목적으로 사용된다. 대신에 급결제는 응결시간이 몇 분에 불과하여 숏크리트 공사나 누수차단과 같이 긴급공사에 사용된다.

시멘트의 수화반응을 빠르게 하는 물질은 칼슘이나 나트륨의 염화물, 탄산염, 황산염, 초산염 등의 무기 염류, 또는 유기화합물로서 응결촉진 특성을 가지고 있다. 대부분 수용성 무기질 염은 콘크리트의 응결과 경화를 어느 정도 촉진 시킨다. 한편 유기화합물은 지연제로 작용하는 것이 훨씬 많다. 응결 촉진제는 지연제와 정반대의 작용을 한다. 응결 촉진제는 C_3S의 수화 속도와 강도발현 속도를 증가 시키고, 수산화칼슘의 생성 속도를 빠르게 한다. 시멘트 수화 유도기에 시멘트 입자 내부에서 용액으로 칼슘이온의 용출을 촉진하여 C_3S 수화의 촉매 작용을 하는 것으로 알려져 있다.

일반적으로 응결촉진제는 공기연행에 대하여 역효과를 주지 않는다. 그러나 촉진제를 사용하면 콘크리트를 타설할 수 있는 시간이 줄어 들 것이고 따라서 시공계획을 잘 세워야 한다. 혼화제의 종류, 사용량, 온도에 따라 다르지만, 응결촉진제를 사용하면 1일 강도가 크게 증가한다. 대표적으로 염화칼슘이 사용되고 있으며 가격도 비교적 싼 편이다. 염화칼슘을 최적량(시멘트 중량의 최고 2 %까지)으로 첨가하면 콘크리트 1일 강도가 약 2배까지 증가할 수 있다. 염화칼슘을 혼화제로 사용하면, 초결과 종결을 빠르게 하고 조기강도를 증가시키고 수화열이 증가된다. 이로부터 블리딩, 수밀성, 탄성계수, 동결융해 저항성이 조기에 개선된다. 다만, 응결촉진제는 건조수축과 크리프를 증가 시키며 초기 수축은 균열 발생 가능성을 높일 수 있다. 또한 인장강도가 감소하고 황산염 저항성, 알칼리골재반응, 철근부식에서 다소 문제될 수 있다.

4.2.4 그 외 혼화제

최근에 혼화제가 눈부시게 발전함에 따라 과거에는 도저히 실현할 수 없었던 콘크리트의 제 성질들이 쉽게 개선되고 있다. 오늘날 콘크리트는 과거의 콘크리트가 아니라 함은 이 혼화제의 다양한 개발 덕분이다. 여기서는 국내외에 시판되는 특수 목적의 혼화제에 대하여 목적별, 종류별로 성능과 사용시 유의사항을 간략히 설명한다.

방청제

방청제(corrosion inhibitor)는 콘크리트 내에서 철근이 부식되는 작용을 감소시키고자 하는 혼화제이다. 방청제는 부식작용을 완전하게 방지하지는 못하지마는 부식속도를 줄여서 어느 정도 보호하는데 사용된다. 철근콘크리트용 방청제로는 부동태피막, 침전피막, 흡착피막 형성형 등 세 형태로 분류된다.

현재 시판중인 방청제는 거의 대부분이 아질산 칼슘(calcium nitrite)을 주성분으로 하고 있으며 금속표면을 산화시켜 부동태피막을 형성하여 부식을 억제하는 것으로 되어 있다. 어느 것이든 장기에 걸쳐 방청효과가 커야 하고, 콘크리트의 응결, 경화나 내구성을 해치지 않고 다루기가 쉬우며, 인체에 유해한 성분을 함유해서는 안 된다. 따라서 콘크리트 구조물의 시공에서 방청제를 사용할 경우에는 사용하는 방청제의 첨가량과 사용효과에 대해 미리 모형 구조물에 적용하는 등 충분한 검토가 있어야 한다.

방동제

콘크리트를 추운 날 응결촉진제를 사용하여 타설하더라도 굳지않은 콘크리트는 일부 동결 될 수 있다. 이것을 방지하기 위하여 물의 빙점을 낮추는 혼화제로서 방동제(antifreezing admixture)가 개발되었다. 방동제는 주위 온도가 오랜 기간 빙점이하 일 때, 또는 극한 지역에 유용하다. 폴리에틸렌 글리콜과 같은 고분자 알콜재가 방동 혼화제로 사용된다. 고농도 염화물, 질산염은 물의 빙점을 낮추지마는 수화열의 방출을 촉진하는 것으로 알려져 있어 주의가 필요하다.

팽창제

건조수축은 콘크리트의 균열을 발생시킨다. 이러한 건조수축을 상대적으로 보상하고 균열을 최소화시키기 위하여 미리 팽창을 일으키는 팽창제를 사용한다. 팽창제를 사용함으로서 굳은 상태에서는 팽창성 수화물을 생성하며, 굳지않은 콘크리트에서 블리딩에 의한 침하를 방지할 수 있다. 이러한 혼화제는 프리스트레싱 긴장재의 그라우팅, 콘크리트 보수재로서 사용될 수 있다.

발포제

발포제는 경량 기포 콘크리트를 제조하기 위하여 사용된다. 알루미늄 분말, 마그네슘, 아연 등이 일반적인 발포제로 사용되며, 이러한 금속은 물과 반응하여 수소 가스를 발생시킨다. 수소 생성 속도는 굳지않은 콘크리트 내 수소이온농도(pH), 콘크리트의 반죽질기, 발포제의 반응성에 좌우 된다. 따라서 응결이 일어나기 전에 원하는 부피팽창이 일어나는지, 또한 수소 생성 속도를 파악하고 사전에 조절하여야 한다. 때로 특수 유기발포제는 기포를 안정적으로 생산하는데 사용된다. 대부분의 발포제는 배합에서 발포제를 혼합하고, 비빔을 할 때 기포가 발생된다.

발포제는 기포콘크리트 제조용으로 프리캐스트콘크리트에 사용되며 경량성, 단열성, 내화성 등 우수한 성능을 가져 최근 고층 건축물에 사용이 활발하다.

방수제

방수제(water proofing admixture)는 콘크리트에 혼입하는 구체방수제, 또는 침투성 도포제로 콘크리트 구체를 방수할 목적으로 이용한다. 또한 건축분야에서 주로 모르타르에 혼입하여 부엌, 목욕탕 등 부분적으로 방수를 요하는 부분의 콘크리트에 널리 사용된다. 방수제는 대부분 시멘트의 수화반응을 촉진시켜 시멘트 겔이 공극을 단기간에 충전시켜 콘크리트를 치밀하게 하여 방수성을 높인다. 방수제로는 염화칼슘, 규산소다, 규산질 분말 등의 무기질계 방수제가 사용되며 이들 모두 생성 물질이 공극을 충전시켜 투수성을 향상 시킨다. 지방산 등 유기질계 방수제는 수산화칼슘과 지방산이 결합하여 발수성 물질을 생성시키고 이 물질이 모세관 공극을 충전하고 또한 발수 작용으로 흡수성을 감소시켜 방수 역할을 하게 한다.

수중 불분리성 혼화제

콘크리트에 수용성 고분자를 첨가하여 수중에서 물의 세척작용을 받아도 시멘트와 골재의 분리를 막아 수중콘크리트 시공을 가능하게 하는 혼화제이다. 수중에서 재료는 가능한 초결시간이 짧아야 하며 블리딩 현상이 적고 강도 발현이 빨라야 할 뿐만 아니라 재료분리로 인한 환경 오염유발도 적은 재료이어야 한다. 여러 가지 수중불분리(anti-washout) 혼화제로가 제시되고 있으며, 고중량폴리머, 셀룰로오스, 검(gum), 감수제 등의 혼합으로 구성되고 있는 것으로 알려져 있다.

표 4.6은 국내에서 흔히 사용되고 있는 각 혼화제의 대표적인 상품명과 사용량을 참고로 나타내고 있다.

[표 4.6] 혼화제의 사용량

혼화제	사용량(시멘트 질량에 대한 백분율(%))
AE제 : 빈졸레진(분말)	0.004~0.012
빈졸 NVX	0.02~0.08
다렉스(원액)	0.02~0.08
감수제 : 포졸리스 No.5(일반용)	0.5
포졸리스 No.8(댐용)	0.25
포졸리스 No.10(조강용)	1
포졸리스 No.100(포장용)	0.2
Mighty 150(유동화용)	0.6~2.4
Sanflo FBF(유동화용)	0.3~1.5
NP 10(유동화용)	0.24~1.2
촉진제 : 염화칼슘($CaCl_2$)	1~2
지연제 : 포졸리스 NO.8, 리타드	응결, 경화시간, 온도에 따라서 조절
급결제 : 탄산소다, 알루민산소다, 규산소다	
발포제 : 알루미늄 분말	0.005~0.02

연습문제

1 귀하가 아는 화학 혼화제 7가지를 나열하고 특성과 용도를 설명하라.

2 귀하가 아는 광물 혼화재 3가지를 나열하고 특성과 용도를 설명하라.

3 고성능감수제를 사용하여 얻을 수 있는 효과를 설명하라.

4 유동화제, 감수제, 고성능감수제의 차이와 효과를 설명하라.

5 지연제 종류를 나열하고 어떻게 지연작용이 일어나는지를 설명하라.

6 염화칼슘이 촉진제로 사용될 때, 효과와 주의할 점을 기술하라.

7 혹서의 여름과 혹한의 겨울에 각각 사용하게 되는 화학 혼화제를 각각 들고 효과와 주의할 점을 기술하라.

8 포졸란 재료를 혼화재로 사용될 때의 여러 가지 장점을 기술하라.

9 실리카퓸의 성분과 역할에 대해 설명하라.

10 광물계 혼화재가 콘크리트 내구성을 높이는 점에 대해 설명하라.

참고문헌

1. 한국콘크리트학회, “콘크리트구조설계기준 해설”, 기문당, 2012, 599 pp.
2. 한국콘크리트학회, “콘크리트표준시방서 해설”, 기문당, 2009, 854 pp.
3. 한국콘크리트학회, “최신콘크리트공학”, 기문당, 2011, 930 pp.
4. 한국콘크리트학회, “특수콘크리트공학”, 기문당, 2004, 571 pp.
5. 정일영, “콘크리트구조 재료공학” 기문당, 2004, 551 pp.
6. 정재동, “콘크리트 재료공학”, 보성각, 2007, 571 pp.
7. 윤재환, “포틀랜드시멘트 및 콘크리트”, 세진사, 1989.
8. Mehta K. and Monteiro P., “Concrete”, 3nd ed., *Prentice Hall*, 1996, 659 pp.
9. Mindess S., Young F., and Darwin D., “Concrete”, 2nd ed., *Prentice Hall*, 2003, 644 pp.
10. Neville A. M., “Properties of Concrete”, 4th ed., *John Wiley & Sons*, *Inc*., 1996, 844 pp.
11. Ivan Odler, “Special Inorganic Cements”, *Brunner-Routledge*, 2000, pp. 395.

5

CHAPTER

수화반응과 조직구성

시멘트와 콘크리트의 제 특성을 이해하려면 수화반응과 생성물질의 미세구조 특성을 충분히 이해하여야 한다. 포틀랜드시멘트와 물 사이에 일어나는 화학적 반응에 의해 응결과 경화가 일어나고 또한 콘크리트의 재료적, 물리적 성질은 수화반응 이후 생성되는 시멘트 경화체의 미세공극 구조에 의해 결정된다.

이 장에서는 시멘트의 주성분이 혼합수와 반응하여 나타나는 수화반응과 이로부터 생성되는 물질인 시멘트 경화체의 미세구조 특성을 알아본다. 수화반응 동안의 성질은 굳지않은 콘크리트의 소성상태의 특성으로 매우 중요하며 이들은 콘크리트의 수화열, 워커빌리티, 경화속도 등은 강도발현, 작업성, 또 내구성에 귀결된다. 수화반응으로 생성되는 시멘트 경화체는 박판 또는 층 형태로 구성되는 비결정 구조이며 다양한 크기의 미세공극이 내재하며 이들이 콘크리트의 고유 특성을 결정한다.

5.1 • 수화반응

5.1.1 시멘트의 수화반응

포틀랜드시멘트의 주 화합물은 규산삼석회(C_3S), 규산이석회(C_2S), 알루민산삼석회(C_3A), 철알루민산사석회(C_4AF), 석고들이다. 일반적으로 포틀랜드시멘트는 클링커 광물로는 어느 정도 불순물을 함유함으로 각각 알라이트, 벨라이트, 알루미네이트상, 페라이트상으로 부른다.

시멘트는 물과 반응하여 가수분해加水分解(hydrolysis)되어 수화물을 생성하는데 이를 수화반응(hydration)이라 한다. 수화반응 전후 Gibbs의 자유에너지 차가 음의 값이며 자발적(spontaneous)으로 반응이 일어난다. 시멘트 화합물은 물과 반응하여 용해도가 낮은 안정한 수화물을 생성하며 시멘트의 대표적인 규산칼슘(칼슘 실리케이트)의 반응은 다음 식으로 나타낼 수 있다.

$$\underset{\text{규산삼석회}}{2C_3S} + \underset{\text{물}}{11H} \rightarrow \underset{\text{C-S-H 겔}}{C_3S_2H_8} + \underset{\text{수산화칼슘}}{3CH} \tag{5.1}$$

$$\underset{\text{규산이석회}}{2C_2S} + \underset{\text{물}}{9H} \rightarrow \underset{\text{C-S-H 겔}}{C_3S_2H_8} + \underset{\text{수산화칼슘}}{CH} \tag{5.2}$$

알라이트와 벨라이트와 같은 칼슘실리케이트상은 수화하여 시멘트 수화물의 대표격인 규산칼슘 수화물(calcium silicate hydrate, C－S－H 겔)과 수산화칼슘(calcium hydroxide, $Ca(OH)_2$)를 생성한다. C－S－H는 결정도가 낮은 칼슘실리케이트 수화물을 총칭하는데 그 화학조성과 결정 정도 등은 생성조건에 따라 달라진다. 수화반응은 H_2O의 침입으로 Ca^+ 이온의 용출이 급격히 일어나고 pH가 상승하면서 표면에 반고체의 수화물 층(semi-solid C/S layer)이 생겨난다. 시간이 경과함에 따라 Ca^+ 이온이 증가하고 수화물 층이 두꺼워 지면서 반응이 멈추는 잠정기를 거친 후 다시 수화반응이 일어나 결정이 성장한다.

수화반응에서 주 생성물인 규산칼슘 수화물은 그 크기가 1 μm 이하의 매우 작은 콜로이드상*의 입자로 용액에 분산된다. 이 입자가 서서히 C－S－H 겔이라고 하는 견고하지 못한 결정체가 되며, 반면에 수산화칼슘은 결정화가 잘 된 비교적 견고한 결정체이다.

---

* 고체에 물이 스며들면서 화학반응이 일어나는 것을 고상반응이라고 하며 고상반응이 어느 정도 진행되면서 콜로이드상으로 진행되는 것을 액상반응이라고 한다.

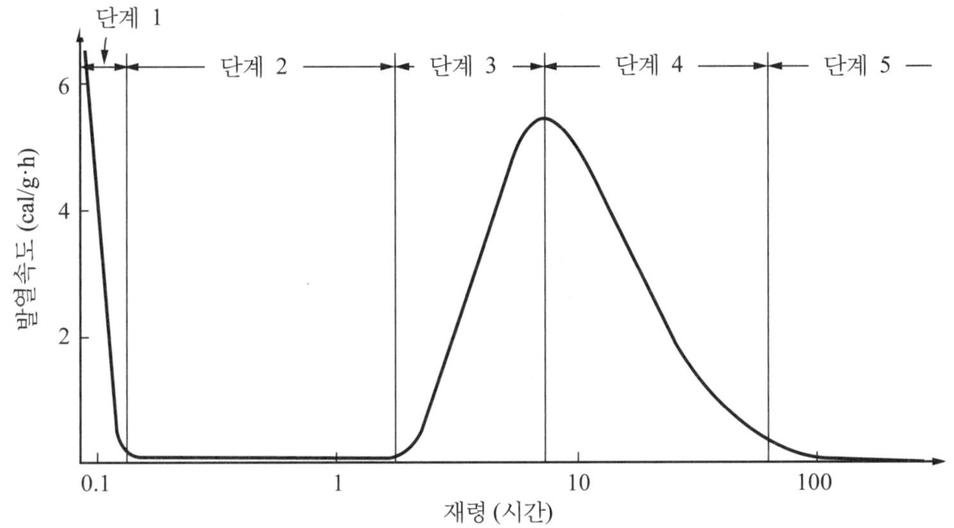

[그림 5.1] 규산삼석회의 수화동안의 발열속도

위의 두 반응은 발열반응으로서 반응하는 동안 열을 발생시키며 그림 5.1은 규산삼석회의 수화동안의 단계별 발열 속도를 나타내고 있다. C_3S 입자는 물과 접촉하는 순간 급속히 반응하며 최초 약 15분간은 갑작스럽게 열이 발생된다(단계 1 : 유도기). 그 다음에는 불용성 칼슘실리케이트 막이 형성되어 수화가 억제되어 얼마동안 반응이 거의 일어나지 않는 잠재단계(단계 2 : 잠정기)에 들어간다. 이 기간 2~4시간 동안에 콘크리트는 소성상태를 유지하여 타설 작업이 가능하다. 이후 C_3S가 다시 반응이 활기차게 일어나며(단계 3 : 가속기) 응결이 시작된다. 그 후 4~8시간 열이 최대로 발생하며 반응속도가 서서히 줄어들며(단계 4 : 감속기) 18~24시간에 안정단계에 이른다(단계 5 : 안정기).

포틀랜드시멘트의 주성분인 칼슘실리케이트의 반응 내용을 단계별로 좀 더 자세히 알아보자. C_3S 입자는 물과 접촉하는 순간에 표면으로부터 칼슘 이온과 수산화 이온이 급격하게 방출되어 수 분 이내에 pH가 12 이상이 되어 강한 알칼리성 용액이 된다. 이 가수분해는 급속히 줄어들고, 용액속의 이온이 어느 임계값에 도달할 때까지 반응이 멈추는 소위 잠재기에 들어간다. 잠재기는 수화생성물이 결정체로 되기 위해서 필요한 칼슘과 수산화 농도가 임계값에 도달 될 때까지의 시간이다.

용액으로부터 수화생성물인 수산화칼슘과 C−S−H가 결정체로 만들어지기 시작하면 다시 C_3S가 급속히 반응하기 시작한다. 액상중에 Na^+, K^+ 농도가 높아지면 가속기 출현이 빨라져 잠재기가 짧아지는 경향이 있다. 가속기는 C−S−H 막이 내부에서의 침투압 때문에 팽창 파괴되어 C_3S 수화가 다시 활발해지는 시기이다. 가속기

[표 5.1] 칼슘실리케이트의 단계별 반응과 특성

반응단계	반응속도	화학반응	관련 콘크리트 성질
1. 초기 가수분해	화학적 제어; 빠름	초기 가수분해; 이온의 용해	
2. 잠재기	핵 제어; 느림	이온의 용해가 계속 됨	초결 결정
3. 가속	화학적 제어; 빠름	초기 수화물 생성	종결 및 초기 경화 속도 결정
4. 감속	화학적 및 확산 제어; 느림	수화물 생성 계속 됨	초기 강도 발현속도 결정
5. 안정기	확산 제어; 느림	수화물 생성이 느려짐	후기 강도 발현속도 결정

이후 어깨에 부분적으로 피크가 나타나는데 이는 알루미네이트 입자 주위에 에트린자이트 막이 결정의 팽창압에 의해 파괴됨으로 다시 C_3A가 수화를 시작하여 열량이 변화하는 현상이다. 표 5.1에서는 칼슘실리케이트의 단계별 반응 내용을 요약하여 나타내고 있다.

유사하게 aluminate상과 aluminateferrite상 또한 물과 반응하면 급격한 수화발열과 함께 수화물로 전환한 후 시간의 경과와 함께 안정한 C_3AH_6로 생성된다. 그러나 이러한 수화반응은 매우 급격히 일어나기 때문에 작업성, 유동성 등을 확보하기 어려우므로 석고를 첨가하여 에트린자이트(ettringite) 수화물을 생성시켜 C_3A 수화물을 피복함으로서 수화를 지연시킨다. 생성되는 에트린자이트 결정은 pH 10 이상에서는 안정하나 pH 10 이하에서는 불안정하다. 낮은 pH에서 에트린자이트가 잘 결정화되지 않는데, 이는 낮은 pH에서는 aluminate 상이 에트린자이트 생성에 충분히 활동하지 않는데 기인하는 것으로 알려져 있다.

시멘트 입자는 물과 접촉하여 유도기와 잠정기 동안에 소성상태를 유지하여 이 기간 동안 콘크리트 타설이 가능하다. 2~4시간 이후 가속기에는 응결이 시작되며 이를 초결(initial set)이라 부른다(그림 5.1에서 3단계의 초기). 그 후 4~8시간 열 발생이 최대가 되어 응결이 종료되고 경화가 시작되는 종결(final set)이 된다(그림 5.1에서 3단계의 후기).

콘크리트에서 응결(setting)의 시작과 끝은 고체상태로 전이되는 즉, 굳어지는 현상을 판단하는 중요한 기준이다. 콘크리트는 초결 시점에서 액체 상태가 끝나고, 종결에서는 고체 상태에 들어가고 경화(hardening)가 시작된다. 응결이 나타나면서 시공성이 크게 감소하며, 종결 이후부터 본격적으로 강도가 발현된다고 본다. 그림 5.2는

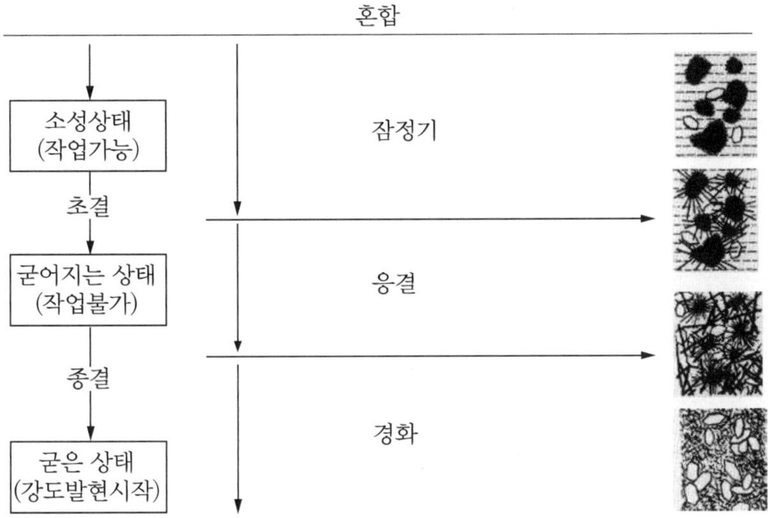

[그림 5.2] 응결 현상에 대한 개념도

(출처 : Pinto R. and Hover K., “Application of maturity approach to setting time”, 1999, 2004)

응결의 각 단계별 현상에 대하여 개념적으로 나타내고 있다. 응결은 시공계획과 관련하여 매우 중요하다.

5.1.2 수화반응 후 생성물

수화작용 초기에 시멘트가 물을 만나 생성된 풀의 상태를 유사 액상상태(quasi-liquid phase) 또는 겔(gel)이라고 한다. 겔 상태에서는 고체골조가 긴 쇠사슬모양으로 둘러싸서 그 속의 액체가 움직이지 않게 된다. 수분은 처음에 유동적인 시멘트 풀 안에서 시멘트 입자를 분리시키고 시간이 지나면서 연속적인 매트릭스를 형성하면서 남은 시멘트 입자와 결합한다. 겔은 비표면적이 매우 큰 재료이기 때문에 수분은 재료의 모든 표면에 접근할 수 있고 콜로이드 상을 형성한다. 이 시멘트 겔은 미세한 결정체가 되며 시멘트의 약 700배의 표면적을 갖고, 약 2배의 체적으로 팽창하고* 초기 물이 차있던 공간에 주로 C－S－H를 고르게 형성하여 밀실한 경화체를 만든다.

수화반응 이후 시멘트 경화체 안에 생성된 여러 수화물은 형태와 성질이 다르다. 시멘트 경화체는 수화반응에 의해 생기는 수화물인 고형체, 여러 가지 크기의 공극, 그리고 시멘트 풀 내에 공극수, 미수화된 시멘트 등으로 구성된다.

먼저 주 생성물인 규산칼슘 수화물, 즉 C－S－H는 근사적인 표현일 뿐 화학 성분

* 시멘트가 활성화 될 때까지는 시멘트 용적이 2배 이상 팽창되지마는 안정화됨에 따라 열에너지를 방출하면서 용적이 감소된다(정일영, 콘크리트구조 재료공학, 2004).

비는 변화가 심하다. C/S의 비는 1.5~2.0 사이이며 재령, 수화 온도, 물-시멘트비 그리고 수화물에 포함된 불순 산소의 양과 종류에 영향을 받는다. 특히 함수량에 따라 변화가 심하여 격리된 모세관 공극에 다량의 수분이 들어가 있어 건조 정도에 따라 C-S-H의 조성이 변한다. 비결정질로서 형태가 정해지지 않은 아주 작고 불규칙한 입자 더미로서 SEM 등 전자광학 기기로만 관찰 될 수 있다. 수화된 시멘트 풀의 고형체에서 C-S-H가 부피의 약 50 %를 차지한다.

수산화칼슘은 이에 비하여 결정화가 비교적 잘 된 재료이며 크고 평편한 판 형태, 얇은 긴 모양의 결정, 중간 형태의 형상을 띈다. 결정은 공극이 없고 육안 또는 저배율 현미경으로 볼 수 있을 정도로 크며 종종 콘크리트에 형성된 빈 공간 내부로도 자란다. 수산화칼슘 결정은 고형체의 20~25 %를 차지하며 배합비와 수화 온도에 크게 영향을 받는다.

C_3A와 석고로부터 형성되는 에트린자이트는 육각형 결정으로 형상비(길이와 지름의 비)가 매우 큰 각주 바늘 모양이다 에트린자이트 결정은 길고 가는 침상으로 생성되며 고형체의 10~15 %를 차지한다. C_3A가 완전히 수화되기 전에 황산염이 전부 소모되는 경우에는 에트린자이트는 황산염이 적게 포함되는 모노설포알루미네이트로 생성된다. 결정도가 좋고 얇은 육각형 판 모양으로 건조시키면 수분이 모두 빠져 나간다. 표 5.2는 포틀랜드시멘트 화합물의 종류별 형태, 결정의 크기를 나타내고 있다.

[표 5.2] 포틀랜드시멘트 화합물의 수화물 성질

화합물	비중	결정도 (crystallinity)	형태	결정의 일반적인 크기	관측 장비
C-S-H	2.3~2.6	매우 나쁨	가시 모양의 돌기 : 형상 미결정	1×0.1 μm (두께는 0.01 μm보다 작음)	SEM, TEM
CH	2.24	매우 좋음	공극이 없고 줄무늬 모양	0.01~0.1 mm	OM, SEM
에트린자이트	~1.75	좋음	가늘고 긴 각주 바늘 형태	10×0.5 μm	OM, SEM
모노설포 알루미네이트	1.95	보통 좋음	얇고 육각형의 판 모양; 불규칙한 로제트 형태	1×1×0.1 μm	SEM

출처 : Mindess S., Young F., and Darwin D., “Concrete”, 2003

(a) 500X 배율

(b) 1000X 배율

[그림 5.3] 수화된 시멘트 풀의 SEM 사진

수화 생성물인 C－S－H, 수산화칼슘, 그리고 에트린자이트 등 침상 형태에 대해서 관찰할 수 있는 방법은 여러 가지 광학 현미경을 통해서이다. 현대 광학 기기 또는 크게 발전되어 광물학적 조사(petrographic examinaton)를 넘어 화상(image) 분석 등의 기법을 사용함으로서 정밀도가 높아지고 있다.

그림 5.3은 수화 이후 시멘트 경화체의 SEM 사진이다. 재령 28일 단면으로 흰부분이 미수화된 시멘트이고 이를 둘러싼 어두운 부분이 C－S－H이며 검게 보이는 부분이 모세관 공극들이다. 이러한 시멘트 수화 생성물의 시진으로부터 시멘트 경화제의 미세구조를 유추할 수 있다.

5.2 • 시멘트 경화체의 조직구성

5.2.1 미세구조

C－S－H의 미세구조에 대해서는 아직 정립된 이론이 존재하지는 않으며 몇몇 학자가 제안한 모델이 구조의 성질을 이해하는데 도움이 된다. 일찍이 Powers-Brunauer는 C－S－H는 비표면적이 매우 큰 재료로 입자간 거리는 18 Å 정도이며 강도는 반데르발스 결합(van der Waals)에 주로 의존한다고 제안하고 있다. 수화가 진행되는 동안 C－S－H는 입자 표면에서 주변의 수분 공간으로 자라나 밀도가 낮은 박판(sheet) 또는 얇은 층(layer)을 형성한다는 퇴적 점토 구조(degenerate clay structure) 가설이 가장 널리 받아들여지고 있다. C－S－H 사이에는 고유의 공극이 형성되며

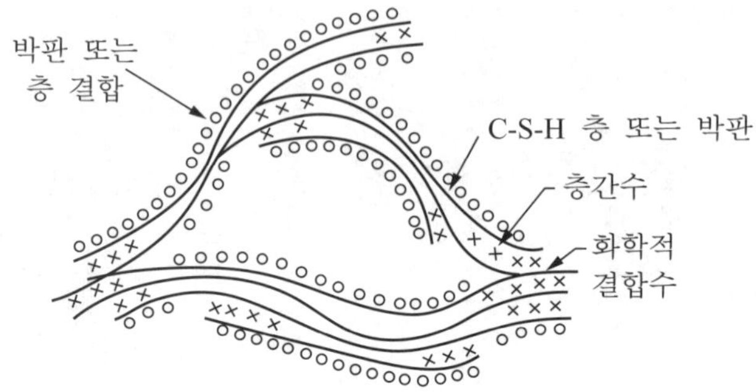

[그림 5.4] 시멘트 경화체 구조 모델

(출처 : Feldman R., Sereda P., "A model for hydrated Portland cement paste as deduced from sorption length change and mechanical properties", 1968)

쉬트 또는 층 자체(interlayer)에 존재하는 층간공극(interlayer pore), 쉬트 사이에 미세공극(micropore : 5 nm) 또는 겔공극(gel pore), 그리고 비교적 큰 모세관毛細管 공극空隙(capillary pore : 50~500 nm)으로 구성하고 있다. C－S－H 박판 또는 쉬트는 서로 입자간 결합(inter-particle bond)으로 일체를 이루고 있다. 시멘트 경화체의 미세구조에 대해서는 이러한 공극들로 구성되는 가상 모델인 그림 5.4로 설명하고 있다.

각 공극의 크기나 위치가 다름으로서 미세공극의 구조 모델은 콘크리트 특유의 수분의 역할을 비교적 쉽게 이해하게 한다. 포틀랜드시멘트가 수화했을 때, 수분은 시멘트 겔 가운데 결합수로 고정되고, 그 외 수분은 겔 층간의 모세관 공극과 겔공극에 잔존한다. 시멘트 경화체의 특성으로는 모세관 공극들이 산재한 미세 다공성 구조, 반데르발스 결합, 높은 비표면적을 들 수 있다.

시멘트 풀은 위에서 언급 한 바와 같이 여러 형태와 크기의 공극으로 구성되어 있으며 이들 형태에 따라 뚜렷하게 시멘트 풀의 역학적 특성에 영향을 미친다. 다음에서 각 공극을 크기에 따라 층간공극, 모세공극, 기포로 구분하고 이와 관련하여 건조수축과 역학적 특성을 기술한다.

층간공극

C－S－H는 얇은 층 또는 박판으로 구성되어 있으며 층간 거리는 5~25 Å 정도이며 이들 사이의 공극을 층간공극 또는 겔공극이라고 한다. 즉 C－S－H 쉬트 사이에 고유의 공극이 형성되어 있으며 쉬트 또는 층 자체에 존재하는 공극이다. 층간공극의 크기는 0.5~2.5 nm 정도로 알려져 있으며, 이 공극은 매우 미세하여 강도에나 투수성에는 전혀 영향을 주지 않는다. 이러한 작은 공극에 수분이 존재하게 되며 비교적 강한 수소결합(hydrogen bond)으로 되어 있어 이들이 증발함에 따라 콘크리트의 건

조수축이나 크리프 변형에 영향을 줄 수 있다.

모세공극

모세 또는 모세관 공극은 시멘트 풀에서 고형체가 채워지지 않고 남은 공간이다. 자유수가 남아 있을 수 있고, 건조 시에 모세관 현상(capillary action)이 발생할 수 있다. 시멘트와 물의 전체 체적은 수화반응이 진행되는 동안 또한 진행이 된 후에도 변화가 없다. 대체로 1 cm^3의 시멘트가 수화로 인하여 체적이 2 cm^3으로 증가하게 되고 따라서 수화 생성물의 평균 밀도는 시멘트 밀도 보다 당연히 낮아진다. 이 때 수화물이 공간을 채우는 과정에서 미쳐 못 채운 공간이 공극으로 남게 되고 이는 모세관 공극이 된다. 모세공극의 크기와 양은 수화 과정에서 시멘트 입자간의 거리에 비례되고 물의 양이 많을수록 입자간의 거리는 멀어져 공극이 커지게 된다. 즉 시멘트에 비하여 물이 적을수록, 양생이 잘 되어 수화가 완전히 이루어질수록 모세공극은 줄어든다.

모세공극의 크기는 수화 초기에 3~5 μm 정도이다. 이후 양생이 잘 이루어진 시멘트 경화체에서는 10~50 nm로 작아진다. 이 보다 큰 50~1,000 nm의 범위의 공극은 거시 또는 큰 모세공극으로 구분한다. 모세공극은 콘크리트 강도에 크게 영향을 미친다. 물-시멘트비가 높거나 양생이 충분하지 못하였을 때, 모세공극은 큰 크기로 남아 있어 강도 증진에 해를 끼친다. 큰 크기의 모세공극이 오히려 전체 모세공극의 양보다 콘크리트 성능에 미치는 영향이 크다. 큰 모세공극은 콘크리트의 강도, 투수성에 영향을 미치는 반면에 작은 모세공극은 건조수축과 크리프 변형에 영향을 준다. 그림 5.5는 시멘트 경화체에서 모세공극의 분포를 보여주고 있다. 모세공극의 크기는 물-시멘트비가 낮을수록, 그리고 재령이 증가할수록 작아진다.

기포

층간공극이나 모세공극이 콘크리트의 내재적인 특성으로 생성되는 공극이라면 기포(air voids)는 의도적으로 또는 우연히 들어가게 되는 공극으로 상대적으로 크기가 매우 크다. 모세공극은 불규칙한 형태임에 비하여 기포는 대체로 구형이다. 공기연행 혼화제를 투여함으로서 시멘트 풀이나 콘크리트에 무수히 많은 연행공기를 갖게 된다. 연행공기의 기포는 50~400 μm의 크기이다. 시공 과정에서 다짐이 미흡함으로서 들어가는 갇힌 공기는 굳어진 콘크리트에 그대로 남아 있게 된다. 갇힌 공기의 크기는 무려 3 mm에 이르러 우리 육안으로도 볼 수 있다. 이들 기포는 모세공극이나 연행공기에 비하여 매우 크고 따라서 콘크리트 강도나 내구성에 당연히 좋지 않은 영향을 미친다.

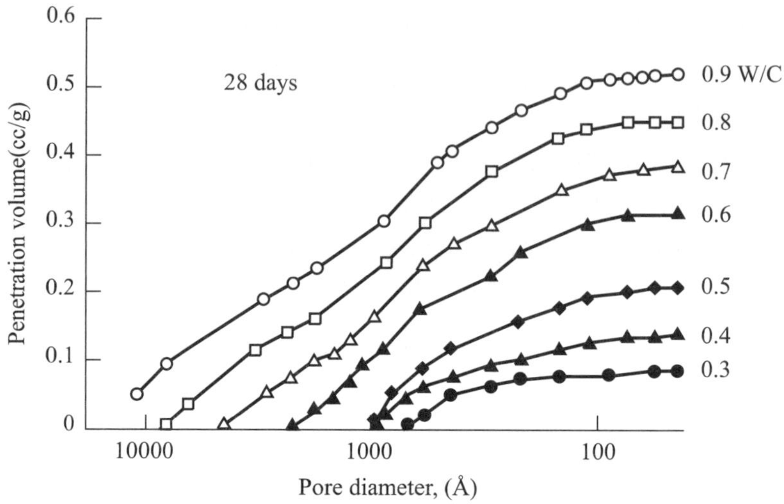

(a) 재령 28일에서 모세공극 크기 분포

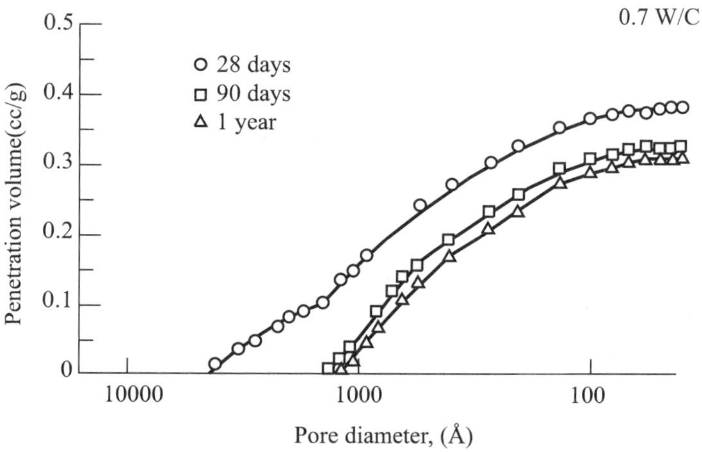

(b) 물-시멘트비가 0.7일 때 모세공극 크기 분포

[그림 5.5] 시멘트 풀의 모세공극의 분포

(출처 : Mehta K. and D. Manmohan, Proc., 7th In., Cong., on Chemistry of Cements, Paris 1980)

5.2.2 공극 내의 수분

다양한 형태와 크기를 갖는 공극내의 수분 변화는 실험실에서 전자현미경을 사용하여도 관찰하기가 쉽지는 않다. 왜냐하면 시험체 처리 과정에서 수분 유지가 쉽지 않기 때문이다. 그러나 습도가 유지되면 공극 크기에 따라 시멘트 풀에 다양한 형태의 수분이 공극 내에 존재함은 사실이다. 공극 내 수분을 여러 가지로 분류할 수 있지만 중요한 기준은 수분이 쉽게 또는 어렵게 빠져 나가는가 이다. 습도를 낮추고 건조시키면 거의 모든 공극에서 연속적으로 수분 손실이 일어나기 때문에 명확한 구분이 어렵지마는 대체적인 분류는 공극내의 수분 손실의 메커니즘을 이해하는데 큰 도움이 된다. 시멘트 풀에 존재하는 수분의 형태는 다음과 같이 구분된다.

- **화학적 결합수** : 이 결합수는 화학 반응으로 인하여 생성된 고형물에 화학적으로 일체화 된 수량(chemically combined water)이다. 따라서 이 수분은 건조로는 분리되지 않으며 가열을 하여야만 분해된다.
- **층간수** : C－S－H 시트 사이에 고유의 층간공극이 형성되어 있으며 쉬트 또는 층 자체에 존재한다. 매우 미세한 공극에 수분이 존재하며 강한 수소결합으로 되어 있다. 이들은 상대습도 약 11 %에 도달 되어야 증발한다. 층간수(interlayer water)의 증발은 C－S－H의 수축 변형을 초래한다.
- **흡착수** : C－S－H와 같은 시멘트 풀의 여러 가지 고형체에 붙어 있거나 흡착되어 있는 수분을 흡착수(absorbed water)로 지칭한다. 흡착수는 고형체 가까이에 있으므로 수소결합으로 되어 있어 비교적 큰 인발력을 받는다. 흡착수의 각 물 분자는 고형체와의 거리에 따라서 건조 시에 증발된다. 흡착수는 상대습도가 30 %에 이르면 증발되기 시작하고 수축이 많이 일어난다. 이와 같이 건조수축은 흡착수 증발에서부터 크게 영향을 받는다.
- **모세관 공극수** : 모세공극의 크기는 50 Å(5 nm) 이상으로 이러한 비교적 큰 공극에 있는 수분이다. 모세관 공극수는 고형체 표면으로부터의 인발력에 자유롭고 따라서 자유수(free water)라고도 부른다. 상대습도 80 %에서 증발이 시작된다. 즉 자유수는 쉽게 증발될 뿐만 아니라 증발되더라도 수축에 영향을 주지 않는다. 물론 5~50 nm 크기의 작은 모세공극에 있는 수분은 표면 장력을 받으며 증발 시에 수축에 영향을 미친다.

시멘트 경화체의 공극 크기에 따른 수분 특성에 대해서 표 5.3에서 정리하였다. 큰 모세관 공극 중에 있는 수분은 이동이나 이온 확산이 용이하고 건조에 의해 쉽게 감소될 수 있다. 그러나 미세공극 중에 있는 수분은 겔로서 이온 공유결합, 반데르발스 또는 수소결합으로 되어 있기 때문에 증발하기가 다소 어렵다. 중간 크기의 모세공극이나 층간공극 중에 존재하는 공극수가 건조에 의해 증발되면 그 간극을 좁히려고 하는 모세관 장력이 발생된다. 모세관 효과는 공기와 수분 계면에서 일어나는 수면곡면(meniscus) 생성 현상으로 설명할 수 있다. 수면곡면의 효과에 의한 콘크리트 건조수축 현상은 제9장에서 자세히 설명한다.

[표 5.3] 시멘트 경화체의 공극 크기에 따른 수분 특성

명칭	지름	분류	결합력 및 수분의 역할
층간공극	0.5 nm 이하	미세공극	수소결합 상대습도 11 %에서 증발 건조수축, 크리프에 영향
	0.5~10 nm	중간 미세공극	강하게 흡착 부분적 수소결합 30~50 % RH 사이에서 수분 증발 건조수축, 크리프에 영향
모세공극	10~50 nm	중간 모세관 공극	모세관 표면장력 영향 80% RH에서 수분 증발 건조수축에 영향
	50 nm~1 μm	큰 모세관 공극	약한 모세관 장력 자유수 쉽게 증발 다량의 수분 투수성과 확산에 기여 강도에 영향

5.2.3 콘크리트 성능에 대한 영향

경화된 시멘트 풀의 특성은 강도, 치수 안정성, 내구성 등이며 이들은 재료 배합에 관계되지마는 결과적으로는 위에서 본 미세구조에 관련된다. 따라서 이들 물리적 성능은 미세구조에서 공극의 형태나 크기, 공극 중의 수분의 증발 특성과 관계되며 다음에서 살펴본다.

강도

재료의 화학적 결합(chemical bonding)은 그 재료가 응력 상태에서 나타나는 역학적 성질을 결정한다. 과거에는 시멘트 풀의 강도는 C−S−H 겔 입자 사이에 작용하는 반데르발스 결합력으로 보았다. 최근 시멘트 풀이 C−S−H 얇은 박판의 특성상으로 이온−공유 결합(ionic covalent bonding)에 의해 지배되는 세라믹 특성을 갖고 있다고 보며, 이는 반데르발스 결합력에만 의존하는 유기 폴리머와 구분된다. 기계적인 접착력이 높음은 이러한 결합에 의한 것이며 이는 비표면적이 매우 큼으로서 얻어지는 성질이다. 시멘트 겔은 미세한 결정체이며 시멘트의 약 700배의 표면적을 갖고, 약 2배의 체적으로 팽창한다. C−S−H 등 수화물의 결정체는 엄청난 표면적을 가짐으로 서로끼리 또는 비표면적이 크지 않은 수산화칼슘이나 미수화시멘트 입자, 세골재, 심지어 조골재에까지 높은 접착력을 발휘한다.

일반론으로는 압축강도는 수화된 겔, 즉 고형체가 많을수록, 공극이 적을수록 증가한다. 즉, 강도는 수화물 고형체 체적에 대한 전체 체적의 비인 겔공극비(gel-space ratio, 또는 solid-space ratio)에 비례한다. 수화물이 점유하게 되는 공간을 고체 수화 생성물이 어떤 비율로 차지하는 지의 정도에 따라 강도가 좌우 된다는 이론이다. C−S−H의 층간공극은 극히 미세하고 비교적 인발력이 큼으로서 강도를 저하시키지는 않는다고 본다. 대신에 응력이 높아지면 비교적 큰 모세공극에서 균열이 시작되어 파괴에 도달된다. 모세공극은 물−시멘트비가 낮아질수록, 또한 수화반응이 진전됨에 따라 작아지고 따라서 겔공극비가 증가되어 강도가 커진다.

이러한 겔공극비와 강도에 관해서는 일찍이 Powers에 의해 밝혀졌으며, 그는 모세공극의 양이 물−시멘트비가 증가할수록 커지고 재령이 증가함에 따라 감소함을 밝혔다. 그림 5.6 (a)는 물−시멘트비가 0.63(처음 물과 시멘트의 체적이 각각 200과 100 cm^3)인 시멘트 풀에서 모세공극의 양이 재령에 따라 감소함을 보여주고 있다. 재령 7, 28, 365일에서 수화가 각각 50, 75, 100 % 진행되었다고 보았을 때, 모세공극의 전체 체적은 50, 42, 33 %로 줄어듦을 보여주고 있다. 이때 공극이 아닌 고형체(수화물과 미수화 시멘트)는 전체 체적 300 cm^3 중에서 150, 175, 200 cm^3으로 늘어나고 겔공극비는 0.50, 0.58, 0.66으로 증가된다. 이에 따라 강도가 증가함은 당연하다. 그림 5.6 (b)는 물−시멘트비가 0.7, 0.6, 0.5, 0.4인 시험체에서 100 % 수화되었을 때, 겔공극비의 변화를 보여주고 있다. 시멘트의 양이 100 cm^3으로 동일할 때, 물과 시멘트의 체적은 각각 320, 288, 257, 225 cm^3이며 수화반응으로 시멘트 수화 고형체가 200 cm^3 되어 남은 부분 120, 88, 57, 25 cm^3이 공극이 된다고 본다. 따라서 공극률은 각각 37, 30, 22, 11 %가 되고 겔공극비는 67, 70, 78, 89 %이 된다. 이와 같이 물−시멘트비가 감소함에 따라 겔공극비가 증가하고 강도는 증가한다.

이상의 각 시험체에서 겔공극비가 얻어지면 콘크리트 압축강도를 추정할 수 있다. 겔공극 이론을 제안한 Powers 식은 다음과 같다.

$$f_c = aX^3 \tag{5.3}$$

여기서, a는 겔공극비 X가 1일 때, 즉 공극이 없을 때의 재료의 고유 강도로 235 MPa이다. 겔공극비는 전체에서 공극률을 뺀 값, 즉 $X = 1 - P$이다. 겔공극비에 따라 압축강도를 추정할 수 있으며, 물−시멘트비에 따라, 또한 수화 정도에 따라 계산하여 그 영향을 도식화 할 수 있다.

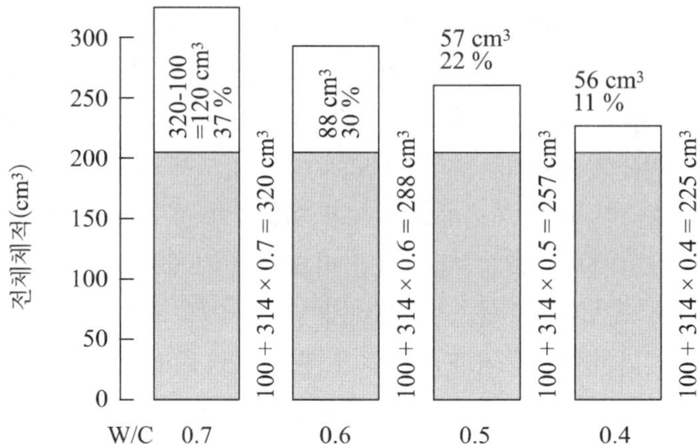

(a) 재령(수화 정도)에 따른 공극의 변화

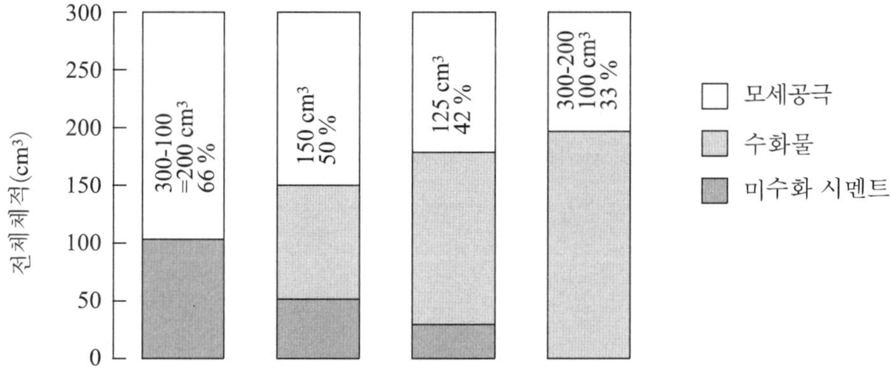

재령	없음	7일	28일	1년
수화도		50 %	75 %	100 %

(b) 물-시멘트비에 따른 공극의 변화

[그림 5.6] 수화도와 물-시멘트비 변화에 따른 겔공극비의 변화

(출처 : Mehta K. and Monteiro P., "Concrete", 1993)

그림 5.7은 이상의 결과로부터 겔공극비$(1-P)$에 의한 압축강도의 영향을 보여주고 있으며, 겔공극비가 증가함에 따라 압축강도가 증가한다. 한편 물-시멘트비가 증가할수록 공극률이 커지고 수화도가 증가할수록 공극률은 감소한다.

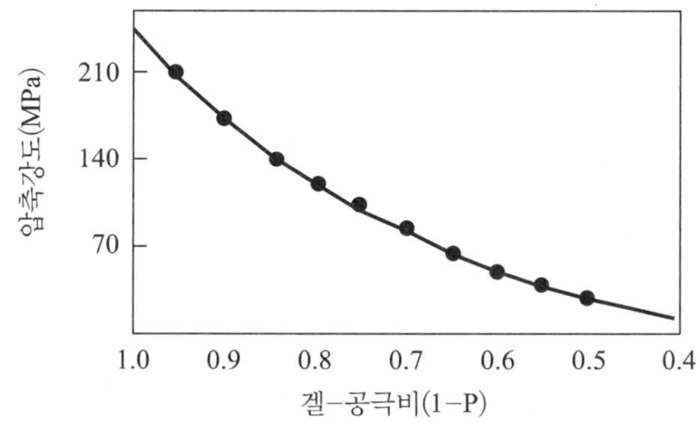

[그림 5.7] 겔공극비가 압축강도에 미치는 영향

치수 안정성

수분은 C-S-H 구조 내에서 독특한 반델르발스 결합으로 지배하고 콘크리트 장기 변형 성질에 중요한 영향을 미친다. 건조한 콘크리트에서 수분이 제거 되면서 C-S-H 입자가 더 가까워져 인발력이 지배한다. 낮은 상대습도에 노출되어 건조됨에 따라 C-S-H는 수분을 잃게 되고 입자가 가까워지며 따라서 수축하게 된다.

앞에서 살펴보았듯이 수분을 잃는 순서로서 큰 공극인 모세관 공극의 자유수부터 시작된다. 자유수는 화학적, 물리적 결합이 아닌 모세관 장력을 약하게 받으며 또한 수량이 많다. 자유수는 상대습도가 100 % 보다 약간 낮더라도 쉽게 증발될 수 있으며 이 동안에는 수축이 거의 일어나지 않는다.

자유수가 증발된 이후 습도를 더욱 낮게 하면 작은 공극에 존재하는 흡착수들이 증발하게 되며 이때부터 수축이 진행된다. 흡착수가 있음으로 어느 정도 간극을 유지하였으나 흡착수가 없어짐으로서 간극이 좁아지고 인발력(hydrostatic tension)이 낮아져 전체적으로 수축하게 된다. 이러한 현상은 공극 크기가 작은 미세공극에서 시작되고 더욱 건조하게 되면 층간공극내의 물 분자까지 증발하게 되며 수축은 증가한다.

그림 5.8은 상대습도가 낮아짐에 따라 수분의 감소, 그리고 수분의 감소에 따라 수축량이 증가함을 보여주고 있다. 초기에 자유수의 증발로 수분이 급격히 감소하고 이후 흡착수가 서서히 감소하며 이후 큰 변화가 없음을 보여주고 있다. 또한 건조 초기에 비록 수량이 많이 증발 되더라도 수축에 큰 영향이 없으며(자유수 증발 단계) 일정 수준 이상의 수분 손실 이후에 수축량이 크게 증가(흡착수 증발)함을 알 수 있다.

콘크리트 치수 안정성에서 또 다른 특성인 크리프 변형은 건조에 의한 수축 현상과 유사하게 일어난다. 크리프는 공극 내에 있는 수분의 증발에 관계되며, 특히 양생 수준에 깊게 관계 된다. 다만 크리프는 추가로 외력에 의한 응력이 공극내의 수분 이동에 영향을 준다. 이 때 큰 공극인 모세공극의 수분이동이 영향을 주는 것으로 알려져 있으며, 상대습도 100 %인 상태에서도 크리프 변형은 계속된다.

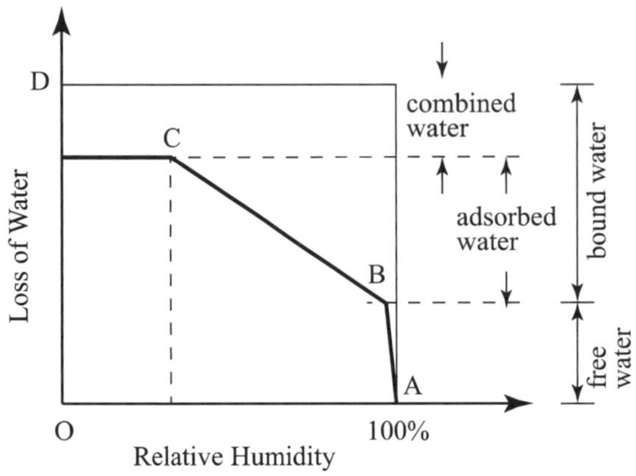

(a) 상대습도와 수분의 감소 관계

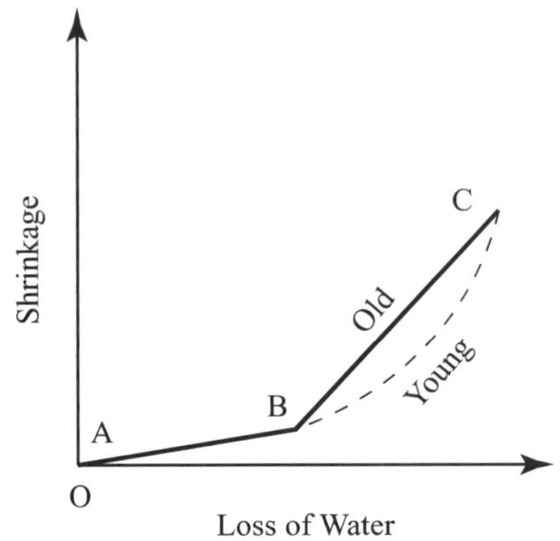

(b) 수분의 감소와 수축량 관계

[그림 5.8] 상대습도, 수분감소, 수축량의 관계

(출처 : R. L.'Hermite, Poc. *Fourth Int. Symp. on Chemistry of Cements*, Washington, D. C., 1960)

수밀성

콘크리트 내의 공극의 분포는 당연히 수밀성水密性(watertightness, 또는 impermeability)에 영향을 주게 되고 이는 콘크리트 내구성에 귀결된다. 전체 체적에 대한 공극의 비율, 즉 공극률이 높을수록 수밀성이 떨어진다. 따라서 내구성을 높이기 위해서는 공극을 줄여야 하며 물-시멘트비를 낮게 하고 동시에 양생이 충실하여야 할 것이며 이는 곧 높은 강도의 콘크리트를 지칭하게 된다. 즉 콘크리트에서 강도와 내구성은 어떤 면에서는 공통의 특성을 갖으며 이는 미세구조의 상태로 좋은 콘크리트를 판결한다는 의미가 된다. 수밀성 척도에서 미세공극은 여전히 영향이 작고 상대적으로 큰 모세공극이 수밀성에 관계가 높다. 또한 물-시멘트비가 낮을수록, 수화 정도가 높을수록 밀실한 콘크리트 되어 수밀성이 좋아진다.

5.3 • 계면 전이역

5.3.1 계면 전이역의 구조 특성

경화 콘크리트에서 C-S-H, CH 등의 수화 생성물이 골재에 부착하여 계면을 형성하게 되는데 이를 계면界面 전이역轉移域(interfacial transition zone : ITZ)이라고 지칭한다. 콘크리트 경화체는 수화 생성물과 골재, 그리고 계면 전이역으로 구분할 수 있다.

특히, 경화된 콘크리트의 미세구조는 골재 근처에서 크게 달라지며 계면 전이역이 콘크리트 성질에 미치는 영향은 크다.

계면 전이역의 미세구조를 보면, 골재 재료 표면 주위에서 반응하는 시멘트가 줄어들고, 주위에 상대적으로 약한 결합력의 수산화칼슘이 형성되며, 따라서 계면에는 공극률이 증가한다. 낮은 물－시멘트비 경우에도 수화 초기부터 계면 전이역은 골재 주위에 수막이 형성되고 블리딩이 발생되어 밀실하지 못하고 공극이 많게 된다. 또한 수산화칼슘, 에트린자이트는 상대적으로 비표면적이 낮고 반데르발스 인발력에 의존하며 골재 표면의 곡면 형태로부터 접착력이 떨어진다. 여기에 더하여 외부 충격이나 하중, 상대적인 움직임, 또는 내부 응력 등에 의하여 미세 균열(micro-cracking)이 계면에서 시작하게 된다. 계면 전이역의 미세 균열은 모르타르 또는 시멘트 풀의 초기 변형에서부터 발생하고 진전된다. 계면 전이역의 공극의 양이나 미세균열 크기는 골재의 크기, 모양, 물－시멘트비, 시멘트 양, 물의 양, 양생조건, 외부 습도 조건, 열 응력 등, 광범위한 변수에 따라 영향을 받는다.

계면 전이역은 수화되는 시멘트 양이 적으며, 밀도가 낮고 따라서 공극률이 높다. 또한 C－S－H가 적게 들어가 있으며, 비표면적이 작은 수산화칼슘이 주로 형성되어 있고 에트린자이트가 밀집되어 있다. 그림 5.9는 콘크리트 경화체는 수화 생성물과 골재, 그리고 계면 전이역으로 구분하게 되며 이를 개념적으로 보여주고 있다.

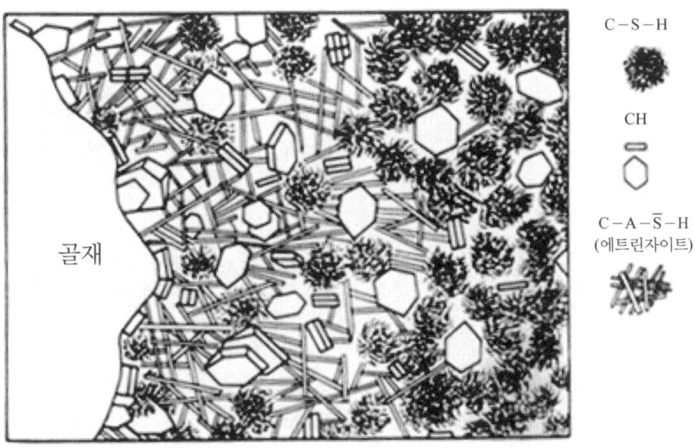

[그림 5.9] 골재와 시멘트 페이스트 사이의 계면 전이역 개념도

5.3.2 계면 전이역의 역학적 성질에 대한 영향

콘크리트의 비선형 특성과 취성적인 재료 특성은 시멘트 페이스트 또는 모르타르의 초기 균열 발생과 이후 미세 균열이 계속 진전하는 양상에 기인한다. 미세 균열은 초기 변형에서부터 시작하고 계면 전이역으로 진전된다. 계면 전이역은 골재와 수화물 사이에서 응력을 전달하는 매개 역할을 하여야 하는데, 오히려 취약함으로서 스스로 응력 전달에서 한계가 있고, 낮은 응력 상태에서 일찍이 파괴되는 현상을 보인다.

계면 전이역이 강도에 도달하기 전인 약 40 %에서부터 균열이 진전되고 확대된다. 이러한 현상은 골재나 수화물이 탄성재료임에도 불구하고 콘크리트 재료가 극히 비탄성 특성을 보이는 이유로 볼 수 있다. 그림 5.10은 세골재와 C－S－H 계면에서 발생한 초기 부착파괴 균열의 한 예를 보여주고 있다.

콘크리트가 압축 응력을 받을 때에는 내재 균열이 서서히 진전 확산된다. 계면 전이역에서 시작한 균열이 다른 균열과 연결되고 관통하여 파괴에 도달된다. 더욱이 콘크리트가 인장 응력을 받을 때에는 균열은 급속히 진전을 이루고 매우 낮은 응력에서 관통하여 파괴하게 된다. 압축에서는 비교적 에너지를 흡수하여 연성 변형의 능력을 보이지마는 인장 응력에서는 계면 전이역 균열의 관통이 빨라져서 극히 취성적 파괴 양상을 보인다. 이러한 현상으로부터 콘크리트의 압축강도는 상당히 높지마는 인장강도가 매우 낮은 재료임을 확인할 수 있다.

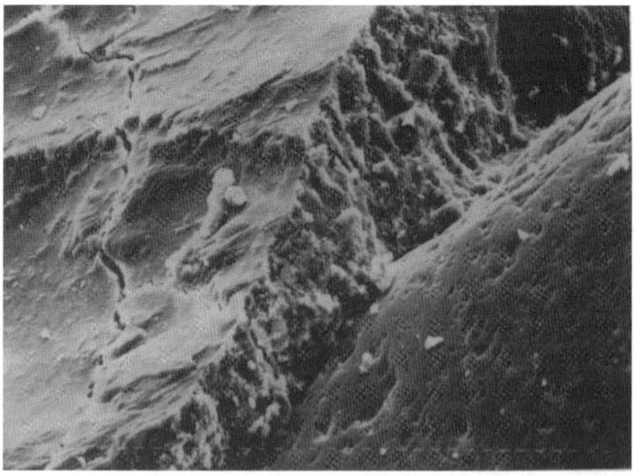

[그림 5.10] 세골재와 C-S-H 계면의 부착파괴(배율＝160)

(출처 : Attiogbe, E and Darwin, D., “Submicroscopic Cracking of Cement Paste and Mortar in Compression”, 1985)

계면 전이역에는 특성상 공극과 미세 균열이 많고 이는 콘크리트 강성에 관계된다. 콘크리트는 균열과 공극이 많은 계면 전이역의 내재함에 따라 힘의 전달이 잘 되지 못하며, 따라서 계면 전이역이 콘크리트의 강성, 즉 탄성계수에 크게 영향을 미치게 된다. 골재나 시멘트 페이스트 자체는 높은 탄성계수를 가졌으니 공극과 균열이 많은 계면 전이역의 강성이 낮음으로 인해 전체 콘크리트의 강성이 떨어지는 것이라고 볼 수 있다.

그림 5.11은 골재, 시멘트 페이스트, 모르타르 및 콘크리트의 응력－변형률 곡선으로 골재 자체의 탄성계수는 높으나 골재가 들어간 모르타르나 콘크리트의 탄성계수가 상대적으로 크게 낮음을 잘 보여주고 있다. 이러한 콘크리트에서 계면 전이역의 강성 저하는 화재를 입은 콘크리트의 강성이 급격히 떨어지는 현상에 대한 이유가 된다. 화재에 노출된 콘크리트는 고온에서 계면이 먼저 손상을 입게 되며, 따라서 압축강도 저하에 비하여 탄성계수가 훨씬 급속히 떨어진다.

최근 계면 전이역에 대한 연구가 활발하다. 현재까지 계면 전이역의 밀도를 높이는 방법으로 계면활성제 등의 혼화재료를 활용하는 방법이 연구되고 있다. 보통콘크리트에서는 계면 부착력을 높이더라도 효과가 적지마는 압축강도 100 MPa 이상의 초고강도 콘크리트, 고성능 섬유보강 콘크리트에서는 계면의 성능이 매우 중요하다. 특수한 골재나 보강재료를 사용하는 경우, 사용재료가 성능을 다 발휘하기 위해서는 계면의 성질을 향상시켜서 높은 계면부착강도를 얻도록 하는 것이 중요하다.

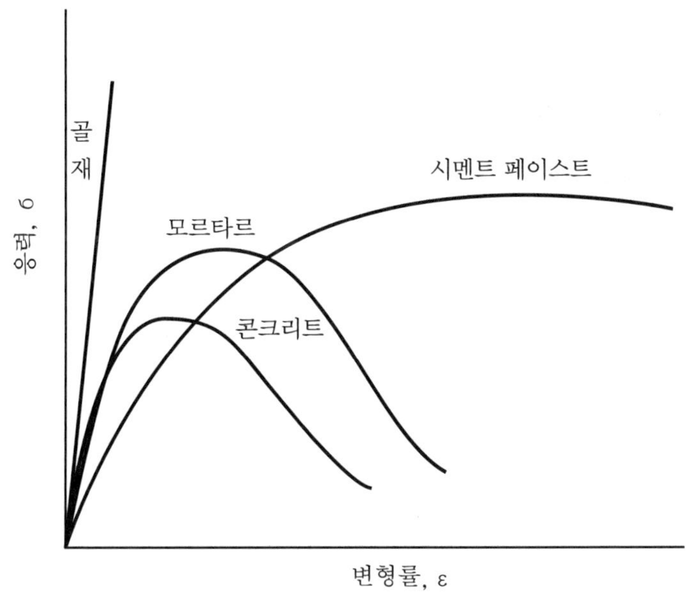

[그림 5.11] 골재, 시멘트 페이스트, 모르타르 및 콘크리트의 응력–변형률 곡선

연습문제

1 규산삼석회의 수화동안의 5단계별 발열속도를 그림으로 그리고 각 특성을 설명하라.

2 C–S–H의 미세구조를 설명하고 콘크리트 특성에 미치는 영향을 기술하라.

3 수화 생성물인 C–S–H와 CH의 성질을 비교하고 역할을 설명하라.

4 C–S–H와 같이 비표면적이 매우 높은 재료의 특성은 무엇인가 ?

5 시멘트 경화체 내에 있는 공극의 종류를 구분하여 설명하고, 공극이 콘크리트 특성에 주는 영향을 서술하라.

6 수화 초기, 양생이 잘 이루어지고 물–시멘트비가 낮은 시멘트 경화체, 그리고 보통의 물–시멘트 비의 시멘트 경화체에서 모세공극의 크기는 각각 어느 정도인지 비교 설명하라.

7 포화된 시멘트 경화체 내에 존재하는 결합수의 종류를 구분하고, 상대습도가 낮아짐에 따른 결합수의 증발 순서와 건조수축에 대한 영향에 대하여 설명하라.

8 포화된 시멘트 경화체가 건조될 때, 수분손실량과 건조수축량이 비례하지 않는 다는 것에 대해 설명하라.

9 물 – 시멘트비가 0.5인 시멘트 페이스트 시편에서 물과 시멘트의 체적은 각각 157, 100 cm^3이다. 재령 365일에서 수화가 100 % 되었다고 볼 때, 모세공극의 체적은 전체체적의 몇 % 인가? 이때 겔공극비로부터 압축강도를 예측하라.

10 골재와 시멘트 페이스트 사이의 계면 전이역을 정의하고 콘크리트의 압축, 인장강도와 탄성계수에 대한 계면 전이역의 영향을 설명하라.

11 골재, 시멘트 페이스트, 모르타르 및 콘크리트의 응력 변형률 곡선을 개략적으로 그리고, 탄성계수가 크게 차이나는 이유에 대하여 설명하라.

12 콘크리트가 화재를 입었을 때, 탄성계수가 급격히 떨어지는 현상에 대하여 설명하라.

참고문헌

1. 한국콘크리트학회, "콘크리트구조설계기준 해설", 기문당, 2012, 599 pp.
2. 한국콘크리트학회, "콘크리트표준시방서 해설", 기문당, 2009, 854 pp.
3. 한국콘크리트학회, "최신콘크리트공학", 기문당, 2011, 930 pp.
4. 한국콘크리트학회, "특수콘크리트공학", 기문당, 2004, 571 pp.
5. Mehta K. and Monteiro P., "Concrete", 3rd ed., *Prentice Hall*, 2006, 659 pp.
6. Mindess S., Young F., and Darwin D., "Concrete", 2nd ed., *Prentice Hall*, 2003, 644 pp.
7. Neville A. M., "Properties of Concrete", 4 th ed., *John Wiley & Sons, Inc.*, New York, 1996, 844 pp.
8. Attiogbe, E and Darwin, D., "Submicroscopic Cracking of Cement Ppaste and Mortar in Compression", *SM Report No. 16, Univ. of Kansas*, Nov., 1985. page 439.
9. Feldman R., Sereda P., "A model for hydrated Portland cement paste as deduced from sorption length change and mechanical properties", *Materials and Structures,* No. 6, Nov.-Dec., 1968, pp.509-519.
10. Pinto R. and Hover K., "Application of maturity approach to setting time" *ACI Materials Journal,* Nov-Dec 1999, pp. 686-691.
11. Mehta K. and D. Manmohan, *Proc., 7th In., Cong., on Chemistry of Cements,* Editions Septima, Vol. III, Paris, 1980.
12. Oral Buyukozturk and Methi Wecharatana, "Interface Fracture and Bond", *ACI SP-156*, 1995, pp.216.
13. R. L. Hermite, *Poc. Fourth Int. Symp. on Chemistry of Cements*, Washington, D. C., 1960.
14. Charlotte Famy and Hal F. W. Taylor, "Ettringite in Hydration of Portland Cement Concrete and its Occurrence in Mature Concretes", *ACI Materials Journal*, Jul-Aug. 2001, pp. 350-356.

6

CHAPTER

굳지않은 콘크리트

구성재료를 혼합한 직후부터 시간의 경과에 따라 응결과정을 거쳐 경화되어 어느 정도의 강도를 나타내기까지의 콘크리트를 굳지않은, 또는 초기재령 콘크리트라고 한다. 콘크리트는 혼합 직후 바로 굳지 않아 운반, 타설, 다짐에 필요한 최소의 작업시간이 확보된다. 굳지않은 콘크리트는 배합에 따라 응결과 경화되는 속도가 다르며 응결에 걸리는 시간은 콘크리트 공사에서 중요한 시공 계획에 영향을 미친다.

콘크리트의 작업성, 즉 워커빌리티는 타설 과정에서 매우 중요하다. 워커빌리티가 낮으면 타설이 어렵고 너무 높으면 재료분리 등의 문제가 발생하고 이는 콘크리트의 침하, 블리딩, 건조수축, 소성수축 균열로 나타난다. 굳지않은 콘크리트에서 오류는, 작업성, 구조 안정성뿐만 아니라, 내구성을 요구하는 경우에도 크게 문제가 될 수 있다. 이와 같이 몇 시간의 굳지않은 콘크리트의 작업은 초기재령 콘크리트의 성질을 결정하고 콘크리트 평생의 품질로 이어진다.

6.1 • 워커빌리티

6.1.1 유동성

굳지않은 콘크리트(fresh concrete)는 충분한 유동성流動性을 확보하여 주어진 조건에서 만족스럽게 작업할 수 있어야 할 뿐만 아니라, 초기재령 콘크리트(early age concrete)의 성질과 굳은 후 콘크리트의 성능을 결정한다. 작업성은 콘크리트가 아직 소성상태에 있을 때 해당하는 단기적인 요구사항으로, 한마디로 워커빌리티(workability)라고 일컫게 되는데, 구조성능은 물론, 건조수축, 균열, 내구성과 같은 굳은 콘크리트에 대한 장기적인 성능에도 상호 관계된다.

작업성을 나타내는 용어로는 워커빌리티 외에 반죽질기, 유동성, 다짐성, 성형성, 점성, 마감성이 있으며 콘크리트의 작업에 필요한 각각 다른 면을 강조하고 있다. 콘크리트는 혼합 및 운반이 쉬워야 하며, 한 배치 내에서 균질하여야 하고, 거푸집과 철근 사이를 완전히 채울 수 있는 유동성과 다짐성을 가져야 한다. 타설 동안 재료분리가 일어나지 않아야 하며, 표면처리 과정에서 적절한 마감성을 지녀야 한다.

일반적으로 위에서 언급한 모든 성능을 포괄하는 작업성을 워커빌리티로 정의하고 있으며 콘크리트 액체의 유동 특성으로 평가한다. 콘크리트 워커비리티를 측정하기 위하여 유동 특성은 유동학 또는 유변학流變學(rheology) 이론에 근거한다. 굳지않은 콘크리트는 부유 입자가 크고 농도가 매우 높은 액체로서 묽게 분포된 유체에서의 일반 모델을 적용하기에는 곤란하다. 따라서 굳지않은 콘크리트의 유동 특성은 다음의 빙함 모델(Bingham model)로 설명한다.

$$\tau - \tau_0 = \mu\dot{\gamma} \tag{6.1}$$

여기서 τ_0는 항복점이며 μ는 소성점도이다. 그림 6.1에서 나타낸 바와 같이 액체에 가해진 전단응력(τ)이 항복점 이하에서는 유동이 일어나지 않으나 항복점 이상일 때, 이 들의 차이에 비례하여 전단속도($\dot{\gamma}$)로서 유동이 일어난다. 이 때 항복점은 초기 유동의 용이 정도를 나타내고 소성점도는 유동이 일어난 후 운동의 용이 정도를 나타낸다.

굳지않은 콘크리트는 빙함 모델에 가까운 유동 특성을 지니고 있다고 본다. 일반적으로 단위수량이 많은 콘크리트는 항복점이 낮고 단위시멘트량이 많은 콘크리트는 소성점도가 크다. 항복점과 소성점도가 낮은 콘크리트는 작은 에너지에도 유동성이 높아 워커빌리티가 크지마는 대신에 재료분리에 대한 저항성이 낮을 수 있다는 것을 알 수 있다.

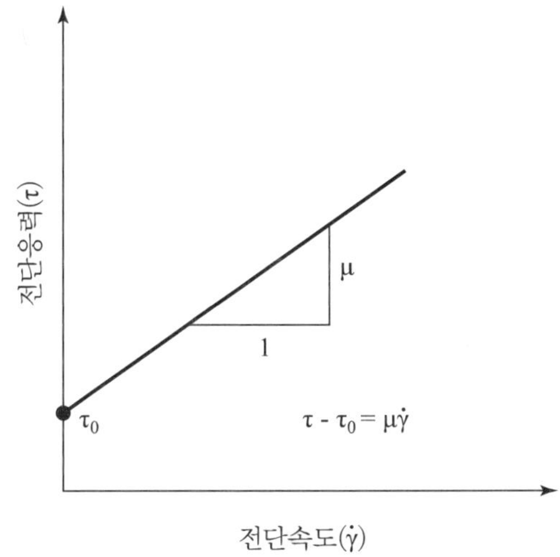

[그림 6.1] 굳지않은 콘크리트의 유동성 빙함 모델

굳지않은 콘크리트의 특성을 설명하기 위해서 앞에서 언급한 유동학 또는 유변학 특성을 이용할 수 있다. 굳지않은 콘크리트는 유변학을 이용하여 재료의 유동성과 시간에 따른 변형을 설명하며 이는 운반, 타설과정에서 굳지않은 콘크리트 성능에도 적용될 수 있다. 특히, 타설 과정에서 진동과 다짐을 요하는 콘크리트에서 요구되는 특성에 대하여 유변학으로 설명함이 적합하다.

굳지않은 콘크리트의 유변 특성은 그림 6.2에서와 같이 세 가지 요인, 즉 안정성(stability), 다짐성(compactability), 유동성(mobility)로 구분할 수 있다. 여기서 안정성은 굳지않은 콘크리트의 재료분리와 블리딩의 발생 정도에 관계된다고 말할 수 있다. 블리딩은 모르타르가 불안정할 때, 수분을 방출하는 현상으로 가능한 줄이거나, 사용하는 조건에서 조정 또는 관리되어야 한다. 골재분리 또한 굳지않은 콘크리트 혼합체의 불안정 특성이며 모르타르이나 시멘트 페이스트의 취약함에 기인한다고 볼 수 있다. 콘크리트의 다짐성은 골재의 영향이 커서 골재의 상대밀도, 입도분포, 실적률 등에 관계된다. 유동성을 평가하기 위해서는 굳지않은 콘크리트의 가소성(viscosity), 점성(cohesion), 내부마찰각(angle of internal resistance)을 각각 개별적으로 구분하여 측정하여야 한다.

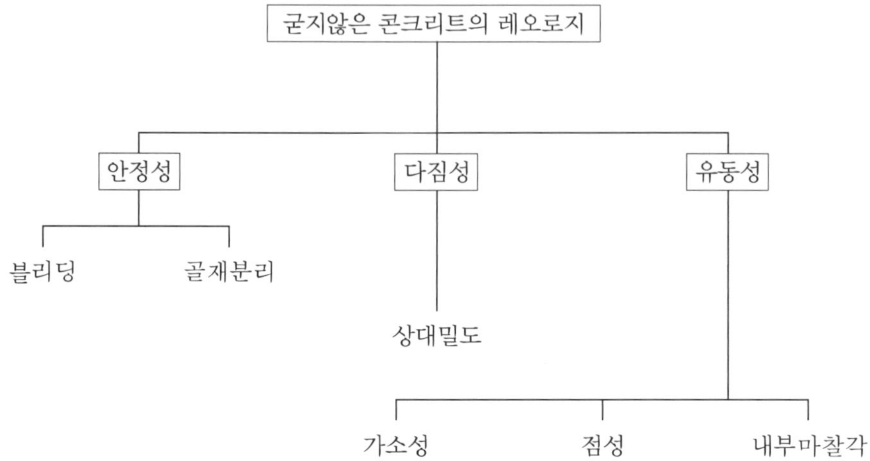

[그림 6.2] 굳지않은 콘크리트 레오로지 영향 요인(ACI 309)

콘크리트의 유동 특성을 평가하는 합리적이며 실용성 시험방법에 대해 많은 연구가 있어 왔다. 콘크리트의 소성 점도나 항복강도를 계산할 수 있는 실험 장치가 계속 제안 되고 일부 연구에 활용되고 있다. 그러나 아직도 어떤 시험 장치도 표준화되어 있지 못하며 신뢰성이 낮은 편이다. 굳지않은 콘크리트의 특성을 평가하기 위한 유동성 시험법에 대한 요구가 급증하고 있으며, 특히, 자기충전콘크리트, 초고강도콘크리트 등의 특수 콘크리트에서 실험실 연구 목적 이상의 현실적인 시험법이 필요하다. 여기서는 굳지않은 콘크리트의 워커빌리티 영향요인, 시공 요건, 그리고 실용적인 시험법에 관해서 각각 설명한다.

6.1.2 워커빌리티의 영향 요인

콘크리트의 워커빌리티는 실로 수많은 요인의 영향을 받으며 이들로는 배합의 함수비, 골재 특성, 시멘트의 특징, 혼화재료, 시간, 온도, 외기조건, 작업 조건, 장비등, 경제성 등을 들 수 있다. 또한 직접적으로는 단위수량, 단위시멘트량, 골재의 입도분포, 함수율 및 비중, 공기량, 혼화재료 등으로 배합설계 과정에서 결정된다고 할 수 있다. 다음에서는 배합설계에 관련된 영향 요인 위주로 설명한다.

단위수량

수량이 많을수록 당연히 콘크리트의 반죽질기가 좋고 유동성이 크게 된다. 그러나 함수량의 증가는 강도 저하 외에도 재료 분리와 블리딩 과다를 초래할 수 있다. 함수량이 많으면, 건조수축, 크리프 등 체적안정성이 떨어지고 투수성이 높아져 내구성에서도 불리하다.

물은 수화반응에 필요할 뿐만 아니라 입자들 표면에 수막을 형성하여 입자들을 서로 분리함으로서 미끄러운 윤할 역할을 한다. 비표면적이 큰 입자들일수록 더 많은 양의 물을 필요로 하고 따라서 함수량은 골재의 입도와 깊은 관계가 있다. 동일한 워커빌리티를 갖는다고 볼 때, 골재의 입도가 작을수록 함수량은 늘어난다. 일반적으로 단위수량이 1.2 % 증감에 따라 슬럼프는 10 mm 증감한다.

단위시멘트량

단위수량과 마찬가지로 시멘트량이 많을수록 워커빌리티가 좋아지고 콘크리트의 성형성은 증가한다. 당연하게 단위시멘트량이 많은 부배합이 빈배합 콘크리트에 비해 워커빌리티가 좋다. 그러나 콘크리트의 단위수량을 일정하게 하고 단위시멘트량을 증가시킨 경우에는 거친 배합이 되어 마감성이 나빠질 수 있다. 즉 모르타르나 잔골재가 부족하여 반죽질기가 충분하지 못한 거친 배합(harsh mix)이 될 수 있다. 단위시멘트량이 과도하게 많거나 분말도가 높은 시멘트를 사용할 경우, 점성은 높아지나 오히려 유동성이 저하될 수도 있다.

골재

세립분, 특히 0.3 mm 이하의 세립분은 콘크리트의 점성을 높이고 성형성을 좋게 한다. 그러나 세립분이 많게 되면 반죽질기가 낮게(차지게) 됨으로 골재는 조립한 것부터 세립한 것까지 적당한 비율로 분포되어야 한다. 즉 골재의 양도 중요하지마는 잔골재와 굵은골재의 상대적인 비율도 중요하다.

일정한 물－시멘트비에서 시멘트양에 비해 골재량이 증가하면 워커빌리티는 저하된다. 또한 같은 배합 조건에서 잔골재가 부족하면 콘크리트가 거칠어 재료분리가 일어나기 쉽고, 마감 손질이 어려워진다. 반면에 잔골재량이 너무 많으면 작업하기 쉬운 배합이 되지마는 투수성이 저하되고 비경제적인 콘크리트가 된다.

공기량

AE제나 감수제에 의해 콘크리트 중에 연행된 미세 기포는 워커빌리티를 개선시킨다. 감수제에 의한 연행된 미세 기포는 시멘트페이스트의 체적을 크게 하여 슬럼프를 향상 시킬 뿐만 아니라 점성을 증가 시켜 재료분리와 블리딩을 감소시킬 수 있다. 대체로 공기량 1 % 증가하면 슬럼프가 20 mm 정도 크게 되며, 또한 공기량 1 % 증가로 슬럼프를 일정하게 하면서 단위수량을 약 3 % 저감시킬 수 있다. 따라서 워커빌리티가 좋지 않을 때, 공기량을 연행시킴으로서 유동성과 점성이 개선될 수 있으므로, 단위 시멘트량을 줄여야 하는 매스콘크리트에도 유용하다.

비빔시간

비빔시간이 불충분하여 균질하지 못한 콘크리트는 당연히 워커빌리티가 나쁘다. 그러나 비빔시간이 너무 길어져도 시멘트 수화를 불필요하게 촉진시켜 워커빌리티가 나빠질 수 있다. 대체로 비빔시간에 따라 워커빌리티는 처음에 증가하다가 일정시간 이후에는 감소한다.

비빔온도

일반적으로 콘크리트의 비빔온도가 높을수록 반죽질기가 저하되고 빨리 굳어지는 즉, 슬럼프 손실(slump loss)이 커지는 경향이 있다. 대기온도가 올라가면 수분 증발속도 및 수화속도가 빨라지기 때문이다. 그림 6.3은 대기온도가 올라감에 따라 워커빌리티가 감소한다는 것을 보여주고 있다. 이는 더운 여름날 동일한 워커빌리티를 유지하기 위해서는 더 많은 물을 사용하여야 함을 보여주고 있다. 또한 온도가 증가 할수록 슬럼프 손실을 고려하여, 슬럼프 값을 증가시키기 위해서 소요되는 물의 양도 증가한다. 따라서 온도가 주요인이 되는 서중콘크리트에서는 현장시험을 통해서 대기 온도가 미치는 영향을 파악하여야 한다. 서중콘크리트에 대해서는 제16장에서 상세히 기술한다.

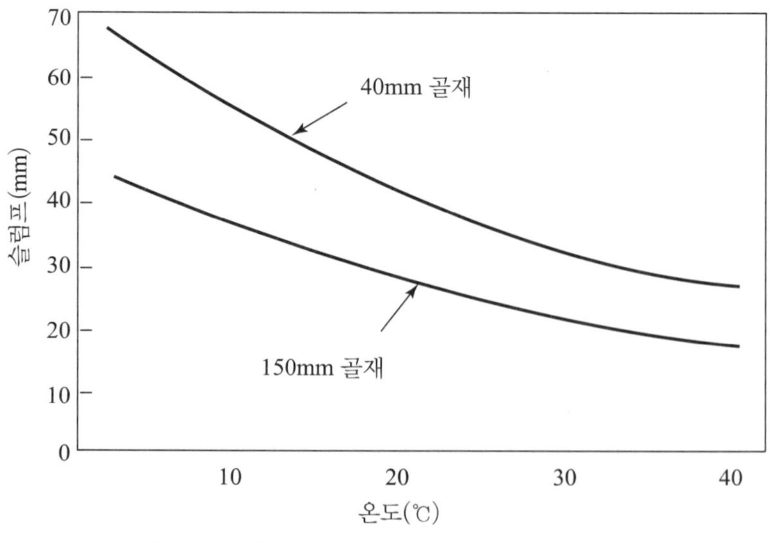

[그림 6.3] 콘크리트 슬럼프와 온도관계 곡선

(출처 : Concrete Manual, 8th ed., U.S. Bureau of Reclamation, 1975)

6.1.3 워커빌리티 시험법

콘크리트의 워커빌리티는 '타설의 용이성을 측정하기 위한 유동성과 다짐성'과 '재료의 분리와 블리딩'이라는 상반되는 두 종류의 성질을 조합한 매우 복잡한 성질이다. 워커빌리티 측정방법은 현재까지 여러 방법이 제안되었으나 슬럼프 측정 방법이 실용성이 있어 대표적이며 일부 유동 특성 측정법은 제한적으로 사용되고 있다. 워커빌리티 시험법으로는 슬럼프 시험법, 유동성 시험법, 다짐계수 시험법, 구관입 시험법, vee-bee 시험법, remolding 시험법이 있다.

슬럼프 시험법

슬럼프(slump) 시험은 굳지않은 콘크리트의 워커빌리티 성능의 대표적인 시험법으로 현장에서 가장 널리 사용되고 있다. 슬럼프 시험은 콘크리트의 반죽질기 정도를 쉽게 판별할 수 있으며 슬럼프 값이 클수록 반죽질기는 증가한다. 슬럼프 시험은 자중에 의해 아래로 흐르는 것에 대한 콘크리트의 전단저항 능력으로 볼 수 있다.

슬럼프 시험은 단순한 기구를 사용하여 용이하고 비교적 재현성이 크다. 주요기구는 원추형으로 그림 6.4에 표시되어 있듯이 윗면 안지름이 100 mm, 밑면안지름이

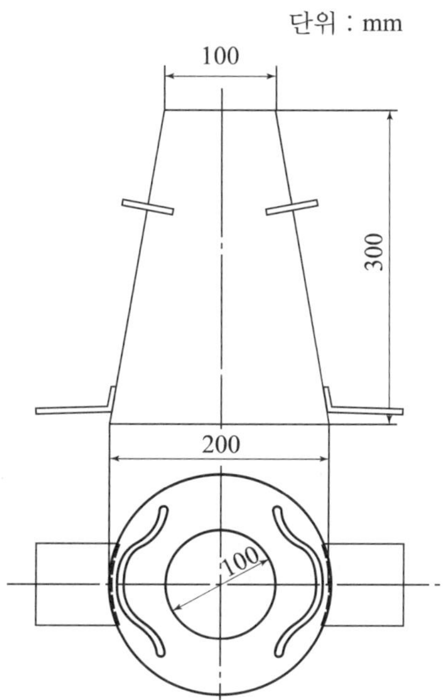

[그림 6.4] 슬럼프 콘

200 mm, 높이가 300 mm인 속이 빈 몰드이며 슬럼프 콘이라고 부른다. 몰드에는 그림과 같이 적절한 위치에 발판과 손잡이가 붙어 있다. 몰드에 같은 높이의 세 층의 콘크리트를 고르게 채워 넣고 각 층을 지름 16 mm의 다짐봉으로 25회씩 봉 다짐을 한다. 윗면을 고르게 마무리 한 후에 몰드를 들어올리고, 콘크리트가 무너져 내린 높이, 즉 몰드 높이와 남겨진 콘크리트 시료의 중앙부 높이 차이를 슬럼프 값(slump value)으로 한다. 슬럼프 콘에 콘크리트를 채우기 시작하여 슬럼프 콘을 들어올리기까지 소요시간은 3분 이내로 하여야 하며, 슬럼프는 5 mm 단위로 나타낸다. 슬럼프 시험방법은 KS F 2402를 따른다.

그림 6.5는 슬럼프 측정 후 무너져 내린 여러 가지 형태를 나타내고 있으며 이는 굳지않은 콘크리트 전단 저항 능력과 관계되며 적절한 작업성 여부를 판단하게 된다. 그림 6.5 (a)와 같이 슬럼프 값이 거의 제로인 경우는 수량이 크게 부족하거나, 거친 배합인 경우일 수 있다. 특히, 경량골재콘크리트에서 골재가 엉킴으로서 발생 될 수 있고 잔골재를 첨가하거나 AE제를 투여하여야 한다. 그림 (b)는 정상 형태이며 전체 시료가 고르게 가라앉는 형태이다. 그림 (c)는 콘크리트의 소성이나 점착력이 부족한 경우로서 한 방향으로 기울어져 내려앉는 형태로 전단 슬럼프라고 지칭한다. 거친 배합이나 혹은 재료분리가 일어날 수 있는 배합에서 발생할 수 있다. 그림 (d)의 붕괴 슬럼프는 빈배합, 거친 배합, 또는 물의 양이 많은 배합에서 나타난다. 이러한 붕괴 형태에서는 모르타르는 흘러내리고 조골재만 가운데 남아 있게 될 수 있다. 대체로 전단 형태나 붕괴 형태의 슬럼프는 콘크리트 타설시 문제가 발생될 수 있다.

(a) 거의 제로 슬럼프 형태　(b) 정상 형태

(c) 전단 형태　(d) 붕괴 형태

[그림 6.5] 슬럼프 형태

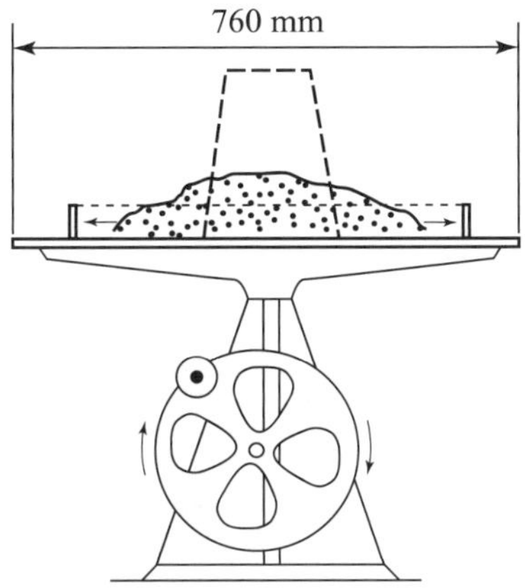

[그림 6.6] 콘크리트 플로우 시험장치

유동성 시험

유동성 시험(flow test)은 플로우, 또는 흐름시험이라고 지칭하기도 하는데 이는 연속 진동 조건에서 콘크리트가 퍼지는 능력을 측정하고자 한다. 실험실에서 진동, 또는 충격을 가하여 콘크리트의 유동성과 분리 저항성을 측정하고자 한다. 그림 6.6은 콘크리트 플로우 시험장치를 보여주고 있다. 플로우 장치는 직경 760 mm 진동대 테이블과 원추형 몰드로 구성되어 있으며 13 mm 높이를 충격을 주어 낙하하게 된다. 가운데 원추형 몰드에 콘크리트를 2개층으로 다져 채운 뒤 몰드를 제거하고 핸들을 회전시켜 테이블을 15초 동안 15회 낙하시킨다. 충격을 받은 콘크리트는 테이블 상면에서 퍼지게 되고, 퍼진 콘크리트의 증가된 지름을 측정하거나 일정 지름, 예컨대 500 mm 플로우에 도달되는 시간을 측정하기도 한다. 콘크리트가 흘러 퍼진 지름을 6방향에서 측정하여 평균값(콘의 밑지름을 뺀 값)을 원래의 지름인 콘의 밑지름으로 나눈 백분율을 흐름값(flow value)이라 한다.

이 시험법에서는 가장 잘 측정되는 것은 분리저항성에 관한 성질이지마는 부배합이나 점성이 높은 콘크리트의 유동성을 측정하는 경우에도 적용되고 있다. 고유동콘크리트, 고강도콘크리트, 수중불분리 콘크리트에서 골재분리나 유동성능을 평가하기 위하여 사용한다. 1973년까지 ASTM C 124에 기술되었으며 현재에는 간혹 사용되고 있다.

다짐계수 시험법

굳지않은 콘크리트의 유변 특성을 나타내는 다짐성은 안정성, 유동성과 함께 매우 중요하다. 콘크리트의 다짐성은 재료의 상대 밀도에 관계된다. 다짐계수 시험법(compacting

[그림 6.7] 다짐계수 시험기기

factor test)은 영국에서 개발되었으며 BS 1881에 규정된 시험법이다. 상부 용기에 콘크리트를 다져 넣은 후, 하부 용기와 원주형 몰드에 차례로 떨어뜨려, 몰드에 채워진 콘크리트 중량과 같은 크기의 몰드에 다져 넣은 콘크리트의 중량 비로 다짐계수를 정의한다.

다짐계수 시험장치는 그림 6.7과 같이 2개의 원추형 호퍼와 1개의 원주형 몰드로 구성되어 있으며 호퍼의 하부에는 힌지가 장치된 뚜껑이 있고 모두 연속적으로 배치한다. 먼저 상부 호퍼에 콘크리트를 채우고 밑 뚜껑을 열어 낙하시키고 작은 하부 호퍼에 채워진 콘크리트를 다시 뚜껑을 열어 원주형 몰드에 낙하시킨다. 처음 호퍼에 채운 콘크리트를 마지막 몰드에 낙하된 콘크리트량과 비교하여 다짐계수를 구한다. 이 방법에 의한 시험값은 슬럼프 값보다 정확하고 민감하며, 특히 진동다짐을 행하는 콘크리트에 있어 매우 유효하다. 그러나 이 시험방법은 현장에서 사용하기에 적합하지 않으며 최대골재 크기가 커지면 시험기기도 커져야 하는 어려움이 있다.

6.1.4 공기량 시험법

연행공기의 역할에 대해서는 이미 3장에서 언급하였다. 이 절에서는 콘크리트 내의 공기량을 측정하는 시험법에 대해서만 서술하고자 한다. 공기연행 콘크리트 내에서는 두 형태의 공기가 있는데, 연행공기와 갇힌공기이지만 이를 구분하지 않고 시험에서는 전체 공기량을 측정한다.

[그림 6.8] 압력법에 의한 공기량 시험기

굳지않은 콘크리트에서 공기량 시험법으로는 중량 측정법, 압력법, 용적 측정법이 있다. 굳지않은 콘크리트의 공기량을 측정하는데 사용되는 방법 중에서 현장에서 가장 보편적으로 사용되는 것이 압력법(air content test by pressure method)이다. 이 방법은 압력을 작용시켜 공기량에 따른 콘크리트의 부피 변화를 측정하는 것이다. 이 때 부피변화는 공기의 압축에 의한 것으로 가정한다.

그림 6.8에서 보는 바와 같이 콘크리트를 용기에 채우고 장치를 조립한 후, 작은 개폐구를 통해서 물을 주입한다. 압력을 가한 후 압력 조정구를 통하여 압력을 조절하고 압력을 뺀 후 공기량을 압력계로 읽는다. 압력계를 읽을 때는 바늘이 안정이 되도록 몇 차례 압력계를 손가락으로 가볍게 두드리고 나서 읽는다. 압력법에 의한 굳지않은 콘크리트의 공기량 시험방법은 KS F 2421을 따른다. 콘크리트의 공기량이 시험기구의 측정 범위를 초과한다면, 낮은 압력을 선택하고 여러 번 시도하여 구할 수 있다.

부피에 의한 측정 방법으로 용적 측정법이 가끔 사용되는데, 단순히 공기를 내포하고 있는 콘크리트를 일정 용기에 넣고 충분히 흔들어 공기를 위로 모아서 눈금을 직접 읽어 공기량을 측정한다. 측정값이 일정하게 수렴할 때까지 시험을 반복한다. 이 시험에서 어려운 점은 콘크리트에서 공기량을 축출하기 위하여 상당한 육체적 노력이 필요하고 또한 실험 오차가 클 수 있으나 시험의 단순함과 결과를 즉시 알 수 있다는 장점이 있다.

6.2 • 응결과 경화

6.2.1 응결

몇 시간의 굳지않은 콘크리트의 작업은 초기재령 콘크리트의 성질을 결정하고 콘크리트 평생의 품질로 이어진다. 콘크리트에서 초기재령에서 중요한 성질의 하나인 응결凝結(setting) 상태를 측정하여 액체상태에서 고체상태로 전이되는 즉, 굳어지는 시점을 판단한다. 콘크리트가 액체상태가 끝나고 굳어지기 시작하는 상태를 초결, 고체상태에 들어가는 시점을 종결이라고 하며 이후 경화(hardening)단계로 지칭한다. 초기응결이 나타나면서 시공성은 크게 감소하며, 종결 이후부터 강도가 생성된다고 본다.

시멘트 입자는 물과 접촉하여 유도기와 잠정기 반응 동안에 액상상태를 유지한다(그림 6.9). 이 기간 동안 콘크리트 타설이 가능하며, 2~4시간 이후 가속기에는 전이상태가 되어 응결이 시작되며 초결(initial set)이라 한다. 그 후 4~8시간 열 발생이 최대가 되고 응결이 종료되어 종결(final set)이 된다. 일반적으로 시멘트의 초결은 타설 1시간 이후, 종결은 10시간 이내에 이루어져야 정상이라고 본다.

콘크리트에서 응결은 시공과 관련하여 타설, 다짐, 마감, 거푸집 제거 등의 시기 결정 차원에서 중요하다. 일반적으로 응결 시작이 늦고 종결이 빠른 쪽이 사용하기에 편리하다. 초결 전후에 타설, 다짐을 완료하여야 하고, 종결이 시작되기 전에 표면 마무리가

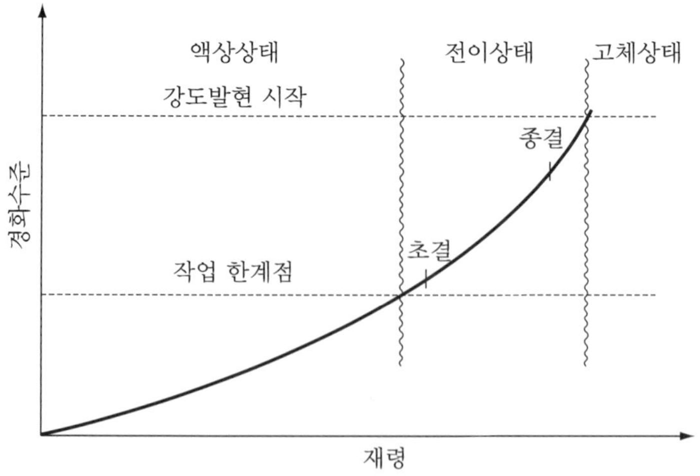

[그림 6.9] 응결과 경화

(출처 : Mindess S., Young F., and Darwin D., “Concrete”, 2003)

끝나야 한다. 응결이 시작되면 시멘트 경화체의 침상 조직이 급격히 성장하여 강도가 발현되며 이 과정부터 손상이 되지 않아야 하는 매우 중요한 시점이다. 일반적으로 응결은 시멘트의 분말도가 높을수록, 슬럼프가 낮을수록, 물－시멘트비가 작을수록 빨라진다. 콘크리트 응결시간은 다소 임의 측정값이지만 다음과 같이 활용되기에 매우 중요하다.

1. 배합과 운반 시간을 조정
2. 여러 가지 촉진제나 지연제를 사용할 때 사용량 결정
3. 마감 작업의 일정 계획

6.2.2 응결시간 시험

시멘트의 응결 시험의 경우와 같이 콘크리트의 응결시간도 유사하게 굳어져 가는 과정에 있어서의 일정 강도에 도달하는 특정한 시점을 측정함으로서 수행한다. 콘크리트 응결시험방법으로 관입저항침에 의한 응결시간 시험이 가장 대표적이다(그림 6.10).

관입저항침에 의한 방법은 콘크리트를 5 mm 체로 쳐서 모르타르 시료를 만들고 이것을 높이 150 mm 이상의 용기에 다져 넣는다. 이 후 관입저항침을 25 mm 깊이까지 관입시키는데 필요한 힘과 시간을 측정한다. 관입 저항은 콘크리트 응결이 진행함에 따라 증가하며 3.5 MPa에 도달 하였을 때를 초결로 정의하며 28.0 MPa에 도달하였을 때까지 계속하며 이때를 종결로 정의한다.

[그림 6.10] 콘크리트 응결시간 측정을 위한 표준관입 시험기기

보통의 배합에 대해 20~25℃ 온도의 경우, 최초의 시험은 시멘트와 물이 처음 접촉한 이후로부터 경과 시간이 2~3시간 일 때부터 수행하고 이 후의 시험은 30분~1시간 간격으로 시행한다. 응결촉진제를 사용한 배합이나 고온에서 시험할 때에는 경과 시간과 측정 간격을 단축하게 되며 응결지연제를 사용할 때에는 적절히 연장하게 된다. 이 시험방법은 콘크리트 응결과정을 비교적 용이하게 판단할 수 있으며 또한 재현성이 좋다. 관입저항침에 의한 콘크리트의 응결 시험은 KS F 2436을 따른다.

6.2.3 응결 오류와 대책

콘크리트의 응결은 시멘트의 품질 및 종류뿐만 아니라 콘크리트의 배합, 골재 및 배합수 성분, 기상조건, 시공조건에 따라 영향을 받는다. 콘크리트의 응결은 너무 일찍 시작되어서는 안 되지만(하절기), 너무 늦게 종결되어도 콘크리트 경화가 늦어져서 곤란하다(동절기).

혼화제를 잘못 사용하거나 심한 기상조건, 또는 과한 비빔으로 인하여, 급격하게 굳어지는 이상응결(false setting)의 현상이 나타나기도 한다. 수화초기에 잘못 응결되어 마치 잘 굳어진 것으로 보이나 실제로는 굳지 않는 현상을 위응결 또는 가응결(false set)이라 하며 이후 시간이 경과하여 다시 부드러워 지면서 정상적인 응결이 나타난다. 시멘트 풀이 너무 이른 시기에 굳어지는 문제로서 열이 상당량 발생하는 급결(flash set)을 들 수 있으며 이후 물을 추가하여도 유동성이 회복되지 않는다. 이상응결에서 타설된 콘크리트는 당연히 수화반응이 충분히 일어나지 않은 상태로 거푸집 제거 후에 콘크리트 표면에 미세한 망상형網狀形 균열로서 나타난다. 콘크리트 타설 후 수 시간 또는 수 일후인 비교적 빠른 기간 내에 발생하며 폭이 크고 짧은 균열이 불규칙하게 발생한다.

장기간 저장으로 시멘트 중에 존재하는 알칼리가 대기 중의 CO_2와 반응하여 탄산알칼리가 되며 이것이 물을 만나면 $Ca(OH)_2$와 Na_2CO_3가 반응해서 $CaCO_3$를 생성하고 액상중의 Ca^{2+} 농도가 저하되고 시멘트의 수화가 촉진되어 위응결로서 나타난다. 풍화된 시멘트를 사용하거나 시멘트 제조 시에 석고의 탈수(반수석고로의 전의)에 의해 혼합이나 운반 중에 이상응결이 발생할 수 있다. 콘크리트의 이상응결은 석고나 혼화제 투여시기를 조정함으로서 방지할 수 있다.

초기 응결을 늦추고 종결을 빠르게 하기 위해서 가끔 응결 지연제를 사용한다. 이때 외기온도 영향이 크며, 그림 6.11에서 보듯이 10℃에서는 23℃에 비하여 초결과 종결이 훨씬 늦게 나타난다. 또한 지연제 효과는 외기온도 23℃ 보다 32℃에서 더 크게 나타나고 있다. 즉, 23℃에서는 지연제를 사용함으로써 초결이 약 6시간에서 7

시간 반으로 약 1시간 반 지연되나, 32℃에서는 초결이 4시간에서 지연제 사용으로 7시간으로 약 3시간 연장되어 매우 효과적임을 보여주고 있다.

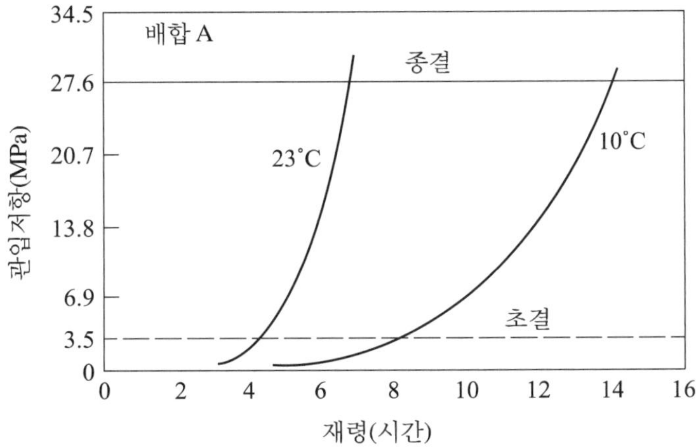

(a) 응결에 대한 온도 영향

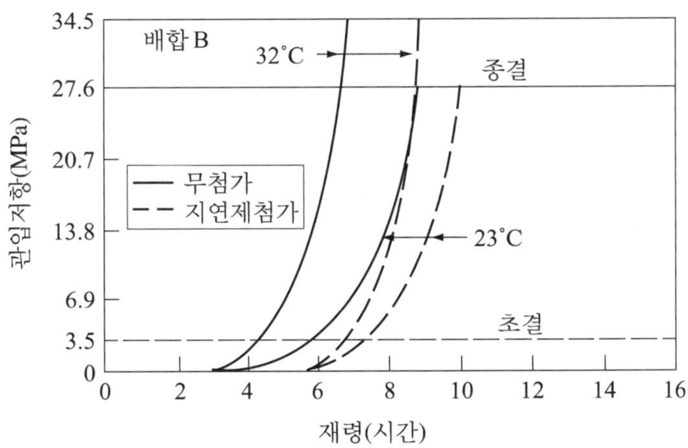

(b) 응결 지연제의 효과

[그림 6.11] 지연제의 응결 지연 효과

(출처 : Sprouse J.H. and R.B. Peppler, ASTM STP 169B, 1978)

6.3 • 재료분리와 블리딩

6.3.1 재료분리

재료분리(segregation)는 굳지않은 콘크리트에서 구성 성분들이 분리되는 것을 말하며 대체로 굵은골재와 모르타르가 분리되는 것을 지칭한다. 초기재령에서 콘크리트의 중요한 성질인 재료분리는 전체 콘크리트에서 굵은골재가 분리되거나 무거운 입자들이 아래로 가라앉는 현상이다. 재료의 구성 비율이 적절하지 않으면 굵은골재나 모르타르가 부분적으로 몰리거나 수분이 콘크리트 상부로 상승한다. 골재의 최대치수가 너무 크거나 큰 입자들의 비율이 큰 경우, 부적절한 타설과 과도한 진동다짐에 기인한다. 재료분리의 결과로서 콘크리트가 불균질하게 되어 강도, 수밀성, 내구성 및 미관을 해친다.

단위수량이 많거나 슬럼프가 클수록 콘크리트에서 재료분리는 일어나기 쉽다. 특히, 물-시멘트비가 크고 모르타르의 점성이 적은 경우에 분리가 쉽게 나타날 수 있다. 반대로 너무 지나치게 된 배합의 콘크리트에서도 점성이 부족하여 분리가 일어날 수 있다. 일반적인 시공에서는 슬럼프 50~100 mm의 콘크리트가 비교적 분리가 적다.

잔골재의 미립분이 많으면 콘크리트의 점성이 증가하여 분리를 억제한다. 특히, 0.15~0.3 mm의 미립부분의 영향이 크다. 잔골재의 밀도에 비하여 상대적으로 굵은골재의 밀도가 큰 경우에 골재분리가 쉽게 일어날 수 있다. 골재가 너무 모나거나 거친 경우, 편평하거나 가늘고 긴 골재는 분리되기가 쉽다. AE제나 감수제, 양질의 포졸란 등은 콘크리트의 점성을 높여 분리를 적게 하는 효과가 있으며, 유동성을 증가시켜 상대적으로 단위수량을 감소시킬 수 있으므로 결과적으로 재료분리를 감소시킨다.

6.3.2 블리딩

블리딩(bleeding)은 콘크리트를 다진 후, 응결되기 전에 내부의 배합수가 국부적으로 모이거나 상승하는 현상으로 정의할 수 있다. 콘크리트 구성재료 중에서 가장 가벼운 요소인 물이 다른 재료로부터 이탈되는 것으로 재료분리의 한 현상으로 볼 수 있다. 블리딩은 일반적으로 골재가 굳지않은 콘크리트 내부에서 정착할 때 모든 배합수를 수용하지 못하는 현상에서 발생된다.

품질이 좋은 콘크리트에서도 약간의 블리딩이 있을 수 있으나, 이 경우 콘크리트 표면 위로 적은 양의 배합수가 균일하게 누출된다. 기본적으로 골재와 시멘트 페이스트 계면에서도 수막이 형성되어 블리딩이 발생할 수 있다. 이는 콘크리트의 강도를

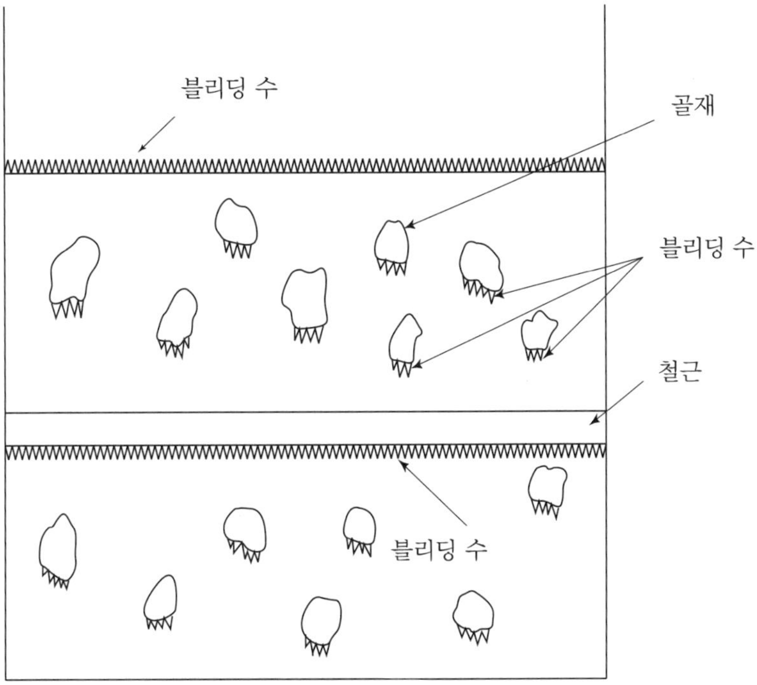

[그림 6.12] 콘크리트 블리딩의 여러 형태

(출처 : Mindess S., Young F., and Darwin D., "Concrete", 2003)

결정하는 주요 요소인 계면의 강도 하락으로 귀결되며 또한 치밀하지 못한 콘크리트를 형성하게 한다.

블리딩의 과다는 국부적으로 물-시멘트비가 높은 시멘트 페이스트를 생성 시켜 이로 인하여 공극이 많아지고 콘크리트는 취약해진다. 블리딩은 국부적인 통로를 만들고 이를 통하여 큰 골재나 철근 아래에 물이 모이면서 콘크리트 내에 취약한 부분을 만들어 부착력을 감소시킨다(그림 6.12).

콘크리트 구성 재료에서 입자가 미세할수록 물과 그 입자는 분리되기 어려워지고 따라서 블리딩은 적게 일어난다. 시멘트의 분말도가 클수록. 잔골재의 미립분이 많을수록 블리딩은 적어진다. 또한 응결시간이 짧을수록 블리딩은 생기기 어렵고 길수록 쉽고 많이 일어난다. 속경성시멘트는 물과 접촉한 직후부터 수화조직이 형성됨으로 물의 이동이 적다. 대신에 겨울철에 블리딩 시간이 길어지는 것은 시멘트의 응결이 늦어지고 물의 이동이 많기 때문이다.

블리딩이 과다할 때, 재료분리의 또 하나의 현상인 침하沈下(settlement)가 발생한다. 블리딩은 침하를 동반하며, 상층부로 상승한 물의 체적만큼 콘크리트 부분이 침하하게 된다. 특히, 침하는 굳지않은 콘크리트 표면에 초기균열을 발생시킨다. 골재나 철근에 의하여 저항 받아 부분적으로 침하의 차이가 발생하며, 이는 표면에 균열을 초래하고 이를 소성침하균열이라고 지칭한다.

한편, 여름 동안 덥고 건조한 날씨에 블리딩으로 인해 발생한 물이 블리딩 속도보다 빠르게 증발할 경우, 표면에 급격한 수축으로 소성수축균열이 발생할 수 있다. 때로는 과다 블리딩으로부터 작은 골재의 찌꺼기들이 콘크리트 표면에 결정화 되는데 이를 레이턴스(laitance)라고 부른다. 레이턴스 현상이 연속으로 타설되는 콘크리트 표면에 나타나면, 그 위에 타설되는 콘크리트와의 일체성을 저하시키는 결과를 초래한다. 건조하고 푸석푸석한 층으로 나타나는데 소성수축균열과 복합적으로 나타나서 접합부의 성능을 저하시킨다. 현장에서는 와이어브러시나 압축공기로 표면을 솔질하고 세척하여 레이턴스를 제거하여야 하는 번거로움이 발생한다.

굳지않은 콘크리트의 블리딩 시험은 일정 용기에 콘크리트를 채우고 뚜껑을 닫은 후, 표면에 생긴 물의 양을 측정하여 평가한다(그림 6.13). 처음 60분 동안 10분 간격으로, 그 후는 블리딩이 정지할 때까지 30분 간격으로 피펫으로 빨아내어 수량을 측정한다. 콘크리트의 블리딩 시험은 KS F 2414를 따른다.

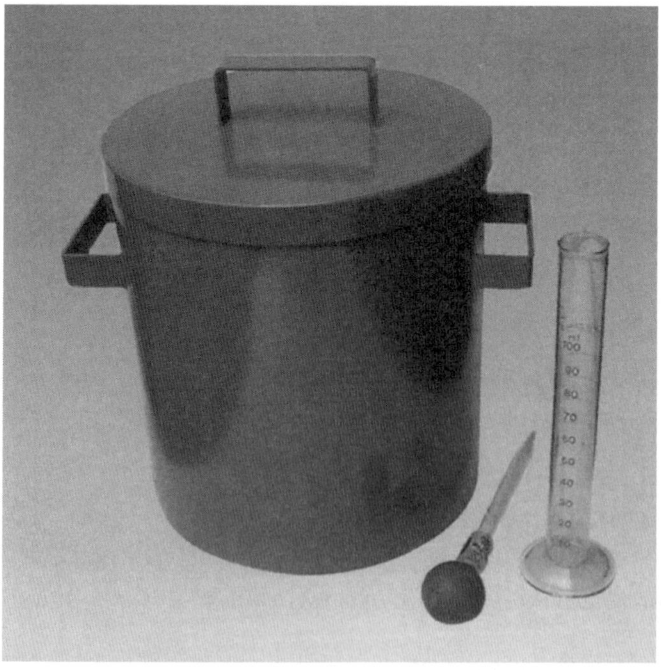

[그림 6.13] 블리딩 측정 기구

6.4 • 초기재령 균열

6.4.1 초기재령 균열의 종류

굳지않은 콘크리트에서 작업성이 미숙하면 재료분리 등의 문제가 발생하고 이는 콘크리트의 침하, 블리딩, 건조수축, 그리고 초기재령 균열로 나타난다. 배합설계나 타설이 잘못되면 충전성 부족 또는 재료분리의 문제가 발생하고 이는 콘크리트의 침하, 블리딩, 건조수축, 소성수축 균열로 나타난다. 과다 블리딩에 따라 콘크리트의 소성침하가 커지고 철근 등에 의해 국부적으로 방해를 받으면 침하 균열이 심지어 1~2시간만에 일어난다.

콘크리트가 굳어지는 과정인 소성상태에서 여러 가지 형태의 균열이 발생할 수 있다. 이러한 균열들은 구조성능에 유해하지는 않을 수 있지만, 내구성을 요구하는 경우에 문제가 될 수 있다. 콘크리트에서 균열은 어쩔 수 없는 내재적인 현상이지마는 배합설계, 시공, 양생을 철저히 하여 좋은 품질의 콘크리트를 생산하여야 한다. 다음에서는 초기 재령인 소성상태에서 나타날 수 있는 균열들을 설명한다.

소성침하균열(plastic settlement crack)

콘크리트는 마무리작업이 끝난 직후 건조되기 전에, 여전히 소성상태에 있으면서 블리딩(bleeding)이 일어나며 고형체가 압밀 침하되어 나타난다. 침하가 철근이나 매설물 등에 의해 장애를 받게 되며, 장애물이 위치된 콘크리트 표면부로 전단 또는 인장응력이 발생하여 상부면 콘크리트를 따라 발생하는 균열을 말한다.

침하균열은 철근 또는 매입 고정물의 주변이나 보와 바닥의 경계부에서 발생하는 균열로서, 일정한 간격으로 발생하며 철근 하부에 기공을 형성한다. 상부철근이 좁은 간격으로 배치되고 침하가 클 경우, 층 박리가 일어나고 철근의 부착력에 대한 저항력이 감소되기도 한다. 거푸집 면이 콘크리트 침하에 마찰저항을 일으켜 깊고 좁은 기둥 주위에 균열을 발생시키기도 한다. 소성침하균열은 타설 후 약 1시간 경과한 후에 일어나기 쉬우며, 크기는 1 mm에 이르고 상부 철근을 따라 나타나기도 한다.

소성수축균열(plastic shrinkage crack)

굳지않은 콘크리트에서 수화반응 이후 증발이나 누수에 의한 수량 감소로 인한 수축에 의해 발생되는 균열이다. 소성수축균열은 콘크리트 타설 후 불과 2~4시간 사이에 물광택이 표면에서 사라진 직후에 발생한다. 넓은 슬래브 등에 타설된 콘크리트가 건조한 바람이나 고온 저습한 외기에 노출되어 수분 증발속도가 블리딩속도보다 빠를 때 표면의 콘크리트가 유동성을 잃어 발생하는 균열이다. 콘크리트는 급속히 수축을 하는데 강도가 낮은 소성상태에서 소성수축에 의해 인장응력이 작용하게 되어 균열이 발생한다.

건조수축균열(shrinkage crack)

콘크리트 양생 초기에 시멘트 풀은 습윤 손실로 인해 수축이 유발된다. 구조부재나 보강 철근에 의해 구속을 받을 때, 수축과 구속의 조합으로 콘크리트 내부에서 인장력이 발생하고 이 인장응력이 콘크리트 인장강도를 초과하면 균열이 발생한다. 건조수축은 대기에 노출된 표면에서 발생하여 주로 표면 균열이 되나 계속 건조를 받으면 내부에까지 이를 수 있게 된다. 건조수축균열은 몇 주 또는 2~3개월 경과 후에 발생하며 점진적으로 진행할 수 있다.

온도수축균열(thermal crack)

수화반응이 진행되는 동안 콘크리트는 열을 발산하여 콘크리트 내부 온도는 상승하게 되고 구조물의 규모 또는 경계조건에 따라 부위별로 극심한 온도 차이를 보이게 된다. 이러한 온도 차이로 체적 변화의 차를 유발시키며, 체적 변화에 기인한 인장응력이 콘크리트의 인장강도를 초과할 때 발생되는 균열이다. 수화열에 의한 균열은 건조수축균열과 유사하지만 단기간에 일어나는 것이 특징으로 조기온도수축이라고 한다. 온도수축균열은 1일 경과 후 즉시 발생할 수 있고 수화열에 의한 균열은 단면이 큰 경우에는 1~2주가 지난 후에 발생한다.

표면 잔금 또는 그물형 균열(crazing)

거푸집이나 콘크리트 표면에 마감 보양이 잘못되거나 급격한 함수량의 차이로 인하여 부분적으로 물-시멘트비가 높아져 그물 또는 표면 잔금모양으로 나타나는 균열을 말한다. 잔금 균열은 타설 후 하루 또는 일주일 정도 내에서 일찍이 발생하며 경우에 따라서는 한참 후에 나타나기도 한다. 표면 잔금 균열 폭은 0.1 mm 크기로서 깊이 얕고 미세하게 나타난다. 다각형으로 나타나며 10~75 mm 넓이에 걸쳐 발생한다. 표면 잔금 균열은 타설 후 얼마동안 내에 나타 날 수 있으나, 표면에 급격한 수분 차이가 있을 때에는 언제든지 발생할 수 있다.

[그림 6.14] 소성침하균열

6.4.2 초기 균열의 대책

균열 대책으로서의 이상적인 배합조건은 일반콘크리트의 경우 대체로 건조수축률 0.06 % 이하를 전제로 하여 단위수량 160 kg/m^3, 슬럼프 120 mm 이하, 물－시멘트비 0.55 이하, 단위시멘트량 270～400 kg/m^{3}을 들 수 있다. 따라서 이 범위를 크게 초과하는 경우, 시공 시에 균열 발생에 대한 특별한 대책을 수립하여야 한다. 다음은 구성재료로부터, 특히 배합설계에서 주요 항목인 단위수량, 단위시멘트, 물－시멘트비로부터 소성균열에 대한 영향을 설명한다.

단위수량과 시멘트

콘크리트 배합에서 작업에 적합한 워커빌리티를 갖는 범위 내에서 단위수량은 될 수 있는 대로 작게 하여야 한다. 단위수량과 단위시멘트는 균열 저항성 특히 건조수축에 가장 큰 관계가 있다. 단위수량이 많아지면 단위시멘트도 많아져서 재료분리가 일어나기 쉬우므로 소성침하균열, 허니컴 발생 가능성이 높아지고 양질의 콘크리트를 만들기가 어렵다. 고유도, 초유동 콘크리트가 개발되고 있으며 유동화제 첨가에 따라 슬럼프를 적절히 증가시키면서 단위수량이나 단위시멘트 사용량 감소가 가능하다.

물 - 시멘트비

원칙적으로 물－시멘트비는 어느 부위라도 60 %를 초과하지 않아야 하며, 대체로 현재 사용되고 있는 배합설계에서 이를 만족하고 있다. 유동화제나 고성능 감수제가 널리 사용되어 슬럼프가 확보 되면서 점차 물-시멘트비는 낮아지고 있다. 오히려 초고강도 콘크리트가 도입되면서 물-시멘트비가 낮은 콘크리트에서 자기수축으로 소성수축균열이 조기에 발생되는 사례가 문제되고 있다.

혼화재

콘크리트의 구성재료로서 그 자체의 부피가 콘크리트의 비비기 용적 계산에 포함되는 재료를 혼화재라 지칭하며, 플라이애쉬, 실리카퓸, 고로슬래그 미분말, 팽창재 등이 있다. 고로슬래그는 수화열이 우려되는 구조물에 적합하여 고로슬래그 미분말을 적당량 사용하면 염소이온 등의 콘크리트 침투억제와 황산염이나 해수에 대한 화학저항성, 알칼리골재반응을 억제하는 효과가 있다. 플라이애쉬는 수화열 감소에 효과적이고 건조수축 변형을 감소하는 효과가 있으며, 콘크리트 수밀성이 개선된다. 또한 콘크리트 구조물의 물리, 화학적 성능저하를 억제하여 내수성을 향상시킨다.

최근 고성능 콘크리트, 특히 고강도콘크리트 사용이 활발해지고 있는 바, 혼화재 사용 증가로 건조수축균열 문제가 대두되고 있다. 낮은 물-시멘트비의 고강도콘크리트에서 자기수축량이 많아지고 조기에 인장 변형률이 증가하는 것으로 나타나고 있다. 고강도콘크리트의 균열 폭은 보통강도 콘크리트의 균열 폭에 비하여 훨씬 크게 나타나고 있고, 균열 생성 시기 또한 고강도콘크리트에서 훨씬 빠르게 나타난다.

혼화제

다양한 수용성 화학 혼화제에 대해서 제4장에서 이미 논의한 바 있으며, 거친 배합에 화학 혼화제를 투여함으로서 워커빌리티를 개선시킨다. 공기연행제, 감수제, 응결지연제 등은 모두 워커빌리티를 향상시킨다. 이들 중에서 AE제를 사용하여 공기를 연행시키는 방법은 재료분리나 블리딩 방지에 효과적이라 할 수 있다.

혼화재료로서 사용량이 비교적 작아서 부피가 콘크리트 용적에 계산되지 않는 화학 혼화제인 AE제, 감수제, 고성능 감수제, 유동화제, 지연제, 경화촉진제, 방청제, 발포제 등이 다양하게 사용되고 있다. 서중콘크리트에서 레미콘의 운반거리가 길 때 응결지연제를 사용하며, 응결경화촉진제는 한중콘크리트에 사용하여 경화를 촉진시키는 목적으로 사용되나 염화물이 허용기준 이상의 과량일 때에는 철근을 녹슬게 할 수 있다. 수축저감제는 물의 표면 장력을 감소시키고 모세관 장력을 완화시켜 건조수축에 의한 균열을 저감시킨다. 팽창제와 수축저감제가 균열을 저감시키기 위하여 사용되고 있으며 제12장에서 자세히 설명한다.

표면활성재 중에 AE제는 수축률에 그다지 영향이 없고, 감수제는 단위수량을 줄일 수 있기 때문에 수축 저감의 효과가 크다. 그러나 일부 연구 결과에 의하면 화학 혼화제를 사용함으로서 초기 건조수축량이 커지는 것으로 나타나고 있음으로 성능검증이 사전에 필요하다. 몇몇 고분자 혼화제는 수화반응을 지연시킴으로서 콘크리트의 온도상승을 감소시켜 수화열에 의한 균열의 억제에 활용된다.

연습문제

1 굳지않은 콘크리트의 유변학적 특성을 설명하라.

2 워커빌리티에 포함되는 여러 가지 성능에 대해 설명하라.

3 콘크리트에서 단위수량을 변화시키지 않으면서 워커빌리티를 증가시킬 수 있는 방안에 대해 설명하라.

4 재료분리를 정의하고 문제점, 영향 요인과 대책을 설명하라.

5 블리딩을 정의하고 문제점, 영향 요인과 대책을 설명하라.

6 초결과 종결을 정의하고, 어떻게 시험하는지, 그리고 시공과 관련하여 의미를 기술하라.

7 콘크리트의 초기 균열 종류를 나열하고 방지 대책을 설명하라.

참고문헌

1. 한국콘크리트학회, "콘크리트구조설계기준 해설", 기문당, 2012, 599 pp.
2. 한국콘크리트학회, "콘크리트표준시방서 해설", 기문당, 2009, 854 pp.
3. 한국콘크리트학회, "최신콘크리트공학", 기문당, 2011, 930 pp.
4. 조창근, 김화중, 최열, "점소성 유동 입자법에 의한 굳지않은 콘크리트의 유동해석 모델", 한국콘크리트학회논문집, 제20권 제3호, 2008, pp. 317-323.
5. Mehta K. and Monteiro P., "Concrete", 3rd ed., *Prentice Hall*, 2006, 659 pp.
6. Mindess S., Young F., and Darwin D., "Concrete", 2nd ed., *Prentice Hall*, 2003, 644 pp.
7. Neville A. M., "Properties of Concrete", 4 th ed., *John Wiley & Sons*, *Inc.*, New York, 1996, 844 pp.
8. ACI 309, "Guide for Consolidation of Concrete," *ACI Manual of Practice*, Part 2, American Concrete Institute, Farmington Hills, MI, 2001.
9. Concrete Manual, 8th ed., U.S. Bureau of Reclamation, 1975.
10. Sprouse J.H. and R.B. Peppler, ASTM STP 169B, 1978.
11. R. L. Hermite, Volume change of concrete, *Poc. Fourth Int. Symp. on Chemistry of Cements*, Washington, D. C., pp, 659-94, 1960.
12. Seung Hee Kwon and Surendra P. Shah, "Prediction of Early-Age Cracking of Fiber-Reinforced Concrete due to Restrained Shrinkage", *ACI Materials Journal*, Jul-Aug. 2008, pp. 381-389.
13. Shah S., Ouyang C., Marukunte S., Yang W. and Becq-Giraudon E., "A Method to Predict Shrinkage Cracking of Concrete", 1998.
14. Wang K., Shah S. and Phuaksuk P., "Plastic Shrinkage Cracking in Concrete Materials - Influence of Fly Ash and Fibers," 2001.

7

CHAPTER

배합설계

이제까지 콘크리트가 갖추어야할 여러 가지 성능에 대하여 학습하였다. 이러한 소정의 성능을 갖는 콘크리트를 제조하기 위하여 첫 단계는 재료의 선택이 될 것이며, 그 다음단계는 각 재료의 양을 결정하는 과정이 되며 이를 배합설계라고 한다. 콘크리트의 배합설계에서 몇 가지 원칙과 이론이 있으나 여전히 경험과 시험 배합이 우선이 된다. 배합설계에서 가장 중요한 목표는 경제성이다. 배합은 품질, 재료단가를 좌우할 뿐만 아니라 시공 순서와 타설 수량을 결정함으로 현장의 건설기술자는 배합설계에 대한 책임이 있으며 따라서 배합의 기본 특성, 설계법을 숙지하여야 한다.

이 장에서는 배합설계의 기본원칙, 영향 요소, **표준시방서**에서 제시한 배합설계법을 서술한다. 배합설계 예제를 통하여 직접 배합설계를 연습할 수 있도록 하였다. 또한 배합강도 산정과 현장 검사에서 승인요건에 적용되고 있는 통계기법의 근거를 제시하여 품질관리기본 개념을 이해하도록 하였다.

7.1 • 배합설계의 목표

콘크리트의 단위체적당 들어가는 구성재료의 배합비를 구하고 사용량을 결정하는 과정을 배합설계(mix proportion)라고 정의한다. 콘크리트를 제조할 때의 시멘트, 물, 잔골재, 굵은골재, 혼화재료의 비율 또는 사용량을 배합이라 하며, 각종 요구되는 현장 조건에서 이를 설계하고 결정하여야 한다.

배합설계의 절차는

1. 콘크리트의 각 재료를 선정하고 시험하여 재료 특성을 구하며
2. 강도와 내구성, 워커빌리티의 요구값에 따라 구성재료의 적합한 배합비를 결정하는

두 단계로 나누어진다.

콘크리트의 배합설계는 단순히 시멘트, 물, 잔골재, 굵은골재 및 혼화재료들의 사용량을 결정하기 보다는 각 재료의 엄밀한 평가를 거친 선정 과정, 그리고 콘크리트의 제반 요구사항을 균형 있게 만족시킬 수 있도록 최적화하는 노력의 결실이라고 볼 수 있다. 배합설계에 관해서는 많은 연구가 있어 왔지마는 대부분이 경험에 의존하고 있다. 더욱이 재료의 현지 공급 특성상, 현장의 여건을 충분히 고려하여야 하며, 여러 차례 시험 배합을 수행하게 된다.

콘크리트의 배합설계에서 몇 가지 원칙과 이론이 있으나 여전히 경험과 시험 배합이 우선이 된다. 배합설계에서 가장 중요한 목표는 경제성이다. 배합은 품질, 재료 단가를 좌우할 뿐만 아니라 시공 순서와 타설 수량을 결정하는 등 공사 순서에 큰 영향을 미친다. 좋은 품질의 콘크리트를 얻기 위해서 배합설계에서 통상 원칙(rule of thumb)이라고 할 수 있는 사항으로 다음과 같이 요약할 수 있다.

1. 경제성을 고려한 재료 구성이 되어야 한다.
2. 적합한 워커빌리티를 확보하여야 한다.
3. 강도와 내구성을 함께 만족하여야 한다.
4. 가능한 최대치수가 큰 굵은골재를 사용한다.
5. 가능한 단위수량을 적게 한다.

다음에서는 콘크리트의 배합설계를 실시하는데 있어서 기본 요소를 소개한다. 이들은 배합설계의 목표이거나 개별 성능이다. 이들은 설계압축강도, 워커빌리티, 내구성, 골재 등 해당 배합에서 요구 조건으로 주어지거나 **구조기준** 또는 **표준시방서**에서 제시하는 표준이다.

7.2 • 배합설계시의 기본 요소

7.2.1 경제성

콘크리트의 경제성은 대체로 재료비, 인건비로 나눌 수 있으며 그 중에서 서로 다른 배합비에 따른 상대적인 가격을 결정하는 데는 재료비가 더 중요하다. 재료비 중에서도 시멘트의 가격이 골재의 가격보다 훨씬 비싸기 때문에 콘크리트의 가격을 줄이고 경제성을 확보하기 위해서는 시멘트의 양을 줄여야 한다. 시멘트 양을 줄이면 가격적인 측면 외에도 건조수축이나 수화열이 줄어드는 이점이 있음은 물론이다. 포틀랜드 시멘트 대체용으로 산업 부산물로서 저렴한 혼화재 사용이 대안이 될 수 있다. 고로슬래그나 플라이애쉬 사용은 단가를 줄일 수 있는 가장 손쉬운 방법이며, 더욱이 최근 자원 재활용차원에서 사용이 권장되고 있다.

특수 목적의 콘크리트, 예컨대 고강도콘크리트, 매스콘크리트에서 경제성은 더욱 중요하여진다. 1회 타설량, 타설 대기 시간 등은 작업 효율성을 결정함으로 경제성에서 매우 중요하다. 기본적으로 콘크리트 배합에서 적절하게 타설할 수 있는 한, 슬럼프는 가장 작게, 최대골재치수는 가장 크게, 또한 굵은골재와 잔골재의 비를 최적으로 선택하고, 필요시에 혼화재료를 적절하게 사용하는 것이 좋은 콘크리트를 만들 수 있는 요건이며 동시에 경제적일 수 있겠다.

콘크리트 다루기 또한 경제성 평가에서 중요 지표가 될 수 있다. 시공연도, 균질성, 진동, 연행 콘크리트 면에서 좋은 콘크리트가 되어야 함은 당연하며 이에 따른 단가도 비교 되어야 한다. 경제성 면에서 능률이 높은 작업을 할 수 있는 설비, 인력 배치들도 중요하다. 적절한 설비 시설을 갖추어야 할 뿐만 아니라 조직, 인력 시설 배치에 대해 시공계획을 수립할 때에 충분히 고려하여야 한다.

7.2.2 워커빌리티

콘크리트의 슬럼프는 운반, 타설, 다지기 등의 작업에 적합한 범위 내에서 될 수 있는 한 작은 값으로 정하여야 한다. 마감성도 적절해야 하고, 재료 분리 및 블리딩이 최소화되어야 한다. 현장에서 물을 더 추가 하지 않아도 필요한 워커빌리티가 얻어져야 한다. 어떤 경우에는 약간의 비경제적인 배합설계가 최적일 수 있다.

[표 7.1] 슬럼프의 표준값 (콘크리트표준시방서 2009)

종 류		슬럼프 값(mm)
철근콘크리트	일반적인 경우	80~150
	단면이 큰 경우	60~120
무근콘크리트	일반적인 경우	50~150
	단면이 큰 경우	50~100

표준시방서에서 제시한 슬럼프의 표준 값은 표 7.1과 같다. 실제로 각 공사에서 슬럼프 값을 정하고자 할 경우에는 구조물의 종류나 부재의 형상, 치수, 배근 상태에 따라 알맞은 값으로 정하게 된다. 예컨대, 콘크리트 운반 시간이 길거나 또는 기온이 높을 경우에는 슬럼프가 크게 저하됨으로 이를 미리 고려하여야 한다.

7.2.3 강도

콘크리트 강도에 미치는 가장 기본적인 변수는 물과 반응하는 시멘트의 비인 물-시멘트비이다. 보통 강도 범위에서 콘크리트 압축강도는 물-시멘트비의 역수에 비례한다는 사실로서 1918년 Duff Abrams의 다음의 법칙에 근거한다.

$$\sigma_c = \frac{A}{B^{1.5(W/C)}} \tag{7.1}$$

여기서, σ_c는 주어진 재령에서의 압축강도, A는 실험변수, B는 주로 시멘트의 특성에 관련된 상수이다.

보통강도의 범위에 있어서 콘크리트의 압축강도가 물-시멘트비의 역수에 비례한다. 이러한 사실로부터 1932년 Layer가 제안한 압축강도와 시멘트-물비의 관계식은 다음과 같다.

$$f_{28} = A + B(C/W) \tag{7.2}$$

여기서, f_{28}는 재령 28일에서 공시체 압축강도이다. 또한 C/W는 물-시멘트비의 역수이며 A와 B는 실험으로 얻어지는 상수이다. 위의 식은 이미 실험에서 입증되어 타당성이 있어 배합강도에 의한 물-시멘트비의 결정에 널리 사용되고 있다. **표준시방서**에서나 ACI 배합설계에서는 이에 근거하여 28일 압축강도에 따라 물-시멘트비를 추정할 수 있는 방법이 제시되어 있다.

7.2.4 내구성

내구성은 주어진 환경조건 또는 노출조건으로부터 구조물이 사용성을 유지하여야 하는 능력으로 배합설계 과정에서 확보되어야 한다. 내구성은 동결융해작용이나 건습작용, 온도 상승과 하강 작용, 제설염 사용, 해양 환경 등 많은 유해한 노출환경으로부터 구조물이 설계 목표치를 유지하여야 할 성능이라고 할 수 있다.

콘크리트의 내구성은 강도와 높은 연관성을 가지고 있기 때문에 배합설계 과정에서 동시에 고려한다. 따라서 노출 상태에 따라 또는 구조물 종류에 따라 물-시멘트비와 설계기준압축강도의 최소값을 각각 **구조기준**이나 **표준시방서**에서 규정하고 있으며 이를 따라야 한다.

7.2.5 골재

콘크리트 배합설계에서 골재의 최대치수가 큰 골재를 사용하게 되면 단위수량과 단위시멘트를 감소시키게 된다. 즉 콘크리트를 품질을 개선시킬 수 있기 때문에 골재 선정에서 설계 및 시공상 허용되는 범위 내에서 가능한 최대치수가 큰 굵은골재를 사용해야 한다. 굵은골재의 최대치수는 부재 최소치수의 1/5, 슬래브 두께의 1/3, 철근피복 및 철근의 최소 순간격의 3/4를 초과하지 않아야 한다. 굵은골재 최대치수는 표 7.2와 같다.

굵은골재의 대소 입자가 알맞게 혼합되어야 하며 그 입도분포로 나타내어 표준범위를 **표준시방서**에서 제시하고 있다. 굵은골재의 입도가 콘크리트의 워커빌리티에 미치는 영향은 잔골재 입도보다는 작지만, 소요 품질의 콘크리트를 경제적으로 만들기 위해서는 대소의 입자가 적당히 혼입되어야 한다. 입도가 치우치거나 또는 일정하게 고르게 되면 공극률이 커지기 때문에 다량의 모르타르가 필요하고 따라서 비경제적인 배합이 된다.

[표 7.2] 굵은골재의 최대치수

구조물의 종류	굵은골재의 최대치수(mm)
일반적인 경우	20 또는 25
단면이 큰 경우	40
무근콘크리트	40 부재 최소치수의 1/4을 초과해서는 안 됨

7.2.6 공기량

공기량은 요구되는 콘크리트의 품질에 따라 선정하는 것이 원칙이다. 그러나 콘크리트에 포함되는 공기량이 많아지면 동결융해저항성이나 워커빌리티 개선에는 도움이 되지마는 내구성이나 강도가 저하됨으로 허용하는 범위 내에서 가장 작은 값을 택하는 것이 바람직하다.

공기량은 내구성을 고려하는 배합설계에서 기본 사항이다. **구조기준**에서 공기량은 동결융해에 대한 노출 등급별로 구분하고 있다. 동결융해의 반복작용에 전혀 노출되지 않는다고 판단 될 때에는 무시할 수 있다. 간혹 수분과 접촉하고 반복작용에 노출되는 보통 등급, 지속적으로 수분과 접촉하고 동결융해의 작용에 노출되는 심한 등급, 제빙화학제에 노출되며 지속적으로 수분과 접촉하고 동결융해의 작용에 노출되는 매우 심함 등급으로 구분하고 있다. AE제, AE 감수제 또는 고성능 AE 감수제를 사용하는 콘크리트의 공기량에 대해서는 골재의 최대치수와 노출정도를 고려하여 표 7.3의 값을 **표준시방서**에서 규정하고 있다.

[표 7.3] AE 콘크리트 공기량의 표준값

굵은골재의 최대치수(mm)	공기량(%)	
	심한 노출, 매우 심함	보통 노출
10	7.5	6.0
15	7.0	5.5
20	6.0	5.0
25	6.0	4.5
40	5.5	4.5

7.3 • 콘크리트 표준시방서 배합설계

7.3.1 배합강도

배합설계법은 나라마다 각각 다르고 우리나라에서도 그동안 토목 분야와 건축 분야가 다르게 적용하여 왔어나 최근 통합되었다. 배합강도를 결정하는 방법 또한 토목 분야에서 사용되는 것과 건축 분야에서 주로 사용되는 방법이 달랐으나, 기본 원리는 다르지 않으며, 품질 변동을 고려하여 조정하여 결정하게 되었다. 콘크리트 배합을 정할 때 목표로 하는 압축강도, 품질의 변동 등을 고려하여 설계기준강도를 일정 비율로 증가하게 되는데 이를 배합강도라 하며, **구조기준**이나 **표준시방서**에서 제시한 배합강도 규정은 다음과 같다.

배합강도는 설계기준압축강도가 35 MPa 이하의 경우에는 식 (7.3) 및 식 (7.4), 또한 35 MPa 초과의 경우에는 식 (7.5) 및 식 (7.6)의 두 식에 의한 값 중에서 큰 값으로 정한다.

$f_{ck} \leq 35$ MPa인 경우

$$f_{cr} = f_{ck} + 1.34s \tag{7.3}$$

$$f_{cr} = (f_{ck} - 3.5) + 2.33s \tag{7.4}$$

$f_{ck} > 35$ MPa인 경우

$$f_{cr} = f_{ck} + 1.34s \tag{7.5}$$

$$f_{cr} = 0.9f_{ck} + 2.33s \tag{7.6}$$

여기서, s는 압축강도의 표준편차(MPa)이다. 식 (7.3), 식 (7.5)는 압축강도 편차가 s일 때, 3회 연속한 시험값의 평균이 설계기준압축강도 이하로 내려갈 확률을 1/100로 하여 정한 것이다. 또, 식 (7.4)와 식 (7.6)은 각 시험값이 설계기준압축강도 보다 3.5 MPa 또는 0.9 f_{ck} 이하로 내려갈 확률을 1/100로 하여 정한 것이다. 이러한 배합강도 규정은 확률이론에 바탕을 두고 있으며 품질관리와 관련하여 7.5절에서 상세히 설명한다.

한편, 콘크리트 압축강도의 표준편차는 실제 사용한 콘크리트의 30회 이상의 시험 실적으로부터 결정하는 것을 원칙으로 한다. 그러나 압축강도의 시험횟수가 29회 이하이고 15회 이상인 경우는 그것으로 계산한 표준편차에 표 7.4의 보정계수를 곱한 값을 표준편차로 사용할 수 있다.

[표 7.4] 시험횟수가 29회 이하일 때 표준편차의 보정계수

시험횟수	표준편차의 보정계수
15	1.16
20	1.08
25	1.03
30 이상	1.00

[표 7.5] 압축강도의 시험횟수가 14회 이하인 경우의 배합강도

설계기준압축강도 f_{ck} (MPa)	배합강도 f_{cr} (MPa)
21 미만	$f_{ck}+7$
21 이상 35 이하	$f_{ck}+8.5$
35 초과	$f_{ck}+10$

콘크리트 압축강도의 표준편차를 알지 못할 때, 또는 압축강도의 시험횟수가 14회 이하인 경우 콘크리트의 배합강도는 표 7.5와 같이 정한다.

7.3.2 물-시멘트비

요구되는 설계기준강도에 따른 물-시멘트비와 내구성을 고려하여 노출 상태와 구조물 종류에 따른 물-시멘트비를 동시에 만족시키게 하며 두 값 중에서 낮은 값을 취한다.

강도에 근거

콘크리트의 압축강도와 물-시멘트비와의 관계를 정하는 경우 시멘트-물비와 압축강도와의 관계가 어떤 범위 내에서는 직선으로 된다는 것을 이용할 수 있다. 그러므로 콘크리트의 압축강도와 시멘트-물비와의 관계를 나타내는 직선을 시험에 의하여 정하는 것을 원칙으로 한다. 적당하다고 생각되는 범위 내에서 3종 이상의 서로 다른 시멘트-물비로 콘크리트를 배합하고 28일간 표준양생한 공시체의 압축강도 시험을 실시하여 관계식을 만든다. 다음에 열거한 식들은 **표준시방서**에서 제시한 기본 자료로서, 굵은골재의 최대치수가 40 mm인 경우의 압축강도의 범위에 따른 C/W와 f_{28}과의 관계식을 나타내고 있다.

AE제를 사용하지 않은 콘크리트

$f_{28}=16\sim23$ MPa인 경우

$$f_{28} = -13.9 + 23.0\,C/W \tag{7.7}$$

$f_{28}=23\sim33$ MPa인 경우

$$f_{28} = -7.6 + 19.0\,C/W \tag{7.8}$$

$f_{28}=33\sim39$ MPa인 경우

$$f_{28} = 2.2 + 14.4\,C/W \tag{7.9}$$

[표 7.6] 물-시멘트비와 콘크리트 압축강도 사이의 관계(ACI 211)

28일 압축강도	물 – 시멘트비	
	비연행 콘크리트	공기연행 콘크리트
45 MPa	0.37	–
40 MPa	0.42	–
35 MPa	0.47	0.39
30 MPa	0.54	0.45
25 MPa	0.61	0.52
20 MPa	0.69	0.60
15 MPa	0.79	0.70

공기량이 4 % 이상인 AE콘크리트

f_{28} = 14.0~25.0 MPa인 경우

$$f_{28} = -7.4 + 16.2\ C/W \tag{7.10}$$

f_{28} = 25.1~32.0 MPa인 경우

$$f_{28} = -1.8 + 13.4\ C/W \tag{7.11}$$

유사하게 표 7.6은 물-시멘트비와 콘크리트 압축강도 사이의 관계로서 이를 이용할 수 있다.

내구성에 근거

동결융해, 해수, 황산염 등에 노출되는 내구성을 고려할 경우 더 엄격한 물-시멘트비를 적용하여야 한다. 즉 콘크리트의 내구성을 기준으로 다음의 **표준시방서** 규정을 따라야 한다.

1. 콘크리트의 내동해성을 기준으로 하여 물-시멘트비를 정할 경우 그 값은 표 7.7의 값을 초과하지 않아야 한다.
2. 콘크리트의 황산염에 대한 내구성을 기준으로 하여 물-시멘트비를 정할 경우 그 값은 표 7.8의 값을 초과하지 않아야 한다.
3. 해양구조물에 쓰이는 콘크리트의 물-시멘트비를 정할 경우 그 값은 표 7.9의 값을 초과하지 않아야 한다.
4. 제빙화학제가 사용되는 콘크리트의 물-시멘트비는 45 % 이하로 한다.
5. 콘크리트의 탄산화 저항성을 고려할 경우에 물-시멘트비는 55 % 이하로 한다.
6. 수밀성을 기준으로 물-시멘트비를 정할 경우 그 값은 50 % 이하로 한다.

[표 7.7] 내동해성을 기준으로 한 물-시멘트비

노출상태	보통골재 콘크리트 최대 물-시멘트비	보통골재 콘크리트와 경량콘크리트의 최소 설계기준압축강도 f_{ck}(MPa)
물에 노출되었을 때 낮은 투수성이 요구되는 콘크리트	0.50	27
습한 상태에서 동결융해 또는 제빙화학제에 노출된 콘크리트	0.45	30
제빙화학제, 염, 소금물, 바닷물에 노출되거나 이런 종류들이 살포된 콘크리트의 철근부식방지	0.40	35

[표 7.8] 황산염에 대한 내구성을 기준으로 한 물-시멘트비

황산염 노출 정도	토양내의 수용성 황산염(SO_4)질량비 (%)	물속의 황산염 (SO_4) (ppm)	(혼합)시멘트의 종류	최대 물-시멘트비	최소 설계기준 압축강도 f_{ck} (MPa)
				보통골재 콘크리트	보통골재 또는 경량콘크리트
무시	0.0~0.1	0~150	–	–	–
보통	0.1~0.2	150~1,500	보통 포틀랜드시멘트(1종)+포졸란 플라이애쉬시멘트 (KS L 5211) 중용열포틀랜드시멘트(2종) (KS L 5201) 고로슬래그시멘트 (KS L 5210)	0.5	27
심함	0.2~2.0	1,500~10,000	내황산염포틀랜드시멘트(5종) (KS L 5201)	0.45	30
매우 심함	2.0 초과	10,000 초과	내황산염포틀랜드시멘트(5종) (KS L 5201)+포졸란	0.45	30

[표 7.9] 해양구조물의 내구성으로 정하여지는 AE 콘크리트의 최대 물-시멘트비

환경구분 \ 시공조건	일반 현장시공의 경우	공장제품 또는 재료의 선정 및 시공에서 공장제품과 동등 이상의 품질이 보증될 때
(a) 해중	0.50	0.50
(b) 해상 대기중	0.45	0.50
(c) 물보라 지역, 간만대 지역	0.40	0.45

7.3.3 단위수량과 잔골재율

소요슬럼프를 얻기 위해 필요한 콘크리트의 단위수량은 작업이 가능한 범위 내에서 가능한 작게 하는 것이 배합의 원칙이다. 이 때 사용하는 혼화제의 종류 및 사용량에 따라 단위수량이 크게 변화한다. 단위수량은 대상 콘크리트에 따라 경험적으로 제시한 대략 값을 참고로 한다. 콘크리트의 워커빌리티는 주로 시멘트 풀과 연관되어 있으며, 연행공기량, 골재의 입도, 골재의 최대치수, 선택한 슬럼프에 따라 배합수가 관계된다. 워커빌리티가 같다면 굵은골재의 부피는 골재의 최대치수와 잔골재의 조립률에만 관계된다.

이상의 배합 경험으로부터 **표준시방서**에서는 단위수량과 잔골재율의 대략 값을 표 7.10과 같이 제시하고 있다. 이 표의 값은 보통 입도의 모래(조립률 2.8)와 자갈을 사용하고 물-시멘트비는 55 %, 슬럼프는 80 mm를 기준으로 하고 이와 다를 경우에는 표 7.11을 사용하여 보정하도록 하였다.

[표 7.10] 콘크리트의 단위 굵은골재 용적, 잔골재율 및 단위수량의 대략값

굵은골재의 최대치수 (mm)	단위 굵은 골재용적 (%)	AE제를 사용하지 않은 콘크리트				AE 콘크리트			
		갇힌 공기 (%)	잔골재율 S/a (%)	단위수량 W (kg)	공기량 (%)	양질의 AE제를 사용한 경우		양질의 AE 감수제를 사용한 경우	
						잔골재율 S/a(%)	단위수량 W(kg)	잔골재율 S/a(%)	단위수량 W(kg)
15	58	2.5	53	202	7.0	47	180	48	170
20	62	2.0	49	197	6.0	44	175	45	165
25	67	1.5	45	187	5.0	42	170	43	160
40	72	1.2	40	177	4.5	39	165	40	155

[표 7.11] 배합 보정법

구 분	S/a의 보정(%)	W의 보정
잔골재의 조립률이 0.1만큼 클(작을) 때마다	0.5만큼 크게(작게) 한다.	보정하지 않는다.
슬럼프값이 1 cm만큼 클(작을) 때마다	보정하지 않는다.	1.2 %만큼 크게(작게) 한다.
공기량이 1 %만큼 클(작을) 때마다	0.5~1.0만큼 작게(크게) 한다.	3 %만큼 작게(크게) 한다.
물-시멘트비가 0.05 클(작을) 때마다	1만큼 크게(작게) 한다.	보정하지 않는다.
S/a가 1 % 클(작을) 때마다	보정하지 않는다.	1.5 kg만큼 크게(작게) 한다.
자갈을 사용할 경우	3~5만큼 작게 한다.	9~15 kg만큼 작게 한다.
부순잔골재를 사용할 경우	2~3만큼 크게 한다.	6~9 kg만큼 크게 한다.

7.3.4 배합설계 순서

콘크리트 배합설계를 시행하기 위해서는 먼저 배합설계 조건을 정한다. 설계기준압축강도, 굵은골재의 최대치수, 슬럼프의 범위, 공기량의 범위, 노출정도가 결정되어야 한다. 또한 주어진 재료의 시험 결과가 제시되어야 하며, 시멘트의 밀도, 잔골재와 굵은골재의 밀도, 조립률의 시험 값이 주어지게 된다. 이러한 설계 조건으로부터 배합설계 순서를 요약하면 다음과 같다.

- 1단계 : 배합강도를 계산한다. 구조물의 설계에서 고려한 안전도를 확보하기 위해서는 콘크리트의 품질의 변동성을 고려하여 확률 조건을 만족하도록 한다.
- 2단계 : 물－시멘트비를 정한다. 요구되는 배합강도에 따른 물－시멘트비와 내구성을 고려하여 노출상태와 구조물 종류에 따른 물－시멘트비를 동시에 만족시키게 한다.
- 3단계 : 잔골재율과 단위수량을 정한다. **표준시방서**에서는 단위수량과 잔골재율의 대략 값을 제시하고 있다. 이 표는 표준의 값으로 이와 다를 경우에는 보정한다.
- 4단계 : 단위량을 계산한다. 시멘트, 수량, 공기량의 단위량으로부터 용적을 계산하고 1,000 L를 구성하기 위한 골재의 용적을 계산한다. 잔골재율, 공기연행제 양으로부터 각 단위량을 구한다.
- 5단계 : 시험비비기를 수행하여 슬럼프, 공기량을 측정하고 슬럼프와 공기량으로부터 단위량을 수정한다. 요구되는 슬럼프와 공기량이 얻어질 때까지 반복한다.
- 6단계 : 3종류 배합으로부터 공시체를 제작하여 강도와 물－시멘트비의 관계식을 얻고 결과에 따라 물－시멘트비를 수정한다.
- 7단계 : 시방배합을 구한다.
- 8단계 : 현장배합으로 환산한다. 현장 재료 조건으로부터 골재의 표면 수량(free surface moisture)을 측정한 결과에 따라 보정한다.

7.4 • 배합설계 예제

설계조건 : 주어진 재료를 사용하고 콘크리트 **표준시방서**의 규정에 따라 배합설계를 실시한다. 설계기준강도는 재령 28일에서 압축강도 24 MPa이며, 목표로 하는 슬럼프는 120±15 mm이고, 공기량은 4.5±0.5 %이다. 또 굵은골재는 최대치수 25 mm의 부순돌을 사용한다. 구조물은 보통의 노출상태에 있으며, 혼화제 제조자가 추천한

AE제 사용량은 시멘트 질량의 0.03 %이다. 주어진 재료를 시험한 결과 다음 값이 얻어졌다.

시멘트 밀도 : 3.15 g/cm^3 (보통 포틀랜드시멘트)
잔골재의 표건밀도 : 2.60 g/cm^3
굵은골재 표건밀도 : 2.65 g/cm^3
잔골재의 조립률 : 2.86

1단계 : 배합강도 계산

이 때 예상되는 표준편차 s를 3.6 MPa이라 하면, 설계기준강도가 35 MPa 이하이므로 식 (7.3) 및 식 (7.4)에 따라 배합강도를 다음과 같이 계산한다.

$$f_{cr} = f_{ck} + 1.34s = 24 + 1.34 \times 3.6 = 28.8 \text{ MPa}$$

$$f_{ck} = f_{ck} + 2.33s - 3.5 = 24 + 2.33 \times 3.6 - 3.5 = 28.9 \text{ MPa}$$

따라서, 배합강도 f_{cr}은 두 값 중에서 큰 값인 28.9 MPa로 정한다.

2단계 : 물-시멘트비의 산정

7.3.2를 따르거나 지금까지의 실험에서 시멘트－물비와 재령 28일 압축강도와의 관계가 다음과 같이 얻어졌다고 하면, 이를 참고하여 W/C를 추정한다.

$$f_{28} = -13.8 + 21.6\, C/W \text{ (MPa)}$$

위의 식으로부터 $C/W = 1.98$, 따라서 물－시멘트비는 0.51, 안전측으로 보아 0.50으로 일단 가정한다. 또한 콘크리트의 내동해성을 기준으로 한 최대 물－시멘트비는 표 7.7로부터 기상작용이 보통인 경우로서 물로 포화되지 않는 보통의 노출상태에 있을 때 50 % 이하이기 때문에 압축강도로 정해지는 물－시멘트비 0.50을 사용한다.

3단계 : 잔골재율 및 단위수량의 결정

표 7.11을 참고로 하여 굵은골재 최대치수 25 mm에 대한 단위수량 및 잔골재율의 대략의 값을 정한다. 이때 사용재료와 콘크리트의 품질이 표 7.10의 조건과 다르기 때문에 보정을 하면 표 7.12를 얻는다.

[표 7.12] S/a 및 W의 보정

보정 항목	표 7.12의 조건	배합 조건	S/a =42 %	W =170 kg
			S/a의 보정량	W의 보정량
잔골재의 조립률	2.8	2.86	$\frac{2.86-2.8}{0.1}\times 0.5=0.3$ %	–
슬럼프	8	12	–	$(12-8)\times 1.2=4.8$ %
물-시멘트비	0.55	0.5	$\frac{0.5-0.55}{0.05}\times 1=-1.0$ %	–
공기량	5.0	4.5	$\frac{5.0-4.5}{1}\times 0.75=0.4$ %	$(5.0-4.5)\times 3=1.5$ %
합계			-0.3 %	6.3 %
보정한 설계치			$S/a=42-0.3=41.7$ %	$W=170\times 1.063=181$ kg

4단계 : 단위량의 계산

시멘트량 : $C=\dfrac{181}{0.50}=362\,\text{kg}$

시멘트의 절대용적 : $V_c=\dfrac{362}{3.15}=115\text{L}$

공기량 : $1000\times 4.5\%=45\text{L}$

골재의 절대용적 : $a=1000-(115+181+45)=659\text{L}$

잔골재의 절대용적 : $s=659\times 0.417=275\text{L}$

잔골재량 : $S=275\times 2.60=715\,\text{kg}$

굵은골재의 절대용적 : $V_g=659-275=384\text{L}$

굵은골재량 : $G=384\times 2.65=1018\,\text{kg}$

AE제량 : $362\times 0.0003=0.1086\,\text{kg}=108.6\,\text{g}$

즉, W=181 kg, C=362 kg, S=715 kg, G=1,018 kg, Air=4.5 %(108.6 g)

5단계 : 슬럼프와 공기량 조정

앞에서 계산한 단위량으로 부터 실험실에서 보통 1배치 당 30 L 계산하여 시험 비비기를 시행한다. 첫 배치에 의해 시험비비기를 한 결과 슬럼프는 140 mm, 공기량 5.5 %가 얻어졌다고 하면, 목표로 하는 슬럼프와 공기량과는 차이가 발생하였으므로 배합을 조정한다.

먼저 슬럼프 20 mm의 차에 대하여 보정을 한다. 슬럼프 10 mm의 보정을 위해 수량은 일반적으로 1.2 %의 증감이 필요하기 때문에 1.2×2=2.4 % 만큼 수량을 감소시킨다. 또, 공기량을 4.5 %로 하기 위해서 AE제량을 조정하면, 시멘트량에 대하여

$0.03\% \times \dfrac{4.5}{5.5} = 0.025\ \%$가 된다. 공기량 1 %의 증감에 대하여 수량은 3%의 증감이 필요하기 때문에 $\dfrac{5.5-4.5}{1} \times 3 = 3\ \%$만큼 수량을 증가시킨다. 따라서, 수량을 $3-2.4=0.6\ \%$만큼 증가시키면 $181 \times (1+0.006) = 182\ kg$이 된다. 단위량의 계산은, $W=182\ kg$, $W/C=0.50$, $S/a=0.417$를 기준으로 한다.

시멘트량	: $C = \dfrac{182}{0.5} = 364\ kg$
시멘트의 절대용적	: $V_c = \dfrac{364}{3.15} = 116\ L$
공기량	: $1000 \times 4.5\% = 45\ L$
골재의 절대용적	: $a = 1000 - (116 + 182 + 45) = 657\ L$
잔골재의 절대용적	: $s = 657 \times 0.417 = 274\ L$
잔골재량	: $S = 274 \times 2.60 = 712\ kg$
굵은골재의 절대용적	: $V_g = 657 - 274 = 383\ L$
굵은골재량	: $G = 383 \times 2.65 = 1015\ kg$
AE제량	: $364 \times 0.00025 = 0.0910 kg = 91.0\ g$

즉, $W=182\ kg$, $C=364\ kg$, $S=712\ kg$, $G=1{,}015\ kg$, Air=4.5 %(91 g)

앞에서와 같은 방법으로 위의 단위량을 1배치 30 L의 양으로 환산하여 시험비비기를 수행하며, 시험 결과 설계조건대로 슬럼프 120 mm, 공기량 4.5 %가 얻을 때까지 반복한다.

6단계 : $W/C - f_{28}$ 관계식을 구하기 위한 공시체 제작

$W/C - f_{28}$ 관계식을 구하기 위해서는 적당하다고 생각되는 범위 내에서 3종류 이상의 다른 물-시멘트비를 사용한 콘크리트에 대하여 시험을 한다. 그래서 공시체의 제작에 있어서의 물-시멘트비는 50 %와 그 전후인 45 %와 55 %의 3종류를 대상으로 한다.

이상과 같이 계산한 단위량을 기준으로 콘크리트를 비벼 공시체를 만드는데, 배합시험에서의 오차를 줄이기 위해 2배치 이상의 콘크리트로부터 공시체를 만드는 것이 바람직하다. 재령 28일에 콘크리트의 압축강도시험을 실시하며, 그 결과에 의해 다음의 C/W와 f_{28}의 관계식을 얻었다고 하자.

$$f_{cr} = -12.5 + 21.0\, C/W \text{ (MPa)}$$

배합강도 28.9 MPa에 대한 C/W의 값은 다음과 같다.

$$28.9 = -12.3 + 21.0\, C/W \text{ (MPa)}, \quad \therefore C/W = 1.972$$

따라서 $W/C = 0.51$가 되어, 시방배합의 W/C가 결정된다.

7단계 : 시방배합

콘크리트 1m^3에 사용하는 단위수량을 다소 증가시켜 185 kg으로 하며, 물－시멘트비는 0.51이다. 잔골재율 S/a는, W/C=0.50의 경우 43. 7 %이었다. W/C가 0.05 증감하면 S/a는 1%의 증감이 필요하기 때문에 $\frac{0.51-0.50}{0.05} \times 1 = 0.2\%$ 만큼 증가시킨다. 따라서 S/a =43.7+0.2=43.9 %가 된다.

단위량을 계산하면 다음과 같다.

시멘트량	: $C = \frac{185}{0.51} = 363\,\text{kg}$
시멘트의 절대용적	: $V_c = \frac{363}{3.15} = 115\,\text{L}$
공기량	: $1000 \times 4.5\% = 45\,\text{L}$
골재의 절대용적	: $a = 1000 - (115 + 185 + 45) = 655\,\text{L}$
잔골재의 절대용적	: $s = 655 \times 0.439 = 288\,\text{L}$
잔골재량	: $S = 288 \times 2.60 = 749\,\text{kg}$
굵은골재의 절대용적	: $V_g = 655 - 288 = 367\,\text{L}$
굵은골재량	: $G = 367 \times 2.65 = 973\,\text{kg}$
AE제량	: $363 \times 0.00025 = 0.0908\,\text{kg} = 90.8\,\text{g}$

즉, W=185 kg, C=363 kg, S=749 kg, G=973 kg, Air=4.5 %(AE=90.8 g)

8단계 : 현장배합으로의 환산

골재는 표면건조를 기준으로 하였기 때문에 현장에서 골재의 표면수량을 측정한 결과를 보정하여야 한다. 측정 결과 잔골재 2.5 %, 굵은골재 0.5 %라 하면 표면수량은 다음과 같다. 잔골재는 754×0.025=18.9 kg, 굵은골재는 972×0.005=4.9 kg 따라서, 콘크리트 1 m^3를 만들기 위해 계량할 재료량은 다음과 같이 된다.

시멘트량 : $C = 363\,\text{kg}$
수량 : $W = 185 - 18.9 - 4.9 = 161\,\text{kg}$
잔골재량 : $S = 754 + 18.9 = 773\,\text{kg}$
굵은골재량 : $G = 974 + 4.9 = 979\,\text{kg}$

즉, W=161 kg, C=363 kg, S=773 kg, G=979 kg, Air=4.5 %(AE=90.8 g)

위의 결과를 시방배합표로 나타내면 표 7.13과 같다.

[표 7.13] 시방배합표

굵은골재의 최대 치수 (mm)	슬럼프 범위 (mm)	공기량 범위 (%)	물-결합재비[1] W/C (%)	잔골재율 S/a (%)	단위 질량 배합(kg/m³)				
					물 W	시멘트 C	잔골재 S	굵은 골재 G	혼화제 (g/m³)
25	12 ±1.5	4.5 ±0.5	51.0	43.9	161	363	773	979	90.8

1) 구조기준이나 표준시방서에서는 물-시멘트비 대신에 물-결합재비를 사용하게 되는데 이때 결합재는 시멘트와 혼화재의 합으로 한다.

7.5 • 품질관리

7.5.1 통계 기법

콘크리트 품질관리는 콘크리트의 품질 변동을 일정한 범위 이내로 줄이기 위하여 취해지는 여러 가지 방법을 말한다. 콘크리트의 품질은 주로 재료의 품질, 배합, 시공방법, 양생방법 등에 따라 변동하기 때문에 품질관리에는 통계적인 방법이 이용되고 있다.

7.3절에서 보았듯이 배합강도는 설계기준압축강도와 편차 그리고 확률을 고려하여 충분히 크게 취하도록 하였다. 이는 콘크리트 강도가 근본적으로 변동성을 갖고 있기 때문이며 배합강도 또는 소요강도의 편차를 고려하여 설계기준압축강도 이하로 될 확률을 가능한 충분히 작게 되도록 하여 정하게 되는 것이다.

일반적으로 품질의 변동이 확실한 원인에 의한 것이 아니고 우연히 발생된 것, 즉 우연의 법칙에 의한 것이라면 통계적으로 취급할 수 있다. 이와 같은 상태에서 만들어진 품질은 평균치에 대하여 좌우 대칭의 종 모양인 정규 분포곡선이 된다. 이 곡선의 높이가 높고 폭이 좁을수록 변동이 작고 관리가 잘 된 것이라 할 수 있다. 콘크리트 강도의 분포는 대략 정규분포(Gaussian distribution)로 가정할 수 있으며 평균값 μ와 표준편차 s라고 할 때, 정규분포의 식은 다음과 같다.

$$y = \frac{1}{s\sqrt{2\pi}}\exp\left(\frac{-(x-\mu)^2}{2s^2}\right) \tag{7.12}$$

여기서 평균값은 단순히 모든 값의 산술적인 평균이며 콘크리트 강도를 x라 하면 평균값 μ는 다음 식과 같다.

$$\mu = \frac{\Sigma x}{n} \tag{7.13}$$

표준편차는 모든 값의 분산정도 또는 변동성을 나타내며 다음 식으로 계산된다.

$$s = \sqrt{\frac{\Sigma(x-\mu)^2}{n-1}} \tag{7.14}$$

변동(variance)은 s^2으로 정의되며 변동계수(coefficient of variation) V는 다음 식을 이용하여 구할 수 있다.

$$V = \frac{s}{\mu}\times 100\% \tag{7.15}$$

편차를 표준화함으로서 물리적인 단위와 무관하게 할 수 있으며, 다음 식과 같이 정규화(normalize) 한다.

$$z = \frac{x-\mu}{s} \tag{7.16}$$

여기서 z값은 단순히 임의 x값이 평균값으로 표준편차의 몇 배가 떨어져 있는지를 나타낼 수 있게 되며 정규분포 수식은 다음과 같이 표현된다.

$$y = \frac{1}{s\sqrt{2\pi}}e^{-z^2/2} \tag{7.17}$$

식 (7.12)와 식 (7.17)을 그래프로 나타내면 그림 7.1과 같이 흔히 볼 수 있는 종 형태의 곡선이 된다. 이 곡선의 특성은 다음과 같다.

1. $z=0$ (또는 $x=\mu$)일 때 y값이 최대가 된다. 즉 평균이 일어날 수 있는 확률이 최대이다.

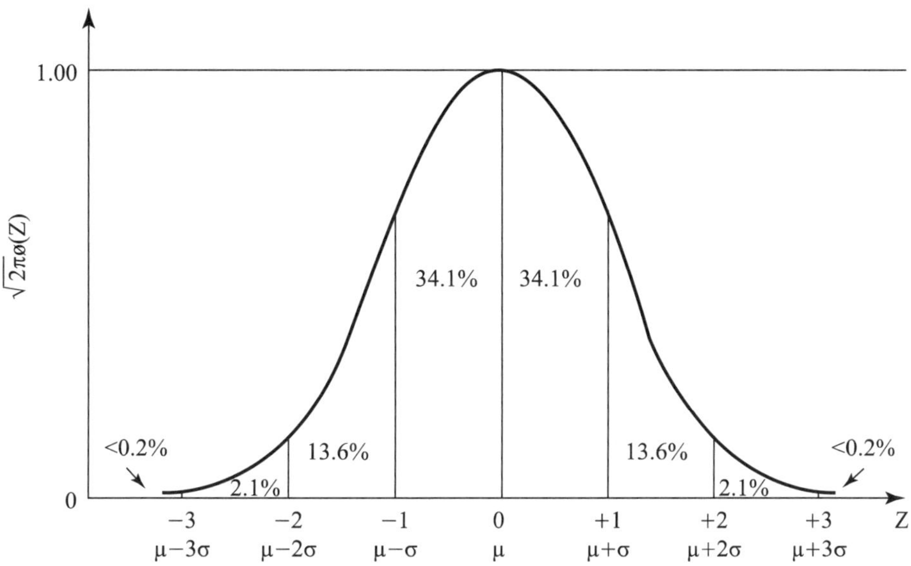

[그림 7.1] 정규분포곡선의 특성

2. 곡선은 $z=0$을 중심으로 대칭이다.
3. 정규분포곡선의 아래 면적의 합은 1이다. 모든 값이 일어날 확률의 합은 1이다.
4. 임의 두 점 사이의 곡선아래 면적의 합은 두 점 사이 값들이 일어날 확률이다. 예컨대 평균값으로부터 표준편차만큼 떨어진 범위내의 값이 일어날 확률은 68.27 %이고 표준편차의 2배만큼 떨어진 범위의 경우는 95.45 %, 3배는 99.73 %이다.

7.5.2 콘크리트 배합강도

이상에서 콘크리트 변동성에 대한 적용할 수 있는 일반적인 정규분포의 특성을 설명하였다. 이 통계적 정규분포 이론을 콘크리트 강도에 적용시켜 볼 때, 다음의 세 가지 사항을 관찰할 수 있다.

1. 콘크리트의 강도를 평균값으로 설계할 수 없다. 만일 평균값으로 설계한다면 타설된 콘크리트의 반은 설계기준압축강도 이하가 되기 때문이다. 즉 타설된 콘크리트의 반은 설계강도 이하가 되어 받아들일 수 없다.
2. 타설된 콘크리트 강도를 모두 설계기준압축강도 이상으로 할 수 없다. 왜냐 하면 콘크리트 강도는 정규분포를 따르고 있어 불가능하다.
3. 따라서 최소 설계기준압축강도 아래로 떨어지는 공시체 수의 확률을 얼마로 할 것인가를 정하게 되며, 표준편차를 알거나 가정함으로서 콘크리트 배합설계에서 요구되는 배합강도를 결정할 수 있다.

[표 7.14] 확률에 따른 t값

시험결과가 범위 $\mu \pm ts$ 내에 들 확률	하한 이하로 떨어질 확률	t
40	10개 중 3개	0.52
50	10개 중 2.5개	0.67
60	10개 중 2개	0.84
68.27	6.3개 중 1개	1.00
70	10개 중 1.5개	1.04
80	10개 중 1개	1.28
90	20개 중 1개	1.65
95	40개 중 1개	1.96
95.45	44개 중 1개	2.00
98	100개 중 1개	2.33
99	200개 중 1개	2.58
99.73	741개 중 1개	3.00

이상의 이유에서 **구조기준**과 **표준시방서**에서는 배합강도를 설계기준압축강도보다 충분히 크게 하여 설계기준압축강도 이하가 될 확률을 가능한 작게 하고 있으며 다음 식의 형태를 취하고 있다.

$$f_{cr} = f_{ck} + ts \tag{7.18}$$

여기서, f_{cr}은 배합강도, f_{ck}는 설계기준압축강도, s는 표준편차, t는 표 7.14의 값으로 시험 결과가 어느 범위 내에 들어갈 확률에 관계되는 계수이다. 이에 근거하여 배합강도는 다음 두 식을 동시에 만족하는 값으로 한다.

설계기준압축강도가 35 MPa 이하일 때

$$f_{cr} = f_{ck} + \frac{2.33s}{\sqrt{3}} = f_{ck} = 1.34s \tag{7.19}$$

$$f_{cr} = f_{ck} + 2.33s - 3.5 \tag{7.20}$$

식 (7.19)는 세 번 연속 시험 값의 평균이 f_{ck} 이하로 될 확률이 100개 중 1개(표 7.14에서 t값이 2.33임) 즉, 1 %를 초과하지 않을 것이며, 식 (7.20)은 f_{ck} 보다 3.5 MPa 이하로 떨어질 확률이 100개 중 1개, 즉 1 %를 초과하지 않을 것으로 추정하여 제시된 식이다. 또한 설계기준압축강도가 35 MPa 이상일 때. 식 (7.17)을 만족하여야 하며 두 번째 식으로

$$f_{cr} = 0.9f_{ck} + 2.33s \tag{7.21}$$

즉 $0.9f_{ck}$ 보다 더 작은 강도가 될 확률이 1 %를 초과하지 않아야 한다.

7.5.3 품질검사 조건

위의 콘크리트 배합강도를 결정하는 통계적 근거는 콘크리트 받아드리기 과정에서 품질시험 조건에 그대로 적용되고 있다. 콘크리트의 배합이 일정한 편차를 갖는다는 근거로부터 배합강도가 결정 되었고 이로부터 레디믹스트 콘크리트가 공급되기 때문이다. 따라서 품질검사를 시행하게 되는 시험체의 변동성을 확인하는 과정은 동일하다. 즉 받아들이기 과정에서 압축강도 공시체에 대한 판정조건은 위의 배합강도 결정조건과 같고 이를 확인하는 과정이라고 말할 수 있다. **표준시방서**에서 규정한 강도에 대한 품질검사 요건은 다음과 같다.

1. 품질검사 연속 3회의 압축강도의 시험값의 평균이 설계기준압축강도에 미달하는 확률이 1 % 이하라야 한다. 즉, 임의의 세 개의 연속적인 시험값의 평균이 설계기준압축강도 이상이어야 한다.
2. 각각의 압축강도 시험값은 설계기준압축강도 보다 3.5 MPa에 미달하는 확률이 1 % 이하인 것을 확인하여야 한다. 즉 어떠한 시험값도 설계기준압축강도 보다 3.5 MPa 이상 작지 않아야 한다. 설계기준압축강도가 35 MPa 이상일 때에는 어떠한 시험값도 설계기준압축강도 보다 $0.1f_{ck}$ 이상 작지 않아야 한다.

여기서 시험값은 현장에서 채취한 시험체 3개의 압축강도 시험값의 평균치이다. 이상에서와 같이 압축강도의 시험값에 의하여 콘크리트의 품질을 판정하며, 압축강도의 변동 상태가 안정되어 있는가를 평가한다.

강도시험이 설정된 승인기준을 만족하지 못할 경우에 몇 가지 조처를 하여야 한다. 먼저 쉽게는 코어를 채취하여 실험을 수행하는 방법이 널리 통용되고 있다. 코어 시험값이 실제 압축강도와 같기를 기대하는 것은 비현실적이며, 이는 코어 채취 방법, 시편 만드는 방법, 양생 방법이 다르기 때문이다. 보통 코어강도 시험의 평균값은 실제 압축강도의 85 % 정도이다. 따라서 연속 3개의 평균이 설계압축강도의 85 %를 초과하여야 하고 어느 한 값도 75 % 이하가 되지 않아야 한다.

콘크리트 비파괴시험법으로 탐침관입시험, 충격해머시험, 인발시험 등이 있으며 구조물의 일부분이 실제로 저강도 콘크리트 또는 결함을 포함하고 있는지를 알아보는 유용한 방법이다. 비파괴 시험 결과 구조적 안정성에 문제가 있다고 판단되면, 하중재하시험을 수행하는 것이 바람직하다. 표 7.15는 **표준시방서**에 규정된 압축강도에 의한 콘크리트 품질검사 요건이다.

[표 7.15] 압축강도에 의한 콘크리트 품질검사(콘크리트표준시방서 2009)

<table>
<tr><th rowspan="2">종류</th><th rowspan="2">항목</th><th rowspan="2">시험 · 검사 방법</th><th rowspan="2">시기 및 횟수</th><th colspan="2">판정기준</th></tr>
<tr><th>$f_{ck} \leq 35$ MPa</th><th>$f_{ck} > 35$ MPa</th></tr>
<tr><td>설계기준 강도로부터 배합을 정한 경우</td><td rowspan="2">압축강도 (일반적인 경우 재령 28일)</td><td rowspan="2">KS F 2405의 방법</td><td rowspan="2">1회/일, 또는 구조물의 중요도와 공사의 규모에 따라 150 m^3 마다 1회, 배합이 변경될 때마다</td><td>① 연속 3회 시험값의 평균이 호칭강도에 미달하는 확률이 1 % 이하
② 1회 압축강도 시험값이 호칭강도보다 3.5 MPa에 미달하는 확률이 1 % 이하</td><td>① 연속 3회 시험값의 평균이 호칭강도에 미달하는 확률이 1 % 이하
② 1회 압축강도 시험값이 호칭강도의 90 % 이하가 되는 확률이 1 % 이하</td></tr>
<tr><td>그 밖의 경우</td><td colspan="2">압축강도의 평균치가 소요의 물-시멘트비에 대응하는 압축강도 이상일 것.</td></tr>
</table>

연습문제

1 콘크리트의 경제적인 배합설계를 하기 위한 귀하의 소견을 기술하라.

2 배합설계에서 단위시멘트량을 가능한 줄임으로서 얻어지는 장점과 단점을 설명하라.

3 배합설계에서 단위수량을 가능한 줄임으로서 얻어지는 장점과 단점을 설명하라.

4 배합설계에서 굵은골재량을 늘였을 때, 장점과 단점을 설명하라.

5 워커빌리티에 영향을 주는 배합설계 인자를 설명하라.

6 배합강도를 정의하고 어떻게 구하는지 설명하라.

7 다음 조건에서 배합설계를 수행하라.
설계기준압축강도 : 27 MPa, 목표 슬럼프 : 120±15 mm, 공기량 : 4.5±0.5 %.
굵은골재 최대치수 : 25 mm, 노출상태 : 보통, AE제 사용량 : 시멘트 질량의 0.03 %
잔골재의 표건밀도 : 2.60 g/cm^3, 굵은골재 표건밀도 : 2.70 g/cm^3,
잔골재의 조립률 : 2.80

8 다음 배합에서 슬럼프가 목표보다 30 mm 작게 측정되었을 때 배합량을 수정하라.
W= 185 kg, C= 363 kg, S= 749 kg, G= 973 kg, Air = 4.5 %

9 다음 배합에서 굵은골재의 함수량이 목표보다 3 %로 측정되었을 때 배합량을 수정하라.
W= 185 kg, C= 363 kg, S= 749 kg, G= 973 kg, Air = 4.5 %

10 배합강도를 결정하는 식을 다음 조건에서 유도하라. 세 번 연속 시험값의 평균이 f_{ck} 이하로 될 확률이 40개 중 1개이거나, f_{ck} 보다 3.5 MPa 이하로 떨어질 확률이 40개 중 1개로 추정한다.

11 콘크리트 공시체 3개를 시험한 값의 평균이 다음과 같은 순서일 때, 승인에서 합격 여부를 판단하고 이유를 설명하라. 설계기준압축강도는 27 MPa이다.
26.6, 28.5, 27.5, 28.9, 30.5, 28.0, 27.6, 26.5, 27.0, 30.5 MPa

참고문헌

1. 한국콘크리트학회, “콘크리트구조설계기준 해설”, 기문당, 2012, 599 pp.
2. 한국콘크리트학회, “콘크리트표준시방서 해설”, 기문당, 2009, 854 pp.
3. 한국콘크리트학회, “최신콘크리트공학”, 기문당, 2011, 930 pp.
4. Mehta K. and Monteiro P., “Concrete”, 3rd ed., *Prentice Hall*, 2006, 659 pp.
5. Mindess S., Young F., and Darwin D., “Concrete”, 2nd ed., *Prentice Hall*, 2003, 644 pp.
6. Neville A. M., “Properties of Concrete”, 4 th ed., *John Wiley & Sons, Inc*., New York, 1996, 844 pp.
7. ACI Committee 211, “Standard Practice for Selecting Propotions for Normal, Heavyweight and Mass Concrete,” *ACI Manual of Practice*, Part 1, American Concrete Institute, Farmington Hills, MI, 2001.

8
CHAPTER

경화한 콘크리트의 역학적 특성

역학적 특성은 구조재료가 물리적인 힘을 받을 때 나타나는 여러 가지 기계적인 성질이다. 콘크리트는 균질재료가 아님으로서 역학적 특성이 매우 복잡하고 예측이 어려우며 기존의 이론 적용이 쉽지 않다. 콘크리트의 역학적 특성이 주 구성재료인 골재나 시멘트 풀과 더불어 이들 사이의 계면 전이역의 영향이 크고 이러한 현상이 콘크리트의 비탄성, 낮은 인장강도, 상대적으로 작은 탄성계수에 영향을 미친다.

이 장에서는 먼저 공극률과 강도의 관계를 알아본다. 콘크리트에서 가장 중요한 압축강도에 미치는 요인인 물–시멘트비로 대표되는 재료특성, 양생조건, 재하기간 등 강도를 높이기 위한 기법을 설명한다. 압축강도 특성과 더불어 인장강도, 파괴특성, 반복하중 때의 콘크리트 특성을 서술하며, 탄성계수, 프와송비 등 변형특성을 알아본다.

8.1 • 강도와 공극률

재료의 강도는 힘을 받아 파괴에 도달하는 과정에서 응력에 저항할 수 있는 최대 능력으로 정의한다. 콘크리트가 다공성이며 비균질, 비탄성 재료이지마는 고형체(solid material)가 하중을 받아 파괴에 도달되어 강도를 발휘하는 역학적 과정은 같다고 볼 수 있다. 일반적으로 균질 물체의 강도는 공극률空隙率(porosity)에 반비례하는 것으로, 즉 공극이 적을수록 강도가 증가하며 다음 식으로 나타낸다.

$$S = S_0 e^{-kP} \tag{8.1}$$

여기서 S는 재료의 강도이고 P는 공극률이며 S_o는 $P=0\,\%$일 때의 강도, k는 재료상수이다. 대부분의 재료 실험의 결과로부터 S/S_o의 비를 공극률에 대한 함수로 그려볼 때 공극률이 감소할수록 강도가 증가하는 경향을 보인다. 그림 8.1(a)은 시멘트 풀의 공극률과 압축강도 관계를 보여주고 있다.

콘크리트 강도는 겔공극비 이론에 대체로 따른다. 1958년 Powers는 모르타르의 압축강도는 겔공극비(gel-space ratio)에 비례하며, 물-시멘트비, 시멘트 종류에 무관하다는 연구 결과를 발표하였다. Powers는 겔공극비가 주어졌을 때, 콘크리트 압축강도를 다음 식으로 제안하였다.

$$f_c = aX^3 \tag{8.2}$$

여기서 a는 겔공극비 X가 1일 때, 즉 공극이 없을 때의 재료의 고유 강도로 235 MPa 이다. 겔공극비는 전체에서 공극률을 뺀 값, 즉 $X=1-P$로서 겔공극비는 수화물 고형체 체적에 대한 전체 체적의 비로서 정의되며 다음 식과 같다.

$$X = \frac{\text{수화시멘트 부피}}{\text{수화시멘트 부피} + \text{모세관공극 부피}} \tag{8.3}$$

물-시멘트비에 따른 겔공극비의 변화와 압축강도 추정은 5.2절에서 이미 설명하였다. 그림 8.1에서 보듯이 Powers는 세 종류의 배합으로 50 mm 입방체 모르타르를 시험하였으며 그 결과, 배합설계에 관계없이 모르타르의 강도가 겔공극비에 거의 비례하고 있다. 이 현상은 배합설계나 재령에 무관하여 시편 모양이 달라지면 상수가 달라지지마는 전체 경향은 대체로 동일하다.

5장에서 논의하였듯이 겔은 층간공극, 겔공극, 그리고 C-S-H 고형체로서 전체를 구성된다. 시멘트 풀의 주성분인 C-S-H가 공극이 많은 다공체이므로 시멘트 풀의 고유 강도가 235 MPa으로 비교적 낮음의 이유를 이해할 수 있다. 두 그림에서 보듯이 고형체에서 물체의 강도는 공극률에 관계되며 콘크리트 압축강도 또한 공극률 또는 겔공극비에 관계됨을 알 수 있다.

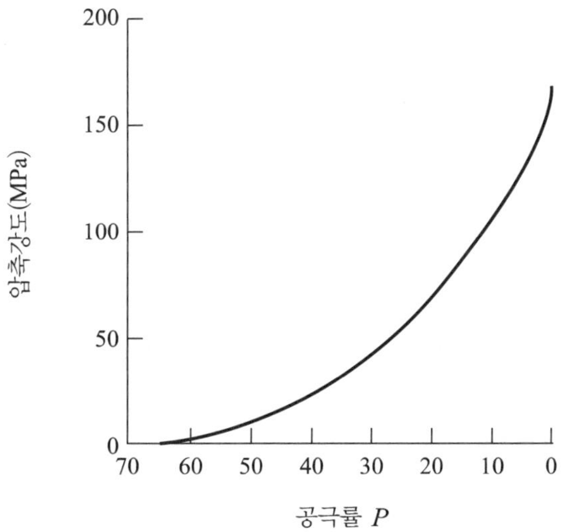

(a) 시멘트 풀의 공극률과 압축강도 관계

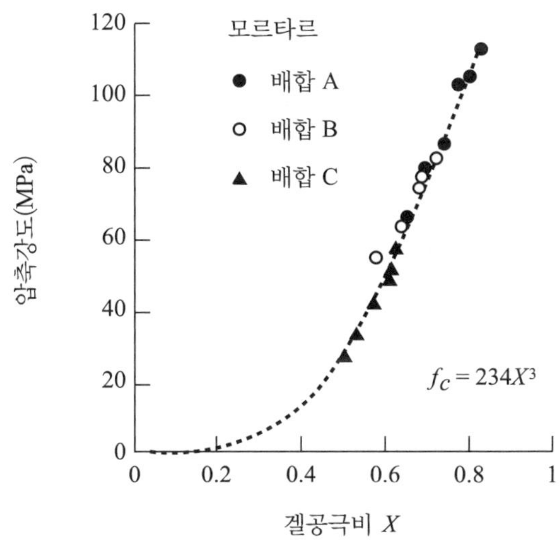

(b) 배합설계로부터 모르타르의 겔공극비와 압축강도 관계

[그림 8.1] 공극률, 겔공극비와 콘크리트 압축강도 관계

(출처 : (a) Verbeck, G.J., and R.A. Helmuch, *Proc. of Fifth Int. Symp. on Chemistry of Cements*, Tokyo, 1968; (b) Powers , T.C., J. Am. Ceram. Soc. Vol. 41. No. 1, 1958)

8.2 • 콘크리트 압축강도의 영향 요인

콘크리트의 강도는 대체로 압축강도로 평가하며 재료의 품질과 성질의 지표로서 사용되는 것이 일반적이다. 즉, 인장, 휨, 전단, 부착 강도, 또는 지속하중이나 반복하중에서 강도를 포함하는 여러 가지 용어를 사용할 수 있다. 그러나 콘크리트의 강도는 압축강도가 대표적이고 이는 다른 종류의 강도보다 매우 크고 다른 강도 또한 이에 함수관계로 증가하며, 더욱이 압축강도로서 수밀성이나 내구성을 평가할 수 있기 때문이다.

일반론으로는 압축강도는 수화된 겔, 즉 고형체가 많을수록, 공극이 적을수록 증가한다. 모세공극은 물－시멘트비가 낮아질수록, 또한 수화반응이 진전됨에 따라 작아지고 따라서 강도가 커진다. 이절에서는 이러한 관점에서 압축강도에 대한 재료, 양생, 재령, 재하 방법 등의 영향요인을 알아본다.

8.2.1 재료 품질의 영향

물 - 시멘트비

콘크리트 강도가 시멘트 풀의 겔공극비의 영향을 주로 받지만 측정이나 예측이 쉽지는 않다. 대체로 모세관 공극의 양이 물－시멘트비에 의해 결정되는 것은 알려진 사실이다. 따라서 콘크리트 강도에 미치는 가장 기본적인 변수는 물과 반응하는 시멘트의 비인 물－시멘트비이며, 콘크리트의 강도와 함수 관계로 나타남은 쉽게 이해된다. 1918년 Duff Abrams은 보통 강도 범위에서 '콘크리트 강도는 단지 하나의 변수에 의해 결정된다. 그것은 물－시멘트비이다' 라는 소위 물－시멘트비 법칙을 발표하였으며 다음 식으로 표현된다.

$$\sigma_c = \frac{A}{B^{1.5(W/C)}} \tag{8.4}$$

여기서, σ_c는 주어진 재령에서의 압축강도, A는 실험변수, B는 주로 시멘트의 특성에 관련된 상수이다. 그리고 W/C는 무게를 기준으로 한 물/시멘트비이다. 일반적으로 A는 96.5 MPa, 그리고 B는 4를 사용할 수 있다. 강도가 물－시멘트비에 반비례한다는 이 연구 결과는 현재의 대부분의 배합설계의 기본개념이 되고 있다.

주어진 배합 및 양생조건에서 전체 공극률을 나타내는 물－시멘트비가 콘크리트 내의 시멘트 풀의 강도를 결정하지마는, 보다 더 근본적으로는 공극의 크기와 분포가 콘크리트의 강도를 결정한다고 볼 수 있다. 물－시멘트비가 감소하면 시멘트 풀 고형체와 계면 전이역에서 공극이 감소하며 따라서 콘크리트 강도는 증가된다. 물－

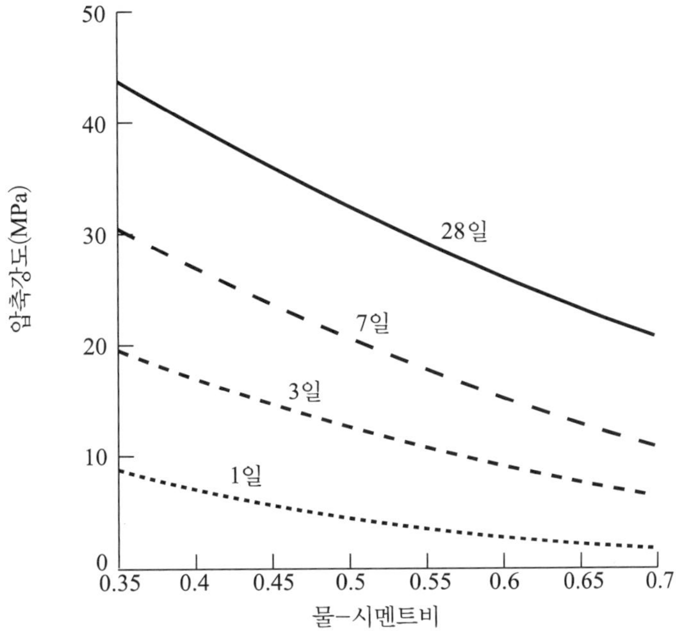

[그림 8.2] 재령에 따른 물–시멘트비와 콘크리트 압축강도 관계

(출처 : Design and Control of Concrete Mixtures, 13th ed. Portland Cement Association, Skokie, Ill, 1988)

시멘트비를 그대로 두고 실리카퓸을 첨가하면 전체 공극률이 줄어 들 뿐만 아니라 수화 시멘트 풀에서 측정되는 공극의 크기도 줄어든다. 그림 8.2는 물–시멘트비와 콘크리트 압축강도 관계를 보여준다. 콘크리트 강도는 물–시멘트비와 재령에 함수이다. 수화 정도는 재령에 관계되며 강도와도 밀접한 함수임을 보여주고 있다.

포틀랜드시멘트

시멘트의 화학적 성분과 분말도는 콘크리트 강도에 미치는 주요 인자이다. 시멘트 풀의 강도는 C_3S(조기강도), C_2S(장기강도)에서 오고 이것이 강도로 이어진다. C_3S의 함량이 높으면 수화반응이 빠르게 일어나고 따라서 급속히 공극률이 낮아져 강도가 빨리 증가한다. 조강 시멘트를 사용한 콘크리트는 강도 발현이 빠르지만, 결국 나중에 다소 낮은 강도의 콘크리트가 될 수 있다. 특히, 시멘트의 영향은 공극을 줄이는 역할로서 주로 조기에 발생된다. 표 8.1은 시멘트 종류에 따라 재령 1일, 7일, 28일, 90일의 상대강도를 나타내고 있다. 표에서 보듯이 조강 포틀랜드시멘트를 사용한 콘크리트는 보통 시멘트를 사용한 콘크리트에 비하여 1일 재령에서 90 % 이상의 강도를 발휘하고 있으며, 재령 90일에서는 거의 동등하여진다.

[표 8.1] 시멘트 종류에 따른 재령 1일, 7일, 28일, 90일의 압축강도비(%)

포틀랜드시멘트		압축강도비 (I 종 기준)			
ASTM	종류	1일	7일	28일	90일
I	보통	100	100	100	100
II	중용열	75	85	90	100
III	조강	190	120	110	100
IV	저열	55	65	75	100
V	내황산	86	86	96	200

시멘트의 분말도가 콘크리트에 미치는 영향도 상당하다. 분말도가 증가하면 수화속도가 빨라지고 강도 발현 속도도 증가한다. 일반적으로 시멘트 입자의 최대 크기는 50 μm 정도이며 지름이 3 μm 정도의 입자가 1일 강도에 가장 큰 영향을 미치며 28일 강도에는 그 이상 크기의 입자가 영향을 미친다. 그러나 분말도가 높은 시멘트는 강도 발현이 빠르지만 국부적으로 덩어리를 형성할 수 있어 너무 높은 분말도는 피하여야 한다.

골재

구성재료의 하나로서 콘크리트 강도에 미치는 영향도 매우 크다고 할 수 있다. 보통 콘크리트에서 중요한 골재의 특성은 형상, 표면 거칠기, 굵은골재 최대치수라고 할 수 있다. 일반적으로 골재의 강도가 콘크리트 강도보다 훨씬 크기 때문에 골재의 강도는 덜 중요하다. 그러나 경량골재콘크리트나 고강도콘크리트에서는 시멘트 풀의 강도가 높고 골재가 먼저 파괴되는 바, 골재의 강도가 중요하다.

표면 거칠기는 미세 균열이 발생할 수 있는 계면 전이역에 영향을 미치고 이론적으로 표면이 거칠은 부순 골재가 더 좋다고 할 수 있으나, 물-시멘트비가 증가하거나 슬럼프가 높아져야 하기 때문에 이러한 이점이 상쇄된다. 매끈한 골재를 사용하면 물이 적게 들어, 낮은 부착력을 만회하기 때문이다.

최대치수가 큰 콘크리트를 사용하면 몇 가지 상반된 효과가 있다. 골재가 클수록 골재 사용량이 증가하고 따라서 모르타르 양이 줄어들어 경제적이고 건조수축 등 치수 안정성이 높아진다. 그러나 굵은골재는 표면 수막이 더 광범위하고 응력이 계면 전이역에서 더 집중되기 때문에 높은 강도를 기대할 수 없다. 일반적으로 굵은골재의 크기가 클수록 압축강도는 감소한다. 굵은골재의 크기와 양이 증가하면 인장강도와 파괴(fracture) 측면에서는 유리하다. 골재 주위를 지나가는 균열 경로가 길어지기 때문에 압축강도와는 다르게 인장강도와 파괴에너지가 일반적으로 증가한다. 그림 8.3은

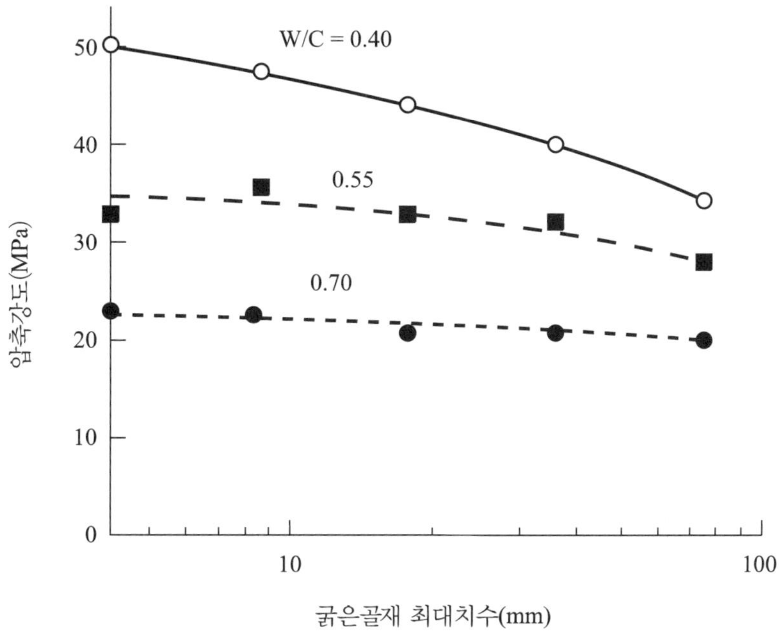

[그림 8.3] 골재 크기와 물-시멘트비에 따른 압축강도 변화

골재 크기와 물-시멘트비에 따른 압축강도 변화를 보여주고 있다. 골재의 크기는 물-시멘트비가 낮을수록 콘크리트 강도에 영향이 크다. 즉 보통 강도에서 골재의 크기는 중요하지 않으나 고강도콘크리트에서는 골재 크기가 작아야 압축강도가 증가한다.

광물 혼화재

혼화재를 사용하면 시멘트 풀의 미세 구조를 변화시킬 수 있다. 보통강도 콘크리트에서 플라이애쉬나 고로슬래그 같은 혼화재는 포틀랜드시멘트를 대체해서 사용할 수 있으며 이 때 초기에 강도 발현은 늦지마는 장기강도는 증가한다. 특히, 실리카퓸은 같은 물-시멘트비에서도 강도를 증가하게 한다. 실리카퓸은 수산화칼슘과 결합하여 모세공극을 채우고 계면 전이역의 균열 크기를 줄임으로서 결과적으로 강도가 크게 증가한다.

화학 혼화제

공기연행제는 대체로 시멘트 풀에 공극률을 높게 함으로서 다소의 강도 저하를 초래한다. 그러나 이러한 경우라 하더라도 공기연행제를 사용하여 배합수를 줄일 수 있기 때문에 시멘트 함량을 비교적 적게 하면서 콘크리트의 강도를 높일 수 있다. 고성능 감수제를 사용함으로서 물-시멘트비를 같게 하더라도 시멘트 입자를 분산시켜 수화반응이 잘 일어나 내부 공극이 줄어들게 된다. 특히, 고성능 감수제 사용으로 연행공기로부터 워커빌리티와 다짐성이 좋아지게 되어 낮은 강도의 콘크리트에서 계면 전이역의 미세 결함이 줄어든다. 따라서 화학 혼화제를 사용함으로서 공기 연행으로 인한 강도의 감소는 오히려 계면 전이역의 개선으로 상쇄되어 강도가 좋아질 수 있다.

8.2.2 양생 방법과 재령의 영향

콘크리트 양생의 목표는 거푸집에 콘크리트를 타설한 바로 다음부터 온도, 습도, 재령을 잘 관리하여 수화반응이 충실히 일어나게 하는 것이다. 물-시멘트비가 일정할 때, 시멘트 풀의 공극률은 시멘트의 수화반응의 잘/잘못에 의해 결정된다. 시멘트 입자가 물을 만나는 즉시, 포틀랜드시멘트 화합물은 수화반응이 시작되지마는 일정 조건이 충족되어야 수화반응이 진행된다. 즉 수분에 의한 수압이 포화 수준의 약 80 % 수준에 도달되어야만 수화반응이 일어나며 그렇지 못할 때에는 수화속도가 급격히 줄어든다. 습도는 수화반응의 속도를 결정하는 중요한 인자이나 모든 반응에서 그렇듯이 양생시의 온도 또한 수화속도에 중요 변수가 된다.

습도

콘크리트 강도 증진에서 수분 유지는 매우 중요하다. 시멘트의 수화반응은 물로 차 있는 공극 내에서만 일어날 수 있기 때문에 물의 증발을 가능한 방지하여야 한다. 내부적으로 스스로의 건조나 탈수에 의해 소실되는 물은 지속적인 수화작용을 위하여 다시 외부로부터 공급되어야 한다. 콘크리트는 초기 재령에서 특히 건조에 민감하여 수축으로 인하여 계면 전이역에 미세균열이 발생하며 강도가 쉽게 저하될 수 있다.

그림 8.4에서 보듯이 대기 중에 계속 노출시킨 콘크리트에 비하여 꾸준히 습윤양생 시킨 콘크리트는 180일 재령에서 3배 이상 강도 차이를 보이고 있다. 7일간 습윤양생 시킨 콘크리트 또한 3일간 습윤양생 시킨 콘크리트 보다 약 20 % 강도 증가를 보이고 있다. 때로는 수중양생 시킨 콘크리트를 건조상태에 두면 콘크리트 압축강도가 감소한다는 연구결과도 발표되고 있다. 또한 얇은 부재일수록 양생의 영향이 크고 양생이 적절치 못하면 강도의 손실이 크다. 특히, 초기에 양생이 잘 이루어지지 않음으로서 콘크리트의 인장강도가 낮게 되어 건조수축으로 인한 균열이 쉽게 발생한다.

이와 같이 양생에서 습도는 굳지않은 콘크리트에서 체적대비 면적, 온도, 바람의 속도 등의 변수와 함께 콘크리트 강도 발현에 영향을 크게 미친다. 보통의 외기 조건에서 콘크리트는 탈형 후 최소 7일간 적절한 양생을 기본으로 하고 있다. 이 때 적절한

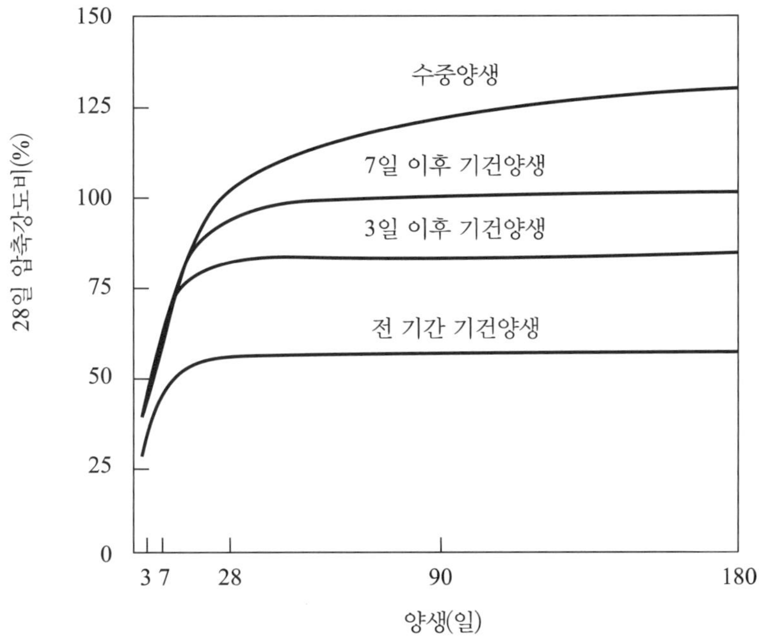

[그림 8.4] 양생 조건에 따른 콘크리트 압축강도

(출처 : Concrete Manual, 8th ed., U.S. Bureau of Reclamation, 1981)

양생법은 물을 주기적으로 뿌려 주거나 콘크리트 면을 매트 등으로 덮어 수분이 충분히 유지되는 상태를 뜻한다.

온도

콘크리트의 수화반응은 양생온도에 크게 영향을 받는다. 일정한 온도에서 콘크리트 공시체를 제작하고 그 후 양생온도가 높을수록 대체로 수화반응이 활발하다. 그러나 수화반응은 재령에도 관계됨으로 어느 시기에 양생온도가 높고 낮으냐에 따라서 강도 발현이나 최종 강도가 크게 달라질 수 있다.

그림 8.5(a)는 탈형 이후 양생온도에 따라 강도가 크게 달라짐을 보여주고 있다. 21℃로 양생한 기준 시험체에 비해 영하 9℃에서 양생한 시험체는 강도가 약 10 % 정도에 불과하며 10℃에서 양생한 시험체는 약 60 % 정도에 머물고 있다. 양생온도가 낮을수록 28일 콘크리트 압축강도는 낮게 발현됨으로 주의가 필요함을 알 수 있다. 특히 우리나라의 경우, 겨울철 기온이 영하권에 상당 기간 머물 수 있다. 따라서 콘크리트 강도가 서서히 발현됨으로 타설 후 15일간에 특별한 보온 조치를 취하여 수화반응이 잘 일어나게 하여야 할 것이다.

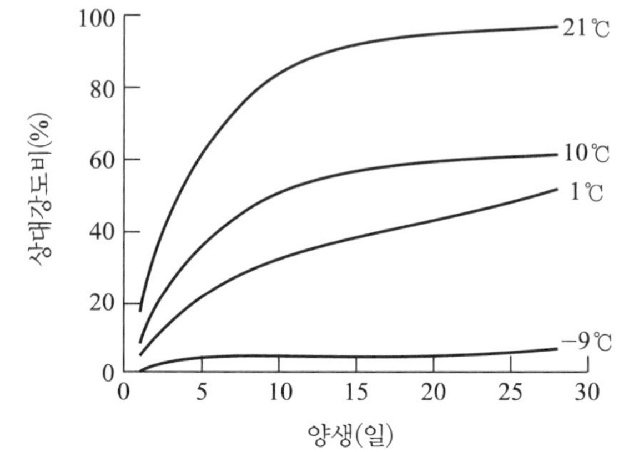

(a) 탈형 후 21℃에서 6시간 양생한 다음 각각 다른 온도 유지

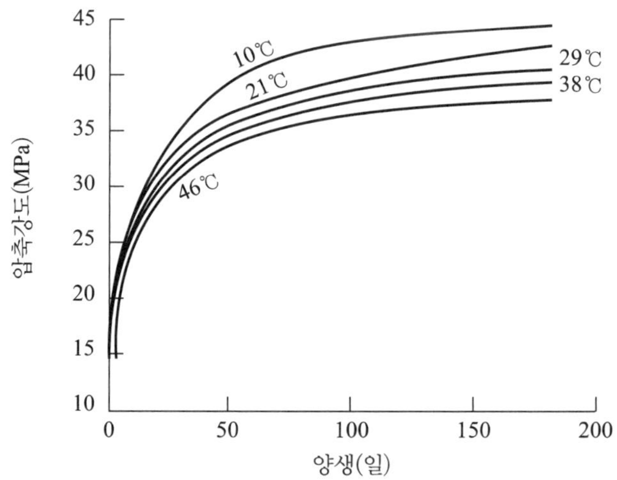

(b) 탈형 후 다른 온도에서 2시간 양생한 후 계속 21℃로 온도 유지

[그림 8.5] 탈형 이후 양생온도에 차이에 따른 강도 변화

(출처 : Concrete Manual, 8th ed., U.S. Bureau of Reclamation, 1975)

타설시에 너무 높은 콘크리트 온도는 밀실한 콘크리트를 생성하는데 오히려 방해가 된다. 그림 8.5(b)는 타설 직후 각각 다른 온도에서 2시간 양생하고 다시 21℃로 같은 온도를 유지한 시험체의 콘크리트 강도 발현 정도를 보여주고 있다. 수화 초기에 짧게 2시간 동안 온도 10~46℃로 변화를 주었으며 결과는 낮은 온도 10℃를 잠시 유지한 시험체가 높은 온도인 21, 29, 38, 46℃로 잠간 유지한 시험체 보다 강도가 높게 나왔다. 콘크리트는 초기에 너무 높은 온도보다는 낮은 온도에서 오히려 수화반응이 잘 일어난다는 것을 알 수 있다. 즉 수화 초기에는 높지 않은 온도에서 비교적 균질한 크기의 공극을 유지하게 하고, 재령이 경과함에 따라 서서히 밀실한 콘

크리트가 생성되어야 높은 압축강도를 얻을 수 있게 된다. 따라서 수화반응 초기에 수화열 등으로 높은 온도는 콘크리트 강도를 크게 떨어트릴 수 있다.

재령

재령에 따른 콘크리트 강도 추정은 설계 시에 구조기술자에게 매우 중요하다. 초기 재령에서 뿐만 아니라 28일 이후에서 콘크리트 강도가 구조설계 시에 필요할 수 있기 때문이다. 콘크리트의 재령에 따른 강도 변화를 논할 때, 대부분 습윤양생과 보통의 온도 조건에서 이루어짐으로 가정한다. 일정한 물－시멘트비의 조건에서 양생기간이 길수록 강도는 증가하며 이는 적절한 양생환경에서 시멘트 입자기 계속하여 수화반응을 일으킨다는 전제 조건에서이다. 예컨대 얇은 콘크리트 슬래브가 대기 중에 노출되어 겔 속의 수분이 모두 증발된 상태에서는 재령이 증가하더라도 강도는 증가하지 않을 수 있다. 수화 속도는 양생 방법에 영향을 받기 때문에 임의 재령에서 콘크리트 강도를 추정하는 것은 간단하지 않다.

ACI 209는 습윤양생 조건에서 보통 포틀랜드시멘트 콘크리트의 재령에 따른 압축강도를 다음 식과 같이 제시하고 있다.

$$f_{cm}(t) = f_{c28}\left(\frac{t}{4+0.85t}\right) \tag{8.5}$$

여기서, $f_{cm}(t)$는 재령 t일 압축강도, f_{c28}는 재령 28일 압축강도이다. 즉 콘크리트 압축강도는 습윤양생된다는 전제조건에서 추정이 가능하며, 또한 습윤양생조건에서는 재령 28일 이후에도 서서히 증가한다는 것을 알 수 있다.

8.2.3 재하 조건

재하속도가 증가하면 콘크리트 압축강도, 인장강도 및 탄성계수도 모두 증가한다. 실험실에서 보통 2~10분 정도 소요되는 시간 내에서는 다행히 그 영향이 크지 않으며, 실제로 구조 부재들은 고정하중을 거의 무한 장기간 받게 된다. 그러나 구조물은 때때로 충격이나 지진 발생 시에 급격한 하중을 받게 된다. 따라서 구조기술자는 실험실에서 강도 시험시의 재하 조건과 실제 하중 조건을 비교 판단할 필요가 있다. 콘크리트가 재하속도에 영향을 받는 정도는 콘크리트 내에 있는 수분의 정도와 관계되며, 건조된 콘크리트가 젖은 콘크리트 보다 훨씬 더 재하속도에 민감하다.

한편, 콘크리트 재료 시험 또는 구조 시험에서 단위시간당 작용하중의 크기를 표준으로 정하고 있다. 압축강도 시험에서는 0.2~0.3 MPa/sec, 인장 시험에서는 0.4~0.5 MPa/sec, 휨 시험에서는 0.8~1.0 MPa/sec의 속도를 유지하여야 한다.

8.3 • 강도별 역학적 특성

8.3.1 압축강도

콘크리트의 압축강도는 콘크리트 원주 혹은 각주공시체에 한 방향으로 하중을 가하는 일축 시험을 통해서 얻는다. 압축강도 표준 시험법으로 높이와 직경의 비가 2 : 1인 원주공시체를 제하 판에 두고 하중을 가하며, 응력과 변형률을 측정한다. 공시체의 직경은 굵은골재의 최대치수가 50 mm 이하인 경우에는 원칙적으로 150 mm로 한다. 공시체의 직경이 150 mm 미만의 것을 사용할 경우, 그 직경은 굵은골재의 최대치수의 3배 이상, 동시에 100 mm 이상으로 한다.

압축 실험의 결과로 응력–변형률 곡선을 얻는다. 압축을 받는 콘크리트 응력–변형률 특성은 내부에서 발생하는 미세 균열과 진전으로 설명된다. 하중이 가해지기 전부터 콘크리트 내부에 미세 균열이 존재하며 계면 전이역에 생성된 부착균열이 대표적이다. 이는 굳은 시멘트 풀과 골재 간의 탄성계수의 차이, 열팽창계수의 차이, 함수량 변화에 따른 거동의 차이 등으로 발생된다. 이러한 미세 균열은 시멘트 풀과 골재 사이 계면에서 형성되어 있다가 하중 작용으로 압축 변형이 일어나면서 서서히 진전하여 모르타르에 전달된다.

그림 8.6은 압축응력을 받는 공시체의 응력–변형률 곡선과 균열 진행을 개념적으로 나타내고 있다. 하중이 가해짐에 따라 극한 강도의 약 30 %까지는 미세 균열이 거의 진전되지 않는다. 이후 하중의 증가로 계면 부착균열이 조금씩 일어나고 이후 서서히 비선형 특성이 보이게 되며, 약 70 % 정도에서는 골재입자 사이의 부착균열이 서로 이어지면서 모르타르 내에 균열과 관통되기 시작한다. 최고 응력에 가까이 가면서 균열이 점점 더 많이 생성되며 최고 응력에 도달되고 이에 해당되는 변형률을 지나면 균열의 일부는 급속히 확대되어 육안으로까지 볼 수 있게 된다.

응력–변형률 곡선은 재료 차이로 인한 강도뿐만 아니라 구성재료의 변형 특성을 보여주고 있다. 그림 8.7은 일반 콘크리트와 경량콘크리트의 강도별로 압축 시험으로 구한 재령 28일 공시체의 응력–변형률 곡선이다. 모든 곡선은 어느 정도 비슷하며 초기는 응력과 변형률이 거의 비례하는 선형 탄성구간을 거치고, 다음은 기울기가 서서히 감소하며 이후 최대 응력, 즉 압축강도에 도달한다. 변형률은 일반 콘크리트에서는 0.002~0.003, 경량골재콘크리트에서는 0.003~0.005 정도이며 각각 강도가 높을수록 증가한다.

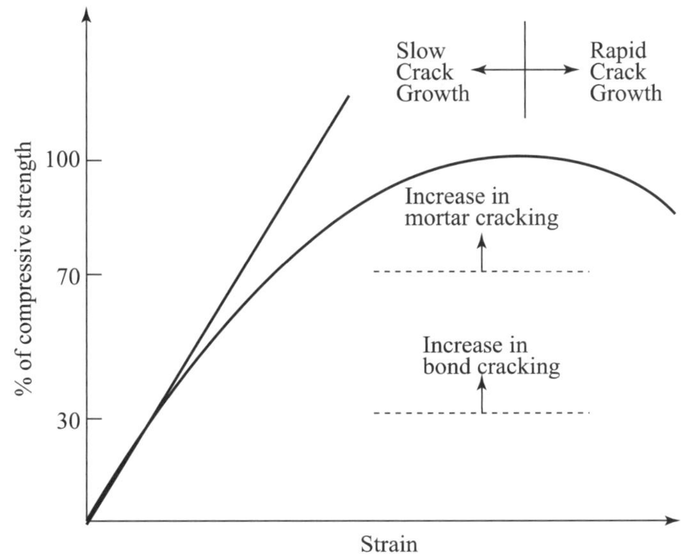

[그림 8.6] 압축응력을 받는 공시체의 응력-변형률 곡선과 균열 진행

응력-변형률 곡선에서 보듯이 경량골재콘크리트의 탄성계수는 보통 콘크리트의 탄성계수보다 작게 나타나고 있다. 경량골재콘크리트의 파괴는 일반 콘크리트와 다소 다른데, 파괴가 골재의 주위인 계면 전이역이 아니라 골재를 관통하여 파괴가 일어난다. 경량골재와 시멘트 풀의 강도가 대체로 비슷하며 고강도콘크리트에서는

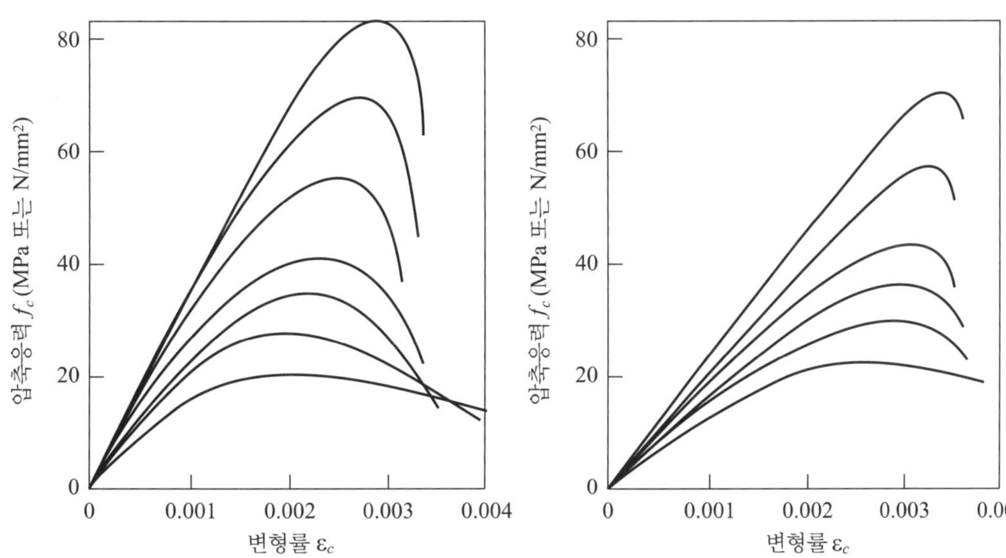

(a) 일반 콘크리트 (b) 경량콘크리트.

[그림 8.7] 압축시험으로 구한 응력-변형률 곡선

시멘트 풀의 강도가 오히려 골재의 강도 보다 더 클 수 있기 때문이다. 또한 경량 골재는 높은 공극률로 인하여 탄성계수가 작고 따라서 경량골재콘크리트의 탄성계수는 보통 콘크리트의 탄성계수보다 작다.

모든 곡선은 압축강도에 도달한 이후에 하강부를 나타내지만, 이 하강부의 모양은 시험방법에 따라 달라진다. 변형률을 일정하게 증가시키는 실험법을 이용하면, 안정적인 하강부를 얻을 수 있다. 대체로 고강도가 될수록 저강도에 비하여 더 취성적이 된다.

8.3.2 인장강도

콘크리트의 인장강도는 압축강도에 비하여 훨씬 작다. 인장으로 인한 콘크리트의 파괴는 시멘트 풀과 골재 입자 사이의 계면과 연관된 미세균열에 의해 큰 영향을 받으며, 계면을 통하여 균열이 쉽게 전파된다. 균열의 전파 방향이 응력의 방향과 직교하게 되어, 저항을 통과하는데 소요되는 균열의 수는 압축 파괴 때 보다 급격히 줄어든다. 이렇게 쉽게 균열이 전파됨은 인장강도가 매우 낮고 동시에 취성적(brittle) 파괴 특성을 갖게 한다. 실험실에서 인장 파괴 시에는 하강 곡선을 따라 잡기 어려운 점은 이와 같이 빠른 균열 전파로 설명할 수 있다.

일반적으로 인장강도는 휨인장강도(flexural strength) 또는 파괴계수(modulus of rupture)로 측정한다. 150 × 150 × 500 mm 크기의 콘크리트 보 시험체를 제작하고 3점 휨 시험으로 얻으며, 휨인장강도 f_r은 다음 식으로 계산한다.

$$f_r = \frac{PL}{bd^2} \tag{8.6}$$

여기서 P는 파괴시 하중이며 L은 하중 경간 길이이다. 휨인장강도 시험에서는 보의 하단부만 주로 인장 응력을 받기 때문에 순 인장 파괴 시에의 인장강도보다 다소 크다.

간편한 인장강도 측정법으로 다소 간편한 원주공시체를 압축시험기의 가압판에 수평으로 설치하여 압축력을 가한다. 공시체는 거의 2등분으로 쪼개지며, 이를 쪼갬인장강도(splitting tensile strength)라고 한다. 공시체 상하에 가해지는 연직하중에 의해 가압면과 접점을 연결하는 직경을 포함하는 수직단면에 수평 방향의 인장응력이 일어나는 것을 이용하여 인장강도를 구한다. 쪼갬인장강도 f_{sp}는 공시체 파괴시의 하중을 다음 식에 대입하여 구한다.

$$f_{sp} = \frac{2P}{\pi DL} \tag{8.7}$$

여기서, P는 파괴하중이며 D와 L은 원주공시체의 지름과 길이이다.

인장강도는 압축강도의 7~10 % 범위에 있다. 인장강도와 압축강도 사이의 관계를 표현하는 식이 많이 제안 되었으며, 대표적인 식은 다음과 같다.

$$f_r{}' = 0.6\sqrt{f_{ck}} \qquad (8.8)$$

여기서, $f_r{}'$는 휨인장강도이다. 다른 형태로는

$$f_{sp}{}' = 0.305 f_{ck}{}^{0.55} \qquad (8.9)$$

이며 여기서, $f_{sp}{}'$는 쪼갬인장강도이다.

휨인장강도, 쪼갬인장강도 사이에는 시험방법이 다름으로서 값의 차이가 있다. 휨인장강도는 압축강도의 11~23 %의 범위에 있고 쪼갬인장강도는 10 % 이하로 다소 낮다. 강도가 증가할수록 압축강도에 대한 인장강도의 비는 더 작아진다. 휨인장강도는 쪼갬인장강도보다 크게 나오며 대략 48~63 % 정도 과대평가하게 되며 강도가 클수록 과대평가 폭이 큼을 알 수 있다. 표 8.2는 강도에 따라 압축강도, 휨인장강도, 쪼갬인장강도 사이의 변화를 보여주고 있다.

대부분 부재 설계에서는 매우 낮은 인장강도를 고려하지 않는다. 그러나 실제 구조물의 파괴는 휨, 전단, 인장, 압축의 복합으로 발생하며, 특히, 균열 발생 시점에서 콘크리트 인장강도는 매우 중요하다. 재령이 경과됨에 건조 조건과 온도, 구속 조건에 따라서 인장 응력이 계속 변화함으로, 균열 발생을 억제하기 위하여 인장강도를 정확하게 예측함이 필수적이다.

[표 8.2] 압축강도, 휨인장강도, 쪼갬인장강도 사이의 관계

강도(MPa)			강도비(%)		
압축강도	휨인장강도	쪼갬인장강도	압축강도에 대한 휨인장강도비	압축강도에 대한 쪼갬인장강도비	휨인장강도에 대한 쪼갬인장강도비
7	2	1	23.0	11.0	48
14	3	1	18.8	10.0	53
21	3	2	16.2	9.2	57
28	4	2	14.5	8.5	59
34	5	3	13.5	8.0	59
41	5	3	12.8	7.7	60
48	6	4	12.2	7.4	61
55	6	4	11.6	7.2	62
62	7	4	11.2	7.0	63

인장강도에 영향을 주는 요인은 압축강도의 영향 요인과 대체로 동일하다. 다만 재령이 증가할수록 인장강도가 따라가지 못하여, 인장강도에 대한 압축강도의 비가 일반적으로 낮아진다. 습윤양생에 비하여 외기에 노출 될 때, 압축강도에 비하여 인장강도 하락 폭이 더 크다. 이는 건조수축으로부터 미세 균열이 더 확대되고 이들이 건조수축균열로 발전되어 인장강도가 낮아지는 것으로 이해할 수 있다.

8.3.3 피로강도와 반복하중

도로 및 철도 교량, 크레인 거더 등과 같은 구조부재는 반복하중을 받는 경우가 많다. 이런 반복하중을 받으면 부재가 정적 강도보다 낮은 응력에도 파괴될 수 있으며 이를 피로파괴 현상이라고 한다. 피로에 의한 파괴강도는 주로 작용하는 응력의 상한치와 하한치의 범위와 반복횟수에 의해 변화한다. 보통 무한대의 반복횟수에 견딜 수 있는 응력의 최대를 내구연한 또는 피로한계(fatigue limit)라고 한다. 또한 소정의 반복횟수에 견디는 응력의 한도를 피로강도라 하여 반복횟수와 함께 나타낸다.

콘크리트의 200만회 피로강도(fatigue strength)는 정적 파괴강도의 50~60 % 정도이다. 피로에 의한 강도 저하의 원인 중에서 중요한 것은 콘크리트에 내재하는 미세균열이다. 미세 균열은 콘크리트 응력의 1/2 정도에서 발생되고 반복재하를 가하면 계속 진전 확대되어 이후 파괴된다. 콘크리트의 피로 한계는 콘크리트의 정적 강도의 70~80 %이다.

인장이든, 압축이든 반복하중을 가하면, 반복될 때마다 콘크리트에 추가적인 변형률 및 변위가 누적된다. 반복하중을 받을 때 파괴에 관련된 메커니즘은 파괴 역학 개념으로 설명할 수 있다. 콘크리트는 여러 내부 결함과 미세 균열을 가지고 있으며, 이는 수화가 일어나는 동안 형성될 수 있고 건조수축이 일어나는 동안 광범위하게 진행될 수 있으며 계면 전이역에서 두드러진다. 콘크리트가 인장 압축을 받으면 균열 선단의 응력이 증가되고, 더욱이 반복하중을 받으면 이러한 균열은 더욱 커지고 균열 선단의 파괴 역학적 응력확대 계수는 더욱 증가한다.

이러한 현상은 반복 실험에서 얻어지는 이력履歷 루프(hysteresis loop)를 통해서 알 수 있다. 반복 사이클 수가 증가함에 따라 처음에는 위쪽으로 볼록한 모양을 나타내다가 차츰 누워지고 일정 사이클 이후에는 아래로 볼록한 모양으로 달라진다. 이는 주기가 증가함에 따라 미세 균열들이 초기 주기에는 서로 접해 있다가 후속 주기 동안에는 서로 벌어지고 분리됨으로 나타나는 현상이다. 하중－변위 곡선에서 각 루프 안의 면적은 회복되지 않는 변형 에너지를 나타낸다. 에너지 일부는 균열 면에서 미끄러짐에 해당되고 다른 일부는 균열을 확장하는데 사용되어, 이력 루프안의 에너지

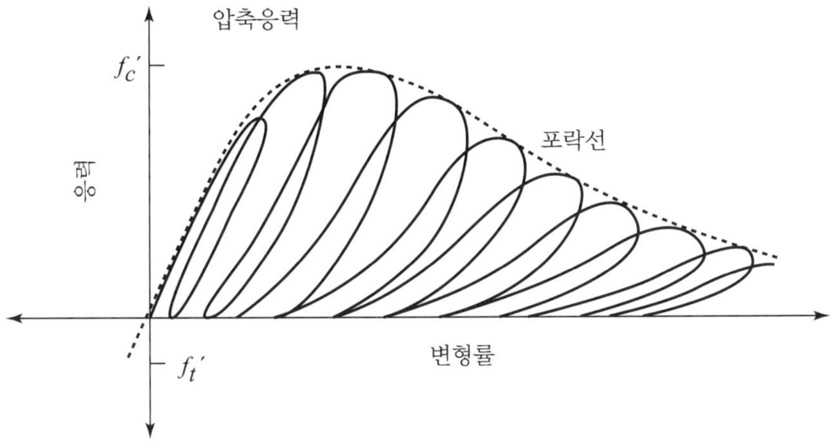

[그림 8.8] 반복 하중에서 콘크리트의 이력 거동

면적은 계속 감소, 소산消散(dissipation)된다. 반복하중에 의하여 공급되는 에너지로 인해서 균열 선단에서의 손상이 증가하게 되고 균열은 파괴에 도달할 때까지 계속 진전하게 된다.

그림 8.8은 반복 하중에서 콘크리트의 이력 특성을 보여주고 있다. 압축강도의 50~70 % 정도 응력을 작용시킬 때, 탄성계수와 압축응력이 지속적으로 감소함을 나타내고 있다. 사이클 수가 증가함에 따라 각 주기별 최대 응력점을 연결한 곡선을 포락선(envelop curve)이라 하며 재료의 단조가력 응력－변형률 곡선을 따라 간다.

8.4 • 콘크리트의 변형 특성

8.4.1 탄성계수

콘크리트는 비탄성재료로서 선형 탄성재료와 달리 탄성계수를 하나의 값으로 정의할 수 없다. 비탄성특성으로 인하여 낮은 응력상태에서 얻어지는 초기접선탄성계수(initial tangent modulus)는 높은 값으로 적합하지 못하다. 따라서 콘크리트 탄성계수로는 원점과 0.45 f_{ck}를 연결하는 직선의 기울기인 할선탄성계수(secant modulus of elasticity)로 규정하고 있다.

구조기준에서 할선탄성계수는 콘크리트 단위질량 m_c값이 1,450~2,500 kg/m^{3}인 콘크리트 경우, 다음 식을 사용하여 구하도록 규정하고 있다.

$$E_c = 0.077\, m_c^{1.5} \sqrt[3]{f_{cu}} \tag{8.10}$$

여기서 f_{cu}는 평균 압축강도이며 설계기준압축강도보다 5 MPa 큰 값을 사용한다. 예컨대. f_{ck}가 27 MPa이고 단위질량이 2,400 kg/m^{3}인 보통콘크리트의 탄성계수는 24 GPa 정도가 된다. 보통중량의 콘크리트의 탄성계수는 14~42 GPa 범위에 있고 경량골재 콘크리트는 10~18 GPa 범위에 있다.

응력–변형률 곡선의 초기 직선 구간의 기울기는 강도가 높을수록 커진다. 식(8.10)에서 보듯이 탄성계수는 압축강도와 밀도에 관계된다. 영향을 미치는 주요인은 결과적으로 공극률이며 물–시멘트비가 감소함에 따라 탄성계수는 증가한다. 함수량은 콘크리트 강도와 탄성계수에 대해 일관성이 없는데, 강도는 습윤상태에 비해 건조상태에서 높지마는 탄성계수는 습윤상태에서 높게 나온다.

재령이 지날수록 탄성계수도 증가한다. 재령이 꽤 경과한 시점, 예컨대 3개월에서 1년 사이에서 강도 증가에 비하여 탄성계수는 꾸준하게 증가하는 것으로 알려져 있다. 계면 전이역이에서 골재와 경화 시멘트 풀 사이에서 계속 화학적 결합이 일어나기 때문으로 보고 있다.

탄성계수는 골재에 매우 민감하다. 함수량이 탄성계수에 영향을 주며 골재의 사용량과 골재 종류가 영향을 크게 미친다. 밀도가 높은 밀실한 골재를 사용한 콘크리트의 탄성계수가 높아지게 된다. 골재의 공극률이 높으면 골재가 경화 시멘트 풀의 변형을 잡아주지 못하여 탄성계수는 낮아진다. 골재의 탄성계수는 화강암, 석영의 경우에 70~140 GPa 범위에 있으며 사암이나 석회암처럼 기공성이 높은 골재는 21~49 GPa의 낮은 범위에 있다. 팽창점토, 팽창혈암과 같은 다공질 경량 골재를 사용한 경량골재콘크리트의 탄성계수는 상대적으로 낮다.

시멘트 풀의 탄성계수 E_p는 대략 겔–공극비의 세제곱에 비례하는 것으로 알려져 있으며 모세공극률을 이용하여 다음 식으로 나타낼 수 있다.

$$E_p = E_g (1 - P_c)^3 \tag{8.11}$$

여기서 E_g는 공극률이 0인 시멘트 풀의 탄성계수, P_c는 모세공극률이다. 보통 포틀랜드시멘트에서 E_g는 7~29 GPa 정도이다. 시멘트 풀의 탄성계수가 콘크리트나 모르타르에 비하여 비교적 작다. 이는 골재의 탄성계수가 콘크리트의 탄성계수에 비하여 매우 높다는 사실로 설명되며, 골재가 변형할 때에 골격으로서 저항하는 역할을 함을 알 수 있다.

8.4.2 동탄성계수와 전단탄성계수

콘크리트에 공명진동 혹은 파동전파의 속도로부터 탄성계수를 구할 수 있다. 공시체의 치수, 중량, 형상, 진동의 기본진동수, 전파속도 등으로부터 산출되는 동탄성계수(dynamic modulus of elasticity)는 충격 공명시험법 등으로 구하며 KS F 2437을 따른다. 초기접선탄성계수에 가까운 값으로, 정탄성계수에 비하여 다소 크며 콘크리트 강도에 따라 달라진다. 동적 특성이나 지진 해석 시에는 동탄성계수를 사용하는 것이 일반적이다. 콘크리트 공시체의 표층 성질 변화를 비교하기 위하여, 즉 동결융해 저항성이나 화학 작용에 의한 성능저하 과정을 추적할 때, 동탄성계수를 측정하여 평가할 수 있다(제14장 참조). 동탄성계수는 정탄성계수의 1.04~1.37배 정도이며 압축강도가 클수록, 장기재령일수록 이 비는 작아진다. 콘크리트의 압축강도와 관계되며 다음 관계식으로 구할 수 있다.

$$E_d = 0.83 \times \sqrt{f_{ck}} \times 10^4 \ \text{(MPa)} \tag{8.12}$$

후크의 법칙이 성립하는 탄성재료에서 전단탄성계수(shear modulus) G는 다음과 같은 식으로 나타낼 수 있다.

$$G = \frac{\tau}{\gamma} \tag{8.13}$$

여기서 τ 는 전단응력, γ는 전단변형률이다. 그러나 전단탄성계수는 전단응력이 작용할 때의 거동을 지배하는 값으로 직접 응력-변형률 곡선으로 구할 수 없다. 콘크리트의 비틀림 진동의 공진 주파수를 사용하는 동적 기법으로 구하는 방법이 제안되고 있다. 탄성계수와 포아송비가 주어지면 다음 식으로 산출할 수 있다.

$$G = \frac{E_c}{2} \times \frac{m}{m+1}$$

여기서 m는 포아송비이다.

8.4.3 포아송비

1축 압축을 받을 때 콘크리트는 다른 재료와 마찬가지로 응력이 가해진 방향의 직교 방향으로는 팽창한다. 이 때 탄성 범위 이내에서 횡방향 변형률과 축방향 변형률의 비를 포아송비(Poisson's ratio)라고 한다. 포아송비는 콘크리트 압축강도, 배합에 의하여 결정되며 압축강도의 약 70 % 이하에서 콘크리트 포아송비는 일반적으로 0.15~0.20 정도이다. 경량콘크리트에서 포아송비는 보통콘크리트에 비하여 비슷하거나 약간 크다.

8.5 • 파괴역학 특성

콘크리트의 인장 거동을 좀 더 본질적으로 이해하기 위하여 파괴의 미세 메커니즘을 알아야 한다. 콘크리트처럼 비탄성 거동이 극히 작고 취성적인 재료에 파괴역학(fracture mechanics) 개념을 적용할 수 있다. 콘크리트의 비선형 특성은 시멘트 풀 또는 모르타르의 초기 균열 발생과 미세 균열이 계속 진전하는 취성적인 재료 특성에 기인한다. 시멘트페이스트의 미세구조에서 균열이 발생하는 것에 근거하여 많은 콘크리트 균열 현상을 파괴역학 개념으로 모델화 하여 해석한다.

우선 탄성적이며 균질하고 등방성인 재료의 균열 선단先端(crack tip)에서, 특히 불안정한 균열이 진전(또는 파괴)될 때의 응력과 변형관계는 파괴역학 이론을 적용하여 정의할 수 있다. 파괴역학의 기본으로 균열 선단의 응력 상태를 응력확대계수(stress intensity factor) K로 다음 식으로 나타낸다.

$$K = \sigma\sqrt{a}\ f(g) \tag{8.14}$$

여기서 a는 균열의 크기이고 $f(g)$는 시험체와 균열의 기하학적 형태에 관한 함수로 얻어지는 값이다. 즉, 파괴역학에 의한 균열 발생 가능성의 정도는 응력과 균열크기의 제곱근에 비례하고 균열의 기하학적 특성에 관계된다. 기본 개념은 응력이 증가하거나 반복되면, 균열이 커져서 균열 선단의 응력확대계수 K가 재료의 인성지수, 또는 파괴에너지를 나타내는 임계응력확대계수 K_c(critical stress intensity factor)에 도달하면 파괴가 발생한다는 것이다.

그림 8.9의 파괴역학의 기본 개념도에서 보듯이 실제 설계에서는 균열 또는 결함의 크기를 가정하고, 기하학적 형태(예컨대 관통균열, 모서리 균열, 표면균열 등), 응력으로부터 계산된 응력확대계수를 계산하고 재료의 인성 능력 임계값 K_c와 비교하여 충분히 작도록 부재 단면을 결정한다.

콘크리트의 취성적이고 극히 난해한 균열 특성을 표현하고 해석하는데 여러 가지 파괴역학 모델이 사용된다. 콘크리트의 파괴역학에서 대표적으로 Hillerborg(1976)의 가상균열 모델(fictitious crack model)이 균열 생성과 진전의 해석에 자주 이용된다. 인장응력이 인장강도에 도달하여 균열이 발생할 때에도, 일부 가상균열이 어느 정도의 인장응력을 전달한다고 본다. 즉, 균열 선단에서 가상균열이 열려지게 될 때, 인장 전달 능력은 균열 폭 크기에 따라 점차적으로 감소한다는 이론이다.

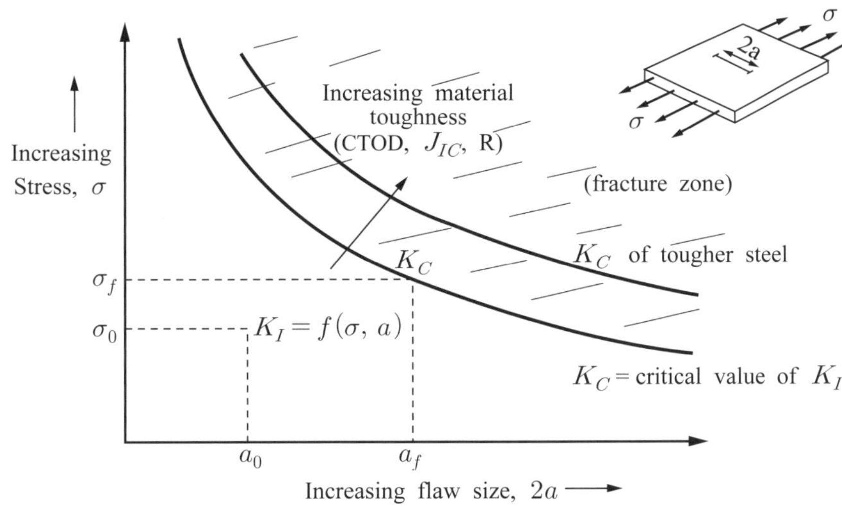

[그림 8.9] 외력, 균열, 재료의 인성지수와의 관계를 나타내는 파괴역학 개념도

(출처 : Barsom, J. and Rolfe, S., "Fracture and Fatigue Control in Structures", 1987)

가상균열모델에서는 균열을 실제 균열과 파괴전달구간(fracture process zone)으로 구분한다. 실제 균열 구간에서는 응력과 변위는 모두 불연속이지만, 파괴전달구간에서는 변위는 불연속이나 응력은 연속으로 전달된다고 본다. 실제 균열 구간에서는 응력이 0으로 전혀 전달되지 않으나 일정크기의 균열내인 미세균열 또는 가상 균열 구간에서는 균열 발생된 상태이지만 응력전달이 미소한 크기이지만 전달된다고 보고 이 현상을 파괴역학으로 해석한다. 즉, 파괴전달구간에는 선단 응력이 인장강도 f_t'에 도달되면 균열이 발생하며 이후 변위는 w_1를 거치며, w_2에 도달될 때, 비로소 응력이 0이 된다. 응력-변위 곡선의 면적은 재료의 파괴에너지 G_f와 같다.

균열 폭이 w_0에 도달될 때, 비로소 인장응력이 0 값이 되며 이 동안의 콘크리트가 여전히 파괴에너지를 부담한다. 즉 균열 폭이 w_0에 도달되는 동안 흡수되는 에너지는 응력-변위 곡선의 면적이 된다.

파괴역학은 유한요소 해석으로 자주 활용되며 비선형의 특성을 재현하는데 유용하다. 유한요소 해석에서 두 절점 사이에 균열 재현에 봉(rod) 요소를 사용하고 균열의 비선형 파괴역학특성을 부여한다. 이 봉 요소는 두 균열 면을 절점으로 구성하는 부재로 인장응력이 인장강도에 도달할 때에 균열이 발생된다. 일단 균열 발생 이후에는 정의한 응력-변위 곡선을 따르게 한다. 즉 초기 강성은 매우 크게 하여 변위가 발생되지 않지만 일단 응력이 인장강도에 도달 한 이후에는 급격히 변위가 발생되고, 균열 폭 크기의 변위에 도달하면 인장응력이 0값이 된다.

파괴역학을 콘크리트 균열에 적용하고자 여러 가지 이론과 기법이 제안되고 있다. 응력확대계수 기법은 선형탄성 파괴역학에 근거 두고 있는 반면에 균열 선단 부근에 소성 영역이 균열 길이에 비해 큰 상태 등에서는 비선형 파괴역학이론이 적용된다. 콘크리트의 전단강도와 부착강도를 나타내는 식에는 압축강도의 제곱근으로 되어 있어 인장강도와 관련되어 있음을 보여주고 있다. 그러나 최근 제곱근이 아니라 세제곱근 또는 네제곱근으로 나타내는 연구자가 있으며 이는 콘크리트의 다른 표현식, 즉 인성지수나 파괴에너지, 또는 파괴전달구간의 균열 크기와 관련될 수 있겠다. 즉 이제까지 콘크리트의 역학적 특성을 압축강도나 인장강도로 나타내기에 일부 관계를 보이고 있는 바 파괴역학과 관련하여 나타낼 수 있는 연구가 수행되어야 할 것이다. 파괴역학에 대한 기본 이론과 콘크리트 활용 사례에 대해서는 제14장에서 다시 상세히 기술하였으니 참고하기 바란다.

연습문제

1 콘크리트의 역학적 특성을 미세구조와 관련하여 설명하라.

2 콘크리트의 겔공극비 이론을 설명하라.

3 공극률과 콘크리트 압축강도의 관계를 설명하라.

4 콘크리트는 압축강도는 높고 인장강도가 낮은 현상에 대해 설명하라.

5 압축하중과 인장하중을 받는 경우에 대해 각각 파괴 진행과정을 설명하라.

6 물-시멘트비가 어떻게 콘크리트 강도에 영향을 주는지 설명하라.

7 양생이 콘크리트 성능에 어떻게 영향을 주는지 설명하라.

8 콘크리트를 1) 5℃에 타설하여 21℃에 양생한 경우 2) 21℃에 타설하여 5℃에 양생한 경우에 대하여 콘크리트 강도 차이를 설명하라.

9 콘크리트가 취성이며 비탄성인 재료임에 대해 미세구조와 관련하여 설명하라.

10 콘크리트의 탄성계수를 정의하고 측정 방법에 대해 설명하라.

11 골재의 함수량, 골재량, 골재의 성질이 탄성계수에 미치는 영향을 설명하라.

12 콘크리트 시편이 습기에 젖을 때, 강도와 탄성계수의 영향 차이를 각각 설명하라.

13 가상균열모델을 설명하고 어떻게 균열 발생과 이후를 예측하는지를 기술하라.

14 콘크리트가 반복응력을 받았을 때 특성에 대해 이력루프를 그려서 설명하라.

참고문헌

1. 한국콘크리트학회, "콘크리트구조설계기준 해설", 기문당, 2012, 599 pp.
2. 한국콘크리트학회, "콘크리트표준시방서 해설", 기문당, 2009, 854 pp.
3. 한국콘크리트학회, "최신콘크리트공학", 기문당, 2011, 930 pp.
4. 김우, 김진근, 오병환, 정란, 최완철, "콘크리트구조설계," 동화기술, 2013, 741 pp.
5. Mehta K. and Monteiro P., "Concrete", 3rd ed., *Prentice Hall*, 2006, 659 pp.
6. Mindess S., Young F., and Darwin D., "Concrete", 2nd ed., *Prentice Hall*, 2003, 644 pp.
7. Neville A. M., "Properties of Concrete", 4 th ed., *John Wiley & Sons*, *Inc*., New York, 1996, 844 pp.
8. Barsom, J. and Rolfe, S., "Fracture and Fatigue Control in Structures", *Prentice Hall*, 1987, 628 pp .
9. ACI Committee 209, *Am. Concrete Inst.*, Vol. 69, No. 12 1972.
10. Concrete Manual, 8th ed., *U.S. Bureau of Reclamation*, 1981.
11. Design and Control of Concrete Mixtures, 11th ed. *Portland Cement Association,* Skokie, Ill, 1968.
12. Verbeck, G.J., and R.A. Helmuch, *Proc. of Fifth Int. Symp. on Chemistry of Cements,* Tokyo, 1968.
13. Powers, T.C., *J. Am. Ceram. Soc.* Vol. 41. No. 1, 1958.
14. Kapfel, H., H.K. Hilsdorf and H. Rush, *J. ACI, Proc.*, Vol. 66, No. 8, 1969.
15. Karson, P., and J.O. Jirsa, *ASCE J. Str. Div.,* Vol., 95, No. ST12, 1969.
16. Hillerborg, A., Modeer, M., and Petersson, P. E., "Analysis of crack formation and crack growth in concrete by means of fracture mechanics and finite elements", *Cement and Concrete Research,* Vol. 6, No. 6 Nov. 1976, pp.773-782.
17. W. Zheng, A. K. H. Kwan, and P. K. K. Lee, "Direct Tension Test of Concrete", *ACI Materials Journal*, Jan-Feb. 2001, pp. 63-71.
18. How-Ji Chen, Tsong Yen, and Kuan-Hung Chen, "Evaluating Elastic Modulus of Lightweight Aggregate", *ACI Materials Journal*, Mar-Apr. 2003, pp. 108-113.
19. Ravindra K. Dhir, Kevin A. Paine and Moray D. Newlands, "Composite Materials in Concrete Construction", *Thomas Telford*, 2002, pp. 378.

9

CHAPTER

시간의존 변형특성

콘크리트는 사용되는 기간 동안 여러 종류의 외력, 환경 변화로부터 장기적으로 체적이 변형하게 된다. 이러한 장기간의 변형은 콘크리트가 갖는 내재적 특성이며 공극내의 수분의 변화에 기인된다고 볼 수 있다. 초기 재령에서부터 장기 재령까지 시간 변수에 영향을 받아 변형하는 성질을 콘크리트의 시간의존 변형특성이라 부른다.

이 장에서는 콘크리트의 시간의존 변형특성으로 수분 손실에 의한 건조수축, 응력의 작용으로 발생하는 크리프 변형에 대하여 서술한다. 두 현상은 공극에 내재하는 수분의 이동에 의해 나타나 거동이 매우 유사하며 변수 범위도 거의 동일하다. 건조수축과 크리프는 콘크리트 재료 특성 외에 양생 조건, 단면 형상 등 환경요건과 재령으로부터 영향을 받으며 이들 변수에 대해 설명한다. 실무 활용을 위하여 건조수축과 크리프 설계식에 대하여 설명하고 우리나라 구조기준, ACI 및 유럽 모델을 소개한다.

9.1 • 건조수축

9.1.1 건조수축 메커니즘

많은 다른 공학재료와 마찬가지로 콘크리트 변형은 수분과 관련되어 습윤상태에서는 팽창하고 건조상태에서는 수축한다. 콘크리트 내부 시멘트 풀에는 상당량의 수량이 존재하고 함수량은 재령이 증가함에 따라 대체로 감소한다. 함수량 감소가 콘크리트의 수축의 원인이 되며, 이러한 함수량 변화에 따른 체적의 변화는 시간의존(time-dependant) 특성의 하나로 수경성 시멘트의 본질적 성질이다.

3.2절에서 살펴보았듯이 먼저 시멘트 경화체의 미세구조에서 수분을 잃는 과정으로부터 건조수축 거동을 이해함이 중요하다. 수분의 손실은 큰 공극인 모세관 공극의 자유수부터 시작된다. 자유수는 수화물에 결합되어 있지 않기 때문에 수화물의 건조수축에 영향을 미치지 못한다. 자유수는 상대습도가 100 % 보다 약간 낮더라도 쉽게 증발 될 수 있으며 이 동안에는 수축이 거의 일어나지 않는다.

자유수가 증발 된 이후 습도를 더욱 낮게 하면 작은 공극에 흡착수들이 증발하게 되며 이때부터 수축이 진행된다. 현상적인 관점에서 콘크리트 건조수축에 대해서는 몇 가지 이론이 있으며, 여기서는 모세관장력 이론과 표면흡착 이론을 간략히 설명하고자 한다.

고체 물질의 표면에는 인접 결합력 성분의 부족으로 인한 표면 에너지(surface energy)를 갖고 있다. 다공성 물체에서 이 표면 에너지는 공극 주위의 물 분자를 공극 표면으로 흡입하는 현상을 발생시킨다. 이 때 공극의 반경이 감소하면 공극의 체적에 대한 비표면적이 증가하고 따라서 작은 반경을 갖는 공극의 경우는 쉽게 물로 차게 되며, 이 과정을 모세관 흡입(capillary suction) 또는 모세 응축(capillary condensation)이라 일컫는다. 모세관이 액체상태 물과 접촉하고 있을 때, 모세관 내의 물의 높이가 주위 물보다 높은 현상을 말한다(그림 9.1). 모세관 내 벽과 상호작용으로 수면곡면(meniscus)이 형성되고 그 아래에 발생하는 정수압 인장력(Pa)은 다음 식과 같이 표현된다.

$$p = \frac{2\sigma}{r} \cos\theta \tag{9.1}$$

여기서 p는 인장력(Pa), r은 모세관 반경(m), σ는 표면장력계수, θ는 메니스커스와 모세관 사이의 접촉각이다.

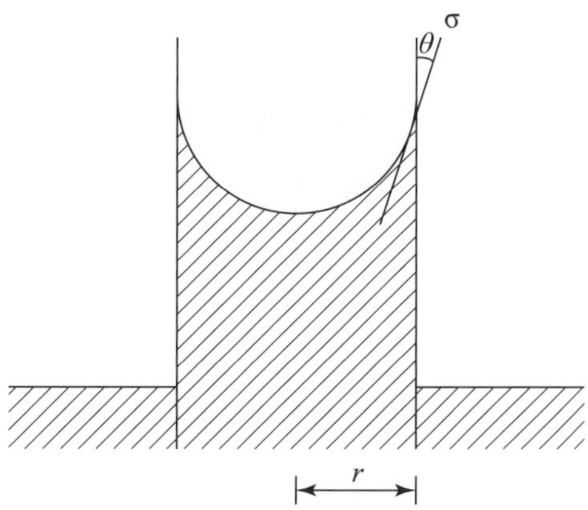

[그림 9.1] 지름이 작은 관에서 물의 상승

수분은 고체 골격 구조에는 이와 반대로 정수압 압축을 발생시킨다. 이때 건조로 모세관 공극수와 층간수가 증발되면 모세관 공극이 좁아지며 곡률반경이 작아져서 모세관 장력이 증가한다. 이에 따라 분리압이 저하되고, 입자들이 접근하여 수축하게 된다. 모세관 공극은 대체로 상대습도 45 %에서 내부가 비워지기 시작하여 작은 장력이 발생하며 더 낮은 상대습도에서 장력이 상당히 빠르게 증가하고 따라서 수축이 크게 일어난다.

다공질 재료에서 건조수축에 적용되는 표면 흡착이론은 다음과 같다. 접하고 있는 두 개의 미세 간극 사이에 물이 흡착될 때, 물 분자로 인하여 밖으로 떠미는 힘, 즉 분리압력(disjoining pressure)이 작용하며 이로 인해 다공성 물체가 수분에 의해 부풀어지는 현상(dilation)이 발생한다. 이 분리압력은 상대습도가 감소함에 따라 감소하고 또한 간극이 줄어듦에 따라 감소한다. 따라서 건조가 시작되면서 차츰 분리압력이 작아지고 반데르발스 힘이 작용하게 되어 수축하게 된다.

위에서 논의한 내용은 대체로 5장에서 논의되었던 바. 건조수축은 상대습도 단계에 따라 크게 영향을 받는다는 사실과 일치한다. 상대습도가 낮아짐에 따라 수분이 감소하고, 수분의 감소에 따라 수축량이 증가한다. 수분은 자유수의 증발로 초기에 급격히 감소하고 이후 모세공극의 흡착수 증발로부터 서서히 감소한다. 건조 초기에는 비록 수량이 많이 증발되더라도 수축에 영향이 작으며, 일정 수준 이상의 수분 손실 이후에서야 수축량이 수분 손실에 비례하여 증가한다. 즉, 콘크리트 건조수축 변화는 수분 감소량에 직접 비례하지는 않는다는 것을 알 수 있다.

9.1.2 건조수축으로 균열 생성

건조수축량이 크거나 적절하게 설계되지 못하였을 때, 콘크리트에는 흔히 균열이 일어나기 마련이다. 균열은 원론적으로 응력이 콘크리트의 인장강도를 초과하여 발생하거나, 인장변형률이 콘크리트의 인장변형 능력(tensile strain capacity)을 초과함으로 발생한다고 쉽게 말할 수 있다. 그러나 콘크리트는 재령에 따라 굳어지고 한편 건조하는 특성으로 균열 생성 메커니즘은 시간 변수로 인하여 복잡하게 된다. 굳기 시작한 콘크리트는 재령이 경과함에 따라 수화 작용이 계속되고 수분 환경이 달라져서 콘크리트의 역학적 특성도 변하기 때문이다.

연구 결과에 따르면 먼저 경화 전과 경화 후 콘크리트의 인장변형 능력은 크게 다르게 나타나고 있다(그림 9.2). 경화 전 액체 상태인 초기 몇 시간 내에서 인장변형 능력은 매우 크며 경화가 시작되는 8시간 전후에서 최소가 된다. 경화 후 인장변형 능력은 재령에 따라 증가하나 강도가 증가하는 속도와는 사뭇 다르게 매우 서서히 증가한다.

건조수축 변형에 의한 콘크리트 균열은 수분환경과 구속여부 및 그 정도에 직접 관계된다. 콘크리트 슬래브가 어느 특정한 온도와 습기 조건에 놓여있다고 보자. 만일 구속이 되지 않은 상태에서는 온도가 내려가거나 습도가 낮아져서 수축되더라도 균열이 발생되지는 않는다. 그러나 양단이 구속되어 있어 수축이 자유롭지 않을 때에는, 수축되고자 하는 길이와 원래길이에 비에 해당되는 변형률이 발생되고 콘크리트 슬래브에는 인장응력으로 작용되어 결국에는 소정 크기의 균열이 발생된다. 이 때

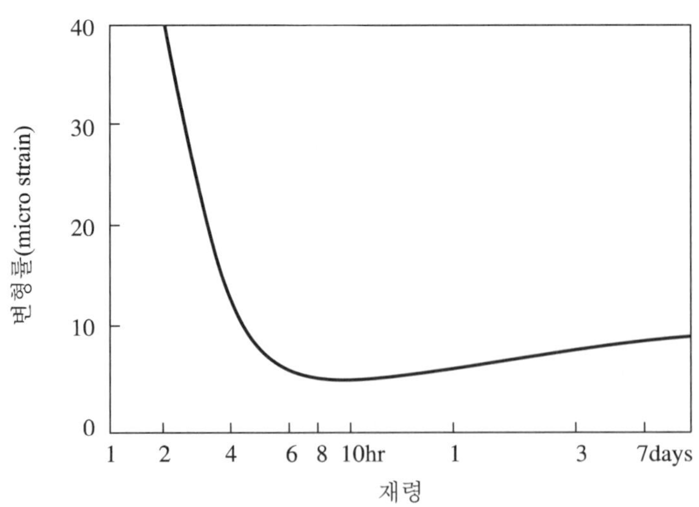

[그림 9.2] 초기재령에서 인장변형 능력

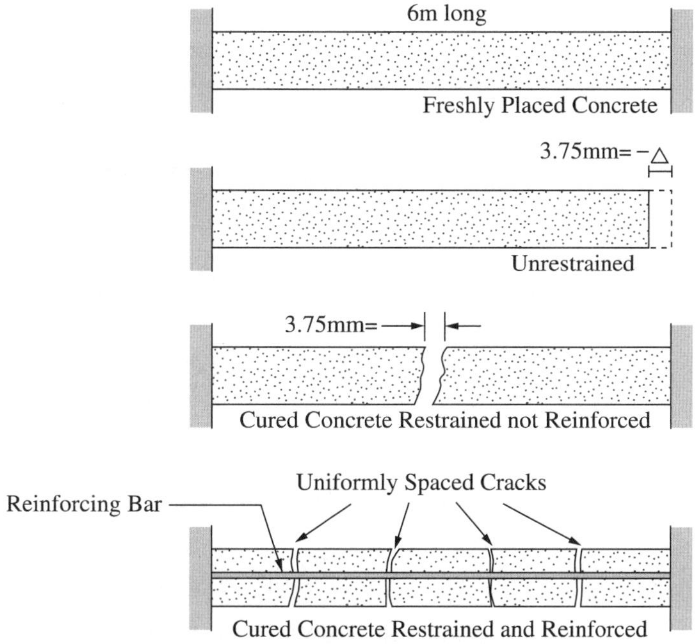

[그림 9.3] 수축에 대한 구속 효과

(출처 : Emmons, P., "Concrete Repair and Maintenance", 1993)

내부에 철근이 고르게 배치되어 있다면 철근이 인장을 부담하여 균열은 적절히 분산될 수 있을 것이다(그림 9.3).

콘크리트는 재령이 경과하여 강도가 증가함에 따라 인장강도뿐만 아니라 탄성계수도 따라서 증가한다. 변형률이 일정하더라도 시간이 지남에 따라 탄성계수가 증가하고 인장응력이 증가함으로서 균열이 발생할 확률이 높아진다. 이때 시간변수가 지배하는 콘크리트의 변형특성의 하나인 크리프(creep)도 당연히 균열 생성에 중요한 변수가 된다.

시간이 경과함에 따라 응력 이완弛緩(relaxation)이라고 하여 크리프는 오히려 응력을 감소시킨다. 그림 9.4에서 보듯이 건조수축이 증가함에 따라 인장응력이 증가되고 인장강도를 초과하는 시점에서 균열이 발생하게 되는데, 크리프 현상에 의해 응력 이완이 발생하여 인장응력이 감소함으로서 균열이 상당 시간 지연되어 발생한다.

균열 발생은 콘크리트의 고유한 건조수축 변형률 외에 콘크리트의 인장변형 능력, 변형에 대한 구속정도, 재령에 관계되며 특히 시간이 이중으로 영향을 미친다. 재령이 경과함에 따라 인장강도는 증가하지만, 대신에 탄성계수가 증가함으로 응력이 보다 크게 작용하며, 더욱이 크리프에 의한 응력이완 효과는 시간과 더불어 감소한다. 즉, 시멘트 풀이 굳어짐에 따라 콘크리트의 변형 능력은 급속히 줄어드는 반면에

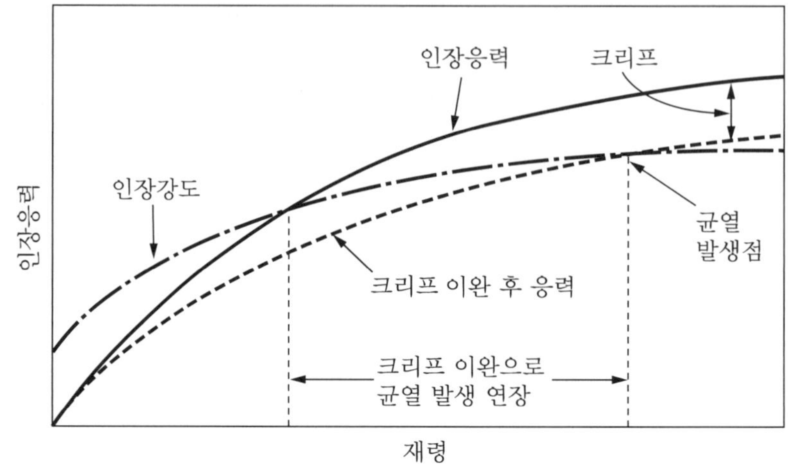

[그림 9.4] 크리프에 의한 인장응력의 이완 효과

건조수축 응력은 꾸준히 증가한다. 크리프에 의한 응력 이완 효과는 시간이 지남에 따라 계속 줄어들어 균열의 발생 경향도 점점 더 커진다. 이상과 같이 콘크리트의 건조수축균열 또는 과도한 장기변형은 복합적으로 생성되는 콘크리트의 고유 특성이지만 정밀하게 해석하여 가능한 줄여야 한다.

예제 9.1 **길이가 6 m인 슬래브가 보통의 경우에 건조수축으로 줄어드는 양은 얼마 정도가 되겠는가?**

풀이 일반적인 경우에 콘크리트 건조수축률은 400~800 microstrain이다. 따라서 슬래브의 건조수축량은 약 2.4~4.8 mm가 되며 꽤 큰 값임을 알 수 있다..

9.1.3 건조수축 영향 인자

콘크리트의 건조수축은 당연히 단위수량에 크게 영향을 받는다. 배합수량이 많으면 시멘트 풀 내에 공극이 많아지고 수분 변화가 커짐에 따라 건조수축량이 증가한다. 건조수축은 시멘트 경화체의 미세구조에서 수분을 잃음으로서 나타나는 현상으로 콘크리트 구성재료의 수량 변화로부터 주로 영향을 받는다. 건조수축을 줄이기 위해서 가능한 단위수량을 줄이고 물-시멘트비를 최소화 하여야 한다. 그림 9.5는 단위시멘트가 증가할수록, 단위수량이 많을수록, 물-시멘트비가 클수록 건조수축량은 증가함을 보여주고 있다.

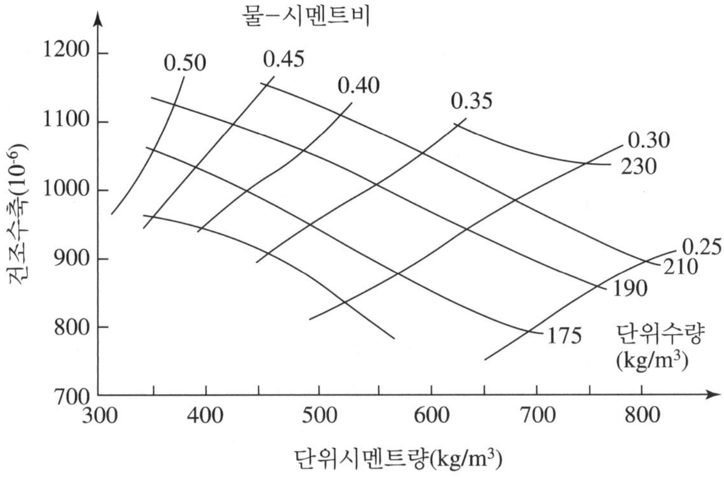

[그림 9.5] 건조수축에 미치는 단위수량, 단위시멘트량, 물–시멘트비의 영향

보통콘크리트는 수분손실량이 많으며 건조수축량은 거의 비례하고 발생량이 크다. 그러나 실리카퓸을 첨가한 경우에는 미세공극이 적음으로 건조수축량이 적다.

그림 9.6은 실리카퓸을 첨가한 시험체와 첨가하지 않은 시험체에서 재령 7일 후 건조시킴에 따라 수분손실량과 건조수축량의 관계를 보여주고 있다. 실리카퓸이 첨가되지 않은 시험체에서 큰 모세관 속의 자유수가 이미 증발한 후, 중간 크기의 미세 또는 모세관 공극층의 다량의 수분이 손실함에 따라 건조수축량이 커지며, 두 값은 거의 서로 비례한다. 그러나 실리카퓸을 첨가한 시험체에서는 모세관 공극에 있는

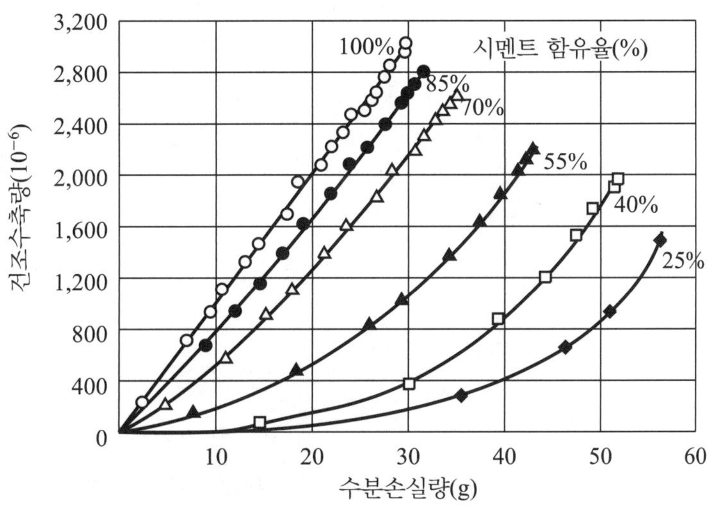

[그림 9.6] 실리카퓸 혼합률에 따른 수분손실량과 수축량의 관계

작은 양의 자유수 수량의 손실이 먼저 일어나고 이때는 수축되지 않다가, 그 후 작은 크기의 층간공극에 고정되어 있던 결합수가 증발됨에 따라 건조수축이 일어난다(표 5.3 참조). 그 후의 기울기는 유사하며, 이러한 경향은 실리카퓸 첨가량이 많을수록 더욱 뚜렷이 나타나고 있다.

건조수축에 대해서 골재의 영향은 매우 크다. 수분 함량에 대해 골재 자체는 부피변화에 안정적이지만, 골재로 인한 구속의 정도가 골재량, 탄성계수 그리고 골재의 최대치수에 영향을 받고 콘크리트의 건조수축에 직접 관계된다.

그림 9.7에서 보듯이 골재의 탄성계수가 클수록 건조수축량은 줄어든다. 경량골재는 부피변화에 안정적이지만, 탄성계수가 낮기 때문에 보통골재 콘크리트에 비해 건조수축이 더 크게 발생한다. 건조수축량에 대한 골재 함량과 탄성계수의 복합적인 효과는 다음과 같은 실험식으로 표현될 수 있다.

$$\epsilon_{con} = \epsilon_p (1 - V_a)^n \tag{9.2}$$

여기서 ϵ_{con} 는 콘크리트의 건조수축량, ϵ_p는 시멘트 풀 경화체의 건조수축량, V_a는 골재의 체적비이며 n은 골재의 탄성 성질에 따라 1.2에서 1.7까지 변하는 값이다.

건조수축을 줄이기 위해서 골재는 가능한 크고 강도가 높고 흡수량이 낮은 것이 좋으며, 잔골재의 사용량을 줄이고 굵은골재의 수량을 늘이는 것이 좋다(그림 9.8).

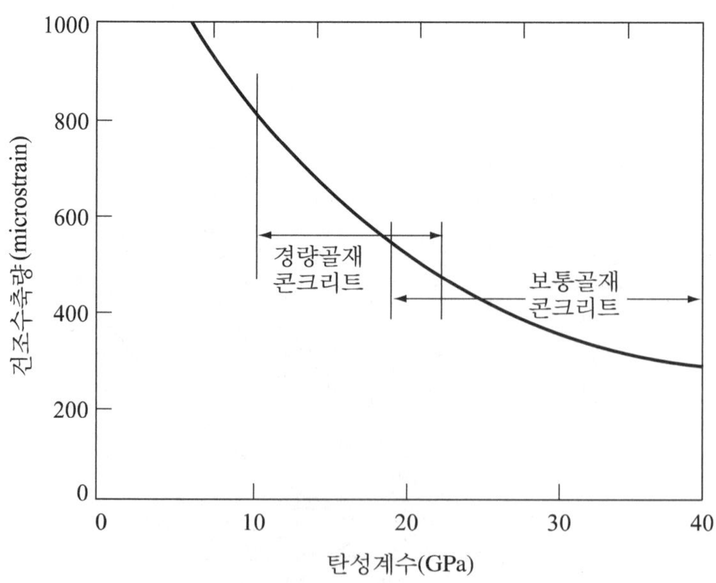

[그림 9.7] 건조수축에 대한 골재 탄성계수의 영향

(출처 : Mindess S., Young F., and Darwin D., "Concrete", 2003)

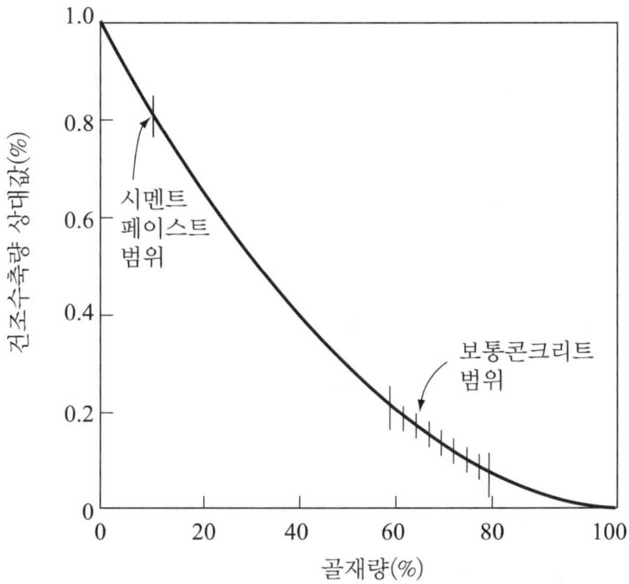

[그림 9.8] 건조수축에 대한 골재량의 영향

(출처 : Mindess S., Young F., and Darwin D., "Concrete", 2003)

건조수축에 의한 균열을 근본적으로 방지할 수 없지만, 특히 얇은 부재에 대해서는 고른 철근 배근으로 수축량을 줄이고 적절히 균열을 분산시켜야 한다.

수분의 증발에 따른 건조수축을 감소시키기 위하여 혼화제를 사용할 수 있다. 수축을 감소시키는 방법은 콘크리트에 팽창성을 부여하거나 물의 물리적 특성을 변화시키는 수축저감제를 사용한다. 콘크리트 부재의 크기 및 형상에 따라 수분의 손실이 달라지며 이로 인한 건조수축 발생률 및 크기가 영향을 받는다. 특히 체적 대 표면적비는 중요한 요소가 되며, 체적 대 표면적 비가 높을수록 건조수축 양이 적어지게 된다. 이와 같이 재령과 양생 조건인 상대습도, 단면 형상 등의 환경조건들이 큰 영향을 주며 건조수축의 예측식에서 주요 변수가 된다.

최근 고강도콘크리트가 활용되면서 물－시멘트비가 낮아지고 또한 실리카퓸이 다량 사용됨으로서 자기수축에 대한 관심이 높아지고 있다. 양생기간 동안 추가적인 수분 공급이 없고 외부로부터 수분 유출이 없어도, 수화반응에 의해 수분이 소모됨으로 콘크리트 내부는 건조하게 되며 이러한 현상을 자기自己건조(self-desiccation)라고 하고 이로 인한 수축을 자기수축(autogenous shrinkage)이라고 한다.

반응물과 생성물의 질량을 다루는 화학량론(stoichiometry)에 의하면 수화물의 체적은 배합수와 시멘트 체적의 합보다 적게 된다. 반응이전 초기의 체적은 다음 식으로 나타낼 수 있다.

$$V_i = V_{ci} + V_{wi} \tag{9.3}$$

여기서 V_{ci}와 V_{wi}는 각각 초기의 시멘트와 물의 체적이다. 시멘트가 물과 접촉하여 수화반응이 일어난 후에 임의 시점에 체적, V_t는 다음과 같이 표현된다.

$$V_t = V_c + V_w + V_h \tag{9.4}$$

여기서 V_c, V_w, V_h는 임의 시점에서 각각 시멘트, 물, 수화물의 체적이다. 따라서 자기수축률은 다음 식으로 나타 낼 수 있다.

$$\epsilon_{ch} = \frac{V_c + V_w + V_h}{V_{ci} + V_{wi}} \tag{9.5}$$

이러한 자기수축량은 초기에 0에서 서서히 증가하게 되며, 양생과정에서 어느 정도 자기건조가 발생하게 된다. 콘크리트가 밀봉되거나 물－시멘트비가 낮고 실리카퓸이 혼입되어 밀실한 경우에는 자기 수축이 크게 발생한다. 그림 9.9는 물－시멘트비에 따라 또한 실리카퓸이 혼입된 경우의 시멘트 풀의 자기수축 실험 결과이다. 물－시멘트비가 낮을수록, 실리카퓸 혼입량이 많을수록, 상대습도가 낮을수록 자기수축량이 증가함을 보이고 있다.

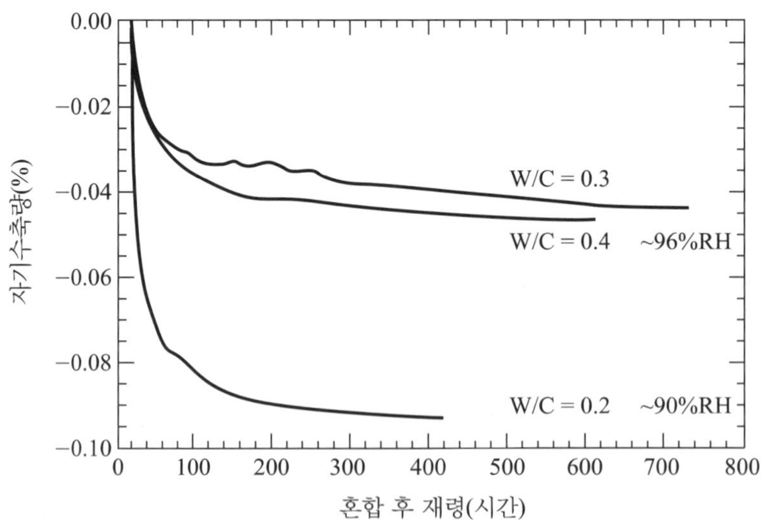

(a) 물－시멘트비의 영향

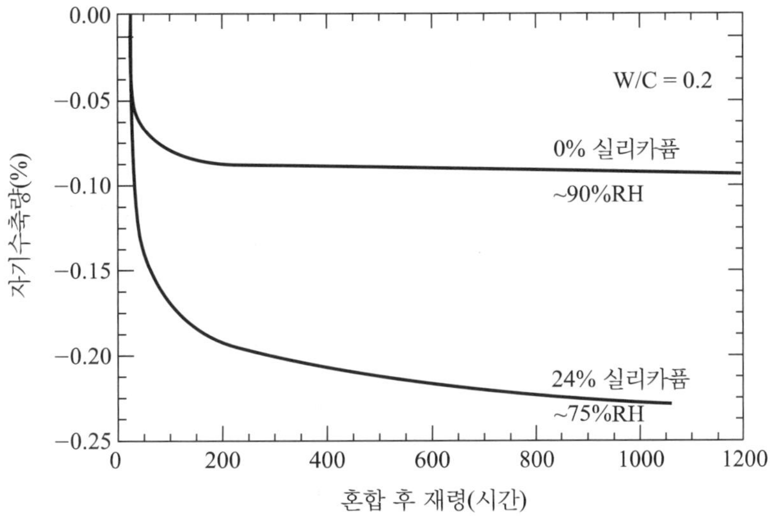

(b) 실리카퓸의 영향

[그림 9.9] 시멘트 경화체의 자기수축

(출처 : Mindess S., Young F., and Darwin D., “Concrete”, 2003)

9.2 • 크리프

9.2.1 크리프 메커니즘

콘크리트는 하중이 증가하지 않아도 시간이 경과함에 따라 변형이 다소간 계속 진행된다. 이와 같이 일정한 응력을 받고 있는 콘크리트가 시간 경과에 따라 발생하는 소성변형을 크리프(creep)라고 정의한다. 콘크리트에서 크리프는 다른 건설 구조재료에서 흔치 않으며 콘크리트가 가지고 있는 중요한 시간의존적 특성 중의 하나로서 의미가 크다. 또한 시간경과에 따라 발생하는 크리프는 예측이 쉽지 않고 반면에 여러 변수에 관계되며, 현장에서 실험자료와 보완되는 것이 보편적이다.

크리프 변형 또한 건조수축 현상과 비슷하게 시멘트 경화체의 미세구조 특성으로 설명할 수 있다. 수화반응 이후 초기 재령에서 시멘트 경화체는 대부분이 콜로이드 상태이고, 재령이 지남에 따라 시멘트 겔이 형성되고 점차 굳어진다. 이 때 하중이 지속적으로 작용하면 수분이 흡착된 시멘트 겔 내부의 겔수가 압출되어 수축함으로서 체적 변형을 일으킨다. 겔수가 압출 또는 유동되는 속도는 콘크리트 내 공극을 통하는 미끄럼에 대한 마찰저항에 관계된다. 이러한 압출에 의한 겔수의 유동이론(seepage)이 크리프 현상을 설명하는 대표적 이론이다.

유동이론에 따르면 시멘트 겔 인자 사이에 미끄럼이 전단 응력에 의해 발생한다고 본다. 미끄럼의 저항 정도는 입자간의 인력에 따라 달라지며, 입자 사이에 반데르발스 상호 작용과 분리 압력(disjoining pressure)에 관계한다. 크리프는 응력을 받을 때, 미세 공극 내의 물의 이동에 의해 발생하고 흡수된 수분 층은 겔 입자를 분리시킨다. 외부에서 응력이 작용하면 미세공극 내부의 수분에 작용하는 응력이 증가하고, 수분은 모세 공극으로 이동하면서 부피 변형을 발생시킨다고 설명한다.

콘크리트는 하중이 증가하지 않아도 시간이 경과함에 따라 크리프 변형이 계속 일어나며, 또한 하중 제거 후에는 크리프에 의해 발생되었던 변형이 시간이 경과함에 따라 회복된다. 그림 9.10에서 보듯이 탄성 변형 이후에도 시간이 지남에 따라 크리프 변형이 계속 증가한다. 이후 응력이 제거되면 회복은 순간변형률 만큼 먼저 일어나고, 이후 시간이 경과함에 따라 크리프 또한 회복이 일어난다. 그러나 크리프 회복은 이전 크리프 변형과 다르며 즉, 비회복(irrecoverable), 또는 비가역적非可逆的(irreversible)으로 발생한다.

건조수축은 시멘트 경화체내의 공극률, 온도, 습도 등의 환경조건들이 변수가 된다. 크리프는 이에 더하여 지속응력의 크기에 직접 관계된다. 따라서 크리프 예측식에는 콘크리트 압축강도, 부재의 크기, 상대습도, 재하시의 재령, 재하기간, 시멘트의 종류, 양생온도, 온도변화 외에 작용응력의 크기, 응력이력 등이 주요 영향 인자이다. 그러나 이들 크리프 인자는 서로 상관되고 있어 개별 인자의 영향요인을 엄밀하게 파악하기가 쉽지 않다.

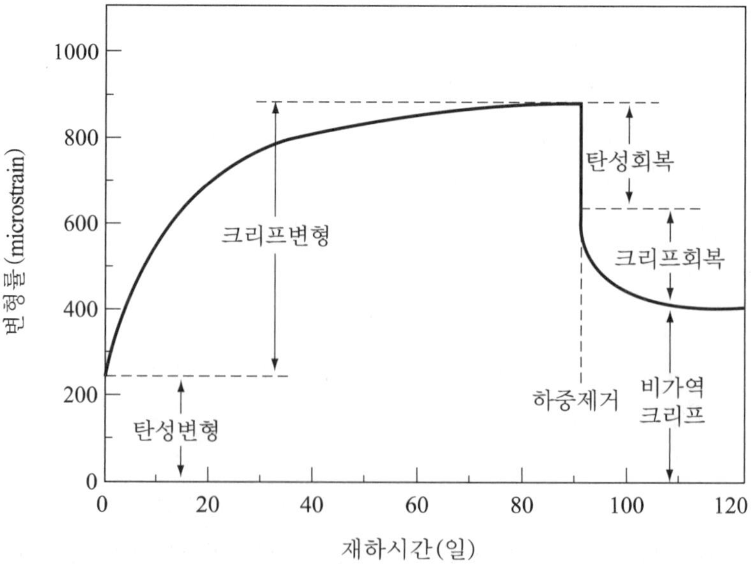

[그림 9.10] 크리프 변형

최근까지 콘크리트 크리프에 대한 실험 연구와 이론 및 설계 제안식은 무수히 많다. 재료의 여러 가지 기본식, 해석 기법, 적용할 수 있는 설계식의 발전, 새로 개발되는 신소재, 새롭게 대두되는 현장의 여건, 이러한 많은 가용 자원 중에서 기술자는 신중히 선택하고 활용하여야 한다.

다음은 이 분야의 권위자인 프랑스 P. Acker가 제시한 콘크리트 크리프의 실험연구의 중요성에 대한 소견을 소개한다.

1. 구조물 안전의 신뢰도를 높이기 위하여 (특히 프리스트레스 구조물에서 해석의 정밀도 확보를 위해)
2. 공사 과정을 개선시키기 위하여 재료의 물리적 특성과 환경의 정밀한 검토를 위해
3. 적합한 콘크리트 선정과 배합설계를 위하여 (댐에서 수화열 문제 및 원자력 구조에서 투습성 문제)
4. 새로운 구조 설계법(예컨대 합성구조)에 대응하기 위하여
5. 손상에 대한 정확한 진단 기법과 보수 재료의 선정을 위하여

9.2.2 기본 용어

크리프 변형량은 일반적인 사용조건에서 발생하는 건조수축량에 비하여 크며 함께 발생함으로 구분이 필요하다. 공시체가 비재하 상태에서 변형될 때, 전체 변형량은 기본크리프(밀봉하여 수분의 변화가 일어나지 않는 상태에서 재하하는 경우) 외에 건조되어 발생하는 자유수축량(공시체가 재하되지 않은 상태에서 건조되는 경우)의 각각의 합으로 볼 수 있다. 그러나 일반적으로 콘크리트는 재하하는 동안 건조가 일어나며 이 결과의 변형은 각각의 변형량의 합보다 크게 되며, 이 초과분을 건조로 인하여 일어나는 건조크리프라고 부른다.

따라서 전체 변형률(ϵ_{tot})은 건조되어 발생하는 자유수축량(ϵ_{sh}), 재하상태에서 건조가 발생되지 않는다고 볼 때의 기본크리프(ϵ_{bc}), 건조로 인한 건조크리프(ϵ_{dc})로 나누어 구분할 수 있다(그림 9.11). 따라서 크리프 변형량은 기본크리프와 건조크리프의 합으로 본다. 그러나 흔히 실제적인 경우에서는 이러한 구분을 무시하고 자유수축량을 제외한 부분을 재하상태에서 크리프로 산정한다.

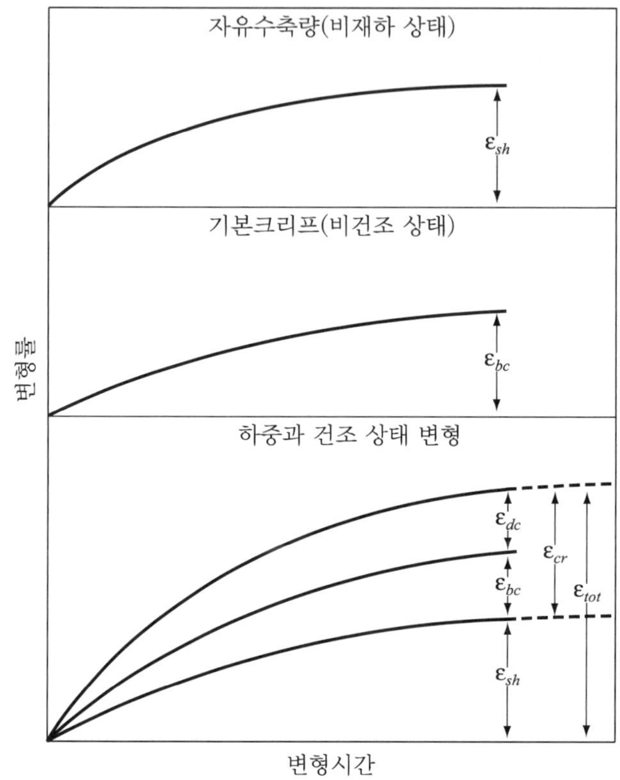

[그림 9.11] 자유수축량, 기본크리프, 건조크리프의 구분

탄성변형에 상대값으로 크리프를 다음과 같이 크리프 계수(creep coefficient)로 정의 한다.

$$C = \frac{\epsilon_{cr}}{\epsilon_e} \tag{9.6}$$

즉 크리프 계수 C는 순간 탄성변형률(ϵ_e)에 대한 크리프 변형률(ϵ_{cr})의 비를 뜻하며, 임의 재령에서 크리프 계수를 구하여 탄성 변형률에 대한 비율로서 그 크기를 가늠할 수 있다. 또한 작용되는 응력과 크리프 변형률은 비례한다고 보고 이들의 비를 비比크리프(specific creep)라 하여 다음과 같이 정의한다.

$$\text{specific creep } (\Phi) = \frac{\epsilon_{cr}}{\sigma} \tag{9.7}$$

비크리프는 물-시멘트비가 증가할수록 즉, 압축강도가 낮을수록 커지며 대체로 120×10^{-6}/MPa의 범위에 있다. 비크리프를 구하면 다른 응력 수준에 있는 콘크리트에서 발생하는 크리프 양을 서로 비교하여 판단할 수 있다.

일반적으로 크리프 변형률은 콘크리트 극한강도의 50 % 수준까지는 응력에 대해 선형 비례하여 발생한다고 본다. 좀 더 엄밀하게 시험자료에 의해 다음의 비선형 식으로 표현할 수 있다.

$$\epsilon_{cr} = C\sinh\left(\frac{V\sigma}{RT}\right) \tag{9.8}$$

이 식은 열 반응에 근거하고 있으며 R은 기체상수, T는 절대온도, V는 반응물체의 부피이다. 이 식을 그래프로 나타내면 그림 9.12와 같으며 그림에서 보듯이 크리프와 응력은 비선형 관계로 나타난다. 그러나 일반적으로 적용하는 범위에서 어느 정도는 선형 관계로 볼 수 있으며 이를 비크리프 용어를 사용하여 편이상 선형적인 관계로 간주하고 있다. 즉 강도대비 어느 정도의 응력이 작용하는 범위 내에서는 크리프는 응력에 비례한다고 본다.

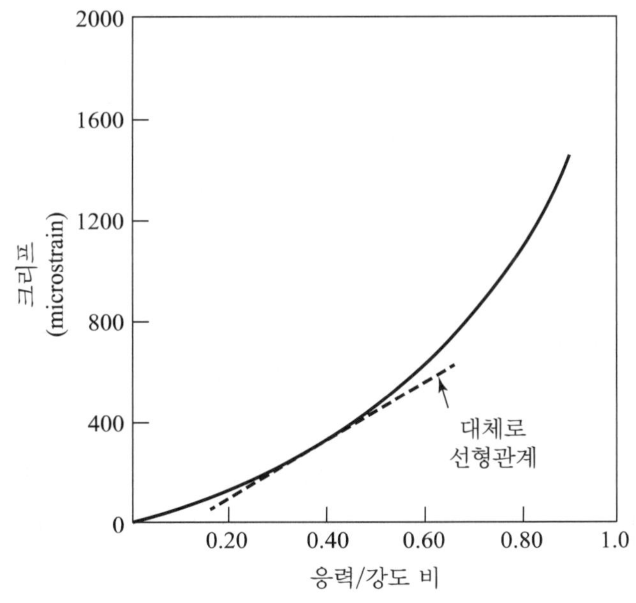

[그림 9.12] 크리프와 응력의 비선형 관계

(출처 : Mindess S., Young F., and Darwin D., "Concrete", 2003)

예제 9.2 28일 재령에서 압축강도가 32 MPa인 콘크리트 기둥이 압축강도의 30 %의 압축응력을 받고 있다. 1년 후의 크리프 계수가 1.85이라면 이때 기둥의 변형률은 얼마인가? 또한 비크리프는 얼마인가? 여기서 탄성계수는 4700 $\sqrt{f_{ck}}$ 로 한다.

풀이 탄성 변형률은 $\epsilon_e = \dfrac{\sigma}{E_c} = \dfrac{0.3 \times 32}{4700\sqrt{32}} = 361 \times 10^{-6}$

1년 후의 크리프 계수가 1.85 이므로 $\epsilon_{cr} = 1.85\epsilon_e = 1.85 \times 361 \times 10^{-6}$

따라서 기둥의 1년 후 변형률은 668 microstrain이다.

비크리프는

$\Phi = \dfrac{\epsilon_{cr}}{\sigma} = \dfrac{668 \times 10^{-6}}{0.3 \times 32} = 70 \times 10^{-6}$/MPa이다.

9.2.3 크리프 영향 인자

크리프는 시멘트 경화체내의 공극률, 온도, 습도 등의 환경조건들이 주요 변수가 되며 이에 더하여 지속응력의 크기에 관계된다. 시멘트 경화체내의 공극률에 영향을 미치는 인자인 양생 조건이 크리프 양을 크게 좌우한다. 재하시점에서 그동안의 습윤양생기간이 크리프 양에 영향을 미치는데 이는 습윤양생기간이 길수록 수화도가 높아지며 따라서 시멘트 풀의 공극률이 낮아지기 때문이다.

양생온도가 증가하면 수화반응이 빠르고 수분이 줄어들어 기본크리프가 감소한다. 온도가 높을수록, 건조수축량이 줄어들고 동시에 크리프 양도 줄어들게 되며, 지속시간이 길수록 크리프가 크게 감소하게 된다. 높은 온도가 짧은 시간동안 지속된 경우라도 상당한 양의 크리프가 감소하는 것으로 알려져 있다.

외기온도 또한 크리프 변형에 영향을 준다. 콘크리트가 재하되는 동안 높은 온도를 유지하면 상온에서 일어나는 양보다 더 큰 크리프가 발생한다. 온도에 의한 크리프 증가는 약 80℃까지 비례하여 증가하는 것으로 알려져 있다. 그러나 높은 온도에 의해 크리프 증가는 있지만, 장기 크리프 양은 작아지고 재령에 의한 영향은 줄어들게 된다.

외부 하중이 가해지기 전에 상대습도가 낮아지면 크리프 발생량이 감소한다. 콘크리트내의 자유수가 크리프 발생에 필수요건이기 때문이다. 크리프는 콘크리트내의 증발 수량의 함수로서 증발수가 존재하지 않으면 0까지 떨어진다. 건조와 재하가 동시에 일어나는 경우에도 크리프는 수분량 변화에 따라 변한다. 건조한 콘크리트는 다시 습윤상태가 될 때, 크리프도 다시 발생하고, 이러한 습윤 크리프는 상대습도 변화에 따라 달라지며 완전 습윤상태에서 최대로 일어난다.

포틀랜드시멘트의 조성과 크리프 사이의 관계는 건조수축에서 상관관계와 유사하다. C_3A 양이 증가하거나 C_3S 양이 감소하면 크리프는 증가하는 경향이 있다. 1종 시멘트 콘크리트는 3종 시멘트 콘크리트에 비하여 크리프 양이 더 많다. 그러나 건조수축에 비하여 그 영향이 크지 않으며 실험 결과에 따라 다를 수 있다.

이상에서 보았듯이 콘크리트 크리프 영향인자는 콘크리트 강도, 부재의 크기, 평균 상대습도, 재하 시 재령, 재하기간, 양생온도, 온도변화 외에 작용응력의 크기, 응력이력들이며 이들이 크리프 예측식의 주요 변수들로서 구성된다.

9.3 • 건조수축과 크리프 유사성

콘크리트에서 건조수축과 크리프 현상은 모두 시간의존적 변형이라는 특성에서 유사하다. 두 현상은 콘크리트가 다공성이고 일정한 수분을 내포하고 있음으로 발생하는 특성이다. 작은 미세공극에 내재하는 수분이 큰 공극으로 이동하거나 큰 공극의 수분이 외부로 이동 확산되는 현상은 모두 시간에 의존하는 현상이며 이로 인하여 발생하는 변형 특성이 유사함은 당연할 것이다.

20년 동안의 실험결과로서, 그림 9.13은 재령에 따른 건조수축량과 크리프 변형의 변화 추세를 보여주고 있다. 그림은 로그축척으로 실제로 건조수축은 재령이 경과함에 따라 급속히 감소하며 재령의 영향이 매우 크다. 재령 2주만에 20년 동안의 건조

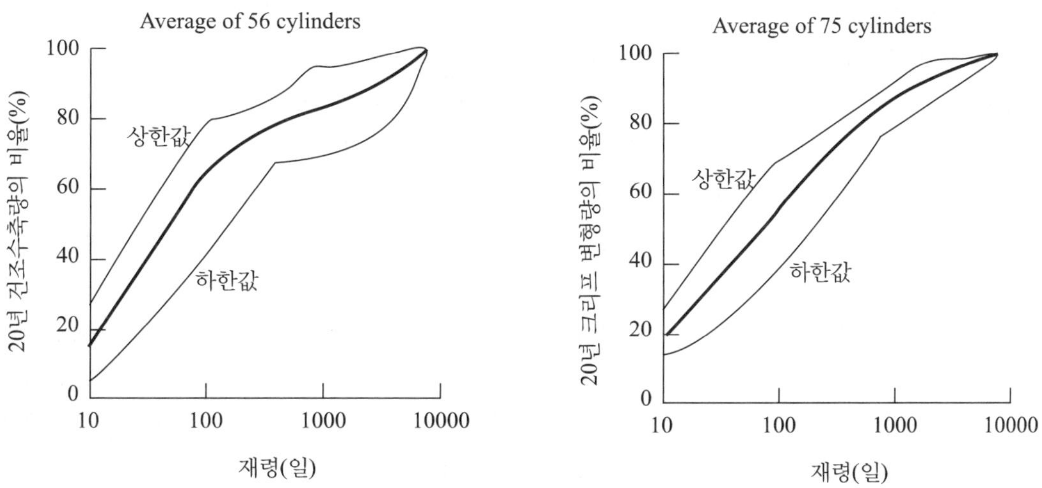

(a) 건조수축량 (b) 크리프 변형량

[그림 9.13] 장기재령에 따른 건조수축량과 크리프 변형의 유사성

(출처 : Troxell, G.E. et al,, Proc. ASTM, Vol. 58, 1958)

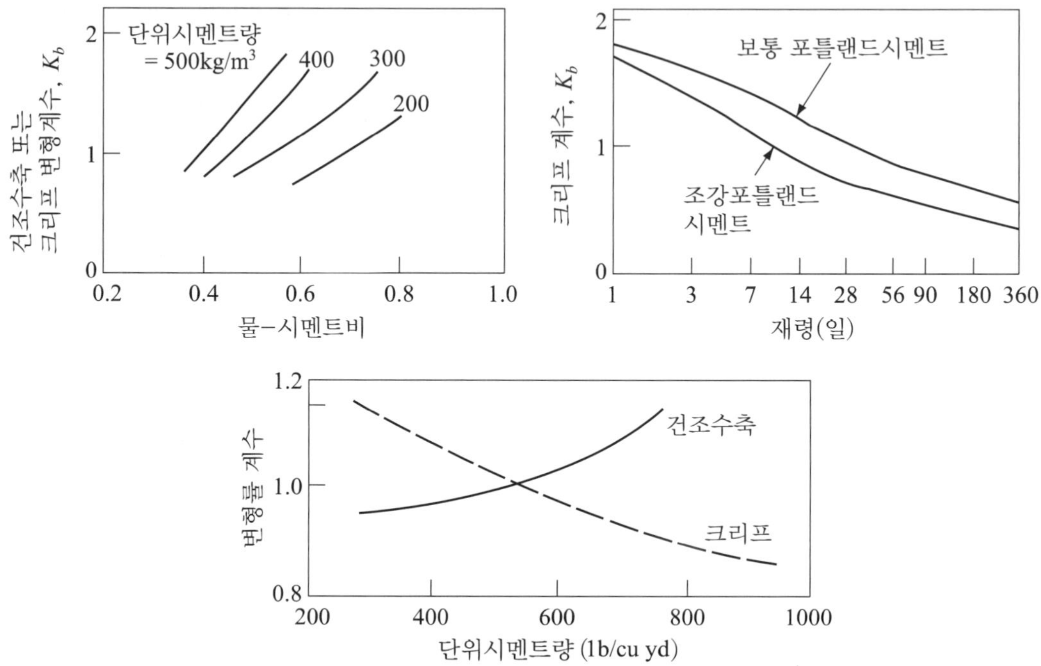

[그림 9.14] 물–시멘트비, 단위시멘트량과 건조수축 또는 크리프 관계

(출처 : Mehta K. and Monteiro P.,"Concrete", 1993)

수축량의 약 20~25 %가 발생된다. 또한 재령 3개월(100일)에서 약 50~60 %가 발생되고 재령 1년에서 70~80 %가 일어난다. 이러한 재령별 건조수축량은 크리프 변형량과 거의 일치한다. 즉 건조수축량과 크리프 변형률은 재령에 따라 변형 형태가 유사하며 이는 수분량의 증발에 크게 영향을 받음을 보여주고 있다.

그림 9.14에서 보듯이 콘크리트의 구성재료는 건조수축과 크리프에 대체로 유사하게 영향을 미친다. 시멘트 풀이 많을수록 또한 사용 골재량이 적을수록, 습윤 변화에 의한 변형인 건조수축과 크리프가 동시에 증가한다. 같은 물–시멘트비에서도 단위시멘트량이 많으면 건조수축량과 크리프는 증가한다. 크리프는 콘크리트 강도에 반비례하여 저강도 콘크리트에서 증가한다. 그러나 같은 물–시멘트비에서 시멘트 양이 많으면 건조수축 양은 증가하지마는 크리프는 다소 줄어드는 현상을 나타낸다.

내부 수분이 외부로 이동하기 위한 경로가 습윤 감소에 영향을 준다. 같은 상대습도에서 시험체의 크기와 표면적이 건조수축량과 크리프를 추정하는데 주요 변수가 된다. 실제로 콘크리트 부재의 크기와 형상에 대한 보정은 건조수축에서 언급한 방법을 크리프 보정에도 유사하게 적용할 수 있다. 콘크리트 크리프 영향인자는 이들 외에 지속하중의 종류, 크기, 기간, 응력이력 들이다. 표 9.1은 건조수축과 크리프에 영향을 주는 세부 요인을 나타내고 있으며, 건조수축, 크리프 예측식의 주요 변수들이다.

[표 9.1] 크리프와 건조수축에 영향을 주는 요인

요인	세부요인
콘크리트 재료성질	공극률(물-시멘트비, 수화율) 골재(강성, 골재량) 물(물-시멘트비, 단위수량) 시멘트(시멘트 종류, 물리적 성질) 혼화재료
콘크리트 제작방법	비빔시간 다짐방법
시험시의 콘크리트 상태	재령, 양생방법, 함수량, 시험체의 치수와 형상(체적-표면적비)
하중조건$^{+}$	지속하중의 종류와 크기, 하중지속기간, 응력이력
환경조건	온도, 상대습도, 건조율, 건조기간

$^{+}$는 크리프에만 적용되는 요인임.

(a) 건조수축

(b) 크리프

[그림 9.15] 건조수축과 크리프 시험체 및 실험 장치

9.4 • 건조수축과 크리프 예측식

9.4.1 건조수축 예측식

건조수축과 크리프를 예측하기 위해 많은 실험식이 제안되었으며, 이 절에서는 ACI 209 위원회와 구조기준에서 제안한 방법에 대하여 설명하고자 한다. ACI 209 예측식은 실용적으로 비교적 간편하며 대부분의 구조물에 적용할 수 있다.

ACI 건조수축에 대한 기본식은 시간에 따른 함수로 다음과 같이 쌍곡선 함수로 나타내고 있다.

$$(\epsilon_{sh})_t = \frac{t}{\phi + t}(\epsilon_{sh})_u \tag{9.9}$$

여기서 $(\epsilon_{sh})_t$는 재령 t일 동안 외기에 노출되어 발생한 건조수축 변형률, $(\epsilon_{sh})_u$는 극한건조수축 변형률, ϕ는 실험 상수 이다. 위의 식은 7일 동안 습윤양생하고, 상대습도(RH) 40%에서 건조된 콘크리트에 적용할 수 있다. ϕ 값은 20~120일 사이 이며, 상온에서 7일 동안 양생을 거친 일반적인 콘크리트에 대한 ϕ 값으로는 35일을 사용한다. $(\epsilon_{sh})_u$는 415×10^{-6}에서 $1{,}070\times10^{-6}$ 사이의 값을 가지며, 측정한 값이 적합하지 않을 때에는 780×10^{-6}을 사용할 수 있다.

위의 과정에서 양생조건과 시험체 형상을 고려하여 다음과 같이 보정한다. 먼저 1일에서 3일까지 증기양생을 하여 수축량이 감소된 경우(프리캐스트 콘크리트) ϕ 값을 55로 한다. 또한 시험체의 형상과 크기의 영향을 고려하여 다음과 같이 보정할 수 있다.

$$\phi = 26\exp\left[0.0142\left(\frac{V}{S}\right)\right] \tag{9.10}$$

여기서 V/S=체적−표면적 비이다.

$(\epsilon_{sh})_u$에 대한 보정으로 다음과 같이 서로 다른 변수의 곱으로 구성된 보정계수 γ_c를 곱한다.

$$\gamma_c = \gamma_{rh}\gamma_{mc}\gamma_{cp} \tag{9.11}$$

여기서 γ_{rh}는 노출시의 상대습도(RH)를 고려한 보정계수로 다음과 같이 계산한다.

$$40\% \le RH \le 80\% : \gamma_{rh} = 1.40 - 0.01(RH) \tag{9.12}$$

$$RH > 80\% \ : \gamma_{rh} = 3.0 - 0.03(RH) \tag{9.13}$$

또한 γ_{mc}는 서로 다른 습윤양생기간에 대한 보정계수로서, 이 값은 7일을 표준으로 하고, 건조 전 1일 습윤양생 시에 1.2부터 90일 습윤양생 시에 0.75의 범위값을 조정하여 적용한다.

γ_{cp}는 시멘트 함량, 공기량, 잔골재 함량을 고려한 배합설계 보정계수이며 그 영향이 매우 클 때에 활용할 수 있으며 대체로 무시할 수 있다.

한편 **구조기준**에서는 ACI 식을 많이 개선한 CEB-FIP 식을 근거로 하여 다음 식과 같다.

$$\epsilon_{sh}(t, t_s) = \epsilon_{sho}\beta_s(t - t_s) \tag{9.14}$$

여기서 $\epsilon_{sh}(t, t_s)$는 재령 t_s에서 외기에 노출된 콘크리트의 재령 t에서의 건조수축 변형률, $h = 2A_c/u$는 개념 부재치수로 부재단면적(A_c)에 수분이 외부로 확산되는 둘레길이(u)의 비이다.

ϵ_{sho}는 상대습도와 사용하는 시멘트 종류를 고려하여 다음과 같이 서로 다른 보정계수를 곱하여 계산한다.

$$\epsilon_{sho} = \epsilon_s(f_{cu})\beta_{RH} \tag{9.15}$$

여기서 상대습도에 대한 보정계수로

$$\beta_{RH} = -1.55\left[1 - (RH/100)^3\right] (40\% \le RH < 99\%) \tag{9.16}$$

$$\beta_{RH} = 0.25 \ (RH \ge 99\%) \tag{9.17}$$

$$\beta_s(t - t_s) = \sqrt{\frac{(t - t_s)}{0.035h^2 + (t - t_s)}} \tag{9.18}$$

또한 사용하는 시멘트 종류에 대한 보정계수로서

$$\epsilon_s(f_{cu}) = \left[160 - 10\beta_{sc}(9 - f_{cu}/10)\right] \times 10^{-6} \tag{9.19}$$

β_{sc}는 2종 시멘트, 1종, 5종, 3종 시멘트에 대해 각각 4, 5, 8의 계수를 사용한다. 만약 외기에 노출된 온도가 20℃가 아닌 경우, β_{RH}와 $\beta_s(t - t_s)$는 각각 다음 식에 의해 보정된 값을 사용하여야 한다.

$$\beta_{RH,T} = \left[1 + \left(\frac{8}{103 - RH}\right)\left(\frac{T - 20}{40}\right)\right]\beta_{RH} \tag{9.20}$$

$$\beta_{s,T}(t-t_s)=\sqrt{\frac{(t-t_s)}{0.035h^2\exp[-0.06(T-20)]+(t-t_s)}} \tag{9.21}$$

예제 9.3 콘크리트 슬래브가 7일 동안 습윤양생되고, 75 % 상대습도에서 노출되어 60일 경과 되었을 때, 건조수축 변형률을 계산하라.

풀이 기본식은 $(\epsilon_{sh})_t=\dfrac{t}{\phi+t}(\epsilon_{sh})_u$

주어진 조건에서 t는 재령으로 60일이고 ϕ는 실험상수로서 상온에서 7일 동안 양생을 거친 일반적인 콘크리트에 대해서 35일을 사용한다. $(\epsilon_{sh})_u$는 극한건조수축 변형률로서 측정한 값이 없으므로 780×10^{-6}을 사용한다.

극한건조수축 변형률 $(\epsilon_{sh})_u$에 대한 보정으로 다음과 같이 서로 다른 변수의 곱으로 구성된 보정계수 γ_c를 곱한다.

$$\gamma_c=\gamma_{rh}\gamma_{mc}\gamma_{cp}$$

상대습도 RH가 40 %임으로

$$40\,\%\le RH\le 80\,\% : \gamma_{rh}=1.40-0.01(RH)$$

에서 $\gamma_{rh}=1.40-0.01\times75=0.65$

γ_{mc}는 7일 습윤양생기간에 대한 보정계수로서 1.0이고 γ_{cp}는 배합설계를 고려한 보정계수이며 1.0을 사용한다.

따라서,

$$(\epsilon_{sh})_t=\frac{60}{35+60}\times780\times10^{-6}\times0.65=0.00032=320\text{ microstrains}$$

9.4.2 크리프 예측식

크리프에 대한 예측식은 CEB FIP 모델(1990)과 Bazant-Panula 모델, ACI 모델들이 있으며 각각 이론적 배경과 적용방법은 서로 상이하다. ACI 209 위원회에서는 크리프와 시간과의 관계에 대하여 다음과 같은 크리프계수 기본식을 제시하고 있다.

$$C_t=\frac{t^{0.6}}{D+t^{0.6}}C_u \tag{9.22}$$

여기서 C_t는 재하로부터 t일 후의 크리프계수, C_u는 극한크리프, D는 양생관련 상수이다. (식 9.22)는 40 % 상대습도에서 재하되기 전에 7일 동안 습윤양생한 콘크리트에 적용된다. D 값의 범위는 6일에서 30일까지이며 재하되기 전 7일 동안 습윤양생한 보통콘크리트의 경우 D 값으로 10일을 사용한다. C_u 값의 범위는 1.30~4.15

이며 일반적 값으로 2.35를 사용한다. 보정계수로서 상대습도에 대해 다음 식으로 구할 수 있다.

$$\gamma_h = 1.27 - 0.0067(RH) \tag{9.23}$$

또한 양생 조건에 따른 재하 시점의 재령(loading age)에 대한 영향으로 다음과 같이 고려할 수 있다.

$$\text{습윤양생 된 콘크리트 : } \gamma_{la} = 1.25t^{-0.118} \tag{9.24}$$

$$\text{증기양생 된 콘크리트 : } \gamma_{la} = 1.13t^{-0.094} \tag{9.25}$$

배합설계의 변화에 대해서는 대체로 무시할 수 있다. 콘크리트 부재의 크기와 형상에 대한 보정은 건조수축에서 언급한 방법을 유사하게 적용할 수 있다.

한편 **구조기준**에서의 크리프계수에 대한 기본식은 다음과 같다.

$$\phi(t,t') = \left[\frac{t-t'}{\beta_H + (t-t')}\right]^{0.3}\phi_o \tag{9.26}$$

여기서 $\phi(t,t')$는 콘크리트의 재령 t와 하중이 가해질 때의 재령 t'에서의 크리프 계수이다. 위의 식에서 양생조건, 시험체 형상, 콘크리트 압축강도 등 각 변수에 대한 계산을 위한 식은 다음 표와 같이 요약된다.

[표 9.2] 크리프 각 변수에 대한 계산 식

$\phi_o = \phi_{RH}\beta(f_{cu})\beta(t')$	$\phi_{RH} = 1 + \dfrac{1-0.01RH}{0.10\sqrt[3]{h}}$	
$h = \dfrac{2A_c}{u}$	$\beta(f_{cu}) = \dfrac{16.8}{\sqrt{f_{cu}}}$	$\beta(t') = \dfrac{1}{0.1 + (t')^{0.2}}$
$\beta_H = 1.5[1 + (0.012RH)^{18}]h + 250 \le 1{,}500$(일)		

A_c는 콘크리트 단면적이고 u는 노출되는 콘크리트 둘레길이이다.

위의 크리프계수 예측식은 콘크리트 강도 12 MPa부터 80 MPa 범위내에 적용하도록 규정되어 있다. 크리프 변형률은 다음 식으로 최종 계산할 수 있다.

$$\epsilon_{cr}(t,t') = \frac{\sigma_c(t')}{E_c}\psi(t,t') \tag{9.27}$$

여기서 E_c는 재령 28일에서 콘크리트의 탄성계수이다. 한편, 하중이 작용하는 동안, 구조물이 외기에 노출되어 외기온이 평균 20℃가 아닌 경우와 작용응력이 너무 작거나 큰 경우에 이를 고려하게 되며 이 과정은 건조수축 예측과정과 유사하다. 이들 식들은 콘크리트에서 재료 변수 등의 영향을 반영하는 예측식으로 정확도를 요구할 때에는 다소 복잡하여진다. 컴퓨터를 이용하여 프로그램을 작성하여 두면 쉽게 계산하고 결과를 구할 수 있다.

예제 9.4 **증기양생 된 프리캐스트 보에 압축강도가 24 MPa이 되는 24시간 뒤에 프리스트레스 하중을 가하였다. 가해진 프리스트레스는 7 MPa이다. 이 보가 70 %의 습도에 노출된 경우, 1년 동안 일어 날 수 있는 변형률은 얼마인가? 여기서 탄성계수는 4700 $\sqrt{f_{ck}}$로 한다.**

풀이 ACI 209 위원회 제안식을 따라서 크리프 기본식은

$$C_t = \frac{t^{0.6}}{D+t^{0.6}} C_u$$

여기서 극한크리프 C_u는 2.35, D는 10일을 사용한다. 따라서

$$C_t = \frac{365^{0.6}}{10+365^{0.6}} \times 2.35 = 1.82$$

상대습도 70 %에 대한 계수는

$$\gamma_h = 1.27 - 0.0067(RH) = 1.27 - 0.0067 \times 70 = 0.80$$

증기양생에 대한 보정계수는

$$\gamma_{la} = 1.13 t^{-0.094} = 1.13 \times 1.0^{-0.094} = 1.13$$

1년 후의 보정한 크리프계수는

$$C = C_t \times \gamma_h \times \gamma_{la} = 1.65$$

탄성 변형률은 $\epsilon_e = \dfrac{\sigma}{E_c} = \dfrac{7}{4700\sqrt{24}} = 304 \times 10^{-6}$

따라서 보가 크리프에 의해 1년 동안에 일어날 수 있는 변형률은

$\epsilon_{cr} = C \times \epsilon_e = 1.65 \times 304 \times 10^{-6}$ micro-strains이다.

콘크리트 구조물에서 크리프와 건조수축 변형을 고려하여 장기거동을 해석할 경우가 가끔 있다. 초고층 건축물이나 PSC 교량에서 장기변형을 예측하여 공사를 하여야 하며 여러 가지 해석 방법이 제안되어 있다. 초고층 건축물에서 수직 축소량은 부재

별로 다를 수 있으며 이를 고려하여 장기 변형에 대한 해석을 수행하고 이에 따라 시공하여야 한다. 또한 교량의 경우, 압축력을 크게 받는 PSC 교량이 장기거동의 영향을 크게 받으며 설계, 해석할 때 크리프와 건조수축변형에 따른 관리, 응력 재분배해석 등을 수행하여야 한다. 콘크리트 구조물의 장기변형에 대한 해석 방법은 ACI나 유럽에 사용되고 있는 방법들이 상호 다르며 여기서는 **구조기준**에서 규정한 내용 위주로 간략히 소개한다.

시간 t'에서 작용응력에 대한 순간변형 및 크리프 변형을 함께 고려할 때, 전체변형률은 다음 식을 사용하여 구할 수 있다.

$$\epsilon_{c\sigma}(t,t') = f_c(t')\left[\frac{1}{E_{ci}(t')} + \frac{\phi(t,t')}{E_{ci}}\right] \tag{9.28}$$

여기서 E_{ci}는 초기접선탄성계수, $E_{ci}(t')$는 시간에 따른 초기접선탄성계수이며 각각 다음 식으로 구한다.

$$E_{ci} = 1.18\,E_c \tag{9.29}$$

$$E_{ci}(t) = \sqrt{\beta_{cc}(t)}\,E_{ci} \tag{9.30}$$

또한 $\beta_{cc}(t)$는 콘크리트 강도발현에 대한 재령에 따른 보정계수이며 다음 식으로 구한다.

$$\beta_{cc}(t) = \exp\left[\beta_{sc}\left(1-\sqrt{\frac{28}{t}}\right)\right] \tag{9.31}$$

이며 β_{sc} 값은 시멘트 종류에 따른 건조수축에 미치는 영향 계수로서 1종시멘트 습윤과 증기양생일 경우, 각각 0.35, 0.15이며, 2종 시멘트에서는 0.40, 3종시멘트 습윤과 증기양생일 때, 각각 0.25, 0.15를 사용한다.

콘크리트 구조물의 장기거동 해석방법으로는 ACI에서 주로 사용되어지는 유효탄성계수법과 재령보정 유효탄성계수법이 있으며, 유럽에서는 크리프율법과 영구변형률법이 있다. 콘크리트 구조물의 크리프와 건조수축 현상을 해석하는 것은 쉬운 일이 아니다. 단기하중에 대한 콘크리트의 재료거동이 선형 탄성이라 하더라도 장기하중에 대한 재료 거동은 시간에 따른 비선형 거동을 나타내기 때문이다. 유효탄성계수법(effective modulus method)에서는 크리프변형과 탄성변형을 모두 고려하여 콘크리트의 등가탄성계수를 산정하고, 그 값을 구조물을 해석할 때 탄성계수로 사용하며 개념은 다음과 같다.

시간 t'에서 일정한 응력 f_0가 지속적으로 작용할 때, 시간 t에서 응력에 의한 탄성변형과 크리프의 합은 다음 식으로 표현될 수 있다.

$$\begin{aligned}\epsilon_{c\sigma}(t,t') &= \frac{f_0}{E_c(t')} + \frac{f_0}{E_c(t)}\phi(t,t') \\ &= \frac{f_0}{E_c(t')}[1+\phi(t,t')] \\ &= \frac{f_0}{E_{eff}}\end{aligned} \tag{9.32}$$

여기서 $\epsilon_{c\sigma}(t,t')$는 시간 t'에서 일정한 지속응력 f_0가 작용할 때 시간 t에서 이 응력에 의한 전체변형률이며, $E_c(t')$는 재령 t'에서 콘크리트의 탄성계수이다. 그리고 $\phi(t,t')$는 $t-t'$ 기간 동안 지속응력이 가해졌을 때 시간 t에서 콘크리트의 크리프계수이며 E_{eff}는 유효탄성계수이다.

이 방법은 일정한 응력이 계속 작용할 때에는 이 유효탄성계수법에 의해 변형률을 정확하게 예측할 수 있다. 그러나 실제 구조물은 작용응력이 자주 변화하므로 이 방법에 의한 해석은 오차를 가질 수 있다. 다만 이 방법은 응력변화가 크지 않거나, 재령이 오래된 콘크리트에는 큰 오차 없이 사용할 수 있겠다. 그 외 응력 이력을 고려한 방법으로 재령보정 유효탄성계수법이나 크리프율법 또는 영구변형률법이 사용되고 있다.

재령보정 유효탄성계수법(age adjusted effective modulus method)는 응력이력을 고려하게 되며 일반 콘크리트 구조물이 어느 정도 일정한 경향으로 응력이 변화한다고 보고 특정한 값을 사용한다. 이 방법에서는 응력에 대한 순간변형률은 유효탄성계수법과 같으나 시간에 따른 응력변화에 대한 변형률이 응력 이력과 차이가 나므로 이에 따른 보정계수를 사용하여 크리프계수를 조정한다. 이 방법은 응력변화가 있을 때 사용하면 유효탄성계수법보다 나은 예측을 할 수 있다. 보다 깊은 이해와 실무 적용을 위해서는 최근에 발간된 '콘크리트 장기거동 해석 및 적용(KCI PM211)'을 참고 하기 바란다.

연습문제

1 함수량이 콘크리트 건조수축에 미치는 메커니즘을 기술하고, 건조수축량이 함수량 손실에 직접 비례하지 않는 이유를 설명하라.

2 단위수량, 단위시멘트, 단위골재량이 각각 콘크리트의 건조수축에 미치는 영향을 설명하라.

3 프리캐스트 콘크리트 패널의 크기가 3.6 m×2.4 m로서 1일 동안 증기양생한 후 30일 동안 상대습도 85 %인 곳에 보관 되었다가 건축물에 설치된다. 건축물에 설치 될 때의 실제 치수는 얼마인가? 설치된 장소의 상대습도가 70 %이라면 설치 후 1년 동안 발생한 수축량은 얼마인가?

4 콘크리트의 균열 저항력 관점에서 탄성계수와 크리프의 영향을 설명하라.

5 콘크리트 슬래브가 건조로 일정하게 수축할 때, 장기변형에 미치는 요인을 설명하라.

6 건조수축과 크리프 현상에 대하여 두 현상의 유사성을 기술하고 일반적인 경우에서 각각 변형률의 범위를 말하라.

7 크리프 변형률에 영향을 주는 요인을 설명하고 건조수축과 크게 다른 영향 요인을 설명하라.

8 설계기준압축강도 35 MPa 콘크리트에 대해

1) 7 MPa의 압축응력을 받아 재령 28일에서 기본크리프가 300×10^{-6}이다. 같은 콘크리트에 같은 응력을 받아 재령 90일 때 기본크리프를 계산하라.

2) 28 MPa의 압축응력을 받아 재령 90일에서 기본크리프가 1200×10^{-6}이다. 같은 콘크리트에 10 MPa의 응력을 받아 재령 90일 때 기본크리프를 계산하라.

참고문헌

1. 한국콘크리트학회, “콘크리트구조설계기준 해설”, 기문당, 2012, 599 pp.
2. 한국콘크리트학회, “콘크리트표준시방서 해설”, 기문당, 2009, 854 pp.
3. 한국콘크리트학회, “최신콘크리트공학”, 기문당, 2011, 930 pp.
4. 한국콘크리트학회,“콘크리트 장기거동 해석 및 적용”, KCI PM211.1-13, 기문당, 2013, 237 pp.

5. 이광명, 권기헌, 이희근, 이승훈, 김규용, "고로슬래그를 함유한 콘크리트의 자기 수축 특성," 한국콘크리트학회 논문집, 제 16권 5호, 2004, pp.621-626.
6. ACI Committee 209, "Prediction of Creep, Shrinkage and Temperature Effects," *ACI Manual of Practice*, Part 1, American Concrete Institute, Farmington Hills, MI, 2001.
7. ACI Committee 224, "Control of Cracking in Concrete," (*ACI 224R-90*), ACI, 1990.
8. Mehta K. and Monteiro P., "Concrete", 2nd ed., *Prentice Hall,* 1993, 548 pp.
9. Mindess S., Young F., and Darwin D., "Concrete", 2nd ed., *Prentice Hall*, 2003, 644 pp.
10. Allen, R. T., Edwards, S., Shaw, J., "The Repair of Concrete Structures", *Blackie Academic & professional,* 2nd Ed., 1993.
11. Bazant, Z, "Mathematical Modelling of Creep and Shrinkage of Concrete," *John Wiley & Sons, Inc*, !998.
12. Kasai, Y and Okamura, K, "Tensile properties of early age concrete", *Proceedings of the International Conference on the Mechanical Behavior of Materials* Vol. IV, Kyoto, Japan, 1971.
13. Powers T., "Causes and control of volume change", *J. Port. Cem. Assoc. Research and Development Laboratories,* 1, No. 1, pp. 29-39 (Jan. 1959).
14. M. Shoya, "Drying Shrinkage and moisture loss of super plasticizer admixture concrete of low water cement ratio," *Trans. of Japanese Concrete Institute,* II-5, pp. 103-110, 1979.
15. Emmons, P., "Concrete Repair and Maintenance Illustrated", *RS Means,* 993.
16. Troxell, G.E., J.M. Raphael, and R.E. Davis, *Proc. ASTM,* Vol. 58, pp. 1101-1120, 1958.
17. Sharon L. Wood, "Evaluation of the Long-Term Properties of Concrete", *ACI Materials Journal*, Nov-Dec. 1991, pp. 630-643.
18. Francis Oluokun, "Prediction of Concrete Tensile Strength from its Compressive Strength: an Evaluation of Existing Relations for Normal Weight Concrete", *ACI Materials Journal*, May-June. 1991, pp. 302-309.
19. Zdenek P. Bazant and Ignacio Carol, "Creep and Shrinkage of Concrete", 1st ed., *E&FN SPON*, 1993, pp. 934.
20. Hubert Rusch, Dieter Jungwirth and Hubert K. Hilsdorf, "Creep and Shrinkage: Their Effect on the Behavior of Concrete Structures", *Springer-Verlag*, New York, 1983, pp. 284.
21. Raymond Ian Gilbert and Gianluca Ranzi, "Time-dependent Behaviour of Concrete Structures", *Spon Press*, 2011, pp. 426.
22. R. I. Gilbert, "Time Effects in Concrete Structures", *Elsevier applied science*, 1988, pp. 321.

10

CHAPTER

수화열과 온도균열

콘크리트 구조물이 대형화되고 시공 방법의 발전으로 대량의 급속 시공이 증가함에 따라 수화열에 의한 균열 제어가 중요하여 지고 있다. 단면이 크거나 깊은 부재에서 내외부 온도차이가 클 때 수화열에 의한 균열이 일어나기 쉽다. 수화반응으로부터 생성된 수화열 전달은 열확산의 물리 현상으로 열전달 거동에 대한 기본적인 이해가 필요하다.

이 장에서는 콘크리트의 수화열이 과다할 때, 온도차이에 의해 발생되는 균열과 이에 대한 대책을 논의한다. 수화열에 대해 수치해석을 실시하여 콘크리트의 온도응력을 구할 필요가 있으며 이 때 콘크리트의 열특성치를 알아야 한다. 수화열 확산으로부터 시간에 따른 열분포를 구하기 위한 열전도지배방정식을 풀이법을 간략히 소개한다. 실무적용을 위하여 표준시방서에서 제시한 매스콘크리트의 온도균열 발생에 대한 검토 방법인 온도균열지수에 의한 평가법을 설명한다.

10.1 • 수화열에 의한 온도균열

10.1.1 수화열과 매스콘크리트

콘크리트에서 열은 재령에 따라 여러 단계에서 중요한 영향을 미친다. 시멘트 수화반응에서 방출되는 열은 굳지않은 콘크리트의 특성을 지배하며 이는 서중 및 한중 콘크리트, 매스콘크리트 공사에서 주요 검토 사항이 된다. 콘크리트의 열적 특성은 온도해석 즉, 온도 분포, 열응력, 균열 등을 해석하는데 기본 특성이 된다.

제2장에서 이미 설명 하였듯이 시멘트의 수화반응에서 수산화칼슘은 열을 방출한다. 시멘트의 수화열은 시멘트를 구성하는 각각의 주요 성분에 의해 결정되며 최종 수화열(H_T)는 다음 식으로 구할 수 있다.

$$H_T(\text{cal/g}) = 136(C_3S) + 62(C_2S) + 200(C_3A) + 30(C_4AF) \tag{10.1}$$

여기서, (　)는 시멘트에 대한 성분의 중량비를 나타낸다. 화학 성분비가 다른 각종 시멘트는 서로 다른 수화발열량을 나타내며, 포틀랜드시멘트의 최종 수화열은 60~100 cal/g*의 범위에 있다. 열의 발열속도는 시멘트의 분말도, 석고 혼입량, 클링커 광물질에 관계되며, 따라서 동일한 배합비라고 하더라도 콘크리트의 온도 상승은 시멘트 종류에 따라 차이가 나게 된다.

시멘트와 물의 반응은 발열반응이기 때문에 구조물의 크기가 큰 매스콘크리트에서는 수화열의 외부 배출이 빠르지 않을 경우 내부의 온도가 매우 높아지게 된다. 이러한 수화열이 외부로 방출되면서 온도가 하강하게 되면 구조물의 체적이 변하게 되고 이때 구조물이 구속되면 매우 큰 인장변형과 응력이 발생하게 된다. 온도 거동으로 발생된 균열은 구조물의 안전성과 내구성을 약화시키고 누수 발생, 내구 수명감소 등이 야기되므로 적절한 제어 방안이 필요하다. 또한 균열 발생을 허용하는 경우에도 그 발생 위치 및 폭을 제어하여 내구성 등 콘크리트 구조물의 소요 성능을 손상시키지 않아야 한다.

수화열의 한 예로 그림 10.1은 매스콘크리트에서 내부, 표면 외기온도를 측정한 사례를 보여주고 있다. 내부와 외부 온도차가 타설 후 48시간에서 최대 약 37℃에 이르고 있다. 이 경우 냉각 시에는 외부에 대한 내부의 온도차가 큼으로서 내부 균열 발생 가능성이 높아진다고 볼 수 있다. 수화열은 콘크리트를 팽창시키며, 팽창에 대하여 구속되어 있을 때에는 콘크리트에 당연히 인장응력이 발생된다. 이미 타설된

---

* 열의 단위는 J(joule)이며 1 cal = 4.18 J, 1 J = 1 Watt-s이다.

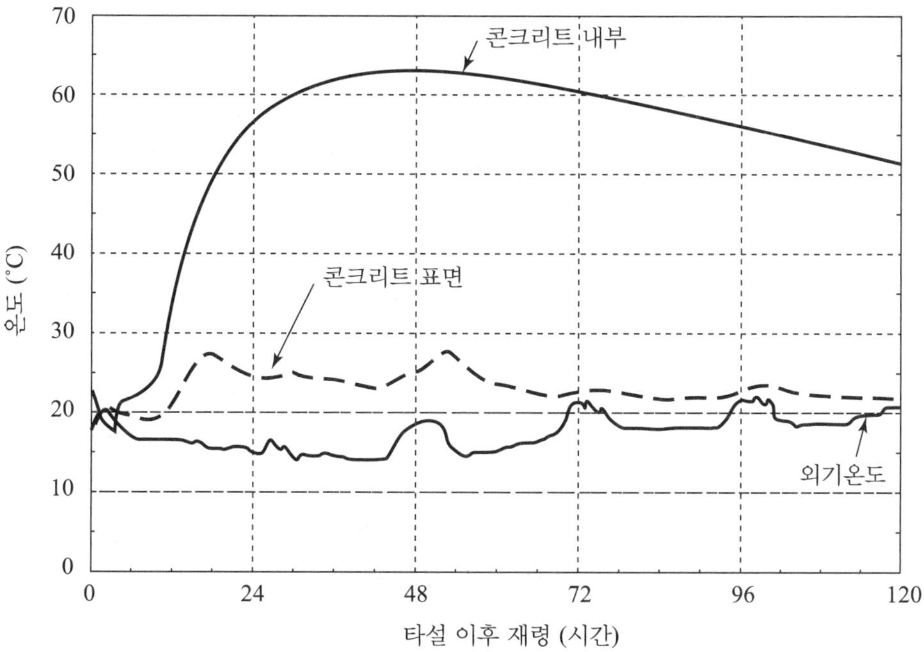

[그림 10.1] 매스콘크리트의 내부, 표면, 외기온도 측정 사례

콘크리트 위에 새로 콘크리트가 타설 되어 지면, 새로 타설되는 콘크리트는 팽창에 대해 구속을 받게 된다. 타설 후 12~48시간 정도 지나면서 온도는 상승하고 최대온도에 도달하여 팽창하게 되는데, 이후 온도가 낮아지고 수축하게 되며, 구속으로 인해 발생된 인장응력이 인장강도를 초과함으로서 균열이 발생된다.

10.1.2 온도균열

단면이 크거나 깊은 부재에서 내외부 온도차이가 클 때 수화열에 의한 균열이 일어나기 쉽다. 부재 깊이가 커서 내부는 여전히 높은 온도가 유지되는데 비해 표면은 온도가 강하되고 수축됨에 따라 표면에 인장균열이 발생한다. 이러한 균열은 그 뒤에 온도가 균일하게 되고 온도차가 없어지면 닫히기도 한다.

수화열에 의한 온도균열은 부재 두께에 따라 다르지만 거푸집 탈형 후 평면과 단면으로 볼 때 짧은 쪽 방향으로 나타난다. 기초에서는 하부에서 시작하여 상부까지 관통하기도 한다. 표면과 중심부 온도차가 큰 내부 구속인 경우 0.1~0.3 mm로 규칙성은 없는 표면균열로 초기 1~2일만에 발생한다. 온도 하강시에 수축이 방해를 받는 외부 구속인 경우 0.2~0.5 mm 혹은 그 이상일 수 있고, 심한 경우 관통균열이 되며 타설 후 1~2주일 경과한 시점에서 발생한다. 수화열 균열은 시멘트 경화 후에 강도 발현 과정에서 발생되는 만큼, 골재 관통형이 아니라 시멘트페이스트 관통형으로 나타난다.

균열 발생을 제어하기 위한 방법은 경제적 효율성과 균열이 제어되지 않았을 때 야기될 수 있는 문제의 심각성을 고려하여 결정하게 된다. 일반적으로 균열의 폭과 간격이 콘크리트 강도, 안전성, 사용성, 내구성, 구조물의 미관에 악영향을 줄 것으로 예측되면 사전에 균열을 제어하기 위한 조치가 취해져야 한다. 균열은 모든 구조물에서 최소의 허용범위 이내로 제어되어야 하고, 동시에 사용될 제어 방법에 대한 경제성도 검토된다.

콘크리트의 온도 크기와 분포는 시멘트 종류, 단위시멘트량, 초기온도, 외기온도, 부재의 크기, 거푸집종류에 따라 좌우된다. 외기온도가 높을 때는 수화반응이 촉진되고 축적되는 수화열이 높아진다. 슬래브처럼 표면적이 넓을 경우, 수화열의 발산이 빨라진다. 1회 타설되는 부재 단면이 두꺼울수록 콘크리트 내외부의 온도차이가 크게 되고 균열 발생 가능성이 높아진다. 따라서 콘크리트 기술자는 내외부 온도차이를 적정하게 유지하고 분포된 열응력으로 균열이 제어되는 범위에서 1회 타설할 수 있는 최적의 콘크리트 양을 결정하게 된다.

수화열에 의한 균열은 거푸집 제거 이후 냉각 시에도 관리를 철저히 하여야 한다. 내부와 외부의 온도차이가 큰 내부 구속인 경우에 그림 10.2의 (a)에서처럼 내부의 온도가 외부에 비해 높으며 (b)에서 보듯이 내부가 더 많이 수축한다. 만일 콘크리트가 보온성이 높은 거푸집을 사용한 경우에는 (c)에서 처럼 내부와 외부의 온도차이가 크지 않으며, 냉각하게 되면 (d)에서와 같이 외부가 더 많이 수축하고 인장응력을 더 받게 된다. 이때 외부의 변형률이 내부의 변형률과 차이가 커지고 내부는 구속 역할하게 됨에 따라 외부 표면에 균열이 쉽게 발생한다. 이러한 현상을 열충격(thermal shock)이라고 한다.

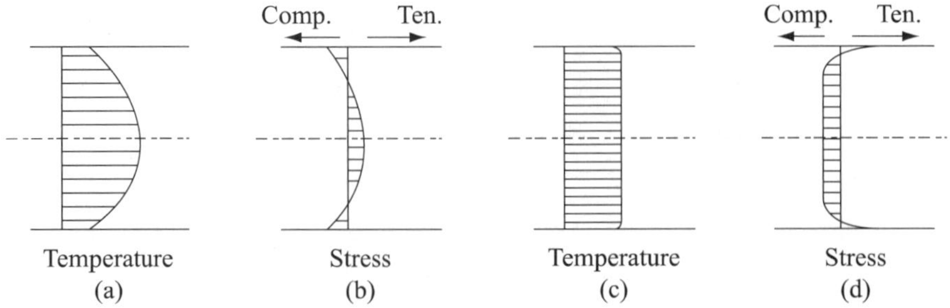

[그림 10.2] 거푸집 차이로부터 내부와 외부의 온도 및 냉각 시에 응력의 차이

(출처 : Lu H., Swaddiwudhipong S. and Wee T., "Evaluation of Internal Restrained Strain in Concrete Members at Early Age", 2000)

10.1.3 매스콘크리트의 온도균열 제어

매스콘크리트의 온도균열을 제어하는 기법은 여러 가지 방법이 제시되고 있다. 표준시방서에서 매스콘크리트의 온도균열 발생에 대한 검토는 온도균열지수에 의해 평가하는 것을 원칙으로 하고 있다. 매스콘크리트에서 균열발생의 방지 또는 균열 발생위치나 균열 폭의 제어가 필요한 구조물에 대해서는 실재의 사용재료, 시공방법, 환경조건 등을 고려하여 온도변화, 온도 응력의 계산을 실시하여 이것으로부터 온도균열지수(thermal crack index)를 구해 균열 발생의 가능성을 평가 한다.

온도균열지수는 임의 재령에서의 콘크리트 인장강도와 수화열에 의한 온도 응력의 비로서 다음 식과 같이 정의한다.

$$I_{cr}(t) = \frac{f_{sp}(t)}{f_t(t)} \tag{10.2}$$

여기서, $I_{cr}(t)$는 재령 t일에서 온도균열지수, $f_{sp}(t)$는 재령 t일에서 수화열에 의하여 생긴 부재 내부의 온도응력 최대값(MPa), $f_t(t)$는 재령 t일에서 콘크리트의 쪼갬인장강도로 양생온도를 고려하여 구한 값(MPa)이다.

수화열에 의한 균열 발생 우려가 크지 않다고 판단되는 구조물의 경우에는 온도해석만을 실시하여 다음과 같이 간이적인 방법으로 온도균열지수를 구해 안정성을 평가할 수 있다.

연질 지반 위에 타설된 평판구조와 같이 내부구속 응력이 큰 경우

$$I_{cr}(t) = \frac{15}{\Delta T_i} \tag{10.3}$$

여기서 ΔT_i는 내부온도가 최대일 때, 내부와 표면과의 온도차(℃)이다.

암반이나 매시브한 콘크리트 위에 타설된 평판구조와 같이 외부구속 응력이 큰 경우

$$I_{cr}(t) = \frac{10}{(R\Delta T_o)} \tag{10.4}$$

여기서 ΔT_o는 부재의 평균 최고온도와 외기온도와의 온도차(℃), R은 콘크리트가 타설되는 암반 또는 콘크리트의 구속정도를 나타내는 계수이다. 비교적 연약한 암반 위에 콘크리트를 타설할 때 0.5, 이미 경화된 콘크리트에 타설할 때 0.6, 중간 정도 암반일 때 0.65, 경암 위일 때 0.8을 적용한다.

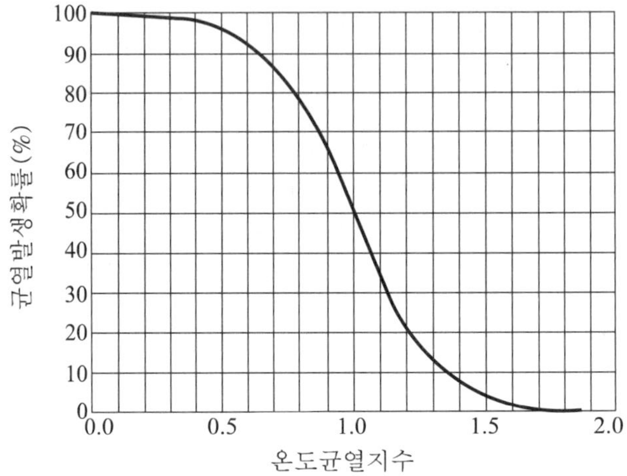

[그림 10.3] 온도균열지수와 균열 발생 확률

(출처 : 콘크리트표준시방서 2009)

온도균열지수는 작을수록 균열이 발생할 확률이 높으며, 균열 폭이 커지고, 균열 수도 많아지는 것으로 예측한다(그림 10.3). 대신에 온도균열지수가 클수록 균열 발생 가능성이 낮으며, 따라서 균열을 엄격히 관리 하여야 하는 고내구성 구조물에 적용한다. 균열 폭이 커지는 경우에는 철근에 의해 균열 폭을 제어 하여야 한다. 또한 재령에 따라 변하기 때문에 재령을 변화시켜 온도균열지수가 가장 작아지는 값을 구하고 판단하여야 한다.

온도균열지수는 구조물의 중요도, 기능, 환경조건에 따라 균열허용수준을 고려하여 선정하여야 하며, 일반적인 철근콘크리트 구조물에서 표준적인 온도균열지수는 다음 표 10.1의 범위로 하여 제어한다.

[표 10.1] 온도균열제어 수준에 따른 온도균열지수(콘크리트표준시방서 2009)

온도균열제어 수준	온도균열지수(I_{cr})
균열 발생을 엄격히 방지하여야 할 경우	1.5 이상
균열 발생을 제한할 경우	1.2~1.5
어느 정도의 균열 발생을 허용할 경우	0.7~1.2

10.2 • 콘크리트의 열 특성

10.2.1 열 특성치

수화열에 대해 우려가 높고 엄밀히 산출하기 위해서는 수치해석을 실시하여 콘크리트의 온도응력을 구할 필요가 있다. 온도응력을 산출하기 위해서는 수화열로부터 온도의 분포를 구하는 온도해석과 온도로부터 응력을 구하고 균열을 예측하는 온도응력해석의 두 단계를 거쳐야 한다. 이 때 콘크리트의 열 특성치를 알아야 하며 열 특성은 콘크리트 구성재료 성능과 관계된다. 다음에서는 기본 개념으로 콘크리트 온도 특성과 관련되는 특성치로서 비열, 열전도율, 열확산율, 열팽창계수 등에 대하여 간략히 요약한다.

비열(specific heat)

물질 1 kg을 1℃ 올리는데 드는 열량(kcal)으로 정의하며 c로 나타낸다. 비열比熱은 콘크리트의 공극률(물/시멘트 비), 수분함량, 온도에 영향을 받는다. 콘크리트의 비열은 골재의 종류에 크게 영향을 받지 않는데, 그 이유는 암석의 비열은 광물의 종류에 따라 크게 변화하지 않기 때문이다. 콘크리트의 비열은 식 (10.5)와 같이 콘크리트 내에 점유하는 각 재료의 중량 비율과 각 재료의 비열값으로부터 계산할 수 있으며, 콘크리트에 가해진 열량과 온도 상승량으로부터 직접 측정하는 방법을 쓰기도 한다.

$$C_{CO} = \frac{C_C + C_W + C_S + C_G}{c + w + s + g} \tag{10.5}$$

여기서, C_{CO}, C_C, C_W, C_S, C_G는 콘크리트, 시멘트, 배합수, 세골재, 조골재의 비열, c, w, s, g는 시멘트, 배합수, 세골재, 조골재의 단위질량이다

열전도율(thermal conductivity)

온도 차이를 받는 일정 면적을 갖는 두 개의 면 사이를 통과하는 열의 흐름 정도를 뜻하며 λ_c(또는 k)로 나타낸다. 콘크리트의 열전도율은 골재, 배합비, 공극률에 영향을 받으며 크게는 콘크리트 함수량에 관계 된다. 즉, 콘크리트의 함수량이 증가할수록 열전도율이 증가한다. 높은 공극률을 가진 경량 콘크리트는 낮은 열전도율을 나타내며, 좋은 단열 성능을 나타낸다.

열확산율(thermal diffusivity)

열확산율熱擴散率은 콘크리트에서 일어나는 온도변화의 정도를 나타내며, 열전도율과 비열의 함수로 정의하며 다음과 같다.

$$D = h_c^2 = \frac{\lambda_c}{C_c \rho} \tag{10.6}$$

여기서 λ_c는 열전도율(W/m · ℃), C_c는 비열(J/kg · ℃), h_c^2 또는 D는 열확산율(m²/s)이며, ρ는 밀도(kg/m³)이다. 열확산율은 열전도율을 결정하기 위하여 실험으로 측정된다. 재료의 열확산율이 높다는 것은 온도변화, 즉 온도강하를 빠르게 할 수 있는 재료를 뜻한다. 식에서 보듯이 열확산은 열전도계수가 클수록 빠르고, 반면에 열용량熱容量(thermal capacitance : ρC_c)에 반비례하여 작을수록 빠름을 알 수 있다. 콘크리트에서 열확산율에 미치는 영향인자는 열전도율과 비열에 미치는 인자와 대체로 유사하다.

열팽창계수(coefficient of thermal expansion)

수화열은 열특성에 따라 전도되고 확산되며 콘크리트를 팽창시킨다. 수화열에 의한

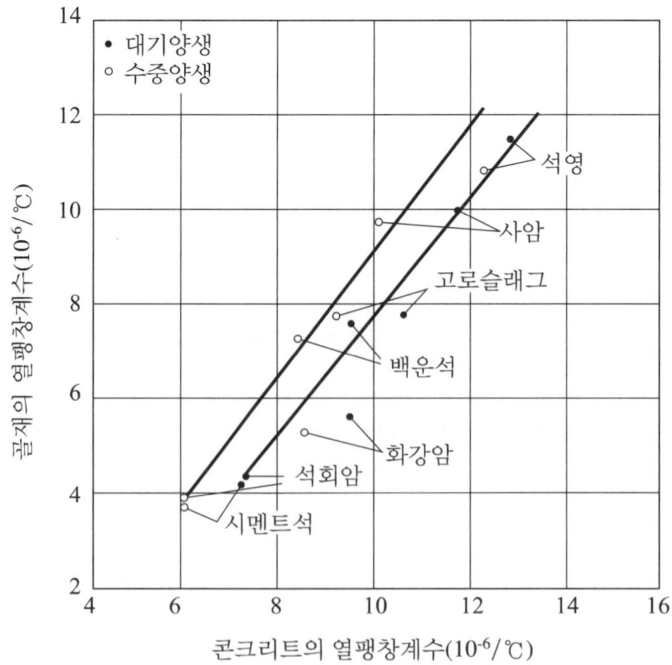

[그림 10.4] 골재 종류에 따른 콘크리트 열팽창계수

(출처 : D.G. Bonnell and F.C. Harper, The thermal expansion of concrete, National Building Studies, London, 1951)

콘크리트의 체적변화는 온도상승량과 열팽창계수의 곱(αT)으로 나타나므로 콘크리트의 열팽창계수가 클수록 콘크리트의 체적변화는 크게 된다.

콘크리트의 열 특성은 구성 재료의 열적 성질에 의존하기 때문에 콘크리트 용적의 70 %를 차지하는 골재의 영향이 가장 크며 물-시멘트비, 시멘트 종류, 또는 재령에 의한 변화는 비교적 작다. 그림 10.4에서 보듯이 골재 종류에 따라 열팽창계수가 다르며 이는 콘크리트의 열팽창에 직접적으로 영향을 미침을 알 수 있다. 경량골재를 사용한 콘크리트의 열전도율과 열확산율은 보통 콘크리트의 약 1/3 정도이기 때문에 수화에 의한 발열량이 콘크리트 내부에 축적되기 쉽다.

이상에서 일반적으로 콘크리트 구조물에 사용되는 열 특성계수 값들은 표 10.2와 같다.

[표 10.2] 콘크리트의 열특성계수 일반값(콘크리트표준시방서 2009)

열계수	사용값
열전도율(W/m · ℃)	2.6~2.8
비열(J/kg℃)	1,050~1,260
열확산율(m^2/s)	$(0.83 \sim 1.10) \times 10^{-6}$
밀도(kg/m^3)	2,300
열팽창계수(/℃)	1×10^{-5}

10.2.2 단열온도 상승량

콘크리트의 열 특성으로서 발열 특성인 단열온도 상승량(adiabatic temperature rise)은 외부기온과 단열상태를 유지하면서 수화열로부터 발생되는 콘ㅋ리트 온도의 상승량이다. 단열온도 상승량은 단열온도 상승시험기를 사용하여 측정할 수 있다. 단열온도 상승 특성은 사용하는 시멘트의 종류, 단위시멘트량, 콘크리트의 타설온도 등을 고려하여 적절한 방법으로 정하게 된다.

수화열 측정 실험은 재령 28일까지 시멘트 수화에 의해 발생되는 총 발열량을 구하는 방법으로 이루어진다. 그러나 초기 재령에서 시멘트는 온도에 매우 민감하며, 따라서 일정한 온도에서 수행되는 용해열 실험으로는 초기 재령의 단열 온도 상승을 정확하게 반영하기 어렵다. 다른 방법으로는 등온조건에서 열량계(calorimeter)를 사용하여 초기 재령에서 발열속도에 대한 자료를 얻을 수 있다. 보다 정확한 수화열 측정을 위해서는 사용되는 시멘트 종류, 콘크리트 배합, 초기 타설 온도, 골재의 종류, 외부 환경조건 등을 고려하여 실제 현장과 비슷한 조건을 실험실에서 모사하고 단열온도 상승 시험을 수행하여야 한다.

표준시방서에서는 수화지연 효과가 현저한 혼화재나 혼화제를 사용하지 않은 경우에 한하여, 임의시간에서 단열온도 상승량은 다음 식으로 추정할 수 있게 규정하고 있다.

$$Q(t) = Q_{\infty}(1 - e^{-rt}) \tag{10.7}$$

여기서 Q_{∞}는 최종단열온도 상승량(℃)으로서 시험에 의해 얻어지는 값, r은 온도 상승속도(또는 발열속도)로서 시험에 의해 얻어지는 계수, $Q(t)$는 재령 t일에서 단열온도상승량(℃)이다. 이 식은 콘크리트가 단열상태로 있을 때, 콘크리트의 온도가 시간에 따라 어느 정도 상승하는지를 나타내고 있다. 또 r, Q_{∞}의 값은 단위시멘트량, 타설온도, 시멘트 종류에 따라 다르며 표 10.3과 같이 **표준시방서**에서 제시한 값을 사용하여 추정할 수 있다.

[표 10.3] Q_{∞}, r의 표준값(콘크리트표준시방서 2009)

시멘트의 종류	타설온도 (℃)	$Q(t) = Q_{\infty}(1-e^{-rt})$			
		$Q_{\infty}(C) = aC+b$		$r(C) = gC+h$	
		a	b	g	h
보통 포틀랜드 시멘트	10	0.12	11.0	0.0015	0.135
	20	0.11	13.0	0.0038	−0.036
	30	0.11	12.0	0.0040	0.337
중용열 포틀랜드 시멘트	10	0.11	6.0	0.0003	0.303
	20	0.10	9.0	0.0015	0.279
	30	0.11	9.0	0.0021	0.299
조강 포틀랜드 시멘트	10	0.13	15.0	0.0016	0.478
	20	0.13	12.0	0.0025	0.650
	30	0.13	10.0	0.0014	1.720
고로슬래그 시멘트	10	0.11	14.0	0.0014	0.073
	20	0.10	15.0	0.0025	0.207
	30	0.10	15.0	0.0035	0.332
플라이애쉬 시멘트	10	0.15	−3.0	0.0007	0.141
	20	0.12	8.0	0.0028	−0.143
	30	0.11	11.0	0.0030	0.059

주 1) C는 결합재 질량으로서 단위는 kg/m^{3}임.
2) 이 표에서 결합재 질량을 기준으로 고로슬래그 시멘트는 슬래그 40 %, 플라이애쉬 시멘트는 플라이애쉬 20 %의 혼입률을 고려한 것임.

10.2.3 콘크리트 인장강도와 탄성계수

온도균열의 발생을 추정하기 위해서는 새로 타설되는 콘크리트의 인장강도와 탄성계수를 적절히 추정해야 한다. 또한 온도응력해석에서는 콘크리트의 경화과정을 해석하기 때문에, 재령에 따라서 변화하는 탄성계수나 인장강도를 연속적으로 계산한다.

콘크리트의 인장강도는 일반적인 구조설계에서는 없는 것으로 가정하지마는 온도변형에 기인한 인장응력을 고려할 때, 실제 인장강도는 가장 중요한 요소 중의 하나이다. 콘크리트 인장강도는 여러 가지 변수에 의해 영향을 받으므로 미리 실험에 의해 정하는 것을 권장한다. 또한 인장강도는 건조상태, 재하 속도 및 치수의 차이 등에 의해 영향을 받는다.

실용적인 범위. 즉 매스콘크리트 구조물에서 일반적으로 발생할 수 있는 응력의 범위 내에서 탄성계수는 상수로 작용한다. 그러나 콘크리트는 완전 탄성체가 아니며, 하중이 점차 증가할 때 응력－변형률 관계는 일반적으로 비선형성을 보이며 엄밀한 해석을 위해서는 이를 고려하여야 한다.

표준시방서에서 제시한 재령에 따른 압축강도, 인장강도, 탄성계수는 각각 다음과 같다.

$$f_{cu}(t) = \frac{t}{a+bt} d_i f_{cu}(91) \tag{10.8}$$

$$f_{sp}(t) = c\sqrt{f_{cu}(t)} \tag{10.9}$$

$$E_c(t) = \psi(t) \times 4.7 \times 10^3 \times \sqrt{f_{cu}(t)} \tag{10.10}$$

여기서, $f_{cu}(91)$은 재령 91일에서 콘크리트의 압축강도, $\psi(t)$는 온도가 상승할 때 크리프의 영향이 커짐을 고려한 계수로서 3일까지 0.73, 5일 이후는 1.0을 사용한다. a, b, d_i는 시멘트 종류에 따른 계수이며, c는 건조에 따른 계수로서 0.44가 표준이다. 이들 계수는 표 10.4와 같이 **표준시방서**에 제시되어 있다.

[표 10.4] 계수 a, b, d_i의 값(콘크리트표준시방서 2009)

시멘트의 종류	a	b	d_i
보통 포틀랜드시멘트	4.5	0.95	1.11
중용열 포틀랜드시멘트	6.2	0.93	1.15
조강 포틀랜드시멘트	2.9	0.97	1.07
저열 포틀랜드시멘트	16.2	0.82	1.40

10.3 • 온도응력의 해석기법

10.3.1 해석 개요

수화열에 의한 균열 발생 가능성이 높거나 엄밀히 온도균열지수를 산출하기 위해서는 수치해석을 실시하여 콘크리트의 온도응력을 구하게 된다. 매스콘크리트의 온도응력을 산출하기 위해서는 온도해석과 온도응력해석의 두 단계를 거쳐야 한다.

온도해석은 시멘트의 수화열에 기인하는 콘크리트의 발열특성, 타설온도, 외기온도, 그리고 양생조건 등을 입력하여 타설한 콘크리트의 각 위치에서 온도분포를 구한다. 또 온도응력해석은 온도분포에 열팽창계수를 곱하여 이것을 변형률로 환산하고, 탄성계수를 곱하여 응력을 구하게 된다.

콘크리트의 온도해석은 구조물의 종류 및 형상에 따라 적절한 방법으로 수행한다. 온도해석에서 기본이론은 열전달과 열확산 개념을 따른다는 것이다. 온도가 서로 다른 요소 내에서, 또는 요소 사이에서 에너지가 이동하는 과정을 열전달熱傳達(heat transfer) 현상이라고 한다. 열전달 현상은 물리의 기본 법칙, 즉 에너지 보존의 법칙을 열전달에 관련한 표현들에 이용하면 중요한 지배방정식을 유도할 수 있고 문제를 풀 수 있다. 열전달은 물질전달과 유사하며 열확산 문제 풀이 또한 유해물질 확산을 풀이하는 수학기법을 동일하게 이용할 수 있기 때문에 콘크리트 기술자는 잘 이해하여야 한다.

온도해석 방법에는 유한요소법, 유한차분법등의 수치해석법 또는 도표를 사용하는 간이해석법 등이 있으며 구조물의 조건을 고려하여 적절히 사용한다. 콘크리트 온도해석에 사용되는 경계조건, 즉 열전달 경계, 단열경계, 고정온도경계는 구조물의 형상, 방열조건 등을 고려하여 적절히 정하게 된다. 특히, 열전달계수(외기대류계수)는 콘크리트 표면부의 온도에 큰 영향을 미치므로 거푸집의 종류, 두께, 존치기간, 양생방법, 주위의 풍속을 고려하여 그 값을 정하여야 한다.

온도해석은 콘크리트의 재료, 타설, 배합 그리고 양생조건에 따라 다르므로 각 프로젝트에 따라 수행하여 대책을 세우는 것이 상례이다. 해석 결과에서 발생할 것으로 예측되는 최대인장응력과 그 시점에서의 인장강도의 비로서 온도균열지수를 구하고 매스콘크리트의 균열 위험을 판단한다. 매스콘크리트에 대한 온도해석은 현재 여러 가지 프로그램을 따라 수행할 수 있다

온도균열 발생 위험성을 사전에 판단하기 위해서는 지금까지 기술한 바와 같이 콘크리트의 물성 값을 가정하고 온도응력해석 기법을 실시하게 된다. 재령에 따라 온도

가 수화작용으로부터 상승하며 이러한 차이로 온도균열이 발생됨을 시뮬레이션 할 수 있다. 또한 재령에 따라 건조됨에 따라 건조수축균열이 발생되는 시점을 추정할 수 있겠다. 해석의 결과로부터 허용할 수 있는 범위 이내로 균열 제어가 곤란하다고 판단되는 경우에는 재료조건, 시공조건을 재검토하여 재해석하거나 보다 적극적으로 균열유발줄눈을 설치하여야 한다. 매스콘크리트에 대한 대책과 공법은 제15장에서 다루었으며 이를 참조하기 바란다.

10.3.2 열전도와 확산의 기본 개념

콘크리트구조물에서 온도응력을 해석하기 위해서는 예상되는 구조물 내에서 열이 전달되는 특성을 이해하여야 한다. 앞에서 이미 콘크리트 온도 특성과 관련되는 특성치로서 열전도율, 열확산율, 비열 등에 대하여 간략히 소개하였고 수화열 해석법개요를 설명하였다. 콘크리트의 열적 특성은 온도 분포, 열응력, 균열 크기 예측 등을 해석하는데 기본이 되며, 여기서는 온도해석을 수행할 때 필요한 열전달 해석의 기본개념을 기술한다.

열전달은 두 부위의 온도차로 인해 한 영역에서 다른 영역으로 에너지가 이동되는 현상으로 물체를 통할 경우, 열전도(thermal 또는 heat conduction)라고 일컫는다. 열은 화학적인 연소 반응이나 저항으로 공급되고, 고체에서는 자유전자의 이동으로 격자파에 의해 전달된다.

단위시간과 단위면적당 열의 흐름인 열유동은 온도경사(temperature gradient)가 구동력이 되며, 온도가 높은 지역에서 낮은 지역으로 이동한다. 열전달은 x방향에 대해 Fourier의 법칙에 의해 다음과 같이 정의한다.

$$q = -k\frac{dT}{dx} \tag{10.11}$$

단위면적당 열전달률, 즉 열유속(heat flux) q는 온도경사 dT/dx에 비례한다. 이때 비례상수 k를 열전도계수(thermal conductivity)라 하며 각 재료에 따른 특성치이다. 여기서 음의 부호는 열은 온도가 증가하는 방향의 반대로 유동한다는 의미를 갖는다. 열유속 q의 단위는 W/m^2 또는 J/sm^2이며 열전도계수 k의 단위는 W/m-K 또는 J/s-m-K 이다. 위의 식은 확산에 대한 Fick의 제1법칙과 유사하며 이때 물질확산계수 D는 농도구배 dC/dx에 비례한다.

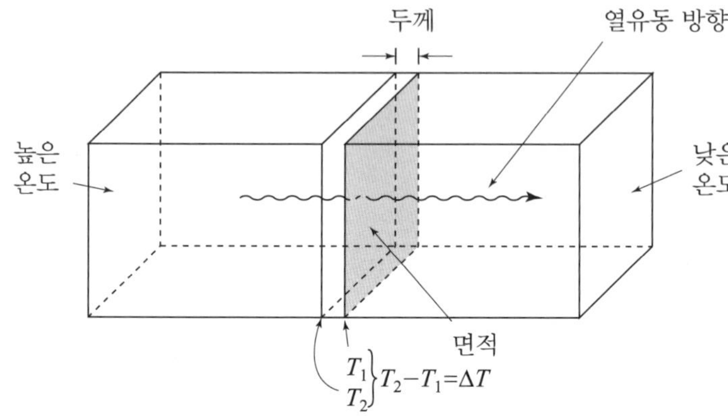

[그림 10.5] 온도경사로부터 단위면적당 열의 유동속도 $\partial Q/\partial t$

(출처 : Schaffer J., Saxena A., Antolovich A., Sanders T. and Warner S., "The Science and Design of Engineering Materials", 1999)

그림 10.5에서 보듯이 대부분의 열유동은 3차원적으로 이루어지지마는 문제를 1차원으로 단순화시킬 경우, 높은 온도에서 낮은 온도로 열유동이 단면 A를 통과할 때, 열유속은 다음 식과 같이 표현된다.

$$q = \left(\frac{\partial Q}{\partial t}\right)\left(\frac{1}{A}\right) = -k\frac{\partial T}{\partial x} \tag{10.12}$$

여기서, ∂Q는 열의 변화량이며, 위의 식 (10.12)는 시간에 따라 변화가 없는 정상상태(steady-state condition)의 열의 흐름이다. 정상상태에서는 열의 전도는 재료의 분자 운동에 좌우되며 열전달계수는 재료별로 차이가 크다. 열전달계수는 대체로 금속 > 세라믹 > 폴리머 순서이며 그 차이는 매우 크다.

열전달 문제에서는 온도가 시간에 따라 변하는 경우가 대부분이며, 온도가 시간의 함수인 일반적인 경우를 비정상상태(non-steady-state condition) 또는 과도상태(transient)라고 한다. 과도상태에서 열의 유동은 다음의 편미분방정식으로 표현된다.

$$\frac{\partial T}{\partial t} = D\left(\frac{\partial^2 T}{\partial x^2}\right) \tag{10.13}$$

여기서, D는 열확산계수(thermal diffusivity)로서 재료의 고유성질이다. 시간의존 열전달 기본식은 Fick의 제2법칙인 물질 확산의 지배방정식과 유사하다. 열확산계수는 다른 열 특성과 관계로부터 다음과 같이 정의된다.

$$D = \frac{k}{\rho c} \tag{10.14}$$

여기서 ρ는 밀도, c는 비열이며, 열확산계수 D의 단위는 m^2/s이다. 열확산계수는 재료 내에서 온도변화가 얼마나 빨리 전파되는가를 나타내는 재료 성능이다. 재료의 열확산계수가 높다는 것은 온도변화, 즉 온도강하를 빠르게 할 수 있는 재료를 뜻한다. 식에서 보듯이 열확산은 열전도계수가 클수록 빠르고, 반면에 열용량(ρc)에 반비례하여 작을수록 빠름을 알 수 있다. 공학재료에서 dT/dt 즉 시간당 열전도가 중요한 만큼, 열확산계수가 설계에서 매우 중요한 변수가 된다.

10.3.3 열전도방정식과 풀이

열전도지배방정식을 풀기 위해서는 열 현상에 대한 물리적 상황에 적합한 초기 조건과 경계조건이 주어져야 한다. 문제를 x축에 놓여 있는 막대가 측면은 완전히 절연되어 있고 좌우로 무한히 뻗어 있다고 볼 때의 온도에 관하여 해석하여 보자. 이때 열전도지배방정식은 다음과 같다.

$$\frac{\partial T}{\partial t} = D\left(\frac{\partial^2 T}{\partial x^2}\right) \tag{10.13}$$

이 경우에 경계조건은 없고, 다만 초기조건은 다음과 같다.

$$T(x,0) = f(x) \ (-\infty < x < \infty) \tag{10.15}$$

여기서 $f(x)$는 막대에 주어진 초기온도이다. 이러한 2계 편미분방정식의 풀이과정은 대체로 다음의 3단계로 구분된다(전개 과정은 많은 공업수학 책에서 다루고 있는바 독자는 참고하기 바란다).

1단계 : 변수분리법을 사용하여 온도 t에 관한 도함수와 좌표 x에 관한 도함수인 두 개의 상미분방정식을 얻는다.
2단계 : 경계조건을 만족하는 두 개의 방정식의 해를 구한다. 예컨대 이 문제에서는

$$F(x) = A\cos\ px + B\sin\ px \ \text{그리고}\ G(t) = e^{-Dp^2 t}$$

3단계 : 구한 해가 열전도방정식, 식 (10.13)을 만족하고 주어진 초기조건을 만족하게 하여 풀이가 가능하다. 이 문제에서 해는 다음과 같다.

$$T(x,t) = \frac{1}{2\sqrt{\pi t D}}\int_{-\infty}^{\infty} f(v)\exp\left\{-\frac{(x-v)^2}{4tD}\right\}dv \tag{10.16}$$

여기서 적분변수 $z=(v-x)/2\sqrt{tD}$를 도입하면

$$T(x,t) = \frac{1}{\sqrt{\pi}} \int_{-\infty}^{\infty} f(x + 2z\sqrt{tD}) e^{-z^2} dz \tag{10.17}$$

가 구하고자 하는 최종 해이다.

최종 해는 적분변수를 도입함으로서 오차함수(error function) 형태가 되고 오차함수를 이용하여 해의 값들을 쉽게 구할 수 있게 된다. 오차함수 erf는 다음과 같이

$$erf(x) = \frac{2}{\sqrt{\pi}} \int_0^x e^{-w^2} dw \tag{10.18}$$

으로 정의되며 대표적인 오차함수의 값은 표 10.5와 같다. 내구성 평가를 위한 유해물질의 확산에 대한 해석에서도 유사한 방법으로 풀이할 수 있으며 제11장에서 논의한다. 다음에서 열 확산의 사례에 대하여 예제를 통하여 보여주고 있다.

[표 10.5] 대표적인 오차함수의 값

z	$erf(z)$	z	$erf(z)$	z	$erf(z)$
0	0	0.55	0.5633	1.3	0.9340
0.025	0.0282	0.60	0.6039	1.4	0.9523
0.05	0.0564	0.65	0.6420	1.5	0.9661
0.10	0.1125	0.70	0.6778	1.6	0.9763
0.15	0.1680	0.75	0.7112	1.7	0.9838
0.20	0.2227	0.80	0.7421	1.8	0.9891
0.25	0.2763	0.85	0.7707	1.9	0.9928
0.30	0.3286	0.90	0.7970	2.0	0.9953
0.35	0.3794	0.95	0.8209	2.2	0.9981
0.40	0.4284	1.0	0.8427	2.4	0.9993
0.45	0.4755	1.1	0.8802	2.6	0.9998
0.50	0.5205	1.2	0.9103	2.8	0.9999

예제 10.1 위에서 논의한 경계조건을 가진 무한히 긴 막대에서 초기온도함수 $f(x)$가 다음과 같이 주어져 있을 때(그림 10.6), $x=1$ cm, $t=1$ sec일 때의 온도를 구하라.

$$f(x)=\begin{cases} T_0 = \text{상수} & (|x|<1) \\ 0 & (|x|>1) \end{cases}$$

T_0는 100℃이고 D는 1 cm^2/sec이다.

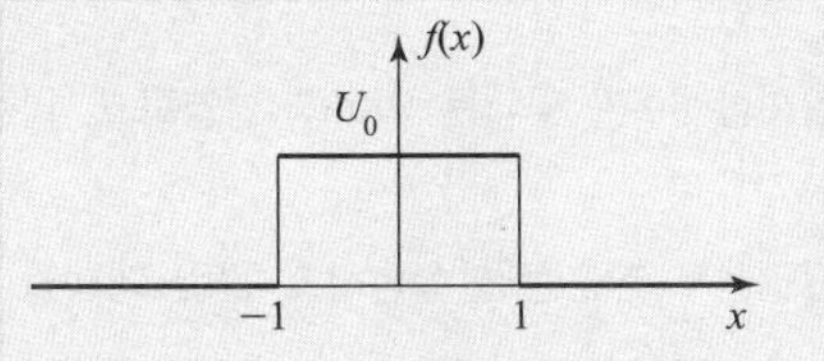

[그림 10.6] 예제의 초기온도

풀이 식 (10.17)에 초기함수를 대입하면

$$T(x,t) = \frac{T_0}{2\sqrt{\pi t D}} \int_{-1}^{1} \exp\left(-\frac{(x-v)^2}{4tD}\right) dv \tag{10.19}$$

를 얻는다. 적분변수를 도입하여, -1에서 1까지의 v에 관한 적분은 $-(1+x)/2\sqrt{tD}$에서 $(1-x)/2\sqrt{tD}$까지의 z에 관한 적분이 된다. 따라서

$$T(x,t) = \frac{T_0}{\sqrt{\pi}} \int_{-(1+x)/2\sqrt{tD}}^{(1-x)/2\sqrt{tD}} e^{-z^2} dz \tag{10.20}$$

위 식에 T_0는 100℃, D는 1 cm^2/sec을 대입하여 시간 t와 x에 대하여 적분 값을 오차함수로서 구할 수 있다. $x=1$ cm, $t=1$ sec일 때 오차함수 값이 0.8427이 되고 온도 T는 47.5℃가 된다. 풀이를 반복하면 대표적인 시간별 온도분포를 얻을 수 있고 그 결과는 그림 10.7과 같다.

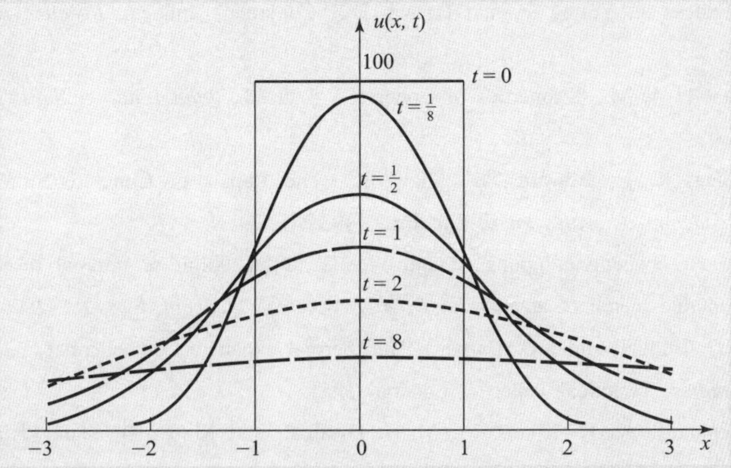

[그림 10.7] $T_0=100$℃, $D=1$ cm^2/sec일 때, 시간 t별 막대 내의 온도분포곡선

연습문제

1 콘크리트에서 골재가 열팽창계수에 어떻게 영향을 미치는지 설명하라.

2 열전도계수, 열확산계수, 열용량의 상관관계를 식으로 나타내고 설명하고 콘크리트에서 특성을 기술하라.

3 콘크리트의 열확산계수가 낮다는 의미를 설명하고, 열전도계수, 비열, 밀도와의 연관성을 기술하라.

4 콘크리트의 단열온도 상승량을 설명하고 관련 대책을 기술하라.

5 수화열로부터 온도균열을 제어할 수 있는 기법을 설명하라.

6 예제 10.1과 동일한 경계조건을 가진 무한히 긴 막대에서 동일한 초기온도함수가 주어져 있을 때, $x=0$ cm, $t=2$ sec일 때의 온도를 구하라.

참고문헌

1. 한국콘크리트학회, "콘크리트구조설계기준 해설", 기문당, 2012, 599 pp.
2. 한국콘크리트학회, "콘크리트표준시방서 해설", 기문당, 2009, 854 pp.
3. 한국콘크리트학회, "최신콘크리트공학", 기문당, 2011, 930 pp.
4. 김상철, 강석화, 김진근, "매스콘크리트 구조물에서의 시멘트 종류별 수화발열 특성 평가," 한국콘크리트학회 논문집, 제11권 6호, 1999, pp.3-12.
5. Mehta K. and Monteiro P., "Concrete", 2nd ed., *Prentice Hall,* 1993, 548 pp.
6. Mindess S., Young F., and Darwin D., "Concrete", 2nd ed., *Prentice Hall*, 2003, 644 pp.
7. Neville A. M., "Properties of Concrete", 4 th ed., *John Wiley & Sons, Inc.,* 1996, 844 pp.
8. Allen, R. T., Edwards, S., Shaw, J., "The Repair of Concrete Structures", *Blackie Academic & professional,* 2nd Ed., 1993.
9. Lu H., Swaddiwudhipong S. and Wee T., "Evaluation of internal restrained strain in concrete members at early age", *ACI Materials Journal,* Sep-Oct. 2000, pp.612-618.
10. D.G. Bonnell and F.C. Harper, "The thermal expansion of concrete", *National Building Studies,* Technical Paper 7, London, 1951.
11. Venkatesh K. R. Kodur, M. M. S. Dwaikat, and M. B. Dwaikat, "High-Temperature Properties of Concrete for Fire Resistance Modeling of Structures", *ACI Materials Journal*, Sep-Oct. 2008, pp. 517-527.

11

CHAPTER

내구성능과 확산 특성

콘크리트는 다공성 재료이다. 콘크리트 내부에 존재하는 미세공극, 균열 등 여러 가지 경로를 통하여 유해물질이 콘크리트에 침투, 확산되고 이들은 장기간에 걸쳐 콘크리트의 성능을 저하시킨다. 유해물질이 확산되는 속도는 물질의 농도 차이에 따르며 수화열의 확산속도가 온도 차이에 의해 따르는 과정과 유사하다.

이 장에서는 콘크리트 구조물의 내구성을 저하시키는 유해물질의 전달 현상인 침투, 확산 성능과 그 평가기법에 대하여 알아본다. 콘크리트 내구성에서 기본 성능인 투기성, 투수성, 물질 확산에 대한 저항성 등의 특성과 실험법을 서술한다. 물질 확산을 설명하는 Fick의 제1, 2 법칙을 학습하고 염화물 예측 활용 사례를 살펴본다. 아울러 표준시방서의 내구성 평가기법에 따라 콘크리트 구조물이 내구연한 동안 내구성능을 확보하는가를 판단하는 기법을 설명하고 최근 유럽에서 논의되는 한계상태 내구성설계 개념을 간략히 소개한다.

11.1 • 콘크리트 내구성능

11.1.1 내구성능

최근도시 매연의 증가와 주변 환경의 오염에 따라 발생되는 산성비, 제빙화학물, 등이 콘크리트의 중성화를 촉진시키고 있고 우리나라 경우, 해안에 건설된 각종 구조물의 부식에 의한 구조물의 내구연한 단축에 대한 우려가 높아지고 있다.

콘크리트 내부로 이입되어 내구성을 저하시키는 유해물질은 물, 유해이온, 그리고 탄산가스와 산소를 들 수 있으며 이들은 서로 다른 경로로 침투된다. 시멘트 경화체 겔구조 속에 존재하는 미세공극, 시멘트페이스트와 골재 사이의 부착 균열, 블리딩수 상승에 의한 국부적인 공극 등 여러 가지 통로로 통하여 유해물질이 투과된다. 실용적 배합으로 잘 시공된 콘크리트의 투수성은 낮아야 하고, 투기성도 낮게 된다. 투수성이 낮은 콘크리트는 수분의 통과, 황산이온의 침투, 염화물 침투, 알칼리 이온 침투 등 여러 가지 화학물질의 침해에 대한 저항, 즉 내구성이 높다고 하겠다. 그렇지만, 실제 콘크리트 구조물의 일부는 장기간에 걸쳐 여러 가지 요인으로 성능이 저하되고 목표 내구성이 위협받고 있다.

콘크리트의 내구성(durability)이란 장기간에 걸쳐 외부로부터 물리적, 화학적 작용으로부터 잘 견디어 내는 콘크리트의 성능을 말한다. 콘크리트는 본질적으로 내구적인 재료이지마는 설계 단계에서부터 성능이 저하되지 않고 장기간 사용할 수 있는 내구적인 구조물이 되도록 하여야 한다. 콘크리트가 처하게 되는 환경요건이 매우 다양하고 심한 정도의 변화가 큼에 따라, 또한 재료 구성에 따라 최적의 내구성을 갖는 콘크리트를 설계 생산하여야 한다.

내구성 설계에서 기본 사항은 콘크리트의 투기성, 투수성, 물질 확산에 대한 저항성 등이다. 다음에서는 콘크리트의 내구성과 관련된 투수계수, 투기계수, 여러 가지 물질로부터의 확산계수들에 대해 설명하고 관련 설계기법에 대해 기술하고자 한다.

11.1.2 투수성

물이 압력에 의해 물질 내부로 침입하여 투과하는 성질로 정의되는 투수성透水性(water permeability)은 콘크리트 내구성 평가에서 기본 사항이 된다. 시멘트 경화체내의 여러 가지 공극의 크기와 분포 및 골재와 계면 사이 미세 균열들이 직접 투수성에 관계된다. 낮은 투수계수는 수분의 통과, 황산이온의 침투, 염화물 침투, 알칼리 이온 침투 등 여러 가지 유해물질의 침해에 대한 저항을 높인다.

경화한 콘크리트 내부의 국부적 공극을 통하여 물이 투과되며 물의 흐름에 저항하는 성질을 수밀성이라고 하고 투수계수로서 그 정도를 나타낸다. 콘크리트와 같은 다공체에서 압력구배를 동반한 물의 흐름은 층류의 경우 Darcy의 법칙을 따르며 흐름의 기본식은 다음의 속도 방정식과 같다.

$$v = \rho \frac{Q}{A} \tag{11.1}$$

여기서 v는 속도, ρ는 물의 단위용적중량(9.8×10^{-6} N/mm^3), A는 콘크리트 단면적(mm^2), Q는 유입량 또는 유출량(mm^3/s)이다. 가압투과류에 의한 콘크리트의 투수시험을 수행하여 그 결과로서 유입량과 유출량의 변화 추이로 구하게 되며 일반적으로 유입량은 시간과 함께 점차 감소하고 유출량은 증가한다. 콘크리트에서 투수시험은 토질시험에서와 같이 정수위 또는 변수위 시험법으로 수행할 수 있다.

콘크리트 표면에 일정 수압이 작용될 때, 투수계수(coefficient of permeability) K_p는 다음 식으로 사용할 수 있다.

$$K_p = \frac{Q}{A}\frac{L}{P} \tag{11.2}$$

여기서 Q는 물의 유량(mm^3/s 또는 cc/s)이며, L은 콘크리트 시험체 두께(mm), P는 수두차(pressure gradient) 또는 물의 높이(mm)이다. 투수계수(mm/s)는 콘크리트에서 물－시멘트비가 낮을수록, 또한 재령이 클수록 작아진다. 일반적인 콘크리트에서 투수계수는 표 11.1과 같이 재령에 따라 빠르게 감소하는데, 수화정도에 따라 시멘트 페이스트의 모세관 공극률이 빠르게 작아지기 때문이다.

투수계수는 콘크리트보다 시멘트 페이스트가 크며, 물－시멘트비가 높을수록 커지며 콘크리트에 비하여 시멘트 페이스트의 경우가 더욱 뚜렷하다(그림 11.1). 투수계수가 작을수록 수밀성은 좋아지며, 수밀성(watertightness)은 불침투성(impermeability)과 같은

[표 11.1] 재령에 따른 시멘트 경화체의 투수계수(W/C = 0.50)

재령(일)	투수계수 K_p(m/s$\times 10^{-14}$)
굳지않은 콘크리트	1,000,000,000
1	1,000,000
3	100,000
4	10,000
7	1,000
14	100
28	10

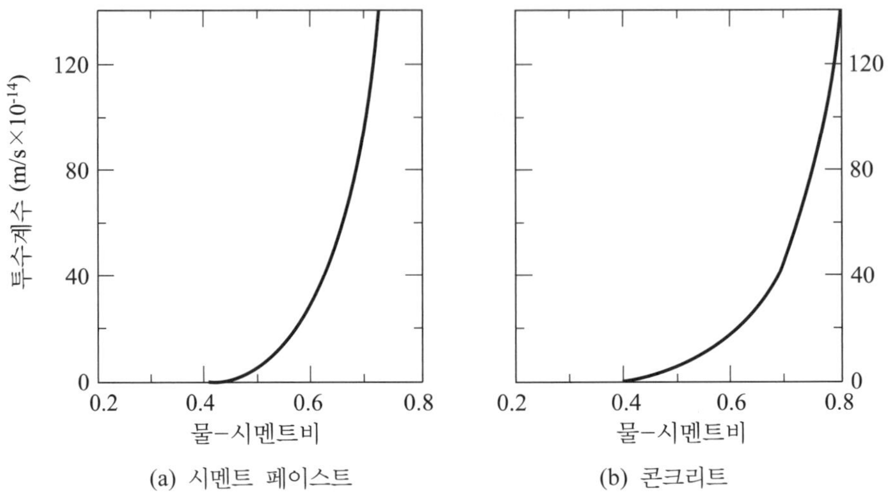

[그림 11.1] 투수계수에 대한 물-시멘트비 영향

(출처 : Mindess S., Young F., and Darwin D., "Concrete", 2003)

뜻의 용어라 할 수 있겠다.

그림 11.2는 투수계수와 염소이온 상관관계를 실험으로 보여주고 있으며 매우 잘 일치하고 있다. 즉, 염소이온 침투량은 콘크리트의 투수계수가 클수록 증가한다. 여기서 염소이온 침투시험(rapid chloride permeability test)은 ASTM C 1202를 따라 수행한 결과이다.

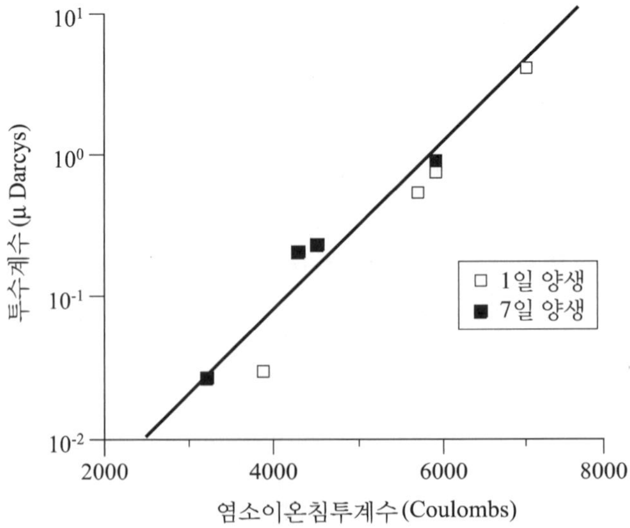

[그림 11.2] 투수계수와 염소이온침투 상관관계

(출처 : Whiting D. "Permeability of Concrete", SP-408, 1988)

[표 11.2] 염화물 이온 통과량에 따른 평가 기준(ASTM C 1202)

통과량(coloumbs)	투수성	콘크리트 구분
>4,000	높음	물-시멘트비가 0.6 이상인 보통 콘크리트
2,000~4,000	보통	물-시멘트비가 0.4~0.5의 보통 콘크리트
1,000~2,000	낮음	물-시멘트비가 0.4 이하인 보통 콘크리트
100~1,000	매우 낮음	라텍스 개질 콘크리트(폴리머시멘트 콘크리트) 특수 표면처리 콘크리트
<100	무시	폴리머 함침 콘크리트, 폴리머 콘크리트(시멘트 없음)

염소이온 침투 시험에서는 실린더 공시체 시험체에 6시간 동안 투과한 염화물 이온량(coloumb)을 측정한다. 투과한 염화물 이온량이 많을수록 콘크리트 재료의 투수성이 높다고 판단 한다. 일반적으로 염화물 침투에 대한 저항력이 높은 폴리머 시멘트콘크리트에서 통과량은 700~1,000 coloumb 범위에 있으며 투수성이 매우 낮은 것으로 평가한다. 표 11.2는 염화물 이온 통과량에 따른 평가 기준을 나타내고 있다.

11.1.3 투기성

증기나 수분의 전달도 콘크리트 내구성 평가에 중요하며 이때 두 면 사이의 습도 차이를 측정하여 투기성(gas permeability)을 평가한다. 가스의 확산계수는 기체의 종류에 따라 분자의 크기가 다름으로 상이하며, 가스의 운동이론에 의하면 확산계수는 분자 질량의 제곱근에 반비례하는 것으로 알려져 있다. 증기나 가스는 점도는 물론 압축 정도를 고려하여 투기성을 평가한다. 공극을 가진 콘크리트에 공기압력차이로부터 공기 일부는 재료를 통과하게 된다.

두께 1m인 콘크리트 단면에 압력차이로부터 투기계수는 다음 식으로 표현한다.

$$K_g = \eta \frac{Q}{t} \frac{l}{A} \frac{2p}{(p_1 - p_2)(p_1 + p_2)} \tag{11.3}$$

여기서, K_g는 콘크리트의 투기계수(m^2), Q는 가스의 통과량(m^3), t는 시간, l은 단면의 두께(m), A는 투과 단면의 면적(m^2), p는 가스 통과량 Q 측정시의 압력(N/m^2), p_1과 p_2는 인입가스와 투과 가스의 압력(N/m^2), η는 가스의 절대점도($N \cdot s/m^2$)이다. 위의 식은 다공성 물질에서 기체의 흐름이 있을 때 유효하며, 콘크리트의 공극을 통한 가스의 투과에도 부분적으로 적용할 수 있다. 콘크리트의 탄산화를 평가하기 위해서 CO_2의 확산계수를 계측할 때, 식 (11.3)을 활용할 수 있겠다.

투기성은 콘크리트 구성 재료, 특히 혼화재로부터 영향이 크다. 그림 11.3은 압력법을 사용하여 원형 공시체에 시험한 결과이며, 투기성에 대한 슬럼프와 실리카품의

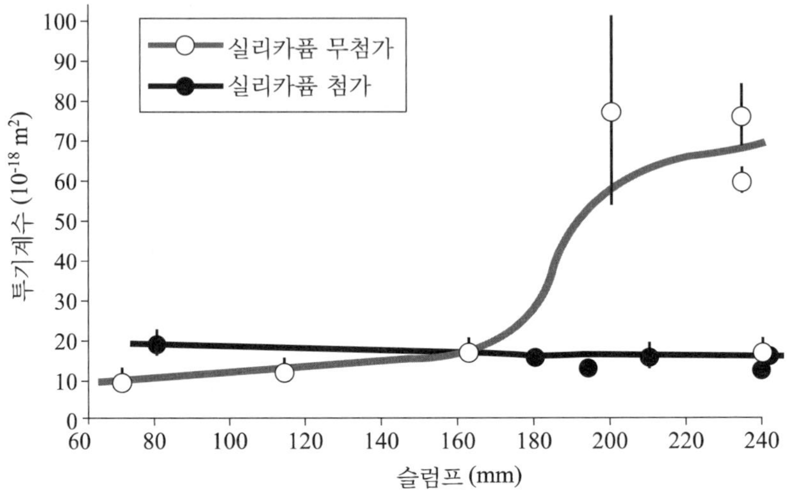

[그림 11.3] 투기성에 대한 슬럼프 값의 영향

(출처 : Gagne R., Boisvert A., and Pigeon M, "Effect of Superplasticizer Dosage on Mechanical Properties, Permeability, and Freeze-Thaw Durability of High Strength Concretes with and without Silica Fume," 1996)

영향을 보여주고 있다. 그림에서 슬럼프 값이 커질수록 투기성은 높아지고 있다. 실리카퓸을 혼입한 시험체에서는 투기성 값이 20×10^{-18} m^2으로 매우 낮으며 흥미로운 것은 슬럼프 크기에 무관하게 나타났다. 그러나 실리카 퓸을 사용하지 않은 시험체에서 슬럼프가 120 mm에서 200 mm로 증가함에 따라 투기성이 6~7배 증가 하는 것으로 나타나고 있다. 이러한 결과로 볼 때, 내구성 저하가 콘크리트의 투기성에 크게 관계되는바, 성능저하에 의한 손상을 방지하기 위하여 슬럼프가 낮은 콘크리트를 제조하거나 실리카퓸과 같은 혼화재를 사용하여야 할 것이다.

11.2 • 물질의 확산성능

11.2.1 확산의 기본 개념

여러 가지 유해 물질이 이온, 가스로서 콘크리트에 침투되는 현상은 유해물질의 농도, 분자량 차이에 의해 그 속도가 달라지며 이를 확산擴散(diffusion)으로 설명할 수 있다. 콘크리트 내에서 물질의 확산 현상은 염화물과 같은 화학물질뿐만 아니라 탄산화 깊이 예측에도 활용되고 있다. 염화물 확산 해석의 목적은 일정 깊이에서 염화물 농도가 임계 염화물 농도에 도달하는 시간을 예측하기 위함으로 그 결과에 따라 설계를 수행할 수 있다.

확산은 혼합물 내에서 성분의 농도 차이로 인하여 물질이 이동되는 현상이다. 온도경사가 열전달을 위한 구동력이라면, 혼합물 내에서 성분의 농도경사가 확산의 구동력이 된다. 물질전달(mass transport)은 열전달(heat transfer)과 유사한 현상으로 수학적 모델이나 풀이과정도 거의 동일하다.

가스나 증기의 침투에는 Fick의 제1법칙이 적용된다. 물질전달은 농도경사에 의해 일어나며 다음 식과 같이 표현된다.

$$J = -D\frac{dC}{dx} \tag{11.4}$$

여기서, J는 물질전달률 또는 속도(g/m² 또는 moles/m^2·s)이며, C는 농도(g/m^3), dC/dx은 농도경사(g/m^4 또는 moles/m^4), D는 확산계수(m^2/s)이다.

Fick의 제1법칙은 농도경사가 시간에 무관하다고 가정하였다. 그러나 많은 공학적 경우에 확산이 일어남에 따라 물질의 농도는 시간이 경과함으로 줄어들 수 있다. 따라서 위의 기본식에 농도가 시간에 따라 변화됨($\partial C/\partial t$)을 반영하게 된다. 그림 11.4에서 보듯이 단면적이 dA이고 거리가 dx인 미소 단면내의 농도는 체적 당 물질 원자의 수이며 물질전달 속도는 단위면적당 통과하는 물질의 속도이다. 또한 물질 확산 속도는 흡입되는 물질에서 통과된 물질의 원자수 차이를 시간으로 나눈 값이 되며, 농도와 거리는 시간에 함수임으로 다음 식으로 표현된다.

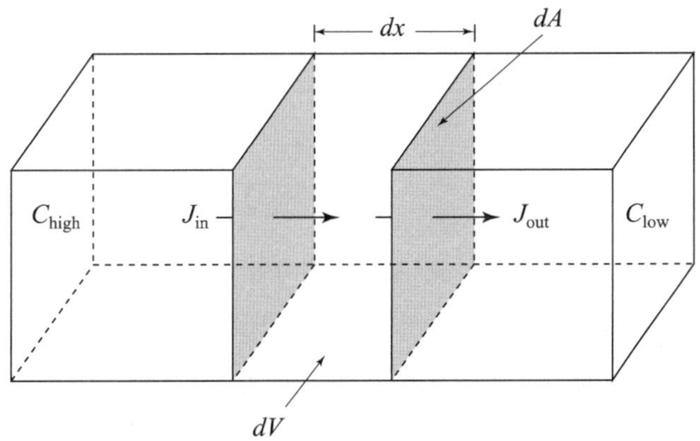

[그림 11.4] 단면적이 dA이고 거리가 dx인 미소 단면에서 물질 확산

(출처 : Schaffer J., Saxena A., Antolovich A., Sanders T. and Warner S., "The Science and Design of Engineering Materials", 1999)

$$\left(\frac{\partial C}{\partial t}\right)dV = (J_{in} - J_{out})dA \tag{11.5}$$

$dV = dA \cdot dx$이며, 위의 식을 이용하여 정리하면 비정상상태에서 농도 변화에 대한 확산은 Fick의 제2법칙에 의해서 다음과 같이 정의한다.

$$\frac{\partial C}{\partial t} = D\frac{\partial^2 C}{\partial x^2} \tag{11.6}$$

위의 식은 열전달식 식 (10.13)의 형태와 동일한 2계 편미분방정식으로 해법은 동일하다. 임의 시간, 임의 위치에서의 농도, $C = C(t,x)$가 풀이로서, 문제의 기하학적인 조건, 즉 경계조건과 초기 조건이 주어지면 해가 얻어진다.

콘크리트 구조처럼 깊이 방향으로 물질이 더 이상 깊게 확산되지 못하고 제한될 때, 즉 어느 정도 깊이의 내부에서 농도가 0 또는 더 이상 증가되지 못할 때, 경계조건을 반무한半無限(semi-infinite)이라고 할 수 있다. 이러한 반무한 조건에서 내부의 초기농도가 C_o이고 표면의 농도가 C_s로서 일정한 경우에 경계조건은 다음과 같이 주어질 수 있다.

$t = 0$ 때,
$0 \le x \le \infty$에서 $C = C_o$

$t > 0$ 때,
$x = \infty$에서 $C = C_o$

이때 편미분방정식의 해는 다음과 같다.

$$\frac{C(x,t) - C_o}{C_s - C_o} = 1 - erf\left(\frac{x}{2\sqrt{Dt}}\right) \tag{11.7}$$

여기서, $C(x,t)$는 위치 x, 시간 t에서의 농도이며, erf는 오차함수이다(오차함수는 표 10.5 참조). 또한 같은 경계조건인 반무한 슬래브에서 표면의 농도로서 C_s만 주어진 경우에 편미분방정식의 해는 다음과 같다.

$$C(x,t) = C_s\left[1 - erf\left(\frac{x}{2\sqrt{Dt}}\right)\right] \tag{11.8}$$

여기서 $C(x,t)$는 위치와 시간에서의 농도이며, C_o는 표면에서 농도, erf는 오차함수이다. 식 (11.8)에서 볼 수 있듯이 확산에 의한 화학물질의 침투깊이는 $\sqrt{t}$ 에 비례한다는 것을 보여주고 있다. 이 물질 확산이론은 열전달과 유사한 편미분방정식 수학적 모델을 이용하고 풀이 과정도 비슷하다.

콘크리트에서 확산계수, 예컨대 염화물 확산계수는 공극률과 강도와 밀접한 상관관계가 있는 것으로 나타나고 있다. 연구 결과에 의하면 시멘트 종류와 대체로 무관하며 강도가 증가할수록 염화물 확산계수는 감소하고 공극률이 증가할수록 확산계수가 커지는 것으로 나타나고 있다. 유한요소해석법 등 수치해석법을 이용하여 해양구조물 또는 교량의 염화물 확산을 해석할 수 있다.

11.2.2 콘크리트내 물질의 확산

물질의 확산현상은 염화물과 같은 화학물질뿐만 아니라 탄산화 깊이 예측에도 활용되고 있다. 염화물 확산 해석의 주목적은 염화물 농도가 임계 염화물 농도에 도달 하는 시간을 예측하기 위함이다. **표준시방서**에서는 콘크리트 구조물의 염해 내구성 평가를 수행할 때, 염화물 이온 농도를 식 (11.8)을 이용하여 추정할 수 있는 절차를 제시하고 있다. 열전달 해석에서와 같이 유한요소해석을 이용하여 콘크리트 구조물의 염화물 확산을 해석할 수 있다. 다음은 임의 물질(가스)이 시간에 따라 일정한 확산계수를 가진 물체에 일정 깊이까지 침투하는 시간을 추정하는 과정을 예제를 통하여 설명한다.

예제 11.1 **반무한 경계조건을 가질 때, 어떤 물체에서 탄산가스의 시간에 따른 침투 깊이를 추정하고자 한다. 표면 농도가 0.4%로 일정하고 내부의 초기 농도가 0.2 %이며, 표면에서부터 0.01 cm 내부의 농도가 0.24 %에 도달될 때까지의 시간을 계산하라. 70℃에서 탄산가스의 이 물체에 대한 확산계수는 3.0×10^{-7} cm^2/s이다.**

풀이 경계조건을 만족하여 이에 대한 해는 식 (11.7)을 이용할 수 있으며 주어진 농도를 대입하면 다음과 같다.

$$\frac{0.24-0.20}{0.40-0.20}=1-erf\left(\frac{x}{2\sqrt{Dt}}\right)$$

따라서

$$erf\left(\frac{x}{2\sqrt{Dt}}\right)=0.8$$

오차함수의 표 10.5를 찾으면 z값은 약 0.9가 된다. 즉

$$\frac{x}{2\sqrt{Dt}} = 0.9$$

위의 식에 D와 x의 값을 대입하고 풀면,

$$t = \frac{\{x/(2 \times 0.9)\}^2}{D} = \frac{(0.01/1.8)^2}{3.0 \times 10^{-7}} = 104s = 1.73\,\text{min}$$

즉, 온도 70℃에서 탄산가스가 침투 확산하여 표면으로부터 깊이 0.01 cm에서 농도가 0.24 %에 도달하는 시간은 1.73분으로 계산된다.

이와 같이 특정 온도에서 임의 물질이 콘크리트 표면으로 확산 되는 현상을 추정할 수 있으며 여기에는 확산계수를 알면 가능하고 실험으로 찾을 수 있겠다. 현실적으로는 위의 복잡한 수식보다 다소 간편하게 추정할 수 있는 식을 유도할 수 있다. 즉 시간이 경과함에 따라 일정 농도에 도달하는 내부 깊이, x_{eff}를 추산할 수 있다. 임의 내부의 농도가 초기 내부 농도와 표면 농도의 평균값에 도달되는 위치를 찾기 위해서

$$C(x_{eff}, t) = \frac{C_o + C_s}{2} \tag{11.9}$$

이를 식 (11.7)에 대입하면

$$0.5 = erf\left(\frac{x_{eff}}{2\sqrt{Dt}}\right) \tag{11.10}$$

이 되며 표 10.5에서 $erf(0.5) = 0.5$가 되어

$$x_{eff} \approx \sqrt{Dt} \tag{11.11}$$

가 된다. 즉 표면으로부터 일정깊이의 콘크리트가 외부 농도의 절반 정도에 도달하게 되는 기간은 확산계수를 앎으로서 추정할 수 있다. 또한 확산에 의한 화학물질의 침투깊이는 $\sqrt{t}$에 비례한다는 것을 보여주고 있다. 이 관계는 염화물과 같은 화학물질 뿐 만 아니라 탄산화 깊이 예측에도 활용되고 있다. 유한요소해석을 이용하여 교량의 염화물 확산을 해석할 수 있다(대표적으로 ABAQUS). 염화물 확산 해석의 주목적은 임의 위치에서 염화물 농도가 임계염화물 농도에 도달하는 시간을 예측하기 위함으로 그 결과에 따라 내구성설계를 수행할 수 있다.

염화물 확산계수는 공극률과 강도와 밀접한 상관관계가 있다. 연구 결과에 의하면 시멘트 종류와 대체로 무관하며, 강도가 증가할수록 공극률이 감소하여 염화물 확산계수는 감소하는 것으로 나타나고 있다. 실험실에서 식 (11.8)을 이용하여 임의 시간에서 임의 깊이의 농도 $C(x,\ t)$를 측정하고 통계적 처리에 의해 확산계수를 결정할

수 있다. 염화물의 확산은 염화물 농도경사로부터 발생하지마는 이 때 수분 또는 상대습도가 중요하다. 콘크리트 공극 속에 어느 정도 충분한 수분 또는 습도가 유지되어 연속적인 통로가 유지되어야 한다. 공극이 수분으로 채워지거나 최소한 수량이 존재하여야 하며 건조에 의해서 방해 받지 않아야 한다. 이온이 확산되기 위해서는 최소한 상대습도가 60~80 % 유지되어야 하는 것으로 알려져 있다.

11.2.3 확산에 대한 온도, 전기화학적 특성

콘크리트에 여러 가지유해 물질이 침투 확산에 대해서는 온도, 전기적 특성, 산소나 가타 가스의 종류에 따라 물리 화학적 현상이 달라지므로 각 현상에 맞는 모델식을 사용하여야 한다. 여기서는 각 현상에 따른 최근 이론식 위주로 간략히 소개한다.

염화물의 확산은 염화물 농도경사로부터 발생하고 이 때 수분 또는 상대습도가 영향요인이며 또 다른 환경요인은 온도이다. 보통의 온도 범위에서 온도가 높을수록 확산계수가 높아진다. 온도에 따른 확산계수는 다음의 Arrhenius 식에 근거하여 제안되고 있다.

$$D(T) = D_0 \times e^{-B/RT} \tag{11.12}$$

여기서 D_0, R, B는 상수, T는 절대온도, $D(T)$는 임의 온도 T에서 확산계수이다. 여러 연구자의 결과로부터 Whiting은 온도조건을 달리 하였을 때의 염소이온의 확산계수를 정리하였으며 표 11.3과 같다. 이 표에서 보듯이 시멘트 페이스 또는 콘크리트 시험체 모두 유사하게, 온도가 증가함에 따라 확산계수가 증가하는 것을 알 수 있다.

염소이온의 확산계수를 평가함에 있어 형성되는 전기장(electrical field)도 고려하여야 한다. 초기 실험 연구결과에 따르면 전기장이 형성되었을 때, 염소이온의 이동속도가 빨라지는 것으로 나타났다. 수용액에서 전기장은 전자(electron) 또는 전하(charge)의 이동(transfer)을 포함하고 있다. 전해물질 내에서 양이온은 음극으로, 또한 음이온은 양극으로 이동한다. 전기장이 형성되었을 때, 반응물과 생성물에 의해 발생되는 전위차는 다음의 네른스트 방정식(Nernst equation)으로 계산한다.

$$E = E_o - \frac{RT}{nF} \ln\left(\frac{a_p}{a_r}\right) \tag{11.13}$$

여기서, R은 기체상수(gas constant), T는 절대온도, E_o는 기준 전극전위(standard electrode potential)이며, a_p와 a_r는 생성물과 반응물의 활동도(activity)이다. 네른

[표 11.3] 온도 영향에 따른 콘크리트의 염소이온 확산계수

Author	W/C	Temp(℃)	Curing	D_e (m/s×10^{-12})	Type of mix
Collepardi	0.40	10	2 mo mist	1.2	Paste
(1972)		25	1 mo air	2.5	
		40		4.9	
	0.40	25		1.7	Concrete
Goto	0.40	35	4 wk at 60℃	2.7	Paste
(1981)		45		3.7	
		60		9.2	
Page	0.40	7	60 d mist	1.1	Paste
(1981)		25		2.6	
		44		8.4	
	0.50	7		2.1	Paste
		25		4.5	
		44		18.4	
	0.60	7		5.2	Paste
		25		12.3	
		44		31.8	
Brodersen	0.60	15	7 d mist	4.21	Paste
(1982)		21		6.21	
		25		7.83	
		30		10.79	

출처 : Kropp J. and Hisdorf H. K., "Performance Criteria for Concrete Durability," RILEM Report 12, E & FN Spon, 1995, 327 pp.

스트 방정식은 철근부식에서 전위값을 구하는데 이용되며 14.3절에서 자세히 설명된다. 전기장이 형성됨으로 인하여 확산은 촉진되며 이온의 활동을 고려할 때, 확산계수는 다음의 Nernst-Einstein 식으로 표현된다.

$$D_j = \frac{RT}{nF^2}\Lambda_j = \frac{RT}{nF^2}\frac{j}{\Delta E}\frac{x}{A}\frac{1}{C_j Z} \tag{11.14}$$

여기서, D_j는 임의 j 물질의 확산계수(mol/cm^{2}s), x는 임의 거리, Z는 전하, C_j는 물질의 농도(mol/cm^3), A는 단면적이다. 물질의 농도와 비저항(resistivity, 또는 specific resistance), 전도율(conductivity)을 측정함으로서 이온의 확산계수를 실험으로 찾을 수 있다.

콘크리트 내의 철근 부식에는 산소가 반드시 있어야 하며 산소가 콘크리트 속으로 확산될 때의 확산계수를 추정하여야 한다. 콘크리트 속으로 침투되는 과정은 기체 산소가 확산되거나 기체 산소가 공극 용액에 용해되어 용존 산소가 확산되는 경우로 구분할 수 있다. 용존산소의 확산계수 측정방법은 음극반응에서 산소의 확산속도에 지배된다. 전극에서 소비되는 산소량이 콘크리트를 투과한다고 가정하여 용존산소의 확산계수는 다음 식으로 구한다.

$$D_{oD} = \frac{i_{\lim}}{nAF}\frac{\delta}{C_b} \tag{11.15}$$

여기서, D_{oD}는 용존산소의 확산계수(cm^2/s), $i_{\lim}$는 한계전류(A), δ는 피복두께(cm), C_b는 콘크리트 표면에서 공기 중의 산소 농도이다. 이와 같이 콘크리트 내구성 설계를 위해서는 유해물질의 확산 모델을 수학적으로 또는 화학 반응식으로 표현한다. 각 이론식에서 실험에서 계수를 추정하여 실험식을 제안하고 있으며 이들로부터 내구성 설계를 수행하게 된다. 이 과정에서 실험 편차를 줄이고 예측을 정확하게 하기 위한 연구가 꾸준히 수행되고 있다.

11.3 • 내구성 설계

11.3.1 표준시방서에서 내구성 평가

우리나라의 표준시방서에서는 필요시 콘크리트 및 콘크리트 구조물의 노출환경을 고려하여 목표 내구연한 동안 내구성에 문제가 발생하지 않도록 구조물을 시공 단계에서 내구성 평가를 수행하도록 규정하고 있다. 콘크리트 구조물이 내구연한 동안 내구성능을 확보하는가를 판단하기 위하여 내구성 평가를 시행하는 설계 개념이다(그림 11.5). 염해, 탄산화, 동결융해, 화학적 침식, 알칼리골재반응 등을 주된 성능저하 요인으로 고려하며, 시공할 구조물이 갖게 될 노출환경에 따른 성능저하 환경을 조사하여 이에 따라 성능저하 원인별로 내구성평가 항목을 선정한다.

콘크리트 구조물은 공사착수 전에 시공할 콘크리트 구조물과 배합설계된 콘크리트 재료 자체에 대하여 내구성을 평가하여야 한다. 콘크리트 구조물이 시공된 후 내구성이 확보되려면 구조물의 초기재령에서 발생될 수 있는 균열을 제어할 수 있어야 하며, 이를 위해 시공방법과 배합설계 과정에서 내구성 평가를 수행하여야 한다.
시공될 콘크리트 구조물에 사용되는 콘크리트에 대한 내구성 평가는 내구성능 예측값에 환경계수를 적용한 소요내구성값을 내구성능 특성값에 내구성 감소계수를 곱한

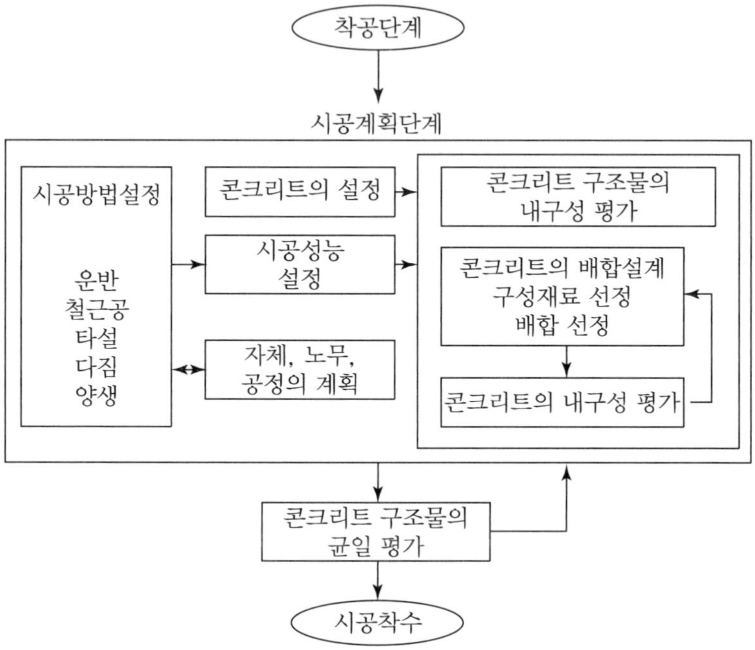

[그림 11.5] 시공계획단계에서 내구성 평가 개념도

(출처 : 콘크리트표준시방서 2009)

설계 내구성값과 비교하며 다음 식을 따른다.

$$\gamma_P A_P \leq \phi_K A_K \tag{11.16}$$

여기서, γ_P는 환경계수, ϕ_K는 내구성 감소계수, A_P는 내구성능 예측값, A_K는 내구성능 특성값이다. 콘크리트 구조물의 내구성 평가는 염해의 경우 염화물의 농도, 탄산화의 경우 탄산화 깊이, 동해의 경우 상대동탄성계수 등과 같이 각 성능저하요인에 대해 설계 내구성능 특성값이 내구성능 예측값보다 크도록 설계한다.

염해를 받을 수 있는 환경에 놓여진 콘크리트 구조물의 환경조건은 해안선으로부터 거리에 따라 계측한 결과에 의해 콘크리트 표면의 염화물 이온 농도, C_s를 설정한다. 표 11.4는 국내의 염해 환경을 각 해안가의 실제 구조물을 통한 실험결과를 토대로 조수 간만의 차가 큰 서/남해안과 동해안을 구분하여 제안한 표면 염화물 이온 농도이다. 또한 철근부식을 일으키는 임계 염화물이온 농도, $C_{\lim}$는 다음 식을 사용한다.

$$C_{\lim} = 0.004\, C_{\text{bind}} \tag{11.17}$$

여기서, C_{bind}는 단위결합재량이다. 일반적으로 임계염화물이온농도로 1.2 kg/m^{3}을 사용하는바, 단위시멘트량이 300 kg/m^{3}의 경우 염화물이온농도 0.4 %에 해당되는 값

[표 11.4] 해상부에 놓인 콘크리트 구조물의 해수 접촉부위별 표면염화물이온 농도 제안값 (콘크리트표준시방서 2009)

해안 구분	해수 접촉 부위	표면염화물이온농도 (kg/m³)
서, 남해안	간만대	18.0
	물보라 지역	7.5
	해상대기중	5.0
동해안	간만대, 물보라지역	13.0
	해상대기중	7.0

* 서남해안과 동해안의 구분은 부산지역으로 한다.

이다. 이들 값에 근거하여 염화물이온 침투에 의한 콘크리트 구조물의 내구성은 다음 식으로 평가한다.

$$\gamma_P C_d \le \phi_K C_{\lim} \tag{11.18}$$

여기서 γ_P는 염해에 대한 환경계수로서 일반적으로 1.11을 사용하며 ϕ_K는 염해에 대한 내구성 감소계수로서 0.86, C_d는 철근 위치에서 염화물이온농도의 예측값이다. 임의 위치, 임의 기간에 대하여 염화물 이온 농도는 확산이론에 근거한 식과 유사한 다음 식을 이용하여 추정할 수 있다.

$$C_d(x,t) - C_i = (C_s - C_i)\left[1 - erf\left(\frac{x}{2\sqrt{D_d t}}\right)\right] \tag{11.19}$$

여기서 $C_d(x,\ t)$는 위치 x, 시간 t에서 염화물이온의 설계값이며, C_i는 초기 염화물 이온 농도로서 최대값, C_s는 표면 염화물 농도이다. 또한 D_d는 염화물이온의 유효확산계수로서 콘크리트 구조물의 시공 전 균열평가에 따라 사용성 및 수밀성의 관점에서 결정한다.

유사한 방법으로 콘크리트 구조물의 여러 가지 내구성 평가를 수행할 수 있다. 탄산화의 경우 탄산화 깊이, 동해의 경우 상대동탄성계수, 화학적 침식의 경우 침식속도계수 등과 같이 각 성능저하요인에 대해 설계 내구성능 특성값이 내구성능 예측값보다 크도록 설계한다.

탄산화에 대한 내구성 평가는 목표내구수명에 도달하였을 때의 철근부식이 발생하는 탄산화 한계 깊이와 구조물의 성능저하에 따른 예측 탄산화 깊이에 각각 내구성 감소계수와 환경계수를 곱하여 비교한다. 표면으로부터 일정깊이의 콘크리트가 일정 농도에 도달하게 되는 기간을 확산계수를 앎으로서 추정할 수 있다. 즉, 확산에 의한 화학물질의 침투깊이는 $\sqrt{t}$ 에 비례한다는 것으로부터 탄산화 깊이 예측에 활용되고 있다.

동결융해 저항성 시험을 통하여 얻어지는 상대동탄성계수와 콘크리트의 질량감소율을 지표로 동해에 대한 내구성을 평가한다. 콘크리트 구조물의 내동해성은 콘크리트 배합, 시공방법, 품질 외에 구조물이 위치한 지역의 최소온도, 동결융해반복횟수, 수분의 포화정도 등 많은 인자에 영향을 받는다. 동결융해작용에 대하여 소요 성능을 만족하기 위한 상대동탄성계수의 최소 한계값은 구조물의 중요도에 따라 달리한다. 콘크리트 댐과 같은 중요구조물은 80 % 이상, 사용기간 중의 구조물의 미관을 손상할 수 있어 초기에 건전성을 유지하기 위해서는 95 % 상대동탄성계수가 요구될 수 있다.

내화학적 침식성의 평가는 대상이 되는 콘크리트의 침식작용과 정도를 고려하여야 한다. 콘크리트 공시체의 촉진시험 및 폭로시험 또는 여러 가지 적절한 시험을 통하여 성능저하 발생 여부나 이러한 성능저하로 인해 구조물의 요구 성능에 어느 정도 영향을 미치는지 파악하여야 한다. 내화학적 침식으로 인한 콘크리트의 성능저하가 구조물의 요구 성능에 영향을 미치지 않도록 하기 위해서는 **표준시방서**나 **구조기준**에서 규정한 콘크리트 재료를 선정하고 이에 적합한 물－시멘트비를 사용하여야 한다. 그림 11.6은 성능저하 요인별로 콘크리트 구조물의 내구성 평가의 개념도이다.

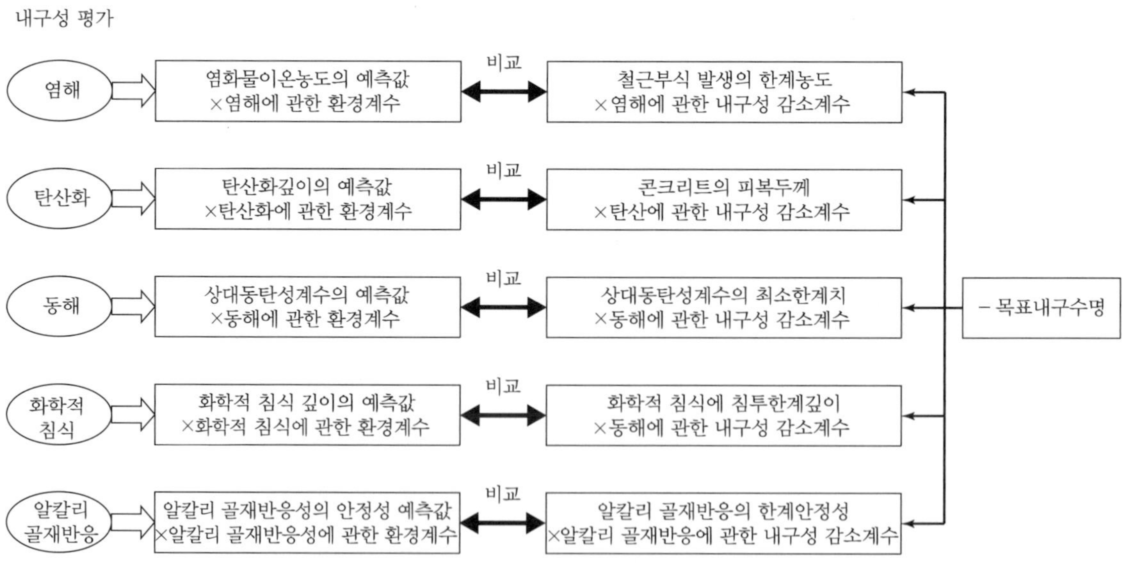

[그림 11.6] 성능저하 요인별 콘크리트 구조물의 내구성 평가 개념도

(출처 : 콘크리트표준시방서 2009)

한편, 콘크리트 구조설계 개념인 강도설계법의 하중과 강도의 변동성에 근거한 안정성 개념에 일관되도록 내구성 평가 개념을 도입하고 있다. 즉 내구성 평가 개념에도 환경계수와 내구성 감소계수 등 안전계수가 도입되고 있다. 환경계수는 시공될 콘크리트 구조물의 성능저하 환경조건에 대한 안전율로서 적용하며, 내구성 감소계수는 내구 성능 특성 값 및 내구 성능 예측 값의 정밀도에 대한 안전율로서 적용하고 있다. 즉 각 성능저하 요인에 대한 내구적 안전율은 내구성 감소계수와 환경감소계수의 비, γ/ϕ로 추정할 수 있겠다.

11.3.2 내구수명설계

최근 유럽을 중심으로 CEB-fib 모델 코드에서, 또한 콘크리트 국제 ISO위원회(ISO/TC71)에서 내구수명설계(service life design : SLD) 기법이 제시되고 논의되고 있다. 기본 개념은 하중으로부터 안전을 확보하기 위한 구조설계에서 강도설계 개념을 도입하였듯이, 여러 가지 환경(environment) 작용으로부터 성능저하(deterioration)를 방지하기 위한 한계상태 설계법(limit state design)을 도입하는 것이다.

내구수명설계에서는 환경하중(load)과 성능(resistance)을 수량적 또는 수치적으로 모델화 한다. 이를 위해서는 화학적, 물리적 성능저하 과정을 가능한 정확하게 계량 또는 수치화 하는 모델을 이용하여야 한다. 여기서 모델의 정확도는 실험실에서 얻은 재료 성능 데이터와 실 구조물 관측값 사이에 오차를 줄일 수 있어야 한다. 예컨대 염해에 대해서 노출 환경에 따라 또한 콘크리트 재료 성능에 따라 염소이온이나 탄산가스가 침투되는 과정을 가능한 여러 가지 변수에 대하여 정밀하게 모델화 하여야 할 것이다. 환경에 대해서는 온도, 상대습도, 해상 비말대 등을 확률과 통계기법을 이용하여 신뢰성이 높도록 수치화하여야 할 것을 강조하고 있다.

내구수명설계에서 기본식은 환경하중과 재료성능으로 구분되며 다음과 같다. 먼저 환경하중에 대한 설계 기본값은 다음 식으로 표현된다.

$$F_d = \gamma_f F_{rep} \tag{11.20}$$

여기서, F_d는 환경하중의 설계값(design values), F_{rep}는 환경하중의 기준값(represen-tative values)이며, γ_f는 환경하중 부분계수(partial safety factor) 이다. 또한 재료나 구조 성능에 대한 설계값은 다음 식으로 주어진다.

$$R_d = R_k/\gamma_m \tag{11.21}$$

여기서, R_d는 재료나 구조의 설계값(design values), R_k는 재료 성능의 특성값(characteristic values)이며, γ_m는 재료성능 부분계수(partial factor)이다. 재료 부분계수는 재료성능(resistance)에서 품질이나 시공상 오류 등 여러 가지 불확실성을 고려한 감소계수이다.

내구수명 설계법은 아직도 실용성에 대해서는 논란이 있어 기준으로 채택되기에는 시일과 조정이 필요하다. 내구수명 설계법은 예측 모델이 과학적으로 접근하고 있고 논리가 확보되어 우수한 개념이다. 그러나 내구성 평가 모델이 너무 학술적이며 시험 방법이 정립되어 있지 않고 결과에 편차가 크며 보편성이 부족하다는 단점이 있다. 지금까지의 **표준시방서**와 **구조기준**이 설계와 시공 편이를 위한 사양위주 시방(descriptive specification)으로 되어 있으나 향후 성능위주 시방(performance criteria, 또는 performance based specification)으로 변화될 것으로 예상되고 있다.

연습문제

1 투수성이 콘크리트 내구성에 어떻게 영향을 미치는지 설명하라.

2 콘크리트에 확산되는 물질의 침투 깊이와 시간과의 관계를 설명하라.

3 시멘트 풀, 보통콘크리트, 고강도콘크리트, 폴리머 콘크리트에서 각각의 투수계수의 값을 상대 비교하고 설명하라.

4 경계조건이 반무한 콘크리트 슬래브에서 임의 위치, 임의 시간에 대하여 염화물이온농도를 추정할 수 있는 방법을 기술하라.

5 콘크리트 슬래브가 반무한 경계조건을 가질 때, 염소이온의 시간에 따른 침투 깊이를 추정하고자 한다. 표면 농도가 0.40 %로 일정하고 내부의 초기 농도가 0.05 % 이며, 표면에서부터 40 cm 내부의 농도가 0.20 %에 도달될 때까지의 시간을 계산하라. 20℃에서 염소이온의 콘크리트에 대한 확산계수는 5.0×10^{-12} cm^2/s이다.

6 내구수명설계(service life design : SLD)의 기본개념을 설명하라.

7 콘크리트표준시방서에서 내구성 평가의 기본개념을 설명하라.

참고문헌

1. 한국콘크리트학회, "콘크리트구조설계기준 해설", 기문당, 2012, 599 pp.
2. 한국콘크리트학회, "콘크리트표준시방서 해설", 기문당, 2009, 854 pp.
3. 한국콘크리트학회, "최신콘크리트공학", 기문당, 2011, 930 pp.
4. 윤의식, 이택우, 박승범, "시멘트 종류별 콘크리트 강도 및 공극률과 염화물 확산계수의 상관관계 분석", 한국콘크리트학회 논문집, 제 17권 제5호, 2005, pp.735-742.
5. 권성준, 송하원, 변근주, "복합열화에 노출된 균열부 콘크리트내의 염화물 침투 해석 기법에 대한 연구," 한국콘크리트학회 논문집, 제 19권 3호, 2007, pp.259-366.
7. Whiting D. "Permeability of Concrete", *SP-408,* American Concrete Institute, Detroit, MI, 1988, pp.195-222.
8. International Recommendations for the Design and Construction of Concrete Structure, *CEB/FIP*, 1992.
9. Mehta K. and Monteiro P., "Concrete", 2nd ed., *Prentice Hall,* 1993, 548 pp.
10. Mindess S., Young F., and Darwin D., "Concrete", 2nd ed., *Prentice Hall*, 2003, 644 pp.
11. Neville A. M., "Properties of Concrete", 4 th ed., *John Wiley & Sons, Inc.,* 1996, 844 pp.
12. Allen, R. T., Edwards, S., Shaw, J., "The Repair of Concrete Structures", *Blackie Academic & professional,* 2nd Ed., 1993.
13. Gagne R., Boisvert A., and Pigeon M, "Effect of Superplasticizer Dosage on Mechanical Properties, Permeability, and Freeze-Thaw Durability of High Strength Concretes with and Without Silica Fume," *ACI Materials Journal* March-April, 1996, pp.111-120.
14. Lu H., Swaddiwudhipong S. and Wee T., "Evaluation of internal restrained strain in concrete members at early age", *ACI Materials Journal,* Sep-Oct. 2000, pp.612-618.
15. D.G. Bonnell and F.C. Harper, The thermal expansion of concrete, *National Building Studies,* Technical Paper 7, London, 1951)
16. Hansen E. and Sauoma V., "Numerical Simulation of Reinforced Concrete Deterioration -Part I : Chloride Diffusion", *ACI Materials Journal,* Mar-Apr, 1999, pp.173-180.
17. Byung Hwan Oh and Bong Seok Jang, "Chloride Diffusion Analysis of Concrete Structures Considering Effects of Reinforcements", *ACI Materials Journal*, Mar-Apr. 2003, pp.143-149.
18. M. Pigeon and R. Pleau, "Durability of Concrete in Cold Climates", 1st ed., *E&FN SPON*, 1995, pp. 224.

12

CHAPTER

성능저하

콘크리트 구조체는 설계, 재료, 시공상의 결함에 의해 손상이 발생할 수 있지만, 사용 환경 및 유지관리 과정에 따라서도 장기적으로 성능저하가 일어날 수 있다. 건설 당시 품질이 우수한 콘크리트 일지라도 열악한 환경과 콘크리트 자체의 내/외적 요인이 복합적으로 작용함으로서 시간 경과에 따라 점차적으로 성능이 저하된다.

이 장에서는 사용 환경으로부터 콘크리트 내구 성능저하에 미치는 손상의 각각의 특징을 논의한다. 산 또는 염류의 침해, 콘크리트의 탄산화, 동결융해작용, 철근의 부식, 황산의 화학적 침식, 알칼리골재반응, 고온 피해 등에 대해 알아본다. 이울러 설계 또는 시공, 그리고 유지관리 과정에서 각 요인별 성능저하에 대하여 가능한 대책을 중심으로 서술하고자 한다.

12.1 • 콘크리트 구조물의 성능저하

12.1.1 성능저하 요인

콘크리트 구조물의 성능저하性能低下(deterioration) 개념은 시간경과에 따라 물리, 화학적 작용에 의하여 재료의 품질, 기능 등의 성능이 저하되는 현상을 의미한다. 이러한 성능저하는 구조물이 가져야 할 내구성(durability)과 관련되는 개념이다. 구조물의 내구성이라 함은 구조물이 존재하는 동안 만족할 만한 수준의 신뢰성과 사용성을 유지하는 능력이라고 할 수 있다. 여기서 사용성이라 함은 구조물의 설계, 시공시에 목적한 기능을 충분히 수행할 수 있는 능력을 뜻한다.

구조물은 환경 외력(environmental load)으로부터 풍화 작용, 화학작용, 마모 또는 다른 원인에 의하여 구조물에 발생하는 성능저하 현상에 대하여 저항하는 능력(resistance)을 가져야 한다. 내구 설계된 콘크리트 구조물은 외부 환경에 노출되었을 때의 한계상태에서, 소정의 형태, 재질, 사용성 등을 유지할 수 있는 구조물 본연의 저항력을 가질 수 있어야 한다. 콘크리트 구조물의 내구성을 저하시키는 사례는 다음과 같이 요약할 수 있겠다.

1. 콘크리트 건조수축 등의 이유로 균열이 발생하고 건습이 반복되는 경우
2. 대기 중의 탄산가스가 서서히 콘크리트 속으로 침투하여 알칼리성을 약하게 하고 내부 철근을 부식시키는 경우
3. 제설제 살포로 또는 해안 지역에서 염해 인자가 콘크리트 속으로 침투하여 철근을 부식시키는 경우
4. 추운 지역에서 콘크리트 동결융해에 의한 손상
5. 수처리 시설, 하수관과 같이 화공약품이나 박테리아 번식에 의한 산으로부터 콘크리트와 철근의 부식
6. 알칼리골재반응 등 골재로부터 이물질 이입에 의한 콘크리트의 팽창 균열
7. 고열에 의한 콘크리트 재료 성능 손상

콘크리트 구조물에서 성능저하 현상이 발생하는 원인은 시간의 경과에 따라 콘크리트 내부에서 발생하는 원인과 구조물이 외부에 노출되는 환경에 의한 원인으로도 크게 구분할 수 있다. 먼저 내적인 원인으로는 알칼리-골재 반응, 유해물질의 이입, 열적 특성에 따른 체적 팽창, 투수에 의한 동결융해 손상을 들 수 있다. 또한 외적인 원인으로는 외기에 의한 영향과 심한 온도변화, 마찰, 전기화학적 작용, 그리고 자연

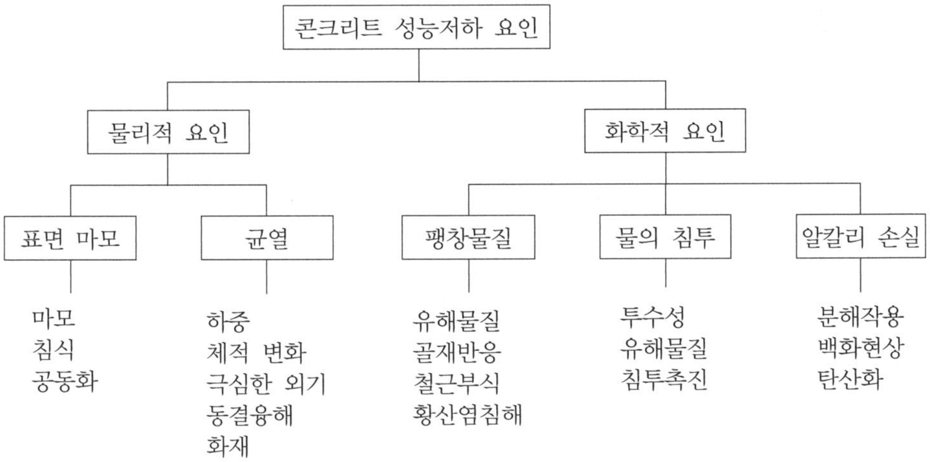

[그림 12.1] 콘크리트의 성능저하 요인별 분류

또는 산업으로부터 액체, 기체에 의한 영향을 들 수 있다. 특히 외부 요인에 의해 발생되는 손상의 정도는 대부분의 경우 콘크리트 품질에 따라 차이를 나타내는데, 극심한 환경에 노출되는 경우, 아무리 품질이 우수한 콘크리트라고 할지라도 성능저하는 피할 수 없는 현상이다.

콘크리트 구조물의 성능저하 요인을 물리적 요인과 화학적 요인으로 구분이 가능하다(그림 12.1). 물리적 요인으로는 표면 마모, 하중에 의한 균열 등을 들 수 있다. 화학적 요인으로는 유해물질에 의한 반응으로 생성된 물질에 의한 팽창, 물의 침투로 인한 유해 이온의 전달, 철근의 부식으로 인한 산화물 생성, 알칼리 손실로부터 탄산화, 백화현상, 황산염 반응 촉진 등을 들 수 있다.

콘크리트의 성능저하는 3가지 구성 재료, 즉 골재, 페이스트, 철근 중에서 어느 하나의 손상에 의하여 일어날 수 있다. 콘크리트 성능저하는, 일반적으로 한 가지 원인에 의해 발생하지 않고, 여러 요인들이 복합적으로 상호작용에 의해 더욱 심화된다. 더욱이 어느 환경조건에서 특정 재료가 손상이 되면 다른 요인이 상황을 더 악화 시킬 수 있다. 따라서 개개 성능저하 현상을 이해하여야 할 뿐만이 아니라 여러 성능저하 요인들의 상호연관성과 종합적인 검토 또한 필요하다. 성능저하 현상의 내외적인 원인은 콘크리트에 침투 또는 투과하는 수분과 밀접한 관계가 있다. 즉 콘크리트의 투수성은 외부 성능저하 작용에 대한 콘크리트 취약성을 결정하는 주된 성능이 되며, 성능저하에 대한 저항력을 가지려면 콘크리트는 가능한 투수성이 높아야 한다. 또한 외부 작용으로부터 콘크리트 취약성을 결정하는 주된 원인인 물의 성능저하 역할에 대해서 충분히 이해하여야 한다.

12.1.2 물의 성능저하 역할

성능저하 현상의 내외적인 원인은 콘크리트에 침투 또는 투과하는 수분과 밀접한 관계가 있다. 즉 콘크리트의 투수성은 외부 성능저하 작용에 대한 콘크리트 취약성을 결정하는 주된 성능이 되며, 성능저하에 대한 저항력을 가지려면 콘크리트는 가능한 투수성이 높아야 한다. 또한 외부 작용으로부터 콘크리트 취약성을 결정하는 주된 원인인 물의 성능저하 역할에 대해서 충분히 이해하여야 한다.

콘크리트는 다공질이며, 콘크리트 내외면의 기포, 공극, 미세균열 등의 결함부분에 습기나 수분이 흡수되어 있다. 다공질의 콘크리트는 재료와 액체 상태에서 물이 접촉되었을 때, 재료 내로 수분이 유동하여 수착 되거나 재료 층을 통하여 투과 된다. 표 12.1은 대표적인 건설 재료에서 수분의 수착계수(water sorption)와 투과계수(water penetration)를 나타내고 있다. 표에서 콘크리트의 각 계수는 그래도 상당히 낮은 편이며 물－시멘트비가 작을수록 낮음을 볼 수 있다.

물은 콘크리트 구조물에 여러 가지 형태로 즉, 해수, 지하수, 강 또는 호수, 눈 또는 얼음, 증기로서 자연스럽게 접촉하게 된다. 특히 물 분자는 매우 작아서 미세 균열이나 공극을 가진 콘크리트에도 쉽게 침투한다. 다공성 재료인 콘크리트에 접촉하는 수분은 모세관 흡인력(capillary suction)으로 서서히 이동한다. 이러한 특성으로 물에 용해된 이온이나 가스 등은 쉽게 이동하고 전달 확산되며 콘크리트의 성분과 작용하여 새로운 물질을 생성시킴으로서 콘크리트 본연의 조직을 침해시킨다.

[표 12.1] 건설 재료에서 수분의 수착계수와 투과계수

재료	수착계수($kg/m^2\sqrt{s}$)	투과계수($m/\sqrt{s}$)
벽돌 (ρ=1,700 kg/m^3)	0.4	1.4×10^{-3}
벽돌 (ρ=1,900 kg/m^3)	0.1	0.7×10^{-3}
경량 콘크리트	0.1	0.4×10^{-3}
콘크리트 W_o/C=0.3	0.01	0.1×10^{-3}
콘크리트 W_o/C=0.5	0.02	0.2×10^{-3}
콘크리트 W_o/C=0.7	0.03	0.3×10^{-3}
콘크리트 모르타르	0.03	0.5×10^{-3}
석회 모르타르	0.3	1.0×10^{-3}
목재 섬유방향 ∥	0.02	–
목재 횡방향 ⊥	0.004	–

출처 : 강욱, 송진규외, "건축물리학", 2007

콘크리트 내부의 물의 이동은 제3장에서 논의한 바와 같이 콘크리트 내부의 공극구조(pore structure)와 내부 미세구조에 관계된다. 미세공극내의 수분 이동으로 인하여 건조수축이 일어나고 건조수축 현상은 콘크리트 구조물의 성능저하의 주요인 중의 하나이다. 건조수축은 미세구조 내의 물의 표면장력 현상에 기인하며 건습의 반복으로 건조수축균열이 확대된다. 물은 또한 다른 액체에 비하여 기화열이 높음으로서 상온에서 콘크리트 공극에 쉽게 내재하게 된다. 콘크리트 공극에 내재하고 있는 수분은 온도에 영향을 받으며, 고열 또는 동결 시에 수분 체적변화로부터 내부의 응력을 유발하고 팽창 압력으로 인해 균열을 발생시킨다.

물의 이동은 성능저하의 물리적, 화학적 발현에 있어 직접적인 동력이 된다. 모세공극을 통하여 이동이 쉬운 수분은 여러 유해한 이온, 가스등 물질전달(mass transport)의 수송수단이 된다. 미세공극, 균열 분포, 균열과 공극내의 포화정도가 침투수와 용해된 침해성분의 이온 확산(ion diffusion)을 결정하는 중요요인이다.

콘크리트에서 수분의 영향은 내구성 요인에 따라 차이가 크다. 콘크리트 내에서 수분과 관련된 물리－화학적 현상은 물질의 전달 기구와 화학적 반응에 따라 달라진다. 특히 성능저하 속도는 수분내의 이온의 종류, 농도, 그리고 재료의 화학적 반응물질과 생성물질 등에 의해 영향을 받는다. 내구성에 미치는 수분의 영향은 상대습도에 따라서 동결융해, 탄산화, 철근부식, 화학적 침식의 피해정도가 서로 다르다. 예컨대 동결융해는 당연하게 습기가 많을수록 일어날 확률이 높다. 이에 비해 탄산화는 상대습도가 너무 높거나 낮은 경우에는 발생하지 않으며, 철근부식 또한 건조 상태나 포화 상태에서는 작용이 전해질이 형성되지 못하거나 용존산소가 없으므로 거의 일어나지 않는다. 표 12.2에서는 내구성 요인에 따라 수분의 영향 차이를 보여주고 있다.

[표 12.2] 내구성에 미치는 수분의 영향

상대습도	동결융해	탄산화	철근부식 (탄산화)	철근부식 (염화물)	화학적 침식
매우 낮음(<45 %)	0	1	0	0	0
낮음(45～65 %)	0	3	1	1	0
중간(65～85 %)	0	2	3	3	0
높음(85～98 %)	2	1	2	3	1
포화상태(>98 %)	3	0	1	1	3

0＝리스크 없음, 1＝낮은 리스크, 2＝보통의 리스크, 3＝높은 리스크

12.2 • 동결융해

12.2.1 동결융해 메커니즘

콘크리트를 구성하는 시멘트 풀이나 골재는 모두 다공질이며, 콘크리트 표면의 기포, 공극, 미세균열 등의 결함부분에 습기나 수분이 흡수되어 결빙점이하에서 얼면 부피가 팽창하고 그 팽창압력으로 콘크리트 표면에 손상을 가하게 한다. 온도가 상승하여 얼었던 부분이 녹으면 손상된 부분이 떨어져 나가게 되며, 이러한 동결융해(freezing and thawing) 현상이 여러 번 반복되면 콘크리트 표면이 심하게 분열된다.

시멘트 풀이 동결융해를 받을 때의 현상에 대해서는 여러 이론이 있으나 Powers의 수압설(hydraulic pressure)이 대체로 받아들여지고 있다. 시멘트 경화체에 존재하는 모세관공극에 얼음이 형성되면 시멘트 풀 내의 잔존한 수량은 약알칼리성 용액이 된다. 일부 얼음 결정이 형성됨에 따라 주위 얼지 않은 용액의 알칼리 농도가 증가되고 이 때 다른 공극에 있는 수분이 부분적으로 언 공극속의 용액으로 흘러 들어가는 삼투 현상이 발생하며, 이로 인한 압력의 증가, 즉 삼투압(osmotic pressure)에 의해 균열이 발생되는 것으로 알려져 있다. 그림 12.2는 동결이하 온도에서 콘크리트는 온도하강으로 인한 예측치 보다 훨씬 크게 팽창됨을 보여주고 있다. 온도가 하강함에

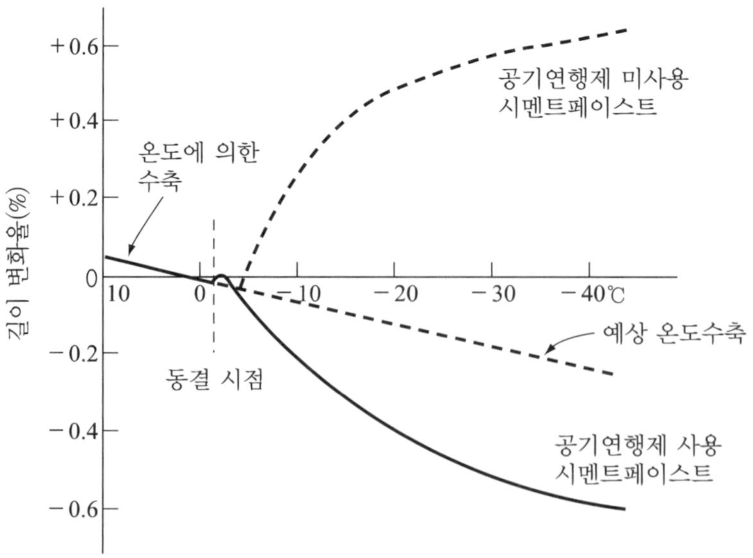

[그림 12.2] 온도 저하에 따른 체적 변화

(출처 : Mindess S., Young F., and Darwin D., "Concrete", 2003)

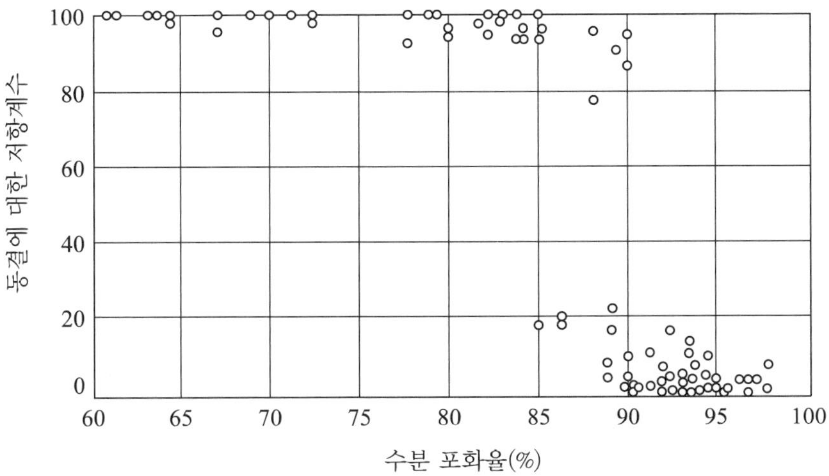

[그림 12.3] 콘크리트내 함수율에 따른 동결에 대한 저항성

(출처 : Centre D'Information De L'Industrie Belge, Le beton et le gel, Bull., No., 61, to 64 1957)

따라 줄어들어야 함에 불구하고 동결로부터 삼투압[滲透壓]이 작용하여 크게 팽창하게 된다. 또한 그림에서 공기연행제를 사용한 공기연행콘크리트는 온도가 낮아질 때, 예상과 달리 수축함으로서 팽창으로부터 동해를 방지하고 있음을 나타내고 있다.

동결에 대한 저항성은 콘크리트내 함수율에 크게 상관되며 습윤에 대한 포화정도가 낮은 경우에 동결에 대한 저항성이 높다. 그러나 포화도가 높을수록 저항성이 낮아지며, 포화도가 90 %를 넘어가면 동결에 대한 저항성이 급격히 떨어진다. 그림 12.3은 함수율에 따른 동결융해 저항성의 영향에 대한 실험 결과를 보여주고 있다.

동결융해 저항성은 골재 종류에 관계되며 저항성이 낮은 골재로부터 피해가 가끔 발생한다. 일부 골재는 기포가 시멘트 페이스트와 유사하게 많고 흡수율도 높다. 골재가 흡수율이 높거나 투기성이 높은 경우, 동결융해에 취약한 골재에 해당된다. 기공성이 큰 사암이나 경량골재를 사용할 때에는 동결융해 시험을 통하여 성능이 확인되어야 한다.

동결융해로 발생된 균열은 불규칙 형태를 갖는다. 동결융해가 진행되는 동안 표면 콘크리트가 들뜨고 일부 골재가 거칠게 드러난다. 시멘트 페이스트 파편이나 골재잔재가 콘크리트 표면을 형성하는 형태를 나타낸다. 콘크리트 교량의 돌출부나 난간에서 자주 발생되며 옹벽, 도로 경계블록 등과 건축물의 파라펫, 개구부 하부, 발코니 하단부에 자주 발생된다.

12.2.2 동해에 대한 대책

콘크리트의 동결융해는 공기연행제를 사용함으로서 대체로 피해를 줄 일 수 있다. 공기연행제(AE제)는 콘크리트 내부에 직경이 50~500 μm 정도의 연행공기(entrained air)를 형성하여 이 미세한 내부기포가 내부수분이 동결하여 발생되는 삼투압 즉 팽창압을 완화하여 주는 작용을 한다. 콘크리트의 동결융해 저항성을 확보하기 위한 공기량은 약 4 % 정도가 되어야 한다. 그림 12.4는 공기연행제를 사용한 콘크리트에서 연행공기의 간격과 동결융해 저항성의 관계를 보여주고 있다. 그림에서 연행공기의 간격이 약 100 μm일 때 내구성치가 높으며, 400 μm를 초과함에 따라 내구성 저항력이 급격히 떨어짐을 알 수 있다. 따라서 연행공기가 서로 가깝고 미세하게 잘 분산되어야만 동해에 대한 저항력이 확보됨을 알 수 있다.

구조기준에서는 동결융해에 노출되는 콘크리트에 대하여 공기량을 규정하고 있다. 최대골재치수가 클수록 동해저항 콘크리트의 공기량은 줄어든다. 여기서 심한 노출은 추운 날씨에 얼기 전에 계속적으로 습기에 접한 경우를 지칭한다. **표준시방서**에서 내동해성을 만족하는 골재의 물성 한계값을 규정하고 있다. 동결융해에 노출되는 콘크리트의 골재에 대하여 흡수율은 3 % 이하, 골재안정성 시험에 의한 굵은골재의 손실중량은 12 % 이하, 잔골재는 10 % 이하로 규정하고 있다.

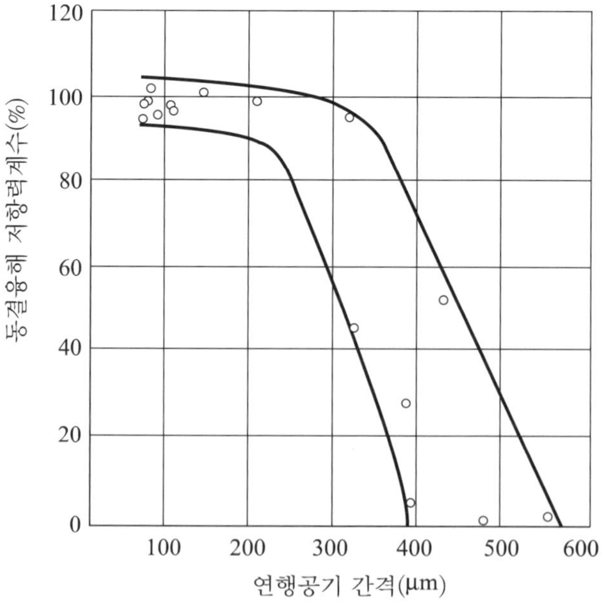

[그림 12.4] 콘크리트에서 연행공기의 간격과 동결융해 저항성의 관계

(출처 : U.S. Bureau of Reclamation, Investigation into the effect of water-cement ratio on the freezing and thawing resistance of concrete, Concrete Laboratory Report, No. C-810, Denver, 1955)

[표 12.3] 동해 저항 콘크리트에 대한 전체 공기량(구조기준)

굵은골재의 최대치수(mm)	공기량(%)	
	심한 노출	보통 노출
10.0	7.5	6.0
15.0	7.0	5.5
20.0	6.0	5.0
25.0	6.0	4.5
40.0	5.5	4.5

콘크리트의 내동해성시험은 KS F 2456 동결융해시험으로 판단한다. 이 시험방법은 온도 사이클이 조정되는 냉동기에 콘크리트 공시체를 넣고 동결과 융해를 반복시키는 일종의 촉진 시험이다. 동결과 융해의 반복 후 상대동탄성계수와 함께 길이변화율을 측정하여 평가한다. 300 사이클 종료 후 건전한 시험체는 상대동탄성계수가 80 % 이상을 유지하여야 하고 그 때의 길이 변화율도 200 마이크스트레인 이하일 때 내동해성이 우수한 것으로 평가한다.

콘크리트의 동해에 대한 대책으로는 동결융해의 온도 조건을 피하는 방법, 콘크리트의 함수율을 낮추는 방법, 그리고 콘크리트 자체의 내동해성을 향상 시키는 방법으로 대별된다. 사용재료로서 공기량을 확보하여 내동해성을 얻는 방법이 보편적으로 사용되고 있지만, 동절기에 빗물이나 얼음물이 침투하지 않고 빨리 흘려 내리게 하도록 설계시에 검토되어야 한다. 특히 건물이나 토목구조물에서 외단부, 옥상슬래브, 파라펫 등 외기온도의 큰 차이와 동시에 물/얼음이 상시 침투하여 동해를 입는 경우가 많음으로 주의하여야 한다.

시공 초기에 콘크리트가 굳지 않은 상태에서 동결되어 강도에 손상을 입힐 때, 초기 동해라 한다. 초기 동해는 콘크리트가 타설 후 시멘트의 수화가 충분히 진행되지 않고 콘크리트의 강도가 5 MPa에 도달되기 이전에 발생하며, 아직 수화되지 않은 수분이 영하날씨에 노출되어 내부 수분이 얼음으로 변하게 된다.

초기 동해를 방지하기 위하여 콘크리트 압축강도가 보통의 노출상태에서는 5 MPa에 도달될 때까지는 콘크리트의 온도를 5℃까지 유지하여야 하며 이를 초기 양생이라고 한다. 초기 양생 종료 후에라도 바로 외기에 콘크리트를 노출시키면 온도 충격(thermal shock)에 의해 표면에 균열이 발생할 가능성이 있으므로 최소한 2일 이상 구조물은 어느 부위라도 0℃ 이상이 되도록 양생에 주의하여야 한다. 초기 동해는 수화반응이 일어나지 않는 근본적 문제이며 동결에 의한 팽창의 문제와 다르다. 초기 동해에 대한 문제점과 대책은 제16장에서 자세히 언급한다.

12.3 • 탄산화

12.3.1 탄산화 메커니즘

콘크리트는 대기 중에 존재하고 있는 이산화탄소와 반응하여 탄산화炭酸化(carbonation)가 일어나게 된다. 경화한 콘크리트는 시멘트의 수화생성물인 수산화칼슘에 의해 pH가 12~13의 강알칼리성을 띠며, 콘크리트 중의 철근표면에는 철의 수산화물의 보호피막으로 덮여 있기 때문에 부식하지 않는다. 내부에 존재하고 있는 철근을 둘러싸고 있는 콘크리트는 알칼리성으로서 철근의 부식을 적절히 제어하고 있지만, 오랜 기간 동안의 탄산화 작용은 콘크리트의 pH 값을 강알칼리에서 점차적으로 중성화시켜 나가며 중성화가 된 콘크리트는 더 이상 철근의 부식을 보호하는 환경을 제공하지 못하여 결국 철근의 부식을 초래하게 된다.

콘크리트의 탄산화는 수산화칼슘, 또는 C−S−H가 공기 중의 탄산가스에 의해 탄산칼슘으로 변화하면서 pH 값이 8.5 이하로 감소하는 것을 의미하며 다음 식과 같이 표현된다.

$$Ca(OH)_2 + CO_2 \longrightarrow CaCO_3 + H_2O \tag{12.1}$$

$$C-S-H + 3CO_2 \longrightarrow 3CaCO_3 + 2SiO_2 + 3H_2O \tag{12.2}$$

위의 반응 중에서 첫 번째인 수산화칼슘의 탄산화 반응이 훨씬 더 지배적이다. 탄산화 속도는 1년에 약 1 mm로 진행된다고 알려져 있으나 환경에 따라 차이가 크다. 탄산화는 주로 대기 중에 0.03 % 정도 존재하는 이산화탄소로부터 이루어지며, 습도, 온도의 영향을 받아 온도가 높고 건조 지역일수록 빠르게 일어난다. 습도가 높은 경우는 콘크리트 내부 공극에 존재하는 수분으로 인하여 탄산가스 확산이 저지되어 탄산화가 늦어진다. 옥외는 옥내보다 탄산가스의 농도가 낮으며, 옥외라도 비에 젖은 부분은 건조한 부분보다 탄산화가 늦은 것으로 알려지고 있다. 그림 12.5는 노출 환경이 실내, 외부, 외부이며 습윤 상태인 3종류의 시험체에서 재령별 탄산화 깊이를 실험한 결과로 위의 설명을 잘 나타내고 있다. 실내 시험체에서 재령 경과함에 따라 외부 시험체에 비하여 탄산화 깊이가 깊게 나타나고, 같은 외부라도 습윤상태에서 탄산화 깊이가 깊지 않은 것으로 나타나고 있다.

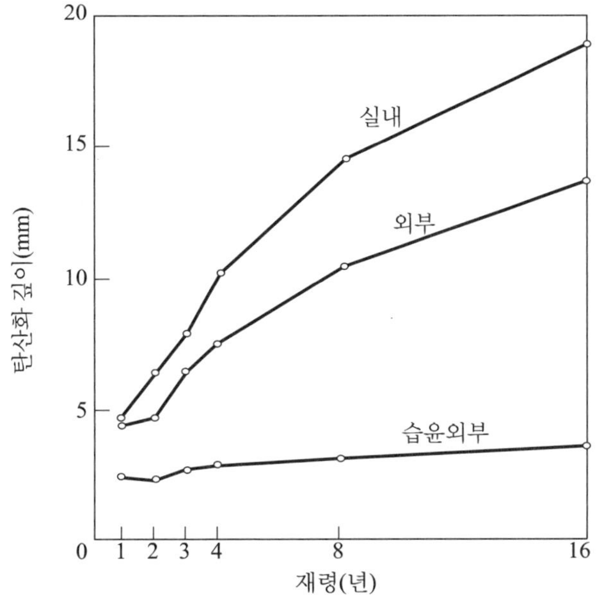

[그림 12.5] 노출 환경에 따른 탄산화 깊이

(출처 : Wierig H.-J., "Longtime studies on the carbonation of concrete under normal outdoor exposure," 1984)

탄산화로 콘크리트는 더 치밀하여지고 강도에 별 영향이 없다는 실험보고도 있지마는 그림 12.6에서 보듯이 연구 결과는 탄산화 깊이가 증가함에 따라 강도가 감소됨을 보여주고 있다. 탄산화 깊이가 5 mm에서 10 mm로 증가함에 따라 강도는 50 MPa에서 30 MPa로 감소함을 보여주고 있다. 또한 건조 양생 조건이 습윤양생 조건보다 탄산화 깊이가 깊음을 알 수 있다. 대기 중의 탄산가스가 콘크리트에 침식하여 콘크리트 수화물이 분해되며 콘크리트 강도저하가 발생되고 경화체가 다공질화 되어 손상이 일어나는 것으로 보고되고 있다.

탄산화 진행 속도를 추정하기 위해서 탄산화 깊이와 경과년수와 관계는 일반적으로 다음 식으로 표현된다.

$$x = R\sqrt{t} \tag{12.3}$$

여기서, x는 콘크리트의 탄산화 깊이(cm), t는 경과년수(년), R은 시멘트, 골재의 종류, 환경조건, 혼화재료, 표면마감재 등의 정도에서 결정되는 상수로 실험으로 구한다.

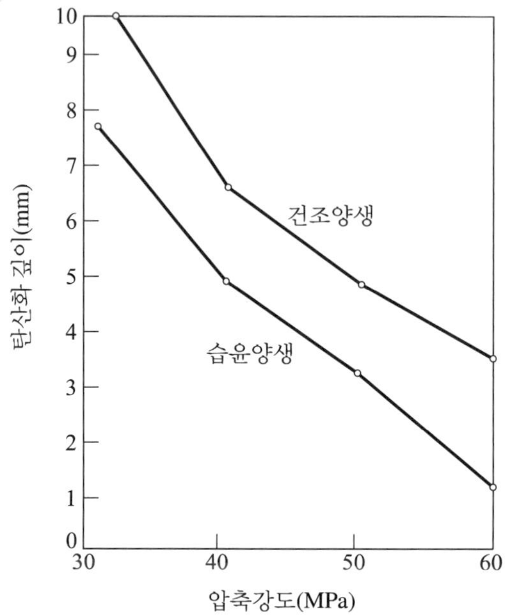

[그림 12.6] 탄산화 깊이와 양생조건에 따른 콘크리트 강도 감소효과

(출처 : Bassat M., Nixon P.J. and Hardcastle J., "The effect of differences in the composition of Portland cement on the properties of hardened concrete," 1990)

12.3.2 탄산화에 대한 대책

탄산화에 미치는 영향 인자로는 탄산가스의 농도 및 습도, 외부 온도 등의 환경인자와 시멘트, 골재, 혼화제 등의 재료인자 및 물-결합재비, 단위수량, 슬럼프 등 배합인자가 해당 된다. 시멘트 종류에 따라 탄산화 속도에서 차이가 나며 혼합 시멘트에서 대체로 탄산화가 빠르다. 혼합시멘트를 사용하면 일반시멘트보다 수산화칼슘량이 상대적으로 적어 낮은 pH를 나타내기 때문이다. 그러나 고로시멘트나 플라이애쉬를 사용함으로서 치밀한 조직체를 형성하여 탄산화 저항을 높일 수도 있다.

콘크리트의 물-시멘트비가 탄산화 속도에 크게 영향을 미치며, 50 %를 초과하면 급격히 증가하는 경향이 있으므로 가능한 이 값 이하로 하여야 한다. 탄산화를 줄이기 위해서는 슬럼프와 물-시멘트비를 낮게, 공기량, 세골재량도 작게 하여 치밀한 콘크리트, 즉 투기성(air permeability)이 낮은 콘크리트를 만드는 것이 중요하다.

탄산화의 판별은 콘크리트 시험체 내부 파단면에 1 % 페놀프탈레인 알코올 용액을 분사시켜 시험하며 대체로 간단하다. 적색을 띠는 부분은 알칼리 부분으로 구분하며 무색으로 변화하는 깊이까지를 탄산화 되었다고 본다.

[표 12.4] 탄산화 평가 항목

측정항목	점검시의 평가항목	예측할 수 있는 평가항목
탄산화깊이	탄산화속도	탄산화속도, 부식개시시기
균열(폭, 깊이, 밀도)	부식정도, 미관	탄산화속도, 부식속도, 미관
강재 위치와 부식상황(면적, 양)	부식정도, 부식량, 내력	부식속도, 내력
녹물	부식정도	
변색, 변화	탄산화 진행정도, 미관	
전기화학적 지표(자연전위, 분극 저항, 전기저항 등)	부식정도, 부식속도	부식정도, 부식속도
콘크리트강도, 탄성계수	콘크리트강도, 강성, 탄산화정도	탄산화속도, 콘크리트강도
처짐, 변위	강성, 내력	

양질의 콘크리트는 표층부의 조직이 치밀하기 때문에 탄산화가 매우 느리게 진행되므로 피복이 얇거나 손상을 받은 경우를 제외하면 큰 문제는 되지 않는다. 다만, 현재에는 배기가스 및 지구 환경 악화로 탄산화가 빨리 진행될 수 있으며, 특별히 탄산화가 심각한 상태에서는 콘크리트 중의 철근부식 등 내구성 저하에 큰 영향을 미치기 때문에 이에 대한 적절한 대책이 강구되어야 한다.

콘크리트 탄산화의 진행 및 탄산화에 의한 철근 부식에 관한 평가는 기온, 습도, 강우빈도, 일사량 등 기상조건을 고려하여 수행하여야 한다. 콘크리트의 온도나 습도를 직접 계측하는 것이 어렵기 때문에 외기온도나 주위의 습도를 측정하여 간접적으로 콘크리트의 온도나 함수량을 추정할 수 있다. 또한 강우량, 일사량을 기상관측 자료로부터 콘크리트의 함수량을 추정한다. **표준시방서** 유지관리편에서 탄산화를 점검할 때의 조사 평가항목을 제시하고 있으며 표 12.4와 같다.

한편, 탄산화는 콘크리트 미세구조를 변화시켜 공극을 감소키는 것으로 알려지고 있다. 콘크리트 탄산화로 투수성이 낮아지며, 이러한 현상은 강도가 낮은 콘크리트에서 더욱 두드러지게 나타난다. 그림 12.7은 콘크리트 종류에 따른 투수성 실험 결과를 보여주고 있다. (a)에서 보듯이 낮은 물-시멘트비(0.45)로 수중양생 시험체(M2C2)의 수밀성(impermeability)이 매우 높으며, 이러한 수밀성은 탄산화 기간에 대체로 무관한 것을 보여 준다. 그러나 (b)에서 높은 물-시멘트비(0.60)이며 공기 중 양생 시험체(M1C1)에서는 탄산화 기간이 증가하면 상대적으로 수밀성이 크게 증가 하는 것으로 나타나고 있다. 즉, 물-시멘트비가 높거나 양생이 잘 되지 못하여 공극이 많은 콘크리트는 탄산화로 인하여 오히려 공극이 줄어들어 수밀성이 좋아지게 된다.

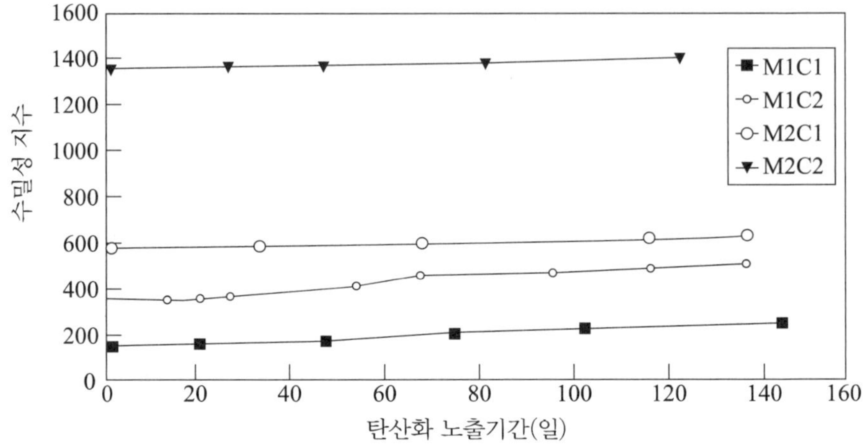

(a) 물-시멘트비와 양생조건에 따른 수밀성 변화

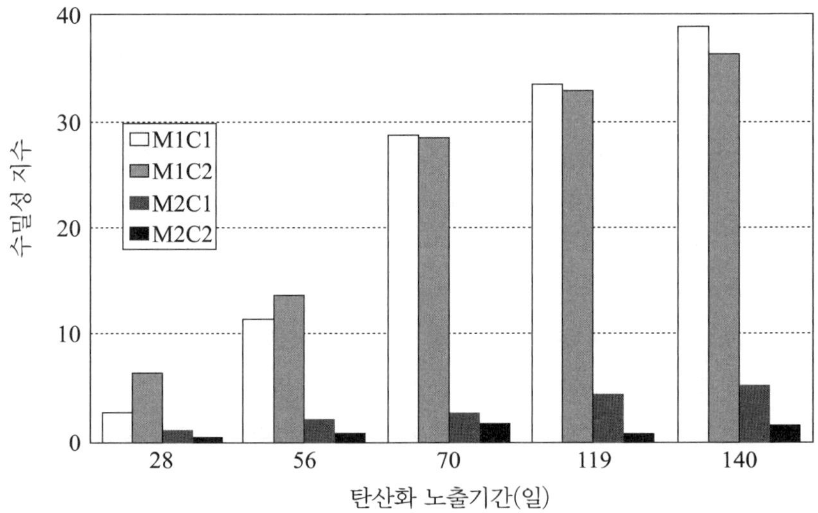

(b) 탄산화 재령에 따른 수밀성 증가율

[그림 12.7] 탄산화 따른 수밀성 실험 결과

(출처 : Claisse P., El-Sayad H. and Shaaban I., "Permeability and Pore Volume of Carbonated Concrete," 1999)

12.4 • 화학적 침해

12.4.1 화학적 침해의 메커니즘

콘크리트에서 화학적 피해는 일반적으로 황산염(sulfate)이나 산(acid)에 노출된 결과이며, 포틀랜드시멘트는 산에 대한 저항력이 매우 약하다. 지표수, 지하수, 해수, 산업공정에서 사용되는 용액들로부터 산에 노출되어 피해를 받는 경우이며, 나트륨(sodium), 칼륨(potassium), 칼슘 또는 마그네슘의 황산염이 간혹 토질이나 지하수에 녹아 침투하여 화학적 침해를 일으킨다.

유해한 화학물질이 콘크리트 내부에 침투하면 화학적 반응을 일으켜 시멘트 경화체를 용해(dissolution) 또는 약화(softening)시키거나, 팽창성 물질(expansive formation)을 생성 시켜 콘크리트를 파손시킨다. 용해성 반응을 일으키는 화학물질로는 산이 대표적이며, 반응성 염, 알칼리성 염기, 연수, 유지 등이 있다.

팽창성 반응을 일으키는 황산염에 의한 콘크리트 손상은 두 단계로 발생한다. 시멘트 수화과정에서 유리된 자유수산화칼슘(free calcium hydroxides)과 황산염의 반응으로 석고(gypsum-calcium sulfate dihydrate)가 발생된다.

$$Ca(OH)_2 + NaSO_4 + H_2O \longrightarrow CaSO_4 \cdot 2H_2O + NaOH \qquad (12.4)$$

또한, 생성된 석고와 수화 칼슘알루미네이트(hydrated calcium aluminate)가 다시 반응하여 복잡한 화학조성을 가진 에트린자이트(ettringite-calcium sulfoaluminate)를 생성하는 과정으로 대별된다.

$$CaSO_4\ 2H_2O + 3CaO\ Al_2O_3\ 6H_2O \longrightarrow 3CaO\ Al_2O_3\ 3CaSO_4\ 31 \sim 32H_2O \qquad (12.5)$$

이들 두 반응은 팽창성이 있으며, 두 번째 단계가 더 영향이 커서 대체로 두 배 이상의 팽창을 유도하여 콘크리트의 균열과 손상을 초래한다. 그림 12.8은 황산염 침해로 인하여 균열이 발생되는 거동을 개념적으로 나타내고 있다. 황산염은 확산에 의해 침투되고 콘크리트 내에 팽창성 물질(tri-calcium aluminate)을 생성시켜 균열이 일어난다.

콘크리트가 하수도나 분뇨처리시설 등 여러 가지 산업 시설로부터 화학적 작용으로 손상된다. 하수 중에는 황산염이나 단백질 등 유황을 함유하는 유기물이 포함되어 있다. 이 하수는 황산염 황산세균의 작용에 의하여 황화수소가 생성된다. 복개 또는 밀폐된 시설에서 환기가 불충분하면 이 황화수소 가스는 콘크리트 벽면에 용해되고 여기에 호기성의 유황산화 세균에 의해 산화되어 황산이 되며 콘크리트의 수산화

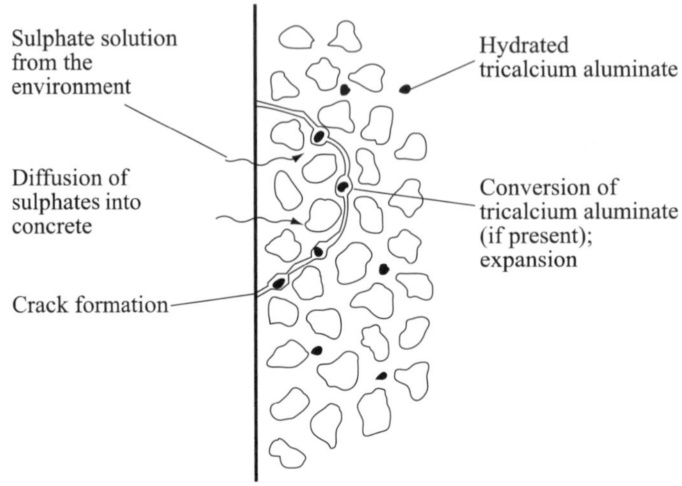

[그림 12.8] 황산염 침해로 인한 균열 발생 개념도

(출처 : CEB, "Durable Concrete Structures-Design Guide," 1992)

칼슘과 반응한 후 다시 2번째 단계를 거쳐 생성된 에트린자이트로 인해 팽창되어 콘크리트를 손상시킨다.

부식성 가스에 의해 콘크리트가 손상되는 경우로서 황화수소(H_2S), 이산화유황(SO_2), 질소산화물(NOx), 불화수소(HF), 염화수소(HCl) 등이 있다. 황화수소는 화학공장, 제철공장과 같이 여러 종류의 공장에서 발생하는 경우 외에도 하수도, 온천분기 등에서 포함될 수 있다. 아황산가스, 질소산화물은 화력발전소나 자동차의 배기가스 중에 포함되어 있는 바, 빗물에 쉽게 용해되어 산으로서 콘크리트를 심하게 손상시킨다.

해수 중에 많이 포함되어 있는 황산염으로서 황산마그네슘은 용해성 반응과 팽창성 반응을 함께 일으킨다고 보고되고 있다. 생성되는 수산화마그네슘은 용해도가 낮고, 용액 중의 pH가 낮아 수화한 규산칼슘도 분해하기 때문에 다른 황산염에 비해 침식 작용이 심하다. 해수중의 염화마그네슘은 시멘트의 칼슘성분과 반응하여 수용성의 염화칼슘을 생성하며 다음 식과 같다.

$$Ca(OH)_2 + MgCl_2 \longrightarrow Mg(OH)_2 + CaCl_2 \qquad (12.6)$$

염화칼슘의 생성으로 콘크리트는 다공질이 되고, 여기에 염분이 침투하면 철근이 부식 될 수 있다. 콘크리트 해중구조물, 항만 구조물로서 내구성, 성능저하 또는 화학적 작용에 대한 연구결과가 많이 발표되고 있다. 해수의 성분은 장소나 시기에 따라 다르지만 중요한 이온과 염의 대략적인 양은 다음 표 12.5와 같다.

[표 12.5] 해수의 성분

구분	성분	농도
이온	Cl^-	19.0 (g/L)
	SO_4^{2-}	2.6
	HCO_3^-	0.14
	Na^+	10.6
	Mg^{2+}	1.3
	Ca^{2+}	0.4
	K^+	0.38
염	$NaCl$	27.2
	$MgCl_2$	3.8
	$MgSO_4$	1.7
	$CaSO_4$	1.3

출처 : 정일영, “콘크리트구조 재료공학,” 2004

12.4.2 화학적 침해에 대한 대책

콘크리트를 구성하는 칼슘화합물은 알칼리 환경에서 화학적으로 안정하지만 중성, 산성 영역에서는 불안정하게 되어 분해한다. 콘크리트 내부는 알칼리로 보호되지마는, 외부로부터 이산화탄소, 염산, 황산, 초산, 요산 등이 침입하면 분해하여 침식된다. 이 때문에 산성 물질과 접촉하는 환경에서는 많던 적던 화학적 침식을 받게 되며 칼슘화합물의 분해 속도는 화합물의 종류에 따라 다르다.

화학적 침식에 대한 억제 대책으로 적합한 시멘트의 선택, 치밀한 콘크리트를 만들기 위한 배합과 시공 등이 있겠다. 시멘트에 따른 저항성은 보통 및 조강 포틀랜드시멘트에 비해, 고로 혹은 저열 포틀랜드시멘트, 내유산염, 혹은 포졸란 혼합시멘트가 나으며, 고내황산염시멘트, 알루미나시멘트 순으로 증가하는 것으로 알려져 있다.

표준시방서 유지관리 편에서는 화학적 침식에 의해 성능저하가 일어날 가능성이 높은 구조물의 유지관리에 대한 표준을 규정하고 있다. 화학적 침식에는 온천수, 유기산, 동식물 기름, 화학공장이나 하수도 관련 시설에 있어서 산성 침식 및 황산염에 의한 침식, 산성비나 토양에 의한 침식을 주로 대상으로 한다. 기본적으로 C_3A 성분이 적은 시멘트를 사용하는 것이 황산염저항성을 높이는 것으로 보고되고 있다. 표 12.6은 **구조기준**에서 제시하고 있는 황산염에 노출된 콘크리트의 요구 사항이다. 여러 노출상태에 따라 적절한 시멘트 종류와 물-결합재 비를 규정하고 있다. 내황산 시멘트를 선택할 때 심한 노출인 경우 C_3A 함량이 5 % 이상인 5종 시멘트 사용을 권장하고 있다.

[표 12.6] 황산염을 포함한 용액에 노출된 콘크리트에 대한 요구 사항(콘크리트표준시방서 2009)

황산염 노출 정도	토양 내의 수용성 황산염(SO_4) 질량비(%)	물 속의 황산염(SO_4) (ppm)	(혼합)시멘트 종류	최대 물-결합재비	최소 설계기준 압축강도 f_{ck}(MPa)
				보통골재 콘크리트	보통골재 또는 경량 콘크리트
무시	0.0~0.1	0~150	–	–	–
보통	0.1~0.2	150~1,500	보통 포틀랜드시멘트(1종)+포졸란 플라이애쉬시멘트(KS L 5211) 중용열포틀랜드시멘트(2종)(KS L 5201) 고로슬래그시멘트(KS L 5210)	0.5	27
심함	0.2~2.0	1,500~10,000	내황산염포틀랜드시멘트(5종)(KS L 5201)	0.45	30
매우 심함	2.0 초과	10,000 초과	내황산염포틀랜드시멘트(5종)(KS L 5201)+포졸란	0.45	30

한편, 황산 침해에 대한 저항성 시험을 실험실에서 수행하여 내황산 성능을 평가할 수 있다. 황산나트륨, 황산마그네슘 등의 성분을 함유한 시멘트로 모르타르 시험편을 만들고 황산수용액에 일정 시간 침지한 후에 팽창 정도를 측정한다. 시험방법은 ASTM C 1012에 따라 황산 침해로부터 과도한 팽창 여부를 동탄성계수를 측정하여 내구성능을 평가할 수 있다.

그림 12.8은 황산 용액 침지시험으로 황산침식에 대하여 재령에 따른 동탄성계수 감소, 즉 내구성 저하 현상을 실험한 결과를 보여주고 있다. 그림에서 보통 포틀랜드시멘트에 비하여 내황산포틀랜드시멘트가 우수하여 재령에 따라 황산염 침해가 작은 것을 보여주고 있다. 황산질소에 침지한 보통 포틀랜드시험체의 동탄성계수는 재령이 얼마 경과하지 않음에도 불구하고 급격히 떨어진 반면, 같은 조건에서 내황산 포틀랜드시험체의 동탄성계수는 재령경과에 따라 비교적 서서히 낮아짐을 보여주고 있다. 또한 황산침해는 황산나트륨에 비하여 황산마그네슘이 더 크고, 황산질소가 가장 침해가 큰 것으로 나타나고 있다.

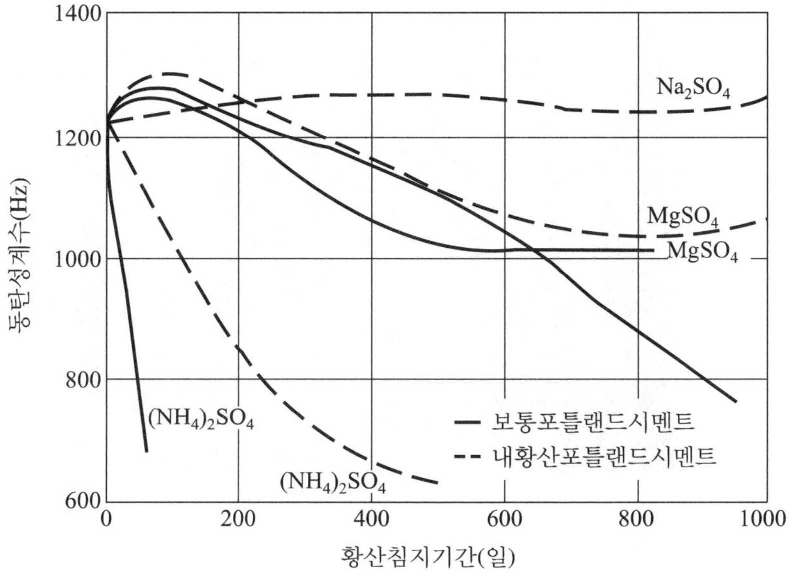

[그림 12.8] 용액 침지시험으로 황산침식에 대한 동탄성계수 평가

(출처 : Aardt J., "The resistance of concrete and mortar to chemical attack - progress report on concrete corrosion studies," 1955)

12.5 • 철근 부식

12.5.1 철근 부식의 메커니즘

콘크리트는 강알칼리성이며 콘크리트에 묻힌 철근 표면은 수산화제2철로 이루어진 얇은 부동태피막을 형성하고 있기 때문에 부식으로부터 보호되어 있다. 그러나 콘크리트 중에 일정량 이상의 염분(Cl^-)이 존재하면 염소이온의 작용에 의해 부동태피막이 파괴되어 철근이 부식되기 쉬운 상태가 된다. 부식으로 철근은 본래 체적의 약 2.5배 팽창하면서 그 팽창압으로 인해 균열이 발생되고 발생된 균열을 통하여 외부로부터 산소나 염화물, 물의 공급이 더욱 용이하여 철근 부식이 가속화된다.

철근의 부식은 콘크리트 구조물의 장기 손상 중에서 대표적인 사례이다. 광물 즉 화합물로부터 금속을 추출 또는 환원하기 위하여 에너지가 소요되었던바, 부식은 그 금속이 추출된 광물과 같은 유사한 화합물로 되돌아가는 자연현상이다. 부식은 수용액에서 전하(charge) 또는 전자(electron)의 이동으로 발생되며 전자의 활동도를 전기화학적 전위로서 부식속도를 가늠하며 자유에너지(Gibb's free energy)의 변화값으로 추정한다.

[그림 12.9] 철근 부식에 의한 균열

금속(철)이 수용액 속에서 이온화 될 때 전자의 교환을 포함하고 있는 반전지 전기화학반응(half-cell electrochemical reaction)으로 다음 식과 같다.

$$Fe \longrightarrow Fe^{2+} + 2e^{-} \qquad (12.7)$$

위의 식에서 철은 0에서 +2로 증가되어 산화반응, 또는 양극반응(anodic reaction)이라 한다. 한편 환원반응으로는

$$O_2 + H_2O + 4e^{-} \longrightarrow 4OH^{-} \qquad (12.8)$$

로서 수소의 상태가 0에서 −1로 감소되어 음극반응이 되며 부식의 반응은 두 반전지 반응을 합하여 평형상태가 된다(반전지 전위 계산은 14.3절에서 자세히 다룬다). 이들의 반응으로부터 다음 식과 같이 수산화제2철이 표면에 석출한다.

$$Fe_2 + O_2 + H_2O \longrightarrow 2Fe^{2+} + 4OH^{-} \longrightarrow 2Fe(OH)_2 \qquad (12.9)$$

이 반응에서 생성물, 즉 수산화물은 붉은 혹은 검은 녹으로 철 표면에 형성된다. 강재는 산소와 물에 접하면 염화물에 의해 낮아진 pH 농도에서 부식되고 그 표면에 붉은 녹($Fe(OH)_3$, 수산화제2철)이 생성된다. 그림 12.10은 철근 부식반응에서 각 반응 요소들과 생성물을 개념적으로 보여주고 있다. 양극에서는 철이 산화되어 이온화로 전자를 방출되고 전자는 음극으로 전해질을 통해 이동한다. 음극에서는 전자와 물과 산소가 수산화기를 생성하며 수산화기는 철 이온과 반응하여 수산화 제2철(녹)을 형성한다.

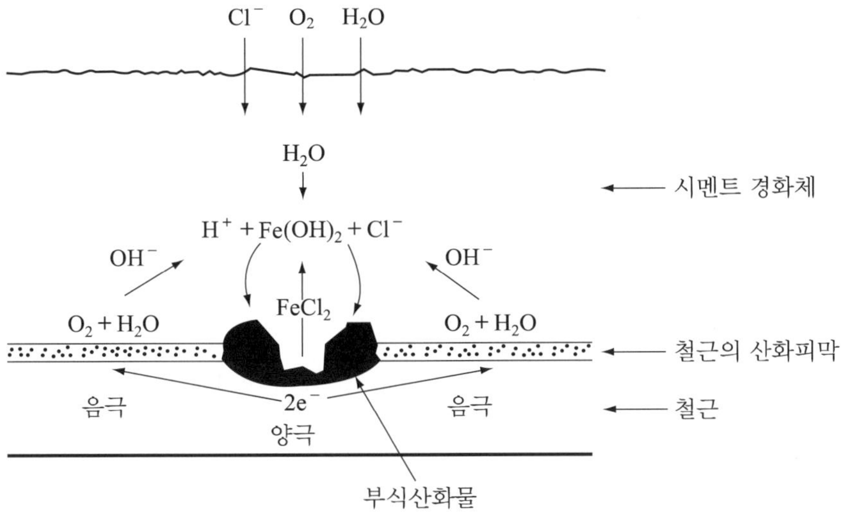

[그림 12.10] 철근 부식반응과 생성물 개념도

(출처 : SchieBl, P., "Corrosion of Steel in Concrete", 1996)

12.5.2 철근 방식 대책

콘크리트 중에서 강재의 염화물에 의한 부식 발생에 관계되는 요인으로서는 pH, Cl 이온량, 용존산소, 온도, 피복두께, 균열, 환경 등이 있다. 콘크리트 구조물에서 염화물에 의해 부식이 일어나기 위해서는 다음의 3가지 기본 요건으로 (1) 산소, (2) 철근에 의한 양극과 음극의 역할, (3) 전해질 모두 만족되어야 한다. 따라서 부식을 방지하기 위해서는 위의 어느 것이든 차단할 수 있는 기법이 방식대책으로 채택되고 있다. 일반적으로 콘크리트내의 철근 부식을 방지하기 위한 대책은 신설구조물과 보수구조물로 구분될 수 있으나 대체로 다음과 같이 분류할 수 있다.

1. 밀실한 콘크리트를 제조하여 수분, 산소, 염화물 등의 부식성 물질을 콘크리트로부터 차단하거나 제거한다.
2. 콘크리트 피복을 증가시켜 부식성 물질이 통하여 침입, 확산하는 것을 방지한다.
3. 방식 성능이 높은 강재를 사용한다.
4. 방청제를 사용한다.
5. 외부로부터 전류를 흐르게 하여 전위를 변화시켜 부식을 방지한다.

구조기준과 **표준시방서**에서는 해사나 해풍, 그리고 황산염 등 콘크리트에 유해한 물질에 대한 대책을 규정하고 있다. 염분의 침투가 예상되는 장소의 구조물에 대하여서는 설계단계에서 피복두께를 일반의 경우보다 크게 하거나 물-시멘트비를 낮추면서

[표 12.7] 특수 노출상태에 대한 요구 사항(구조기준)

노출상태	보통골재콘크리트 최대 물-결합재비	보통골재콘크리트와 경량콘크리트의 최소 설계 기준압축강도 f_{ck}(MPa)
물에 노출되었을 때 낮은 투수성이 요구되는 콘크리트	0.50	27
습한 상태에서 동결융해 또는 제빙화학제에 노출된 콘크리트	0.45	30
제빙화학제, 염, 소금물, 바닷물에 노출되거나 이런 종류들이 살포된 콘크리트의 철근 부식 방지	0.40	35

강도를 높여 수밀한 콘크리트가 되도록 규정하고 있다. 콘크리트 구조물은 노출상태에 따라서 표 12.7을 적용하도록 하고 있다.

부식을 방지하기 위하여 굳지않은 콘크리트의 전체 염화물이온량은 원칙적으로 0.3 kg/m^3 이하이어야 하며 특별한 방식 대책을 강요하는 경우 0.6 kg/m^{3}까지 허용하고 있다. 굳은 콘크리트의 전체 염화물 이온량에 대해서는 재령 28일 이후의 콘크리트에서 최대 수용성 염화물 시험을 시행하여 평가한다.

한편, 콘크리트가 전해질로서 역할을 하는 바, 이를 줄이기 위해서는 콘크리트의 밀실도를 증가시킴이 기본 요건이 된다. 콘크리트의 밀실도를 평가하고 전해질의 역할을 판단하기 위해서 전기저항도를 측정할 수 있다. 그림 12.11은 실리카퓸 사용량에 따른 콘크리트 전기저항도 영향을 실험한 연구 결과이다. 그림에서 보듯이 실리카퓸의 사용량 증가에 따라 콘크리트의 전기저항도가 증가한다. 또한 단위 시멘트 사용량을 증가함에 따라 전기 저항도가 증가한다. 이러한 전기저항도의 증가는 실리카퓸이나 시멘트를 증가시켜 공극의 밀실도가 좋아짐으로서 결과적으로 부식저항성이 높아지는 현상으로 볼 수 있다.

최근, 이와 같이 콘크리트 내의 구성재료의 특성을 연구하는 기법으로서 전기화학적 현상을 이용하고자 한다. 예컨대 콘크리트 내에 단섬유를 혼입할 때, 혼입량, 섬유의 형상, 크기가 달라짐으로서 전기전도성이 변화하며, 이 비파괴 기법은 다른 물질이 혼입될 때, 내부 성능을 파악할 수 있다.

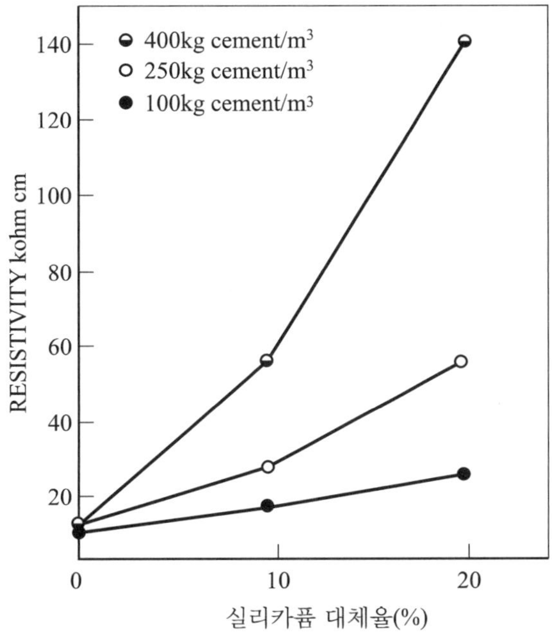

[그림 12.11] 시멘트량과 실리카퓸 사용량에 따른 콘크리트 전기저항도 영향

(출처 : Gjorv O. "Effect of Condensed Silica Fume on Steel Corrosion in Concrete," 1995)

12.5.3 부식억제제와 음극방식기법

부식억제제

철근 부식을 억제하기 위한 부식억제제(corrosion inhibitor)를 혼화제로서 사용하고 있으며, 질산나트륨 및 질산칼슘을 주성분으로 하는 무기계와 아질산 아민 등을 주성분으로 하는 유기계가 널리 쓰인다. 부식은 일종의 전기화학반응이며, 그것은 음극 및 양극반응으로 분류되고 그리고 두 반응이 동시에 진행된다. 따라서 부식억제제가 두 반응 중에서 어느 쪽을 진행을 억제하느냐에 따라 음극부형(cathodic inhibitor), 양극부형(anodic inhibitor), 또는 혼합형(mixed inhibitor)으로 나눈다. 일반적으로 방청제는 단독의 약제보다 2종류 이상의 혼합에 의하여 상승효과가 있다. 보통 아질산염과 같은 음극부식제로 사용되며 유기물류가 양극부식억제제로 사용된다.

부식억제제는 용액이 금속 표면과의 반응에 의하여 보호 피복을 형성하는 것이지마는 그 기구는 복잡하며, 단순한 보호피복 이상의 역할을 하는 것으로 알려져 있다. 예컨대, 아질산염 같은 무기음이온(inorganic anion)은 이온 결합된 표면화합물을 생성하게 되며 이 표면화합물이 부식반응에 의하여 장벽 역할을 하게 된다. 이러한 억제제는 부동태 영역으로 전위를 이동시키는 Fe^{3+}와 같은 단순한 산화제(oxidizer) 이상의 역할을 한다. 음극억제제는 금속표면에 침전되어 용존산소를 환원시키는 음극 반응을 억제시키는 역할을 한다.

무기질산염 양이온은 양극억제제로서 알려져 있으며, 아질산염은 강재의 양극용해 반응의 속도를 감소시킨다. 양극억제제는 용존산소의 화학적 흡착성을 크게 증가시키며, 농도가 불충분하면 공식이 야기될 수 있음으로 금속 표면에 충분한 양의 양극 억제제가 공급될 수 있도록 주의가 필요하다.

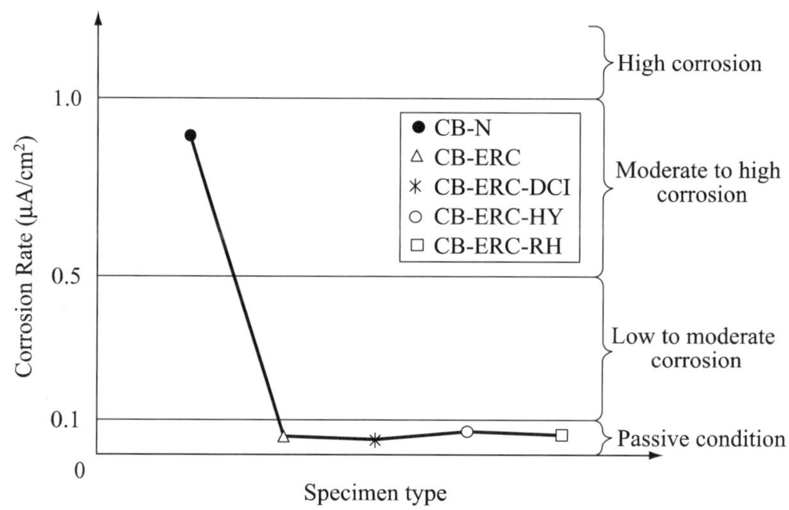

(a) 임피던스 측정결과

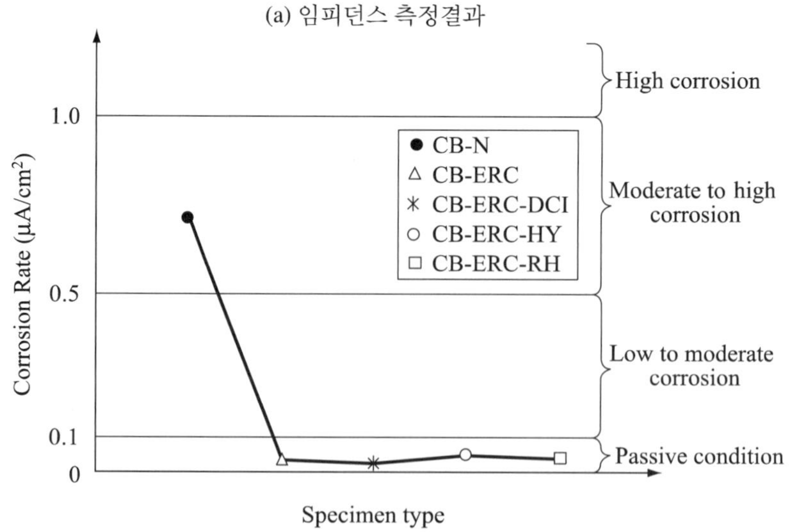

(b) 분극저항 측정결과

[그림 12.12] 부식억제제에 대한 실험결과 비교

(출처 : Choi O.C., Park Y.S. and Ryu H.Y. "Corrosion Evaluation of Epoxy-coated Bars by Electrochemical Impedance Spectroscopy", 2008)

음극방식기법

음극방식(cathodic protection)은 금속에 형성된 음극전위를 외부에서 전류를 공급하여 양극부에 평형전위까지 음극분극(cathodic polarization)시켜 부식을 방지하는 기법이다. 이러한 전기방식기법에는 외부전원에 의해 방식전류를 공급하거나 또는 종류가 다른 금속사이의 전위값 차이를 이용하여 방식전류를 공급하는 희생양극법이 있다.

외부전원 방식법은 정전압 또는 정전류의 외부 직류전원장치를 사용하여 새로 설치한 양극으로부터 콘크리트에 묻힌 방식전류를 공급하는 방식이다. 음극분극을 위한 인가전류는 동력선의 교류를 직류로 변환시키기 위한 정류기(rectifier)로부터 공급될 수 있다. 콘크리트 내의 강재에 대한 분극곡선을 구해서 외부방식전류 증대에 따라 강재표면에서의 전류밀도의 감소정도를 추정한다. 철근의 부식인자인 염소이온이 철근표면으로부터 양극으로 이동해 콘크리트의 자체 전기저항이 증가하여 부식전류가 흐르지 않게 되며, 콘크리트를 알칼리성 상태로 만들어 부동태피막을 형성하기도 한다. 양극으로서 티타늄, 백금계 금속을 사용하며 양극 자체의 내구성이 우수하여야 하며, 가능한 적은 전류가 광범위하게 균일하게 작용되도록 하여야 한다.

희생양극(sacrificial anode) 방식법은 강재에 대하여 비卑(active)전위를 가지는 금속(예를 들어 아연 등)을 양극재로 사용하고 이것을 강재와 전기적으로 접속하여 강재에 방식전류를 역공급하는 방식기술이다. 유전양극(impressed current anode)의 원리는 부식의 양극반응을 억제하기 위한 방안으로서 높은 전위값을 갖는 아연을 이용하여 방식전류를 흘려보내는 방법이다.

[그림 12.13] 외부 전원법에 의한 교량 전기방식 시공 사례

12.6 • 골재의 유해물질 반응

12.6.1 알칼리골재반응

알칼리골재반응(alkali-aggregate reaction)이란 콘크리트의 수산화알칼리를 주성분으로 하는 알칼리 금속이온(Na^+, K^+)이 골재중의 알칼리 반응성 광물과 반응하는 화학반응을 말한다. 골재속의 규소(실리카)와 시멘트속의 알칼리 그리고 시멘트 풀의 공극 내의 자유수 또는 외부 습기 사이에서 서서히 진행되는 화학적 반응으로 이들이 팽창성이 있는 겔을 생성하여 문제가 된다. 시멘트의 알칼리성분과 탄산염 골재 사이에서도 일어날 수 있으며, 알칼리 실리카 반응보다 훨씬 일반성이 적은 것으로 알려져 있다. 알칼리골재반응 과정에서는 반응생성물의 생성에 의해 동반되는 부피팽창에 의하여 콘크리트에 균열이 장기간에 걸쳐 발생하게 된다.

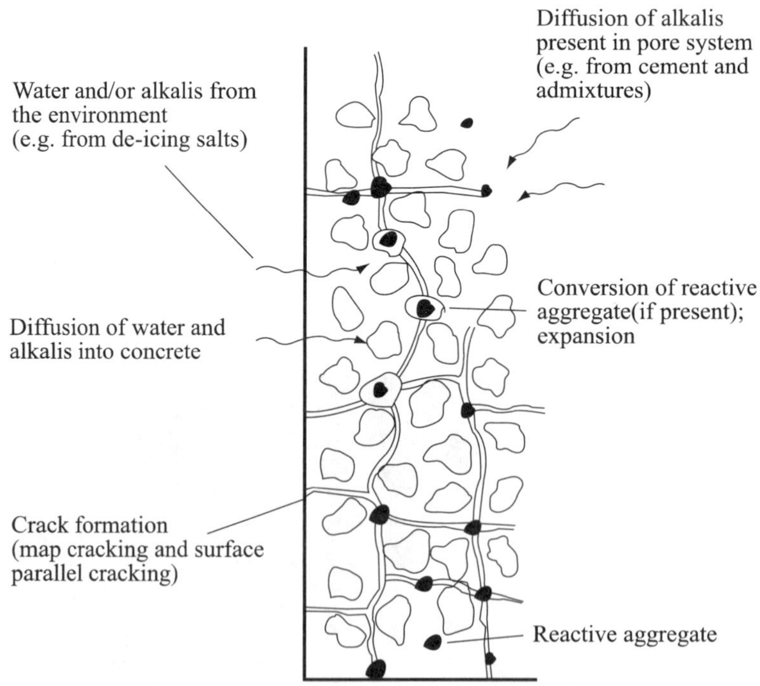

[그림 12.14] 알칼리골재반응으로 인한 균열 발생 개념도

(출처 : CEB, "Durable Concrete Structures-Design Guide," 1992)

알칼리골재반응의 화학 반응 현상은 상당히 복잡하다. 실리카 물질이 시멘트에 있는 칼륨, 탄산소다 성분으로 인해서 외부 수분을 흡수하여 팽창성 있는 알칼리-실리카 복합물을 형성하는 반응을 한다고 본다. 그림 12.14는 외부로부터 수분확산과 내부골재에 함유된 알칼리가 반응으로 인하여 발생하는 균열의 개념도이다.

알칼리골재반응은 알칼리 실리카반응(alkali-silica rock reaction), 알칼리 탄산염암반응(alkali-carbonate reaction), 알칼리 실리케이트반응(alkali-silicate reaction)의 세 가지로 구분된다. 알칼리 실리카반응은 콘크리트중의 알칼리이온이 골재중의 비결정질 실리카 혹은 열역학적으로 불안정한 실리카와 반응하여 알칼리 실리카겔을 만들고 이 겔이 주위의 수분을 흡수하여 콘크리트 내부에 국부적인 팽창압을 발생시킨다. 골재의 실리카(SiO_2)가 콘크리트 중 또는 외부로부터 확산에 의한 알칼리 금속이온(Na^+, K^+)과 반응하여 알칼리 실리카겔을 만들어 수분을 흡수하여 팽창하며 대부분의 알칼리골재반응은 알칼리 실리카반응이다.

알칼리 탄산염암반응은 콘크리트중의 알칼리이온이 골재중의 돌로마이트질 석회암과 반응하여 그 생성물이 팽창하거나 점토광물이 수분을 흡수하여 팽창하는 경우이다. 알칼리실리케이트 반응은 현무암, 규질점토암(argillites), 필라이트(phyllites) 등의 골재를 사용한 콘크리트에서 가끔 발생되며 반응속도가 대단히 느리며 겔의 양이 적고 균열 주위의 고리가 없는 것이 특징이다.

알칼리골재반응을 받으면 콘크리트가 이상 팽창하여 표면에 불규칙한 거북등 모양의 망상 균열이 생기는데, 기둥과 보의 경우에는 부재축 방향과 거의 평행하게, 벽의 경우에는 방향성이 없는 지도 형태로 나타난다. 가끔 철근 방향과 평행하게 갈라지고, 반응이 진행함에 따라 내부도 갈라지는 현상으로 진행한다. 발생한 균열은 미세균열에서부터 폭 크기가 10 mm 이상 되기도 하며, 균열 이외에도 백색의 실리카 겔이 표면으로 흘러나오기도 한다. 이 반응은 짧게는 수개월에서 길게는 10여년간 계속적으로 발생한다. 이 반응으로부터 발생한 균열은 동해나 화학적 침식, 철근의 부식으로 발전되며 백화현상, 골재의 뽑힘. 파열 현상이 수반되며 한 때는 콘크리트 암이라 지칭하기도 하였다.

[그림 12.15] 알칼리골재반응에 의한 손상

12.6.2 알칼리골재반응에 대한 대책

알칼리골재반응에 대한 대책은 반응성이 없는 골재를 사용하거나 콘크리트 내의 알칼리량을 제한하는 방법이다. 콘크리트 속의 알칼리량을 저감시키기 위해서는 시멘트의 등가 알칼리량이 0.6 % 이하인 저알칼리형의 시멘트나 저알칼리 농도 혼화제를 사용하여 시멘트, 물, 혼화제 등으로부터 콘크리트에 도입되는 알칼리총량을 3 kg/m^3 이하로 제한한다. 알칼리골재반응에는 그 외에도 콘크리트의 습윤상태, 주위의 온도도 영향을 끼침으로 항시 직접 물이나 흙에 접하는 부재 또는 해수, 해염 입자의 작용에 노출되는 부재에는 수밀성이 높은 마감재를 사용하여 알칼리 저항 능력을 높여야 한다.

골재의 반응성 여부를 판단하는 시험으로 모르타르 봉 시험법을 일반적으로 적용한다. 골재의 알칼리골재반응성 시험은 KS F 2546에 의하며 콘크리트의 알칼리골재반응에 의한 길이 변화를 측정한다. 시험 결과 6개월에 0.1 % 이상의 팽창이 일어나면 실제 피해가 발생할 수 있다고 판단 한다. 시험법이 용이하나 판정하는데 6개월 정도 소요되는 단점이 있다. 기존 콘크리트에서 알칼리골재반응의 시험은 구조물로부터 코어를 채취하여 촉진양생 환경에서 팽창량을 측정하여 판정한다. 코어의 의한 잔존 팽창량 측정은 온도 40℃, 상대습도 100 %의 항온항습조에서 수행하는 것이 일반적이며 이외에도 온도 80℃의 1 N 농도 NaOH 용액 중에서 수행하거나 온도 50℃의 포화 NaCl 용액에서 수행하는 방법이 있다.

12.6.3 유해물질 이입에 의한 손상

천연골재가 부족함에 따라 골재 중에 유해 물질이 이입됨으로서 가끔은 콘크리트에 심각한 손상을 입히고 대책 수립에 어려움을 초래하게 한다. 알칼리골재반응 이외에도 골재 중에 화학적으로 또는 물리적으로 불안정한 유해 광물이 포함되어 있어 콘크리트의 팽창, 균열, 박리, 팝아웃 등의 현상이 발생하며 지금까지 국내외에서 여러 사례가 알려지고 있다.

1991년 캐나다 온타리오 콘도미니움 건물에서 시공 2년 후 균열과 팝아웃 현상이 발생하였다(그림 12.16). 조사 결과 돌로마이트(sintered dolomite)를 운반했던 트럭이 시멘트를 운반하게 되어 시멘트 안에 돌로마이트가 혼합된 것으로 판정되었다. 시멘트 킬른에서 제거한 돌로마이트 입자가 골재 안에 혼입되었으며 이 입자에는 CaO 55 %, MgO가 35 %를 구성한 것으로 보고되고 있다.

일본에서 발생한 팝아웃 사례로서는 약 9년이 경과한 콘크리트 건축물 외벽에 직경 20~30 mm, 깊이 5~10 mm 크기의 원추 모양으로 박락이 일어났다. 원추의 정점에 갈색의 골재가 보였으며 분석한 결과 주성분이 Ca와 Mg의 화합물과 천연 골재 중에는 존재하지 않는 MgO가 검출되었으며 팝아웃은 CaO와 MgO의 수화에 의한 팽창압에 의해 발생되었다.

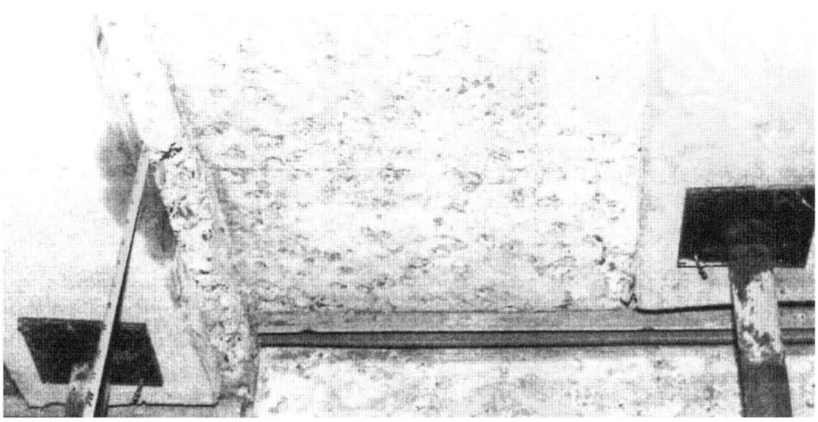

[그림 12.16] 돌로마이트에 의한 손상

(출처 : Ryell J., Ng T., Webster B., "Sintered Dolomite-An Unusual Concrete Contamination Problem", 1995)

[표 12.8] 돌로마이트 성분 분석결과 각 중량(%)

Silicon Oxide	0.5~1.2
Iron Oxide	7.0~11.0
Aluminium Oxide	0.1~0.2
Calcium Oxide	52.1~55.0
Magnesium Oxide	35.5~37.4

국내에서도 콘크리트 골재로서 사용한 사문암계 부순 자갈 속에 혼입되어 있던 풍화변질 광물의 풍화 팽창이 원인이 되어 콘크리트 타설 후 5년 이내에 팝아웃이 발생되었다. 콘크리트 표면으로부터 약 10 mm 깊이의 표층부에 발생하고 있으며 콘크리트는 원추형으로 떨어져 원추형의 저면은 3~40 mm의 직경을 가진 원형에 가까운 형태로 나타나고 있다. 박리된 콘크리트 파편 뒤에는 황갈색 모래 모양 또는 섬유 형태의 물질이 발견된 것으로 보고되고 있다.

그림 12.17은 최근 국내에서 3년이 경과한 콘크리트 구조물에서 발생한 팝아웃 현상이다. 팝아웃 부분에서 채취한 반응핵에 해당하는 백색 물질에 대한 분석결과 대부분의 성분이 $CaCO_3$ 및 $Ca(OH)_2$로 되어 있고, 그 외 SiO_2 및 CaO 성분이 존재하는 것으로 나타났다. 팝아웃의 발생은 콘크리트 내의 유리석회(free CaO) 성분이 수분과 수화반응 일으켜 수산화칼슘으로 변화하며 이 때 수화 팽창하며 체적이 약 2배 팽창한다. 또한 수산화칼슘은 공기 중의 탄산가스와 반응하여 탄산칼슘으로 변화 하며, 이것을 화학식으로 나타내면 다음과 같다.

$$CaO + H_2O \longrightarrow Ca(OH)_2 \quad (12.10)$$

$$Ca(OH)_2 + CO_2 \longrightarrow CaCO_3 + H_2O \quad (12.11)$$

이 팝아웃 현상은 조사 결과에 의하면 레미콘 제조시에 재료 중에 외부로부터 이물질인 생석회가 유입되어, 콘크리트 중의 유리석회가 수화반응함으로서 팽창함으로 발생된 것으로 추정되었다.

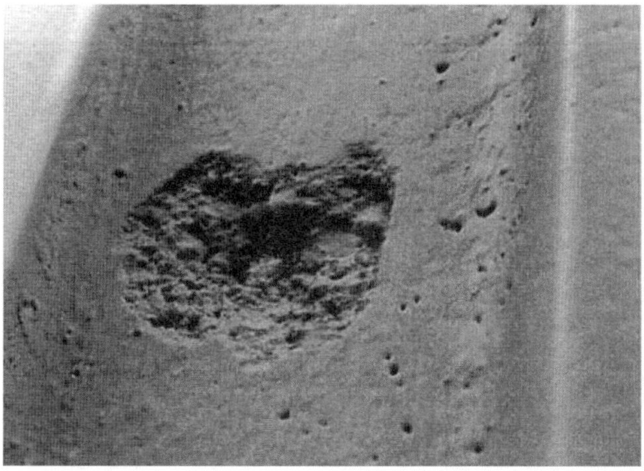

[그림 12.17] 유해 골재에 의한 팝아웃 사례

(출처 : 윤재환, 최완철, 2004)

12.7 • 고열에 의한 성능 손상

12.7.1 고온 손상 특성

철근콘크리트 구조물은 내화구조물의 대표로서 알려져 있다. 그러나 화재시의 고열 및 장시간의 가열로 인하여 함수량 감소와 수화물 분해 등으로 그 성능이 크게 저하한다. 콘크리트는 가열에 의해 표면에서부터 거리에 따라 시간이 지나면서 내부의 온도가 증가한다. 고온으로부터 손상 영향요인은 가열속도, 최대온도, 지속시간 외에 콘크리트 재료, 함수율 및 배합을 들 수 있다. 콘크리트는 온도 증가에 따라 부피 팽창, 강도감소, 탄성계수 저하가 발생되고 작용되는 열응력에 따라 변형이 일어난다. 이러한 표면 외부와 내부의 변형차이에 따라 뒤틀림이 발생되고 종국에는 붕괴에 도달할 수도 있다.

수화 시멘트의 조성, 골재와 페이스트 계면의 온도팽창 특성의 차이가 클수록 응력이 커지고 미세균열이 크게 되어 성능저하가 커진다. 가열온도 증가에 따라 탄성계수의 저하는 더 크게 일어난다. 가열온도가 증가함에 따라 수화생성물의 분해가 가속화 되고 이에 따라 수축은 더욱 크게 진행된다.

콘크리트는 공극이 있고 일부 습윤상태로서 고온에서 박락(spalling)이 발생하며 이에 대한 메커니즘은 대체로 온도경사(thermal gradient)와 공극의 증기압력에 기인하는 것으로 알려져 있다. 온도 차이가 클 때, 당연히 높은 온도 응력을 발생시키고

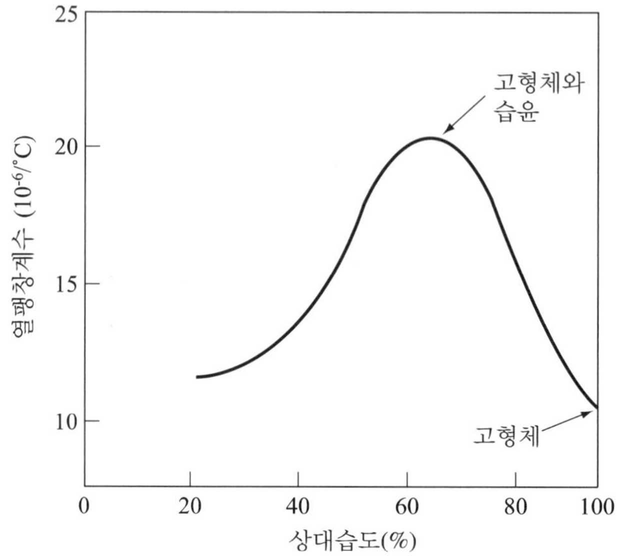

[그림 12.18] 함수율에 따른 시멘트 페이스트의 열팽창계수

(출처 : Zoldners N., "Temperature and Concrete," 1971)

일정 값을 초과하면 박락이 발생한다. 수분이 내재된 공극에 열이 가해지면 공극의 증기압력이 높아지고 종국에는 박락이 일어난다. 대부분 경우에는 이들 두 메커니즘의 복합작용으로 발생되는 것으로 알려지고 있다.

시멘트 경화체는 가열에 따라 재질의 변화가 발생한다. 먼저 100℃에까지 모세공극내 자유수가 이동하면서 서서히 상실된다. 200~350℃에서 수화물의 결합수가 상당량 탈수된다. 콘크리트의 열팽창계수 등 열적 특성은 시멘트 페이스트 내 함수량에 관계되며, 그림 12.18에서 보듯이 함수율이 약 65 %일 때, 열팽창계수가 가장 크고 이후 감소한다.

콘크리트가 고열에 노출될 때, 콘크리트 내 수분의 변화로부터 시멘트 페이스트와 골재의 기계적 성능이 저하된다. 시멘트 페이스트는 초기 가열에서는 습도 손실로 수축하게 된다. 이후 열로 인한 초기 팽창이 큼으로부터 약 100℃까지는 팽창하게 되며 그 이상에서는 탈수량이 큼으로 수축하게 된다. 이러한 현상을 습도-온도 팽창현상(hydro-thermal expansion)이라고 한다.

고열에 의해 시멘트 페이스트는 수축하고 골재는 팽창하게 됨으로 두 재료사이에 균열이 발생한다. 콘크리트는 온도가 상승함에 따라 시멘트 페이스트와 골재 사이의 팽창과 수축 거동으로 인하여 콘크리트 조직은 이완되며, 단부의 구속에 의하여 발생한 응력으로부터 미세균열이 발생한다. 콘크리트 강도는 약 300℃까지는 거의 유지되다가 이후 급히 감소하며, 강도 및 탄성계수의 감소량은 초기 함수량, 골재특성에

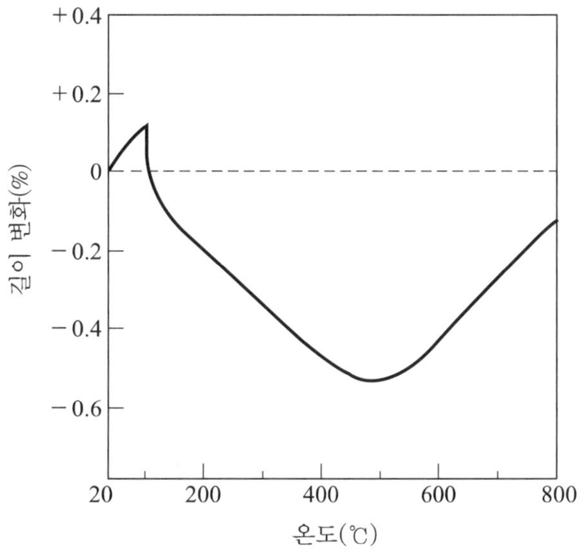

[그림 12.19] 시멘트 페이스트의 열에 따른 길이 변화

(출처 : Zoldners N., "Temperature and Concrete," 1971)

관계된다. 수축량은 콘크리트 함수량 감소에 관계되어 물시멘트비, 단위수량, 골재량, 콘크리트치수, 표면건조상태가 주요변수이다. 그림 12.19에서 보듯이 시멘트 페이스트는 초기 열에 의한 팽창이후에 100℃가 지나면 함수량 감소와 수화물 분해로 수축하게 되고 약 500℃에서 최대로 수축하고 이후 열팽창에 의해 회복한다.

골재의 종류에 따라 가열에 따른 팽창률이 달라지는데, 공극률이 작으면 고열에 안정적이지만 공극률이 크면 팽창현상이 크게 나타난다. 화강암이나 사암과 같이 석영질(quartz)을 포함하는 골재는 열팽창계수가 작으나 온도가 575℃ 이상이 되면 석영질의 전이(phase change)로 갑자기 체적이 팽창하게 되어 불안정한 상태가 된다. 석회석 골재(lime stone)는 750℃ 전후에서 탄산칼슘의 화학적 분해(chemical decomposition)가 시작되어 콘크리트 재료변화가 촉진된다. 한편 경량골재는 보통골재에 비하여 팽창률이 작은 편이다.

12.7.2 화재시 콘크리트 손상 특성과 대책

콘크리트는 가열온도에 따라 변색 된다. 강도가 떨어지지 않는 시점까지는 검게 그을리지만 강도가 떨어지면서부터는 핑크색으로 변색된다. 콘크리트는 약 500~600℃에서 수산화칼슘이 분해($Ca(OH)_2 \longrightarrow CaO + H_2O$)되고 750~825℃에서 탄산칼슘이 분해($CaCO_3 \longrightarrow CaO + CO_2$)되는 것으로 알려지고 있다. 화재가 진행되면서 500~600℃

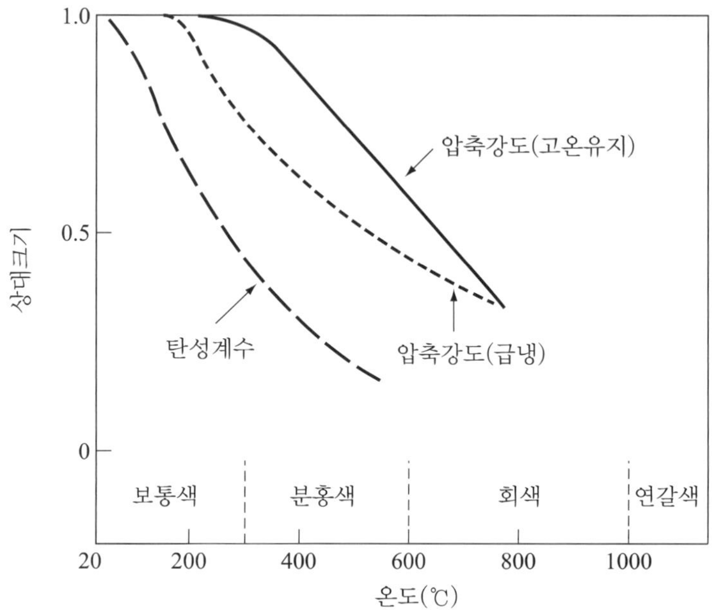

[그림 12.20] 열 온도에 따른 강도와 탄성계수 감소, 색상변화

(출처 : Mindess S., Young F., and Darwin D., "Concrete", 2003)

에서 콘크리트 속의 알칼리성분(석회석)이 열로 인하여 분해하여 감소되면서 붉은 색으로 변하고 종국에는 회백색, 연갈색으로 변하게 된다. 콘크리트 내에 존재하는 산화철이 가열로부터 변하면서 색상 변화를 일으킨다. 이러한 색상변화는 냉각 이후에도 유지됨으로 손상의 정도를 판단하는데 도움이 된다. 그림 12.20은 고열을 받을 때, 온도에 따른 색상변화, 강도와 탄성계수의 감소를 보여주고 있다.

콘크리트는 어느 정도의 고온 이하로 화재 피해를 입었을 때, 냉각 후 수분이 공급되면 화재 이전의 강도로 거의 회복하는 것으로 알려져 있다. 화재 온도가 200℃ 전후인 경우에는 화재 시 강도가 일부 떨어지다가 약 5개월 이후에는 다시 회복한다. 그러나 500℃ 이상으로 가열된 경우에는 내부조직까지 손상이 미치기 때문에 상당부분 회복되지 않는다. 또한 생석회가 수분의 흡수에 의하여 팽창하여 콘크리트에 균열을 발생시킬 수 있다.

콘크리트는 고온 가열 이후에 급한 냉각으로 인하여 온도 충격이 있을 수 있고 이로 인하여 강도 저하가 급격히 일어날 수 있다. 그림 12.21에서는 가열 이후 가열온도와 냉각 방법에 따라 콘크리트 강도 감소가 발생한 실험 결과를 보여주고 있다. 대기 상온온도에서 냉각될 때에는 400℃까지는 대체로 강도 손실이 크지 않다. 급속 냉각(quenching)의 영향을 보기 위하여, 가열 후 수조에 1시간 침지시켜 급속 냉각시키고 이후 강도 실험을 수행한바, 급속 냉각이 강도 저하에 영향이 큰 것으로 나타나고 있다.

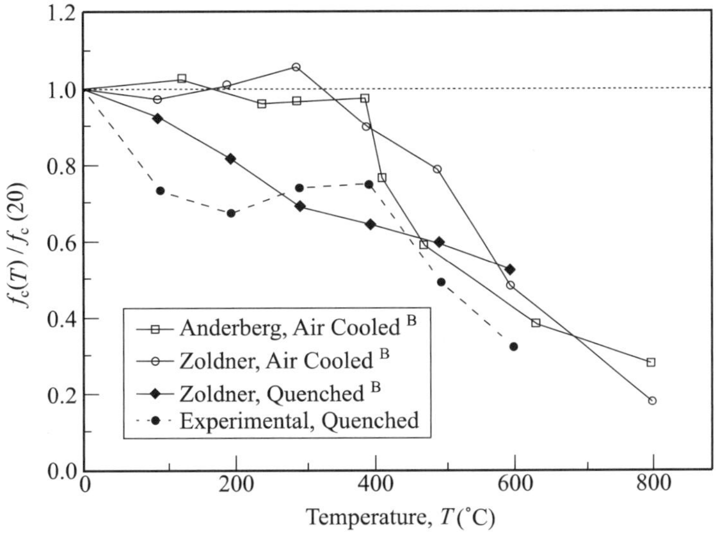

[그림 12.21] 냉각속도와 온도 변화에 따른 콘크리트 강도의 영향

(출처 : Terro M. and Hamoush S., "Effect of Confinement on Siliceous Aggregate Concrete Subjected to Elevated Temperatures and Cyclic Heating", 1997)

고강도콘크리트가 고열을 받는 경우에 거동이 보통강도의 콘크리트와 달리 폭열로서 나타남으로 이에 대한 특별한 대책이 요구되고 있다. 고강도콘크리트는 낮은 물-시멘트비와 실리카퓸, 고로슬래그 등과 같은 포졸란 재료를 사용하기 때문에 투기성이 낮아짐으로 인하여 고열에 노출되면 폭열(explosive spalling)이 일어날 수 있는 가능성이 크다. 고강도콘크리트의 공극 구조는 밀실하게 되어 수증기나 습기가 이동하기 어려워 콘크리트 표면 근처에 높은 수증기압을 일으킨다. 내부에서 발생한 수증기가 외부로 쉽게 빠져나가지 못하고 콘크리트 가열부위에 집중되어 과포수 상태에 이르게 되며 이로 인하여 가열부에 높은 압력이 생성되고 팽창압으로부터 콘크리트의 모서리가 삼각형으로 떨어나가는 현상이 발생된다.

고강도콘크리트의 폭열 현상을 방지하기 위하여 섬유보강 콘크리트가 효과를 보이고 있다. 특히 폴리프로필렌 섬유는 융해점이 약 170℃로서 이 온도에 도달되면 섬유가 융해되어 콘크리트 미세 균열 내로 흡수하여 팽창을 완충시키는 역할을 하게 되어 폭열을 방지하는 것으로 알려지고 있다.

고열을 받는 철근의 경우는 일반 강재와 비슷하다. 300℃를 넘으면 인장강도가 급격히 저하하고, 항복점도 서서히 저하하며, 약 600℃에서 항복강도는 20℃ 상온에서의 강도에 50 %까지 감소한다. 철근의 탄성계수는 600℃까지 상온의 80 %까지 유지되지만 그 이후 감소율이 급격히 커진다. 따라서 화재 시 온도가 높게 장시간 지속된 경우에 보나 슬래브의 강도가 크게 저하되며 구조체가 붕괴될 수 있다.

연습문제

1 콘크리트 탄산화에 대한 습도의 영향을 설명하고, 탄산화의 피해를 줄이기 위한 대책을 기술하라.

2 콘크리트에 대한 황산염 침해를 설명하고 피해를 줄일 수 있는 대책을 기술하라.

3 해양콘크리트의 내구성확보를 위한 설계 및 시공 대책을 기술하라.

4 철근이 부식되기 위한 3가지 조건에 대해 설명하라.

5 철근의 부식 반응과정에서 음극과 양극의 생성물을 그림을 그려 설명하라.

6 콘크리트가 동결융해에 의하여 손상되는 메커니즘을 설명하고 대책을 기술하라.

7 공기연행이 동결융해 피해를 감소시키는 원리를 설명하라.

8 초기 동해를 방지하기 위한 콘크리트표준시방서의 양생 규정을 설명하라.

9 알칼리골재반응을 설명하고 이를 방지하기 위한 대책을 기술하라.

10 습도가 동결융해, 탄산화, 황산침식, 철근부식에 미치는 영향을 비교 설명하라.

11 콘크리트에 혼입될 수 있는 유해골재 종류와 이로 인해 나타날 수 있는 피해에 대하여 설명하라.

12 콘크리트 구조물이 화재를 입었을 때, 온도에 따른 강도감소 현상을 설명하고 손상의 정도를 어떻게 판단할 수 있는지 서술하라.

13 화재 온도가 650℃에 1시간 정도 피해를 입었을 때 예상할 수 있는 콘크리트 성능 손실에 대하여 기술하라.

14 고온에 의한 고강도콘크리트의 폭렬에 대하여 설명하고 대책에 대하여 기술하라.

참고문헌

1. 한국콘크리트학회, "콘크리트표준시방서 해설", 기문당, 2009, 854 pp.
2. 한국콘크리트학회, "최신콘크리트공학", 기문당, 2011, 930 pp.
3. 한국콘크리트학회,"수처리 콘크리트 구조물의 균열저감을 위한 설계/시공지침," 2004. 107 pp.
4. 정일영, "콘크리트구조 재료공학," 기문당, 2004, 551 pp.
5. 정재동, "콘크리트 재료공학," 보성각, 2007, 571 pp.
6. 강욱, 정우양, 이형우, 이용훈, 송진규, "건축물리학", 전남대학교 출판부, 2007. 360 pp.
7. 이광명 외, "콘크리트 구조물의 균열," 한국콘크리트학회 제 3회 기술강좌, 2001.
8. 신성우 외, "철근콘크리트 구조물의 내화 특성," 한국콘크리트학회, 2005, 205 pp.
9. 소양섭, "고성능 콘크리트의 내화 성능," 콘크리트학회지, 14권, 2호, 2002, pp. 37-44.
10. 김원기, 김우범, 이승준, 지남용, 최병정, 최완철, 홍성걸, "원전구조물 모듈화 공법(SC구조) 기술개발," 최종보고서, 한국강구조학회, 2008.
11. 배수원, 이성태, 김진근,"동해방지를 위한 초기재령 콘크리트의 최소 양생 시간 예측," 한국콘크리트학회논문집, Vol. 19, No.1 2007, pp. 27-37.
12. 이차돈, 신영수, 이승한, 이창은, "화재에 노출된 철근콘크리트 기둥의 수치해석적 전달 모델," 한국콘크리트학회 논문집, 제17권 6호, 2005, pp.871-878.
13. ACI Committee 201, "Guide to Durable Concrete," (ACI 201.2R-92), ACI, 1992.
14. ACI Committee 222, "Corrosion of Metals in Concrete," (ACI 222R-96), ACI, 1996.
15. Bentur, A. S., Diamond S., and Berke N. S., "Steel Corrosion in Concrete," *E & FN Spon London*, 1997.
16. Cente D'Information De L'Industrie Cimentiere Belge, *Le beton et le gel, Bull*. No. 61 to 64, Sep- Dec. 1957.
17. SchieBl, P., "Corrosion of Steel in Concrete", Report of RILEM, Report Technical Committee 60-CSC, *Chapman & Hall*, London.
18. Mehta K. and Monteiro P., "Concrete", 3rd ed., *Prentice Hall*, 2006, 659 pp.
19. Mindess S., Young F., and Darwin D., "Concrete", 2nd ed., *Prentice Hall*, 2003, 644 pp.
20. Neville A. M., "Properties of Concrete", 4 th ed., *John Wiley & Sons, Inc*., New York, 1996, 844 pp.
21. Aardt J.H.P., "The Resistance of Concrete and Mortar to Chemical Attack - Progress Report on Concrete Corrosion Studies," National Building Research Institute, Bull. No. 13, *South African Council for Scientific and Industrial Research*, March 1955, pp. 44-60.
22. Abrams M.S., "Compressive Strength of Concrete at Temperatures to 160F," *Temperature and Concrete*, ACI SP-25, Detroit, Michigan, 1971, pp. 33-58.

23. Bassat M., Nixon P.J. and Hardcastle J., "The Effect of Differences in the Composition of Portland Cement on the Properties of Hardened Concrete," *Mag. Concr. Res.,* 42, No. 151, 1990, pp. 59-66.
24. Choi O., Park Y., and Ryu H., "Corrosion Evaluation of Epoxy-coated Bars by Electrochemical Impedance Spectroscopy", *International Journal of Concrete Structures and Materials,* Vol.2, No. 2. Dec. 2008, pp. 99-105.
25. Claisse P., El-Sayad H. and Shaaban I., "Permeability and Pore Volume of Carbonated Concrete," *ACI Materials Journal*, May-Jun, 1999, pp.378-381.
26. Consolazio G., McVay M. and Rish III J., "Measurement and Prediction of Pore Pressure in Saturated Cement Mortar Subjected to Radiant Heating," *ACI Materials Journal*, Sep-Oct, 1998, pp. 525-536.
27. Gjorv O., "Effect of Condensed Silica Fume on Steel Corrosion in Concrete," *ACI Materials Journal*, Nov-Dec, 1995, pp.591-598.
28. Moller G., "Tests of Resistance of Concrete to Early Frost Action," *RILEM Symposium on Winter Concreting,* Copenhagen, 1956.
29. Powers T.C., "Resistance to weathering - freezing and thawing," *ASTM Sp. Tech. Publ.* No. 169, 1956, pp. 182-7.
30. Ryell J., Ng T., Webster B., "Sintered Dolomite-An Unusual Concrete Contamination Problem", *A Report of Trow Consulting Engineers Ltd.*, in London, 1995.
31. Steen Rostam, "Durable Concrete," *Structures-Design Guide, CEB,* Thomas Telford Services Ltd., London 1992, 111 pp.
32. Terro M. and Hamoush S., "Effect of Confinement on Siliceous Aggregate Concrete Subjected to Elevated Temperatures and Cyclic Heating", *ACI Materials Journal,* March-April, 1997.
33. Wierig H.-J., "Longtime Studies on the Carbonation of Concrete under Normal Outdoor Exposure", *RILEM Symposium on Durability of Concrete under Normal Outdoor Exposure*, Hanover, March 1984, pp. 182-96.
34. Zoldners N., "Temperature and Concrete," *SP-25,* American Concrete Institute, Detroit, MI, 1971, pp. 1-31.
35. U.S. Bureau of Reclamation, Investigation into the effect of water-cement ratio on the freezing and thawing resistance of concrete, *Concrete Laboratory Report,* No. C-810, Denver, 1955.
36. Rohi M. Salem, Edwin G. Burdette, and N. Mike Jackson, "Resistance to Freezing and Thawing of Recycled Aggregate Concrete", *ACI Materials Journal*, May-June. 2003, pp. 216-221.
38. Hyoung-seok So and Stephen Geoffrey Millard, "Measurement of Reinforcement Corrosion Rate Using Transient Galvanostatic Pulse Method", *ACI Materials Journal*, Jul-Aug. 2008, pp. 350-357.

13
CHAPTER

균열과 진단

콘크리트는 훌륭한 건설재료이지마는 균열과 장기적으로는 성능저하라는 고유의 약점이 있다. 균열과 성능 평가 기술은 현장에서 바로 적절히 조치하기 위하여 중요할 뿐만 아니라, 콘크리트 구조물의 상태와 결함을 정확히 진단 판정하여, 보수하고 성능을 회복시키기 위한 기술로서 중요하다.

이 장에서는 콘크리트의 균열 발생 또는 성능저하 된 원인 및 유형에 대하여 간략히 기술한다. 균열 발생이 복합적으로 나타나 직접 원인을 알기 어려우므로 모양, 시기, 위치 등 유형별 논의하고 조사방법과 대책을 설명한다. 콘크리트 현재 상태를 진단 평가하기 위하여 여러 가지 콘크리트 진단 기법을 소개한다. 오랫동안 널리 사용되어온 슈미트 해머법, 콘크리트 내부 상태를 탐사하기 위하여 최근의 기법인 초음파법, 자기법, 레이더법, 열적외선법 등을 간략히 설명한다.

13.1 • 균열의 유형

13.1.1 유형별 균열

균열은 원론적으로 응력이 콘크리트의 인장강도를 초과하여 발생하거나, 인장변형률이 콘크리트의 인장변형 능력을 초과함으로 발생한다고 말할 수 있다. 균열 발생은 재령에 따라 굳어지는 콘크리트 특성으로 균열 생성 메커니즘은 시간 변수로 인하여 복잡하게 된다. 굳기 시작한 콘크리트는 재령이 경과함에 따라 수화 작용이 계속되고 수분 환경이 달라져서 역학적 특성도 변하기 때문이다. 콘크리트 구조물에서 발생될 수 있는 균열의 원인은 매우 많으며, 정확하게 알기 어렵다.

일반적으로 제시되는 균열의 분류 방법으로 구조 기능에 따라 구조 균열과 비구조 균열, 균열의 발생 시기에 따라 경화 전 균열과 경화 후 균열 등으로 나눌 수 있다. 구조 균열은 구조물이나 구조부재가 작용하중을 지지하지 못하는 즉 구조기능을

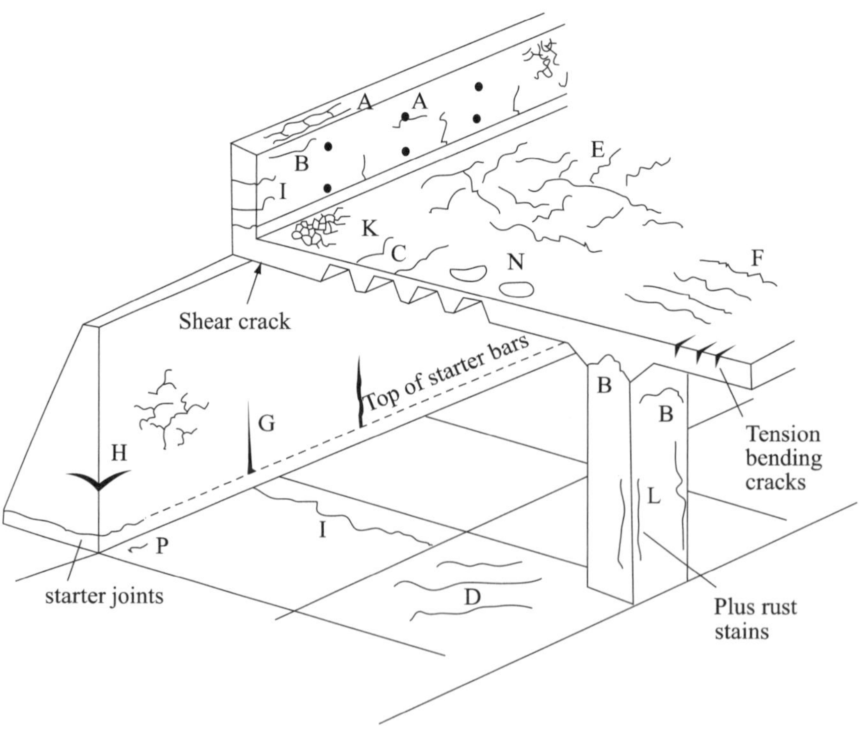

[그림 13.1] 유형별 균열의 위치 및 형태 개념도

(출처 : Concrete Society Report, 1992)

[표 13.1] 균열의 유형 및 분류

유형	기호	위치 및 모양	원인	발생시기	대책
소성 침하	A B C	벽체에서 철근 위 기둥 위 아치형 단면깊이가 변하는 부위	과다블리딩 조기건조	10분~ 3시간	배합설계 수량감소 슬럼프
소성 수축	D E F	바닥 위에 대각선 미세하고 불규칙 철근 상부 표면	과소블리딩 바람, 온도, 습도 조기건조 소성압밀	30분~ 6시간	표면보호 콘크리트온도
온도 수축	G H	외부구속(크고 일정) 내부구속(매스콘크리트)	수화열 급속한 냉각 온도경사	1일~ 2, 3주	발열량 감소
건조 수축 (장기)	I	얇은 바닥 위 얇은 벽체	조인트 오류 과다건조수축 양생불량	몇 주~ 몇 개월	수량감소 보양
미세 불규칙 그물형	J K	벽체 거푸집 바닥	거푸집누수 이른 마감 과다 미장	1일~1주, 몇 주	마감 보양
철근 부식	L	보, 기둥, 바닥 피복	염화물 탄산화	2년 이상	염화물 요인제거
알칼리 골재반응	M	습윤부위	반응성골재 과다알칼리시멘트	5년 이상	요인제거
박락	N	바닥	기포 또는 수포	긁을 시	마감
동해 (D형균열)	P	바닥모서리 동해로 골재파괴	골재동결융해 수압	10년 이상	골재 흡수

발휘할 수 없는 단계에 도달한 균열을 의미하며, 이는 설계오류 및 설계하중을 초과하는 외부하중의 작용, 시공불량, 물리적인 손상 등에 의한 것이다. 비구조 균열은 일반적으로 구조물에서 발생되는 대부분의 미세 균열을 말하며, 시간의 경과에 따라 누수, 철근의 부식 등에 의하여 균열이 진행되면서 구조물이 불안전한 단계에까지 이를 수 있다.

그림 13.1과 표 13.1은 콘크리트의 균열을 발생 부위별로 구분하여 나타내고 있다. 균열 발생 원인에 의한 분류는 발생한 균열의 원인을 파악하여 이를 대처할 수 있거나 방지할 수 있는 방법을 제시하는데 보다 효과적이다. 구조물의 시공 전에 균열 제어를 위한 설계, 재료, 시공방법을 선택하여 균열 문제를 사전에 관리할 수 있어야 한다.

6.4절에서 초기재령 균열의 특성과 굳지않은 콘크리트에서 유의하여야 할 대책에

대해서 논의하였다. 초기재령 균열은 배합, 다짐, 타설, 양생 과정의 오류에 의해 일어난다. 그 외에 시멘트의 이상 응결, 또는 시멘트의 이상 팽창으로 미세한 불규칙 방사형 그물모양의 균열이 발생한다. 골재에 포함된 점토로부터 표면 균열로 나타나며, 진동 불량으로 허니컴 균열이 발생할 수 있다. 구조 균열로서는 휨 균열과 전단 균열이 대표적이며 전단 균열은 사선 방향으로 나타난다.

13.1.2 발생시기별 균열

소성침하균열은 타설 후 1~2시간 경과 후 철근 상부나 벽과 슬래브 경계면에서 단발적으로 발생한다. 소성수축균열은 콘크리트를 타설한 후 불과 2~4시간 사이에 물광택이 표면에서 사라진 직후에 발생하며, 시멘트 수화열에 의한 균열은 단면이 큰 경우 1~2주가 지난 후에 발생 한다. 그러나 건조수축균열은 2~3개월 경과 후에 발생하며 점진적으로 진행할 수 있다.

이와 같이 균열들은 원인별로 각각 그 발생시기가 다르게 나타난다. 특히 재료에 의한 균열과 시공오류에 의한 균열은 대부분이 수일 이내 또는 수십일 이내에 발생한다. 하지만, 설계오류 및 사용 환경적 요인에 의한 균열은 그 특성상 구조물의 사용 중에 상당 기간이 지난 후에 발생하는 것이 일반적이다. 발생시기와 원인에 따른 균열은 그림 13.2와 같이 나타낼 수 있다.

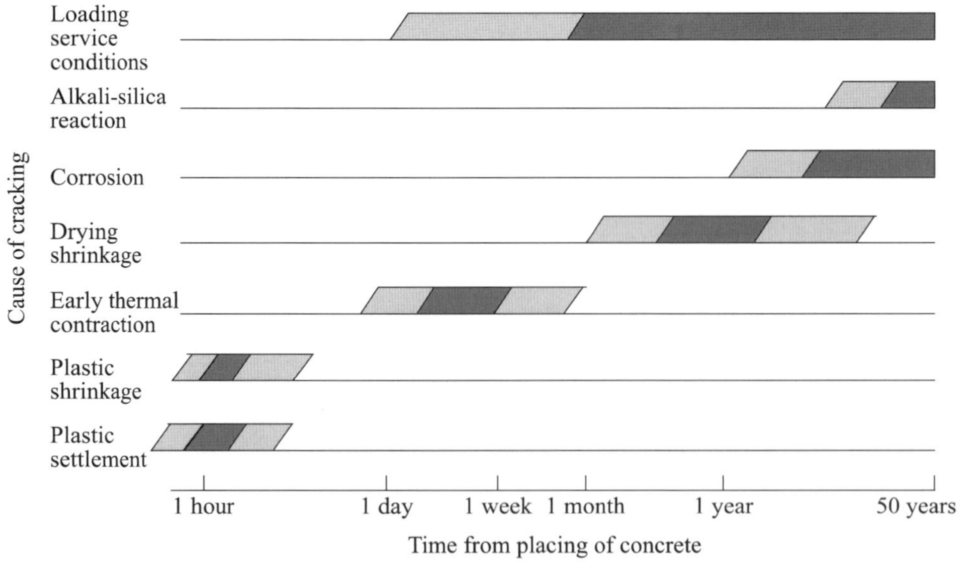

[그림 13.2] 발생 시기에 따른 콘크리트 균열

(출처 : CEB, "Durable Concrete Structures-Design Guide", 1992)

13.1.3 응력 또는 강도의 변화에 의한 균열

균열은 콘크리트에 작용하는 인장응력이 증가되거나 인장강도가 저하되어 나타나는 경우로 구분할 수 있다. 인장응력이 증가하는 경우는 과하중이나 기초침하와 같이 설계시 충분히 고려하지 못한 경우에 발생한다. 또한 동결융해나 온도하중에서와 같이 외부 요인에 의해 발생될 수 있다.

콘크리트 재료 자체에 의한 내부 요인에 의하여 응력이 증가하여 발생되는 경우로서, 건조수축, 이상 골재에 의한 팽창에 의한 균열을 들 수 있다. 인장응력의 증가에 의한 균열 발생 경우는 내부 요인과 외부 요인에 의한 균열로 나눌 수 있으며 표 13.2와 같다. 인장응력의 증가로 발생한 균열은 대체로 구조균열이거나 장기적으로 내구성에 영향을 미치는 균열일 수 있으며 구조물의 안전에 문제가 될 수 있으므로 설계 및 시공 시에 이들 요인을 충분히 고려하여야 한다.

[표 13.2] 인장응력의 증가로 인한 균열

내부 요인	외부 요인
• 건조수축 • 수화열 • 알칼리골재반응 • 이상응결 • 철근 부식 • 블리딩	• 과하중(지진) • 온도 하중 • 동결융해 • 부등침하 • 초기 동해 • 응력 집중

인장강도가 낮아져서 균열이 발생하는 경우는 대부분 시공을 잘못하여 발생되는 경우이다. 대부분의 시공 잘못으로부터 품질저하가 일어나고 인장강도가 설계값에 미치지 못함으로 균열이 나타난다. 가수, 진동 부족, 또는 운반 지연, 양생부족 등은 인장강도를 저하시켜 균열을 발생시키는 결함 경우이다.

대표적 재료 자체의 결함으로서 진흙과다, 풍화시멘트 등으로 인하여 콘크리트의 인장강도가 저하되는 경우이다. 이와 같이 인장강도 저하로 인한 균열은 재료 결함과 시공 결함으로 구분되며 표 13.3처럼 나눌 수 있다. 인장강도 저하에 의한 균열은 대체로 구조균열은 아니며 내구성이나 사용성에 문제가 없다면 균열 폭 크기에 따라 무시하거나 적절한 보수조치 하여 미관을 유지할 수 있다.

[표 13.3] 인장강도 저하로 인한 균열

재료 결함	시공 결함
• 풍화 시멘트 • 진흙 과다 • 단위수량	• 양생 부족 • 가수 • 진동 불량 • 피복두께 부족 • 형틀 조기 해체 • 운반 지연 • 급속 타설

13.2 • 균열 조사와 판정

13.2.1 균열 조사항목

외관조사로 균열의 발생원인은 어느 정도 추정이 가능하다고 보지만, 원인이 복잡하여 외관만으로는 원인을 확인할 수 없는 경우에는 상세한 조사를 하여야 하며 때로는 정밀 진단하여야 한다. 일반적으로 콘크리트 구조물의 균열에 관한 조사항목은 다음과 같다.

1. 구조물 또는 부재의 형상·치수, 배근상태 등을 도면과 비교, 확인
2. 작용하중 조건, 지반 조건, 환경 조건
3. 균열의 발생상태
   - 발생위치, 발생구역, 형상, 균열폭, 깊이, 길이, 진행성 유무, 관통유무, 누수 등
4. 구조물 또는 부재의 전체 상태 및 콘크리트의 상태
   - 구조물의 변위 변형상태 (부등침하, 편심하중, 부풀어 오름 등)
   - 콘크리트의 표면상태 (박락, 침식상태 등)
   - 철근의 노출 및 녹 발생 상태
5. 균열 및 결함의 발생시기 또는 발견시기
6. 콘크리트의 시공 상황
   - 시공시기
   - 사용재료 (시멘트, 골재, 혼화재료의 종류, 배합표 등)
   - 콘크리트 운반, 타설, 다짐 및 양생방법
   - 타설 시 온도조건 (기온, 콘크리트 온도 등)

– 거푸집의 종류, 탈형시기, 동바리의 종류
– 구조물의 이력 (하중의 변화, 지진발생 등)

13.2.2 균열 평가 시 고려사항

위에 언급된 조사항목 중 균열의 발생상태 조사를 통한 균열 평가 시에 고려해야 할 사항은 다음과 같다.

균열길이

균열의 길이는 균열의 원인추정이나 보수·보강의 필요여부 판정에는 그다지 관계되지 않는 것이 보통이다. 그러나 길이에 따라 균열이 국부적인 원인에 의한 것인지, 광범위에 걸친 원인에 의한 것인지를 추정할 수 있으므로 전혀 무관하다고는 말할 수 없다. 균열의 길이가 문제가 되는 것은 주로 보수·보강의 규모 파악과 공사비의 산출에 있다. 따라서 적어도 균열폭이 0.5 mm 이상 되는 균열에 대해서는 길이를 측정, 기록할 필요가 있다. 그러나 하나의 연속된 균열에서 보수하는 부분과 보수하지 않는 부분으로 구별하는 일은 거의 없으므로 가능한 육안으로 확인할 수 있는 전구간의 길이를 파악해 놓는 것이 좋다.

균열 깊이

균열 깊이는 보수공법의 선정 및 재료의 선정, 특히 주입재료의 선정에 관계되므로 다음과 같은 방법으로 균열 깊이를 측정한다.

- 균열부분을 떼어내어 확인
- 코어 보링(boring)
- 초음파 전파속도의 측정
- 열적외선 탐사법

균열 관통의 유무

균열의 관통여부는 구조물의 구조적 안전성 및 누수와 관련이 있으며, 측정에는 다음과 같은 방법이 있다.

- 균열부분을 정확하게 육안 확인
- 액체를 부어 누수되는 위치나 모양 등의 확인
- 코어 보링

• 초음파 전파속도 측정
• 열적외선 탐사법

균열의 진행성 여부 판정

균열의 진행은 보수시 어떤 재료를 사용할 것인가와 언제 시행하는 것이 최적기인가에 영향을 주므로 보수작업을 시행하기 전에 향후 균열의 움직임에 대한 평가하여야 한다. 또한 균열의 진행성 여부는 균열의 원인을 판정하는데 중요하다. 따라서 균열을 발견한 경우는 그것의 진행성 여부를 균열폭 변동 측정에 의해 확인하여야 한다. 구조적 원인 즉, 하중의 작용에 의해 생기는 균열은 진행성인 경우가 많다. 특히 구조상 원인이 있는 경우는 균열의 진행이 크고 변위·변형이 생기기 쉬우며 구조물의 내력에 영향을 미치므로 시급히 그 원인을 제거할 필요가 있다. 균열이 전단 균열로 판정될 경우에는, 특히 전단 철근이 부족한 경우에는 급격히 부재가 파괴되는 경우가 있으므로 엄중한 주의가 필요하다.

균열원인별로 진행성 균열과 비진행성 균열은 표 13.4와 같이 구분 예시할 수 있다. 표에 제시된 것과 같이 설계결함, 온도응력, 반응성 골재, 철근부식 등의 발생 원인은 대체로 진행성 균열로 분류할 수 있으며, 이에 비해 시공상 오류에 의한 균열은 대부분 비진행성 균열로 볼 수 있다.

[표 13.4]

원 인	균열 종류	
	진행형	비진행형
우발하중		○
설계 오류(부적절한 철근 배근)	○	
온도응력(온도상승에 의한 과도한 팽창과 부적절한 신축줄눈)	○	
철근부식	○	
기초침하	○	○
알칼리골재반응	○	
공사상 오류(부적절한 양생, 거푸집 등)		○
설계결함 • 콘크리트와 팽창계수가 상이한 연결재료의 사용 • 응력 집중 • 잘못된 조인트 시스템	○	

※ 주의 : 이 표는 일반적 지침으로만 제공된 것으로 언급된 모든 항목에는 예외가 있을 수 있다.

13.2.3 균열의 판정

균열의 발생 시기 중에서 경화 전인 초기단계에 발생하는 균열인 소성수축균열과 침하균열의 경우 표면균열의 양상을 보이므로 구조적으로 큰 문제가 되지 않을 수 있고 초기에 비교적 쉽게 보수할 수도 있다. 그러나 이러한 균열의 방치 시에는 침하균열의 경우 균열 깊이가 철근까지 도달하게 되어 내구성 저하를 초래할 수 있다. 또 콘크리트의 경화 후에 발생하는 건조수축균열은 주로 표면 균열의 형태를 보이므로 구조적으로 문제가 되지는 않지만 이후 외부환경의 영향으로 구조적 균열로 진행할 수 있으며, 온도균열은 구조체의 관통균열 가능성이 있으므로 구조적으로 문제가 될 수 있다.

철근콘크리트 구조물의 균열은 여러 가지 원인들이 복합적으로 작용하여 발생하므로 분석 평가하고 원인을 규명하여 판정하는 것이 쉽지 않다. 더욱이 균열의 과실성 여부, 진행성 및 구조 안정성을 정량적으로 판단하는 것이 쉬운 일은 아니다. 그러나 균열의 발생 원인에 따라 균열의 발생 시기, 균열의 형태 및 대소 등이 상이하므로 먼저 균열을 발생 원인별로 분석함으로서 구조물에 발생한 균열의 원인인자 제어, 판정, 보수 등의 적절한 대책을 수립하여야 한다.

콘크리트 구조물의 균열은 과실의 유무에 따라 과실성 균열과 비과실성 균열, 구조 안전성 측면에서 구조 균열과 비구조 균열, 균열의 진행여부에 따라 진행형 균열과 비진행형 균열로 분류할 수 있다.

과실성/비과실성 균열

과실성 균열은 통제하거나 제거가 가능한 원인들에 의해 발생한 균열로 정의할 수 있다. 계획 및 설계단계에서는 구조물의 거동특성에 대한 이해가 부족하거나 예상되는 하중을 제대로 반영하지 못해 부적절한 설계도면이 작성되어 구조해석 혹은 시공상 오류로 인해 생기는 균열을 들 수 있다. 또한 시공단계에서는 시방서의 내용을 준수하지 않은 경우와 유지관리 과정에서는 준공 후 상황변화에 따라 부적절한 구조변경이 이루어지거나 설계하중을 초과하는 하중의 재하에 따라 발생할 수 있는 균열 등을 들 수 있다.

비과실성 균열은 콘크리트가 가지는 고유특성에 의한 균열이나 균열 원인인자를 제거할 수 없어 불가피하게 발생하는 균열로서 균열의 길이와 폭이 일정 범위 내에 있으면 구조적으로나 내구성 면에서 문제가 되지 않는 경우이다. 비과실성 균열이 발생하는 원인으로서는 소성수축, 초기온도수축, 장기건조수축 등을 들 수 있고, 그러한 균열들은 대부분 불규칙한 모양으로 주로 표면층에만 존재한다.

구조/비구조 균열

설계도서와 점검결과로부터 균열발생 단면의 내하력과 외력에 의한 단면력을 산출하여 균열을 발생시키는 힘의 종류와 크기, 방향 등과 균열형상을 대비하여 균열의 원인과 안전성에 대한 영향을 평가한다. 비구조 균열에서 균열의 발생 원인이 다양하지만, 균열폭이 구조 균열에 비해 상대적으로 작고 구조물의 안전에 영향을 미치지 않으므로 적절한 보수조치를 통해 균열을 제어할 수 있다. 그러나 구조 균열의 경우에는 균열의 양상, 균열폭, 균열의 진행여부, 구조물내의 균열 깊이 등에 따라 구조물의 사용성 및 안전성에 심각한 영향을 초래할 수 있으므로 철저한 조사 및 합리적인 평가가 이루어져야 한다.

진행성/비진행성 균열

균열발생 원인인자의 지속성으로 판정하며, 균열 발생부위, 구조내력 및 내구성 관련 유무, 관통균열 가능성 등을 바탕으로 분석한다. 설계오류, 온도영향, 반응성 골재, 철근부식 등의 발생 원인은 대체로 진행성 균열로 분류할 수 있다. 이에 비해 시공상 오류에 의한 균열은 대부분 비진행성 균열로 볼 수 있다. 균열의 진행성 여부를 정확히 판정하기 위해서는 상당한 시간이 소요되므로 균열 발생 원인을 분석하여 원인인자의 지속적 영향여부에 따라 평가하여야 한다.

13.2.4 내구성면에서 균열 평가

콘크리트 구조에서 내구성의 저하는 균열의 분포·폭·깊이와 환경에 의한 성능저하 수준이 복합적으로 영향을 미친다. 균열깊이가 얕으면서 광범위하게 퍼져있는 표면균열은 철근에 도달하면서 균열 폭이 좁은 균열만큼 유해하지는 않다. 많은 연구자들이 내구성 관점에서 최대 허용 균열폭과 노출조건의 상관관계에 대해 언급하고 있다. 내구성 관점에서 콘크리트의 허용 균열폭은 환경조건에 따라 0.1~0.4 mm로 제시되어 있다. 균열폭과 철근 부식사이에 직접적인 상관관계가 없다는 연구도 있지마는 일반적으로 균열 폭이 클수록 부식 가능성은 커진다.

균열 진전 정도는 구조물의 부식 및 성능저하 지표는 아닐 수 있지마는 염화물 함량 정도이나 탄산화 정도와 복합 될 때 철근의 부식 가능성은 높아지고 따라서 보다 합리적으로 대책을 판단할 수 있겠다. 균열 진전 정도와 노출 정도를 바탕으로 내구성 관점에서 구조물의 대책 수준을 그림 13.3과 같이 나타낼 수 있다. 환경 조건으로서 탄산화 정도(carbonation depth : 탄산화 깊이가 철근에 도달)나 염화물 함량(chloride content : 시멘트 중량에 대한 염화물 %)에 따라 균열 폭과 관련하여 현재의 구조물 상태를

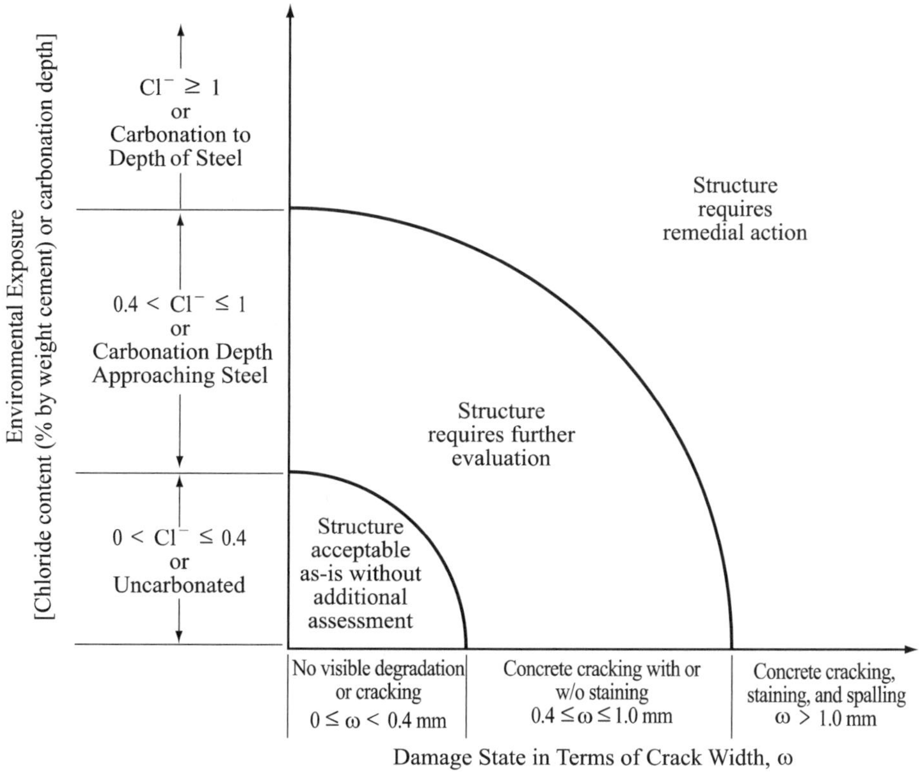

[그림 13.3] 균열폭에 따른 내구성 평가와 추가 조사 또는 보수 여부 판정

(출처 : NUREG/CR-6424, 1996)

1. 구조물이 건전하여 추가 평가가 필요 없는 수준
   (Structure acceptable as-is without additional assessment)
2. 현재 자료 외에 추가 자료로 정밀 평가가 필요한 수준
   (Structure requires further evaluation)
3. 정밀 조사하고 그 결과에 따라 보수 보강 대책을 수립하여할 수준
   (Structure requires remedial action)

의 3단계로 구분하고 그에 따라 적절하게 보수 대책을 세울 수 있을 것이다. 그림에서 보듯이 탄산화 진전 정도나 염소이온 농도로부터 환경 조건이 악화 되거나 또는 균열 폭이 큰 상태일수록 대책의 강도는 당연히 높아진다.

유사하게 그림 13.4는 철근의 부식 전위값(half-cell potential reading)과 노출조건을 바탕으로 내구성 관점에서 구조물의 3단계 수준을 나타내고 있다. 철근의 반전지 전위값 측정외에 외관 조사로서 균열이 전혀 없는 경우, 균열 또는 녹물이 보이는

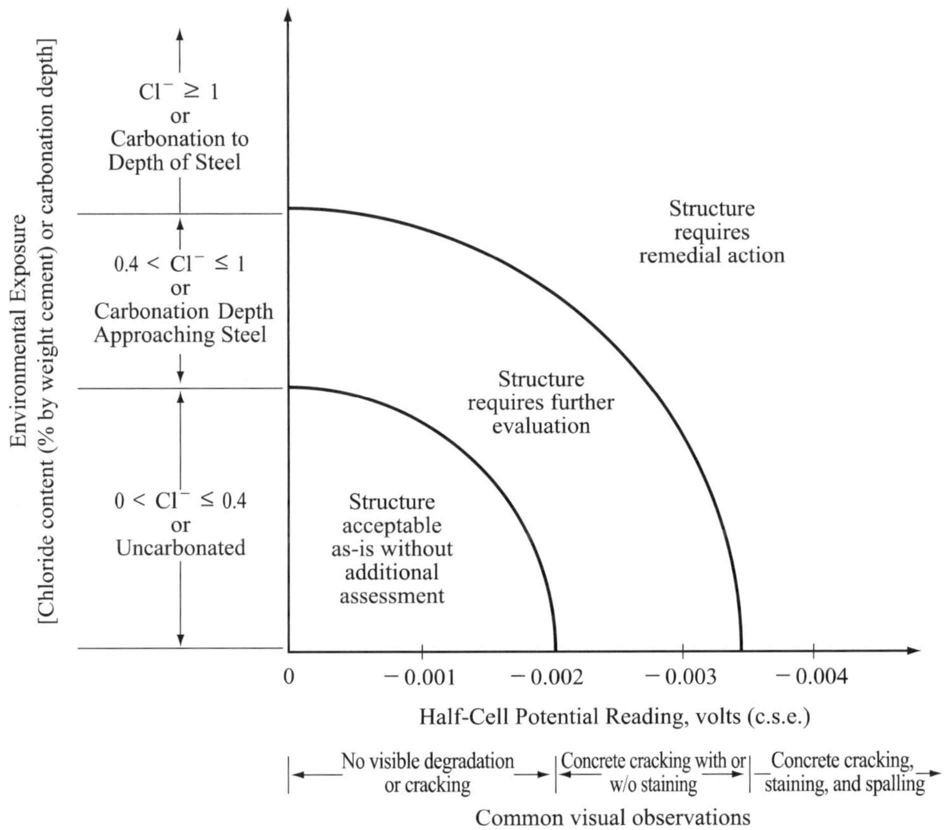

[그림 13.4] 철근의 전위값에 따른 내구성 평가와 추가 조사 또는 보수 여부 판정

(출처 : NUREG/CR-6424, 1996)

경우, 균열과 녹물이 함께 보이는 경우로 구분할 수 있다.

이와 같이 탄산화 깊이, 염화물 함량 등의 환경 인자와 균열의 크기, 철근의 전위값 등을 측정하고 이들 정량적인 데이터에 근거하여 손상 정도를 예측하고 적절한 대책을 수립할 수 있겠다. 그 외에도 성능저하 인자에 따라 계측값, 실험값, 재료값으로부터 구조물의 내구성 예측을 위한 모델이 개발되고 있다.

13.3 • 진단과 비파괴 시험

13.3.1 진단 조사 항목

콘크리트 구조물의 현재 상태를 정확하게 진단하고 평가하기 위하여 여러 가지 비파괴 시험법이 시행되고 있다. 기본적으로 콘크리트 강도시험, 철근의 위치, 철근의 양, 피복두께 등의 설계자료 외에 성능저하를 판단하기 위하여 철근의 부식실험, 염화물 함량 시험, 중성화 깊이 시험을 하게 된다. 좀 더 정밀하게 내부 결함을 탐사하기 위하여 첨단 진단기법으로 초음파법이나 열적외선 탐지법, 레이더법이 활용되고 있다.

- **콘크리트 강도 시험** : 콘크리트 강도시험은 크게 2가지 방법으로, 코어를 채취하여 압축강도시험을 수행하는 방법과 비파괴시험 장비를 이용하여 강도를 추정하는 방법이다. 코어 시험법이 신뢰도가 높지마는 코어 채취의 어려움, 국부 손상 등으로 비파괴시험법 위주로 하며 일부 코어 강도로 확인하게 된다. 비파괴 시험법은 슈미트 해머를 사용하는 반발 경도법, 초음파 탐사법 등이 이용되고 있다. 초음파법은 콘크리트에 밀착된 발신자와 수신자간의 초음파 전달 속도를 측정하여 콘크리트의 내부 강도를 추정하는 방법이다.
- **콘크리트 내부 결함 탐사** : 콘크리트 내부 상태를 탐사하기 위하여 음파법(sonic method), 초음파법(ultrasonic technique), 자기법(magnetic method), 레이더법(radar method) 등이 사용되고 있다. 콘크리트 내부의 상태, 내부 밀도, 불연속성, 균열 깊이 등을 추정할 수 있다.
- **철근 탐사** : 철근의 위치, 배근 상태, 피복두께, 철근량을 추정한다.
- **철근 부식도 조사** : 철근의 부식 상태를 추정하기 위하여 전위차법이 자주 사용되고 있다. 전위차를 측정하기 위하여 조합전극으로는 포화칼로멜 전극을 사용하고 전위차를 측정하여 표 13.5에 의하여 부식 가능성을 평가한다. 전위차가 350 mV 이상인 부위는 콘크리트 표면을 절취하여 부식상태를 확인하고 정밀 조사를 실시한다. 철근 부식 상태를 정밀하게 평가하기 위해서는 부식속도를 측정하여야 하며, 분극저항법이나 임피던스 측정법을 이용한다.

[표 13.5] 전위차에 의한 부식 판정 기준

전위차	부식 판정
$-200\ \text{mV} < E$	90 % 이상의 확률로 부식 없음
$-350\ \text{mV} < E < -200\ \text{mV}$	불확실
$E < -350\ \text{mV}$	90 % 이상의 확률로써 부식 존재

• **콘크리트 탄산화(중성화) 시험** : 탄산화 깊이를 측정하기 위하여서는 페놀프탈레인법, 시차 열중량법 분석에 의한 방법, X-선회절법, 전기화학적 방법 등이 있다.
• **염화물 함량 분석법** : 염화물에 의하여 발생되는 콘크리트의 염해는 크게 해사 사용, 해안 환경, 제설제 사용 등에 의한 경우이다. 염화물 함량 분석은 주 철근 깊이까지 깊이별로 단계를 구분하여 분포를 파악함이 중요하다.

그 외 동결융해. 고온 노출, 산 침해, 마모 피해, 진동 또는 충격하중 피해 등 구조물의 특수 상황에 따라 성능저하 상태를 조사하여야 한다. 다음에서 여러 가지 비파괴 시험법에 대해서 간략히 기술한다.

13.3.2 표면경도 측정법

경화 콘크리트 면에 장비를 이용하여 타격에너지를 가하여 반발경도를 측정한 후에 압축강도와 상관관계로부터 구조물의 실제 압축강도를 추정하며 일반적으로 슈미트 해머법(schmidt rebound hammer)이라고 부른다. 이 방법은 이미 시공된 콘크리트 구조물에 대하여 강도를 평가하는 방법으로 구조물에서 코어를 채취하는 방법 대신에 쉽게 비파괴에 의한 시험법으로 널리 사용되고 있다. 표면경도 측정법은 대부분 슈미트 해머법이 사용되고 있으며 낙하식, 스프링식 또는 회전식 해머법이 있다. 슈미트 해머에 의한 반발경도법의 원리는 경화된 콘크리트 표면을 스프링 힘으로 타격한 후 반발되는 거리와 콘크리트 압축강도 사이에 일정한 관계가 있다는 가정에 근거한다. 이 방법은 어떠한 콘크리트 구조물에도 적용이 가능하지만, 타격 시의 반발경도를 가지고 강도를 추정하기 때문에 타격력이 분산될 수 있는 부위나 상태에서는 측정이 곤란하다. 슈미트 해머법은 사용하기에 간편하며, 적은 비용으로 짧은 시간에 구조물 전체의 강도를 추정할 수 있어 널리 이용된다. 시험의 결과는 다음의 변수에 관계되며 보정하여야 한다.

• **배합설계** : 콘크리트 재료의 물리적 특성에 관계되는 여러 요인에 의해 달라질 수 있다. 시멘트의 영향은 거의 없다고 볼 수 있지마는 물-시멘트비와 골재의 종류나 골재량은 영향을 줄 수 있다.
• **재령과 양생 방법** : 수년이 경과한 콘크리트 구조물은 표면 경도가 높을 수 있다. 재령 계수를 구하고 이를 보정하여야 한다. 일반 양생이 아닌 예컨대 고온 양생인 경우 이를 보정하여야 한다.
• **표면상태** : 이 시험법에서는 표면의 일정함이 중요하다. 측정면은 평탄한 곳을 선정

하고 도장이 된 부위나 덧씌운 곳은 제거하고 가능한 요철, 공극, 자갈 노출부위는 피하여야 한다.

- **수분상태** : 콘크리트 표면이 습윤 상태에 있으면 건조상태인 경우보다 반발 경도가 최대 20 %까지 작게 측정될 수 있다. 따라서 습윤 상태에 대하여 보정되어야 한다.
- **표면 중성화** : 탄산화는 콘크리트 표면 강도를 증가시키는 것으로 알려져 있다. 특히 오래된 콘크리트 구조물은 탄산화가 꽤 진행되었을 수 있으며, 이 경우에는 표면 일부를 걷어 낸 후에 측정하여 비교 보정하여야 한다.

13.3.3 철근 탐사

이미 시공된 철근 위치와 피복두께 측정은 비파괴 검사를 이용한 콘크리트 구조물의 정밀 진단에서 빼 놓을 수 없는 중요한 시험이다. 철근 배근 조사를 위해서는 철근 탐지기가 사용되고 있으며 전자유도법 또는 전자파 레이더법에 근거하고 있다.

전자유도법(electromagnetic method)에 의한 철근탐사장치는 그림 13.5와 같이 자장을 형성하여 그 영향도를 구하기 위한 탐침과 자기저항(magnetic reluctance)의 변화에 의해 발생되는 전압을 측정하기 위한 측정계기로 구성된다. 그림 (a)에서와 같이 철근이 없는 콘크리트에서 자기저항이 높게 나타나며 (b)에서는 철근이 있기 때문에 자기저항이 낮게 나타나게 된다. 이 관계를 이용하여 철근의 피복두께, 위치, 직경 등을 찾아낸다. 전자유도법은 측정자의 판단에 의존하는 부분이 많고 개인 숙련도차가 크게 발생하기 쉽다.

전자파 레이더법(ground penetrating radar)은 원래 지중매설물이나 지반 밑의 탐사를 목적으로 개발 되어 실용화 되었다. 콘크리트에 탐사는 철근, 골재, 내부 균열,

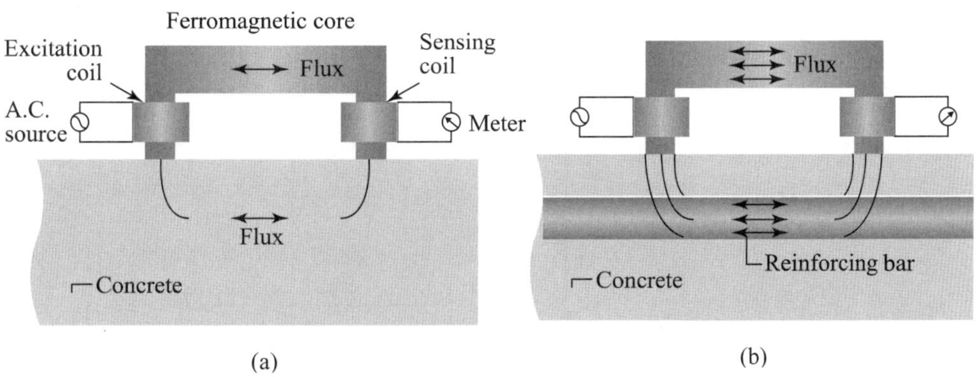

[그림 13.5] 전자유도법에 의한 철근 탐사

(출처 : ACI 228, *Nondestructive Test Method for Evaluation of Concrete Structures*, 1998)

결함의 파악에 이용되고 있다. 측정 원리는 대상 구조물의 콘크리트 내로 전자파를 송신안테나에서 인가하면 콘크리트의 전기적 성질이 다른 물체에 따라 경계면에서 다르게 반사하게 된다. 이를 수신안테나에서 받아 들여 전파된 왕복 시간을 측정하여 분석하여 물체까지의 거리를 계산하여 위치를 구한다. 최근에는 콘크리트 재료특성을 파악하는데 응용되고 있으며 함수량, 수화정도, 염화물 탐사에도 시도되고 있다. 다음은 전자파 레이더법을 사용할 때 주의해야 할 사항이다.

1. 전자파는 콘크리트 내의 함수율에 영향을 크게 받으므로 이를 보정하여야 한다.
2. 철근 배치가 촘촘한 경우는 전자파가 철근 표면에서 반사할 수 있다. 따라서 깊은 위치의 철근 탐상이 어렵고 철근 간격이 좁을 때(예컨대 100 mm 이하)에도 해상도가 크게 낮아진다.
3. 측정점에서 측정깊이는 대략 200 mm 이하이다.
4. 반사파의 관찰에서 측정자의 판단에 의존하는 부분이 크고 관측자의 개인 차이가 클 수 있다.

13.3.4 초음파법에 의한 비파괴 시험

초음파 탐상법(ultrasonic pulse velocity method)은 콘크리트의 내부 결함 탐상법으로 동일한 속도의 초음파에너지를 콘크리트 내부에 통과시켰을 때 재질이나 결함 여부에 따라 나타나는 에너지 통과량의 차이를 이용한다. 동일한 속도의 초음파를 콘크리트 내부에 통과시켰을 때, 건전한 콘크리트와 공극 또는 비균질한 콘크리트에서 통과시간 및 에너지 통과량의 차이가 나게 된다. 초음파 탐상은 구조물의 비파괴 검사로 널리 사용되고 있으며 콘크리트 700 mm 내외의 깊이까지 결함을 접촉식으로 찾아낼 수 있다. 그림 13.6에서 보듯이 시험체에 따라서 직접 또는 간접법으로 초음파 탐사를 수행할 수 있다.

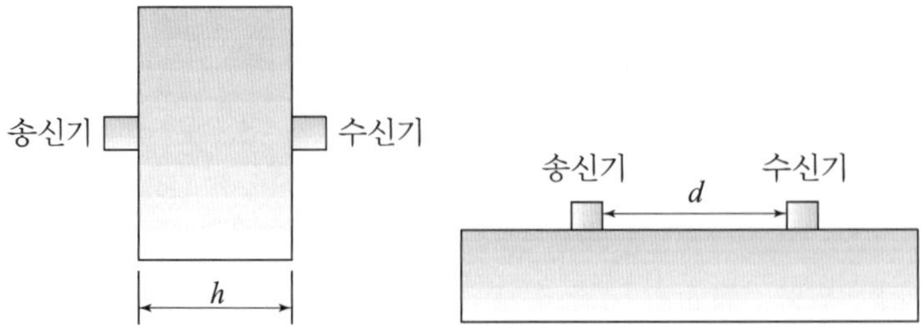

(a) 벽 직접 측정 (b) 바닥 간접 측정

[그림 13.6] 초음파 시험

콘크리트 두께 탐상, 내부의 공극 탐상, 골재, 철근의 유무 등 조사에 이용할 수 있으며, 콘크리트에서 초음파의 속도는 다음의 변수에 관계된다.

- **재령** : 시멘트 수화가 진행됨에 따라 공극률은 줄어들어 초음파의 속도가 빨라진다. 이러한 현상으로 실험실에서 혼화재 사용에 따라 성능 비교 연구에 시도되고 있으며, 현장에서는 온도나 습도의 영향을 평가하는데 초음파 탐상이 활용될 수 있겠다.
- **수분 조건** : 콘크리트가 젖은 상태이거나 포화됨에 따라 초음파 속도는 빨라진다.
- **골재** : 시멘트 페이스트보다 콘크리트를 통과할 때 초음파속도가 빠르며 또한 골재량이 많을수록 속도가 빠르다. 초음파속도는 골재 종류에 따른 탄성계수 영향요인과 관계가 깊다.
- **균열** : 콘크리트의 응력이 압축강도의 약 50 %에 도달될 때 미세 균열이 내부에 발생하기 시작한다. 비슷하게 콘크리트가 유해 요인에 의해 내부에 미세 균열이 발생할 수 있다. 콘크리트 내부의 미세 균열이 증가함에 따라 탄성계수가 감소하며 같은 맥락에서 초음파 속도 또한 감소한다.
- **철근유무** : 초음파 탐상은 철근이 없어야 정확하다. 실제 구조물에서 가능한 철근이 가까이 없는 부위에 실시하게 된다. 철근이 있음은 초음파 측정값에 분명히 영향을 미친다.

초음파법은 구조물의 비파괴검사 분야 중에서 비접촉법으로 주로 다음의 용도에 사용되고 있다.

1. 콘크리트 피복 두께 조사
2. 콘크리트 내부의 공극 조사
3. 쉬스관 내의 그라우팅 부착 조사
4. 콘크리트와 강재의 부착 상태 조사
5. 신구콘크리트 부착 계면 조사
6. 보수재와 모재콘크리트의 부착 계면 조사

13.3.5 열적외선법에 의한 비파괴 시험법

열적외선법(infrared thermography)은 물체표면에서 방사되는 적외선을 검출소자를 사용하여 이차원적으로 주사하고 검출된 적외선을 영상으로 표시하여 평가하는 비파괴 시험법이다. 그 동안 항공기, 플랜트, 전자기기 등에서 이상 발열부의 검측에 사용되어 왔으며, 건설 구조물, 옹벽 벽체, 건축물의 외장, 누수부 등의 결함 조사에 사용이 확대되고 있다. 토목 건축분야에서 열적외선법은 적외선 영상장치를 이용하여 물체의 표면온도 분포, 즉 열화상을 측정하여 이상부에서 나타나는 화상으로 내부 결함을 추정할 수 있다.

콘크리트 내에 결함이나 부분적 공극이 있을 때에는 그 부분의 열적 특성은 달라진다. 결함이 있는 부위에 열전도도는 낮게 마련이며 이에 대한 해석방법은 제14장에서 설명되듯이 유한요소법으로 풀이가 가능하다. 건전부와 결함부의 열적 특성의 차이는 기온과 일사 또는 인공가열/냉각에 기인하며 구조물내부와 표면온도와의 차이가 나타나며 이들은 열적외선법으로 감지된다.

그림 13.7은 콘크리트 슬래브에서 결함이 있을 때, 열적외선법에 의해 진단한 온도분포를 나타내고 있다. 더운날 열이 내부로 침투될 때, 결함이 있는 부위는 열이 잘 전도되지 못함으로 온도가 높아 질 것이며, 반대로 추운날 열이 외부로 발산될 경우에는 결함이 있는 부위는 열이 전도되지 못함으로 온도가 낮아질 수 있음을 알 수 있다. 열적외선법은 구조물의 비파괴검사 분야 중에서 비접촉법으로 빠르게 큰 면적을 탐사할 수 있는 장점으로, 주로 다음의 용도에 사용되고 있다.

1. 마감재 박리조사
2. 뿜칠면의 노후 조사
3. 교량 상판의 콘크리트 들뜸 조사
4. 터널 라이닝의 들뜸조사
5. 건설구조물의 누수조사

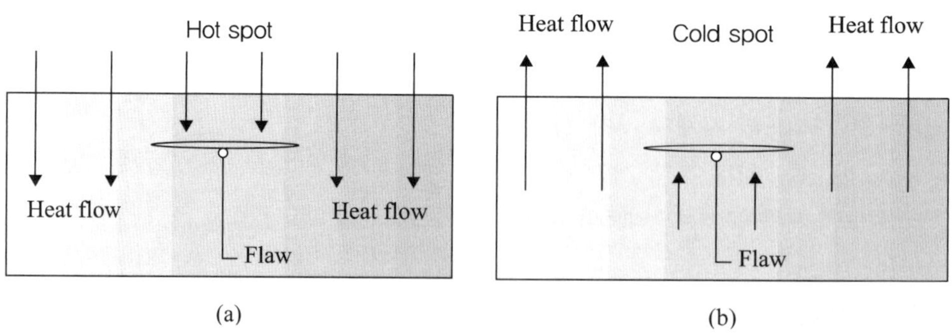

[그림 13.7] 콘크리트 슬래브에서 결함이 있을 때 열적외선법에 의한 온도분포

(출처 : ACI 228, *Nondestructive Test Method for Evaluation of Concrete Structures*, 1998)

연습문제

1 현장에서 사용 재료 잘못과 시공 잘못으로 발생될 수 있는 균열을 구분하여 나열하고 설명하라.

2 진행성 균열과 비진행성 균열에 대하여 설명하라.

3 콘크리트 균열의 조사 후, 폭 0.3 mm의 결과가 얻어졌다고 했을 때, 귀하의 소견을 말하라.

4 콘크리트 진단에서 비파괴 조사 기법에 대하여 설명하라.

5 슈미트햄머 사용 시에 보정할 사항에 대하여 설명하라.

6 초음파 탐상시험법에 대하여 설명하고 주의 사항을 기술하라.

7 열적외선법을 설명하고 용도를 기술하라.

참고문헌

1. 한국콘크리트학회, "콘크리트표준시방서 해설", 기문당, 2009, 854 pp.
2. 한국콘크리트학회, "최신콘크리트공학", 기문당, 2005, 843 pp.
3. 한국콘크리트학회, "콘크리트 진단 및 유지관리" 2003.
4. 한국시설안전관리공단, "안전점검 및 정밀안전진단 세부지침," 2009, 359 pp.
5. 이광명 외, "콘크리트 구조물의 균열," 한국콘크리트학회, 제 3회 기술강좌, 2001.
6. 최완철 외, "콘크리트 건축구조물의 하자책임 및 기간에 대한 선진화 방안연구", 한국콘크리트학회, 2008, pp. 253.
7. 최완철, "콘크리트 균열과 성능저하", 동화기술, 2010, 288 pp.
8. 이진용, 박윤제, "콘크리트구조물 유지관리", 구미서관, 2006, 233 pp.
9. ACI Committee 224R-01, "Control of Cracking in Concrete Structures", *ACI, Mich.*, 2001, 46 pp.
10. ACI Committee 224.1R-93, "Causes, Evaluation and Repair of Cracks in Concrete Structures", *ACI, Mich.*, 1993, 22 pp.
11. ACI Committee 364, "Guide for Evaluation of Concrete Structure Prior to Rehabilitation", *ACI, Mich.*, 1994.
12. ACI Committee 228, *Nondestructive Test Method for Evaluation of Concrete Structures,* 1998.
13. CEB, "Durable Concrete Structures-Design Guide", 1992.
14. Euro EC2 Code, *Design of Concrete Structures*, Paris, 1997.
15. NCHRP Report 280, "Guideline for evaluation and repair of damaged prestressed concrete members", *Transportation Research Board,* National Research Council, Washington D.C., 1985.
16. Naus, D. J., Oland C. B., "Report on Aging of Nuclear Power Plant Reinforced Concrete Structures", *NUREG/CR-6424*, U. S. Nuclear Regulatory Commission, 1996, 271 pp.

14

CHAPTER

콘크리트의 열전달, 파괴역학, 전기적 특성

콘크리트는 인간에게 공간을 제공하고 활동의 범위를 넓혀 준다. 그리고 온갖 재해로부터 또 혹독한 자연 변화로 보호하여 준다. 콘크리트 기술자는 콘크리트가 자연과 만나 어떻게 반응하고 또 잘 막아 낼 수 있는지 계속 연구하여야 한다.

자연의 이치는 물리, 화학 현상이고 다행히 법칙은 비슷하다. 열전달 현상은 물질전달과 흡사하며 열확산 문제 풀이 또한 유해물질 확산을 풀이하는 수학기법을 동일하게 이용한다. 물질 생성은 에너지 변화이며 이온화를 다루는 전기화학적 법칙을 사용하고 부식이론에 그대로 적용된다. 콘크리트의 미세구조와 복합체 특성은 구조해석을 매우 복잡하게 하지마는 균질 재료에 적용되었던 파괴역학 이론으로 콘크리트의 취성적인 파괴 특성을 쉽게 예측하게 한다.

이 장에서는 콘크리트 내외부에서 발생할 수 있는 열전달(물질전달), 전기화학적 반응, 파괴역학 특성을 소개하고 기본이론을 설명한다. 부분적으로 기술한 바, 이해가 쉽지 않을 수 있으며, 보다 깊은 공부를 위해서 독자는 당연히 참고도서를 읽어보기 바란다.

14.1 • 열전도와 열확산

14.1.1 열전도지배방정식

콘크리트구조물에서 온도응력을 해석하기 위해서는 예상되는 구조물 내에서 열이 전달되는 특성을 이해하여야 한다. 10장에서 이미 콘크리트 온도 특성과 관련되는 특성치로서 열전도율, 열확산율, 비열 등에 대하여 간략히 설명하였고 수화열 해석법을 기술하였다. 콘크리트의 열적 특성은 온도 분포, 열응력, 균열 크기 예측 등을 해석하는데 기본이 되며, 여기서는 온도해석을 수행할 때 필요한 열전달 해석의 기본 이론을 소개한다.

열전달 문제에서는 온도가 시간에 따라 변하는 경우가 대부분이며, 온도가 시간의 함수인 일반적인 경우를 비정상상태(non-steady-state condition) 또는 과도상태(transient)라고 한다. 과도상태에서 열의 유동은 다음의 편미분방정식으로 표현된다.

$$\frac{\partial T}{\partial t} = D\left(\frac{\partial^2 T}{\partial x^2}\right) \tag{14.1}$$

여기서 D는 열확산계수(thermal diffusivity)로서 재료의 고유성질이다. 시간의존 열전달 기본식은 Fick의 제2법칙인 물질 확산의 지배방정식과 유사하며 11장에서 설명하였다. 열확산계수는 다른 열특성과 관계로부터 다음과 같이 정의된다.

$$D = \frac{k}{\rho c} \tag{14.2}$$

여기서 ρ는 밀도, c는 비열이며, 열확산계수 D의 단위는 m^2/s이다.

온도가 서로 다른 요소 내에서, 또는 요소 사이에서 에너지가 이동하는 과정을 열전달(heat transfer) 현상이라고 하며, 열전달 문제는 물리의 기본 법칙, 즉 에너지 보존의 법칙을 열전달에 관련한 표현들을 이용하면 중요한 지배방정식을 유도할 수 있다.

먼저 콘크리트를 등방성 균질재료라고 보고 열전도 문제를 해석할 수 있다. 열유입은 미소요소의 체적 내부에 축적된 열의 총량을 결정하는바, 수학적 개념을 이용하여 단위체적당 순열유입은 열유동 분포의 발산율(divergence) 정리로부터 구한다. 기울기연산자(gradient operator)를 이용하여 열 유동의 속도는 다음과 같이 나타낼 수 있다.

즉, 열유동의 속도, 벡터 q는 온도의 기울기연산자, grad T에 비례한다.

$$q = -k \ \text{grad} \ T \tag{14.3}$$

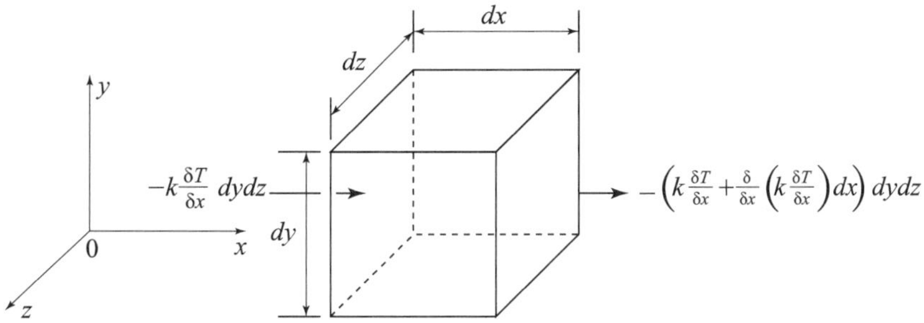

[그림 14.1] 3차원 미소요소에서 열 유동

(출처 : Schaffer J., Saxena A., Antolovich A., Sanders T. and Warner S., "The Science and Design of Engineering Materials", 1999)

여기서 $T(x,y,z,t)$는 온도함수이며, k는 열전도계수이다. 또한 단위시간에 경계곡면에서 나가는 열량은 벡터장의 발산율(divergence of vector field) 정의를 이용하여 다음과 같이 표현할 수 있다.

$$\text{div } q = \frac{\partial T}{\partial x} + \frac{\partial T}{\partial y} + \frac{\partial T}{\partial z} \tag{14.4}$$

발산율의 2중적분(면적분)과 3중적분(체적적분)의 변환(transformation of volume integrals into surface integrals), 즉 Gauss의 발산정리로부터 다음과 같이 쓸 수 있다.

$$\text{div (grad } T) = k\left(\frac{\partial^2 T}{\partial x^2} + \frac{\partial^2 T}{\partial y^2} + \frac{\partial^2 T}{\partial z^2}\right) \tag{14.5}$$

여기서 우측항은 T의 Laplace 연산자(Laplacian operator) 형태로 다음과 같다.

$$\text{div (grad } T) = \nabla^2 T \tag{14.6}$$

한편 그림 14.1에서와 같이 미소요소에 흘러들어간 시간당 순 유입열은

$$\rho c \frac{\partial T}{\partial t} dx\, dy\, dz \tag{14.7}$$

이며 에너지 보존의 법칙에 의해 유입된 열의 양과 전도된 열의 양은 같으므로

$$\left(\rho c \frac{\partial T}{\partial t} - k\nabla^2 T\right) dx\, dy\, dz = 0 \tag{14.8}$$

이 된다. 따라서 열의 시간에 대한 감소율은 다음의 편미분방정식을 얻게 된다.

$$\frac{\partial T}{\partial t} = D\nabla^2 T \tag{14.9}$$

또는

$$\frac{\partial T}{\partial t} = D\left(\frac{\partial^2 T}{\partial x^2} + \frac{\partial^2 T}{\partial y^2} + \frac{\partial^2 T}{\partial z^2}\right) \tag{14.10}$$

이를 열전도방정식(heat equation)이라고 한다. 여기서 D는 열확산계수로 식 (14.2)에서 정의와 일치함을 알 수 있다.

위의 열전도지배방정식을 풀기 위해서는 열 현상에 대한 물리적 상황에 적합한 초기 조건과 경계조건이 주어져야 한다. 이 풀이과정은 다음과 같이 요약된다.

1단계 : 변수분리법을 사용하여 온도 t에 관한 도함수와 좌표 x에 관한 도함수인 두 개의 상미분방정식을 얻는다.
2단계 : 경계조건을 만족하는 두 개의 방정식의 해를 구한다. 예컨대 이 문제에서는

$$F(x) = A\cos\ px + B\sin\ px \quad \text{그리고} \quad G(t) = e^{-Dp^2 t}$$

3단계 : 구한 해가 열전도방정식을 만족하고 주어진 초기조건을 만족하게 하여 풀이가 가능하다. 이 문제에서 해는 다음과 같다.

$$T(x,t) = \frac{1}{2\sqrt{\pi t D}} \int_{-\infty}^{\infty} f(v) \exp\left\{-\frac{(x-v)^2}{4tD}\right\} dv \tag{14.11}$$

여기서 적분변수 $z = (v-x)/2\sqrt{tD}$를 도입하면

$$T(x,t) = \frac{1}{\sqrt{\pi}} \int_{-\infty}^{\infty} f(x + 2z\sqrt{tD}) e^{-z^2} dz \tag{14.12}$$

가 구하고자 하는 최종 해이다.

최종 해는 적분변수를 도입함으로서 오차함수(error function) 형태가 되고 오차함수를 이용하여 해의 값들을 쉽게 구할 수 있게 된다. 오차함수 erf는 다음과 같다.

$$erf(x) = \frac{2}{\sqrt{\pi}} \int_0^x e^{-w^2} dw \tag{14.13}$$

풀이 과정과 예제는 10.3절에서 상세히 다루었으며 참고하기 바란다.

14.1.2 유한요소법에 의한 열전달 해석

콘크리트 구조물의 열전달해석에도 여전히 수치해석법의 하나인 유한요소법(finite element method)이 유용하다. 유한요소해석법은 구조물의 여러 가지 기하학적 형태나, 재료 특성, 임의의 경계조건들에 대해 범용으로 적용할 수 있다. 재료의 비등방성이나 시간이 변수로 고려되는 비정상상태, 공급되는 열로서 내부 발열, 표면의 대류 열등 여러 가지 변수를 광범위하게 수식화 할 수 있다.

열전달 문제를 유한요소 정식화하는 과정은 역학에서 이루어졌던 방법과 대체로 유사한 과정을 거친다. 구조체를 요소(element)로 분할하고 절점(node)으로 연결하여 전체 강성 행열을 만들고 경계조건을 준 후에 열 하중을 작용시킨다. 하중으로 자중 또는 분포하중을 절점하중으로 변환시키듯이, 내부 열(internal heat generation)과 외부 표면 열(heat flow across surface)을 각각 절점하중으로 변환시키는 기법을 이용한다.

평형방정식을 구하기 위하여 역학 문제에서 취하였던 에너지 방법을 대체로 준용한다. 위치에너지를 구하고 변분법을 취하여 안정을 위하여 정류(stationary)함으로서 기본 평형식을 얻게 된다.

다음에서는 먼저 2차원 요소의 열전달을 유한요소 정식화 과정에 대해서 간략히 기술한다. n개 절점 $\{T_e\}$을 갖는 2차원 평면요소 내의 온도를 T라고 하자.

$$T = [N]\{T_e\} \tag{14.14}$$

여기서 $[N]$은 형태함수(shape function)로 x와 y의 함수이다. 열전도계수 k, 비열 c, 밀도를 ρ라고 할 때, 열전달 임의 요소의 위치에너지 함수(functional) II는 다음 식으로 표현된다.

$$\text{II} = \iint \frac{1}{2}(T_{,x}^T T_{,x} + T_{,y}^T T_{,y})k\,dx\,dy - \iint T^T Q\,dx\,dy + \iint T^T \dot{T}\,\rho c\,dx\,dy \tag{14.15}$$

여기서 Q는 내부발생 열, $\dot{T} = \partial T/\partial t$이며, $T_{,x}$는 온도의 x에 대한 편미분을 뜻한다. 식 (14.14)를 편미분하면

$$T_{,x} = [N_{,x}]\{T_e\},\ T_{,y} = [N_{,y}]\{T_e\},\ \dot{T} = [N]\{\dot{T}_e\} \tag{14.16}$$

를 얻게 되며 이를 식 (14.15)에 대입하면

$$\text{II} = \frac{1}{2}\{T_e\}^T[k]\{T_e\} + \{T_e\}^T[c]\{\dot{T}_e\} - \{T_e\}^T\{r_Q\} \tag{14.17}$$

여기서

$$[k] = \iint \left([N_{,x}]^T [N_{,x}] + [N_{,y}]^T [N_{,y}] \right) k \, dx \, dy \tag{14.18}$$

$$[c] = \iint [N]^T [N] \, \rho c \, dx \, dy \tag{14.19}$$

$$\{r_Q\} = \iint [N]^T Q \, dx \, dy \tag{14.20}$$

위에서 위치에너지 II를 절점온도로 변미분함으로서 정류한다는 조건식을 이용한다. 즉

$$\left\{ \frac{\partial \Pi}{\partial T_e} \right\} = 0 \tag{14.21}$$

따라서

$$[k]\{T_e\} + [c]\{\dot{T}_e\} = \{r_Q\} \tag{14.22}$$

이라는 열전달 해석을 위한 유한요소(finite element)의 기본식을 얻게 된다. 다음 절차는 구조해석에서와 동일한 과정으로, 구조물 전체(global) 행렬은 각 요소의 합 과정(assembly)을 통하여 얻게 된다. 구조물 전체에 대한 행렬식은

$$(\Sigma[k])\{T\} + (\Sigma[c])\{\dot{T}\} = \Sigma\{r_Q\} \tag{14.23}$$

구조물이 2차원 평면이며, 열 특성이 두 직교 방향에 따라 다른 경우로 확장함에 따라 기본 지배방정식은 다음과 같이 달라진다. 즉, 열 특성이 두 직교 방향, 즉 r과 s 방향으로 각각 다를 경우, 열 유동 속도는

$$q_r = -k_r T_{,r} \quad \text{또한} \quad q_s = -k_s T_{,s} \tag{14.24}$$

위의 식으로부터 x, y 좌표로 변환하면

$$\left\{ \frac{q_x}{q_y} \right\} = -[k] \left\{ \frac{T_{,x}}{T_{,y}} \right\} \tag{14.25}$$

여기서

$$[k] = \begin{bmatrix} k_x & k_{xy} \\ k_{yx} & k_y \end{bmatrix} \tag{14.26}$$

이다. 일반적으로 열유동은 저장되는 열용량의 시간에 대한 변화를 뜻하며, 따라서 다음 식으로 나타낼 수 있다.

$$\frac{\partial}{\partial x}(k_x T_{,x} + k_{xy} T_{,y}) + \frac{\partial}{\partial y}(k_{xy} T_{,x} + k_y T_{,y}) + Q = c\rho \dot{T} \qquad (14.27)$$

만일 균질 재료일 때에는 $k_{xy}=0$, 이고 $k_x = k_y = k$가 된다. 표면에서 열이 방사열로서 전달되고 h를 열전달계수(heat transfer coefficient, 단위는 $J/m^2 \cdot s \cdot K$)라 할 때, 또한 경계조건으로 표면에서 열 유동, q_B가 있을 경우, 열전달의 위치에너지 함수는 다음과 같다.

$$\Pi = \iint \left(\frac{1}{2} \begin{Bmatrix} T_{,x} \\ T_{,y} \end{Bmatrix}^T [k] \begin{Bmatrix} T_{,x} \\ T_{,y} \end{Bmatrix} - QT + \rho c \dot{T} T \right) dx\, dy$$
$$- \int h \left(T_f \dot{T} - \frac{1}{2} T^2 \right) dS - \int q_B T\, dS \qquad (14.28)$$

를 얻게 된다. 구조물을 3차원 입체로 더욱 확장함에 따라 기본 지배방정식은 다음과 같이 달라지며,

$$\{\partial\}^T [k] \{T_\partial\} + Q = c\rho \dot{T} \qquad (14.29)$$

을 얻게 되며 $\{\partial\}^T$ 미분연산자이며 $\{T_\partial\}$ 온도기울기이다. 3차원 체적에 대해서 식 (14.28)를 확장하면 위치에너지 함수는 다음과 같다.

$$\Pi = \int_V \left(\frac{1}{2} \{T_\partial\}^T [k] \{T_\partial\} - QT + \rho c \dot{T} T \right) dV$$
$$- \int_S \left(q_B T + h T_f \dot{T} - \frac{1}{2} h T^2 \right) dS \qquad (14.30)$$

앞에서 설명하였듯이 3차원 구조물에 대해서도 유한요소 등식은 위치에너지 II을 절점온도로 변미분함으로서 정류한다는 조건식을 이용한다. 즉

$$\left\{ \frac{\partial \Pi}{\partial T} \right\} = \{0\} \qquad (14.31)$$

따라서

$$([K] + [H])\{T\} + [C]\{\dot{T}\} \doteq \{R_q\} + \{R_Q\} + \{R_h\} \qquad (14.32)$$

을 얻게 되며 구조물의 열전달 해석에서 일반식이 된다. 위 식에서 가장 간단한 경우는 $[K]\{T\} = \{0\}$와 같이 표현할 수 있으며, 이는 내부 생성(source) 또는 소멸(sink) 되는 열, 또한 표면에서 방사열, 또한 표면에서 열유동이 없고, 단지 경계조건으로 온도가 주어진 정상상태의 해석이라고 할 수 있다.

앞에서 언급하였듯이 열전달을 나타내는 유한요소 등식화 과정은 구조해석에서 유한요소 등식화 과정과 매우 유사하다. 구조 해석의 경우에 강성행렬(stiffness matrix), 지반스프링계수(elastic foundation stiffness), 질량행렬(mass matrix), 그리고 하중으로서 자체하중(body force), 면 분포하중(surface traction)이 있다. 열 전달에서 이들은 각각 $[k]$, $[h]$, $[c]$와 $\{r_Q\}$, $\{r_q\}$, $\{r_h\}$에 해당된다고 할 수 있다. 해를 구하는 과정 또한 구조 해석에서 연립방정식을 풀이하는 과정인 여러 가지 수렴(iteration) 알고리즘을 이용한다. $[\kappa]$ 행렬이 시간의 변수일 때, 당연히 복잡한 비선형 풀이가 된다. 먼저 $[K]$를 추정하여 $\{T\}$를 얻고 새로운 $[K]$를 계산하여 반복한다.

14.2 • 파괴역학 특성

14.2.1 선형 파괴역학

파괴역학(fracture mechanics) 개념은 1920년대에 선박, 항공기 등 여러 곳의 강재 구조물에서 돌발적인 파괴사고가 연이어 일어나면서 주목 받게 되었다. 금속 또는 강재 구조물에 제조과정에서 흠, 결함, 또는 사용 중에 어떠한 원인에 의하여 발생한 미세균열이 외력 또는 환경 조건에 의하여 점차로 또는 급속하게 성장하면서 급격한 파괴를 일으키는 현상을 파괴역학 개념으로 해석한다. 결함의 크기는 미세하여 때로는 확대경을 사용하여야 보일 정도이지만 구조물은 엄청나게 큰 교량이나 잠수함, 댐과 같아서 상대적인 크기 또한 중요 변수가 된다. 더욱이 구조물은 수시로 반복 하중을 받는 구조물에서 피로 문제, 극한 환경인 극저온, 원자력 구조물에서 고온 상태, 금속 구조물에서 일어나는 부식 환경, 나아가 이들이 복합으로 일어나는 현상에 이르기까지, 파괴역학 개념으로 설계하고 해결할 대상 구조물은 상당히 많다.

파괴역학의 기본으로 선형탄성 파괴역학(linear elastic fracture mechanics) 이론은 1920년경에 의해 시작되었으며 A. Griffith가 초기 주창자라고 할 수 있다. 그는 균질한 고체의 강도에 영향을 주는 요인으로 표면 처리과정에서 결함의 크기에 관심이 있었다. 전통적인 재료역학에서 에너지는 탄성 또는 변형에너지와 외력에 의한 일 개념으로 접근하여 왔다. 그러나 탄성체에 균열이 있어 파괴가 진행될 때, 새로운 파단면이 발생함에 따른 자유표면에너지(free surface energy) 개념을 도입한다.

취성 재료에서 균열 선단(crack tip)에 외력에 의한 탄성에너지가 균열이 증가되기 위한 파괴에너지보다 클 때 파괴가 일어난다고 보며, 이 때 위치에너지의 합은 다음 식으로 정의한다.

$$U = U_0 - U_a + U_\gamma \tag{14.33}$$

여기서 U_0는 균열전 위치에너지 U_a는 균열 진행으로 인한 탄성에너지의 감소, U_γ는 균열 발생으로 인한 표면에너지의 증가이다. 또한 균열 진행으로 인한 탄성에너지는

$$U_a = \frac{\pi\sigma^2 a^2}{E} \tag{14.34}$$

로 정의하며 여기서 a는 단위 두께를 갖는 판재에서 결함의 길이이다. 또한 균열 발생으로 인한 표면에너지는

$$U_\gamma = 2(2a\gamma_e) \tag{14.35}$$

로 정의한다. 표면에너지는 $2a$ 길이를 갖는 균열의 면적에 재료의 표면에너지의 곱으로 나타낸다. 따라서 전체 탄성에너지는

$$U = U_0 - \frac{\pi\sigma^2 a^2}{E} + 4a\gamma_e \tag{14.36}$$

이다. 여기서 힘의 평형 조건을 얻기 위하여 a에 관하여 1차 변미분을 취하고 양변을 같게 하면

$$\sigma\sqrt{a} = \left(\frac{2\gamma_e E}{\pi}\right)^{1/2} \tag{14.37}$$

이 된다. 위 식에서 부터 취성 재료에서 균열이 진전되기 위해서는 응력과 균열의 제곱근의 곱과 재료 상수에 의해 결정됨을 알 수 있다. 즉 좌측은 응력을 받는 단면에서의 균열 크기이고 우측은 탄성계수, 표면에너지로 구성되는 재료 상수이다. 식을 다시 정리하면

$$\frac{\pi\sigma^2 a}{E} = 2\gamma_e = G \tag{14.38}$$

가 되며 좌측 값이 에너지 방출률(energy release rate), G로 정의하며 미소 균열이 진행할 때에 단위 표면적당 탄성 에너지 방출량이 된다. 또한 좌측에서 $\sigma\sqrt{\pi a}$를 K_I으로 정의하고(mode I : 개구 형태), $2a$ 길이를 갖는 관통 균열에서 균열 단에서의 응력확대계수(stress intensity factor)라고 지칭한다. 응력확대계수는 일반적으로 다음과 같이 나타낸다.

$$K_I = \sigma\sqrt{a}\, f(g) \tag{14.39}$$

여기서 $f(g)$는 시험편과 균열의 기학학적 형상(예컨대 관통균열, 모서리 균열, 표면

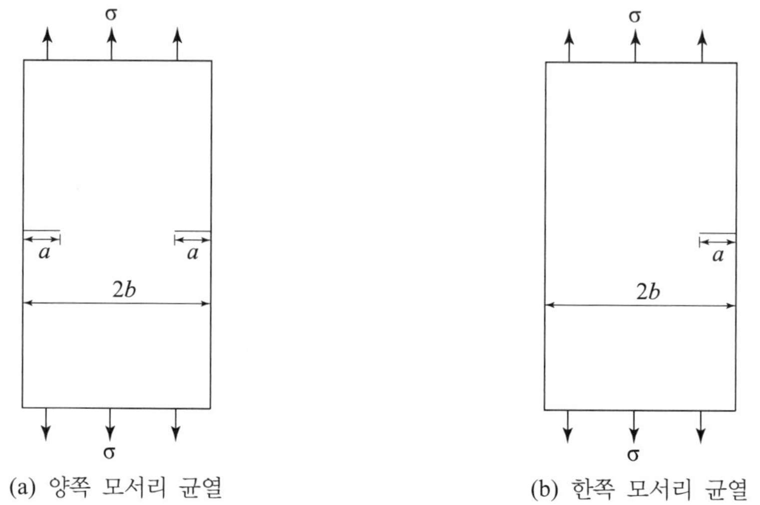

[그림 14.2] 모서리 균열에서 응력확대계수

균열 등)을 나타내는 매개 변수로서 여러 가지 경우에 대하여 실험 연구 결과로서 제시되어 있으며 한 예로 모서리 균열에서 응력확대계수는 그림 14.2와 같다.

모서리 균열에서 모드 I의 응력확대계수는 다음 식으로 나타낼 수 있다. 즉

$$K_I = 1.12\,\sigma_{ds}\sqrt{\pi a_{cr}}\,f\left(\frac{a}{b}\right) \tag{14.40}$$

여기서 $f(a/b)$는 판재에서 전체 폭에 대한 균열의 비에 관계되는 수정함수이고 그 비가 0.1 이하일 때에는 1.0이며, 균열의 깊이가 전체 폭에 1/2에 도달할 때에는 커져서 2.5가 된다.

예제 14.1 **폭이 200 mm이고 두께가 20 mm인 강판에 인장응력이 항복강도의 1/2로서 작용될 때, 설계에서 허용 균열 폭은 얼마인지 계산하라. 예상될 수 있는 결함은 그림 14.2의 첫 번째 경우이다. 재료의 항복강도 σ_{ys}는 1,500 MPa이고, K_{IC}는 80 MPa $\sqrt{\text{m}}$ 이다.**

풀이 모서리 균열인 경우로서 균열의 깊이의 비가 0.1 이하이라고 가정하여 $f(a/b) = 1.0$이며,

$$K_C = 1.12\,\sigma_{ds}\sqrt{\pi a_{cr}}$$

$$a_{cr} = \frac{1}{\pi}\left(\frac{K_{IC}}{1.12\sigma_{ds}}\right)^2 = \frac{1}{\pi}\left(\frac{80}{1.12\times 750}\right)^2 = 2.89\ \text{mm}$$

따라서 위의 계산으로부터 2.89 mm가 얻어진다. 여기서 응력이 항복강도의 1/4 정도로 설계한다면 허용 균열 폭은 5.77 mm로 증가될 수 있다.

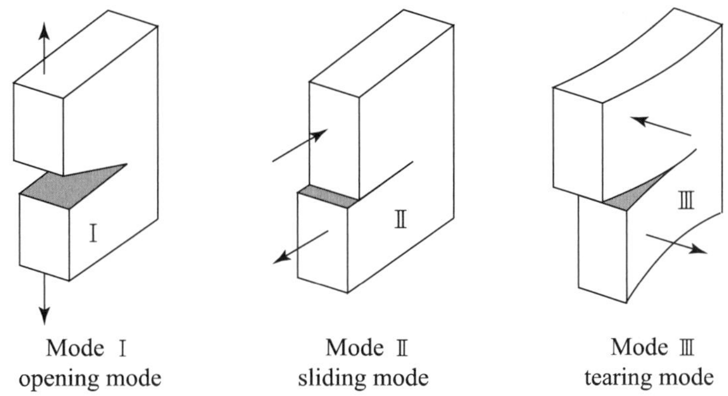

[그림 14.3] 균열의 세 가지 형태

파괴역학에서 보편적으로 다루는 균열 변위에 관련된 형태(mode)는 그림 14.3에서 보는 바와 같이 세 종류, 개구형태(opening mode), 미끄럼형태(sliding mode), 뒤틀림형태(tearing mode)가 있으며, 취성적인 재료와 관련하여서는 개구형태가 가장 보편적이다. 균열의 기하학적 형태로서 그림 14.2의 모서리 균열은 개구형태의 한 예이다.

이와 같이 파괴역학에 의한 균열 발생 가능성의 정도는 응력과 균열크기, 그리고 균열의 기하학적 특성에 관계된다. 기본 개념은 응력이 증가하거나 균열이 커져서 균열 선단의 응력확대계수 K가 재료의 인성지수를 나타내는 임계응력확대계수 K_c (critical stress intensity factor)에 도달하면 파괴가 발생한다는 것이다. 근본적인 가정은 응력이 증가하거나 균열이 커져서 균열 선단의 응력확대계수 K가 어떤 임계값에 도달하면 불안정한 파괴가 일어난다는 것이다. 이것을 재료의 임계응력확대계수 K_c라고 하며 V-notch, CTOD 실험 등으로 얻어지는 인성지수(fracture toughness)이다.

파괴역학의 기본개념은 외력, 균열, 재료의 인성지수와의 관계를 나타내는 그림 8.9에서 이미 살펴보았다. 실제 설계에서는 가정한 균열의 크기와 기하학적 형태, 응력으로부터 계산된 응력확대계수를 재료의 인성 능력 임계값 K_c와 비교하여 충분히 작도록 부재 단면을 결정한다. 재료의 인성 능력 임계값은 피로 환경, 부식환경, 고온 또는 저온 환경에 따라 달리하며 이를 결정하는 기법으로 J-integral, R곡선법 등이 있다.

14.2.2 콘크리트 파괴역학 특성

파괴역학 이론이 선형 탄성에 근거하여 발전한 바, 콘크리트에 적용에 대해서 많은 논란이 있었다. 연구 초기에는 골재로 인한 특이성, 시험체 크기, 형태, 균열 크기에 따라 이론적용이 쉽지 않았고 실험의 결과가 많이 상이하였다. 콘크리트에 파괴역학을 처음으로 시도한 연구자는 Kaplan이며 K_c와 G_c에 대한 여러 가지 영향 요인으로 골재량, 최대 골재 크기, 표면 거칠기가 주요변수로 발표 되었다. 또한 파괴에너지는 재료 특성 보다는 시편의 크기에 크게 영향을 받는 것으로 알게 되었다. 이후 Cedolin에 의해 콘크리트 판에서 응력확대계수를 나타내는 식이 다음과 같이 제안되었다.

$$K = p\sqrt{\pi a}\, f(a/b) \tag{14.41}$$

여기서 $f(a/b)$는 전체 폭에 대한 균열의 비에 관계되는 수정함수이며 이들 개념은 탄성선형 파괴역학과 동일하다. 이 때 파괴시의 균열 선단의 응력(critical stress) p_c은 재료의 파괴에너지 K_c와의 관계로서 다음 식과 같이 표현된다.

$$p_c = \frac{K_c}{\sqrt{\pi a}\, f(a/b)} \tag{14.42}$$

콘크리트에서는 균열이 대체로 일직선상으로 진전되지 않는다. 균열은 골재 입자 주위로 또한 시멘트 수화체 자체 내에서도 상태에 따라 구부러진 경로를 통해서 진전 된다. 균열진전의 불규칙성과 취성으로 비선형 파괴역학을 사용하는 것이 더 일반적이다. 콘크리트의 비선형 특성은 시멘트 수화물 또는 모르타르의 초기 균열 발생과 미세 균열이 계속 진전하는 취성적인 재료 특성에 기인한다. 시멘트 수화물의 미세구조에서 균열이 발생하는 것에 근거하여 많은 콘크리트 균열 현상을 비선형 파괴역학 개념으로 모델화 하여 해석한다.

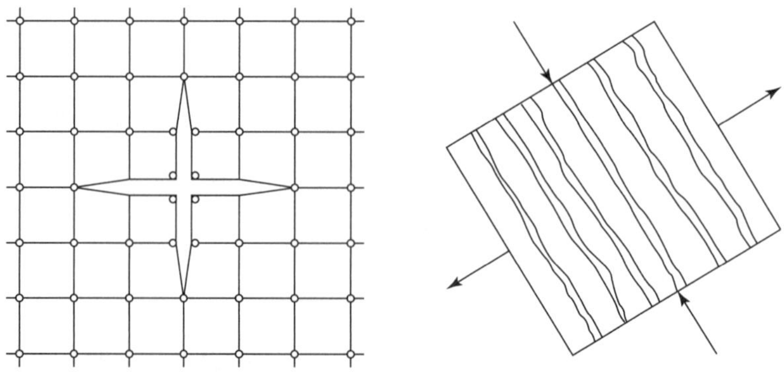

[그림 14.4] 이산균열과 분산균열 모델

취성재료인 콘크리트의 난해한 균열 특성을 표현하고 해석하는데 여러 가지 파괴역학 모델이 이용되어 왔다. 초기부터 점착균열 모델(cohesive crack model), Two-parameter 모델, 균열대 모델(crack band model), 분산균열 모델(smeared crack model), 이산균열 모델(discrete crack model), 가상균열 모델(fictitious crack model) 등 많은 모델이 제안되어 왔다(그림 14.4).

Rashid에 의해 소개 되고 Bazant와 Cedolin에 의해 발전된 분산균열 모델은 균열 발생이후의 콘크리트를 균열이 분산되어 있는 연속체로 가정한다. 균열은 선형 탄성, 균질재료로 취급한다. 재료의 주응력이 인장강도를 초과할 때, 균열이 발생되고 주응력 방향으로 인장 강성이 소멸하며 인장응력은 인근 다른 요소로 재분배시킨다. 이산균열 모델에서는 하나의 고정된 한 방향으로 균열이 진전되지마는 등방성 구성재료식에 의해 많은 분산 균열을 나타낼 수 있다. 비선형 유한요소해석을 사용하는 이 모델에서는 균열이 넓은 부분에 분산되어 발생하는 철근콘크리트 부재를 비교적 정확하게 해석할 수 있다.

콘크리트의 파괴역학에서 대표적인 모델로 Hillerborg의 가상균열모델이 균열 생성과 발전의 해석에 자주 이용된다. 인장응력이 인장강도에 도달하여 균열이 발생할 때에도, 일부 미세 또는 가상균열이 어느 정도의 인장응력을 전달한다고 본다(그림 14.5).

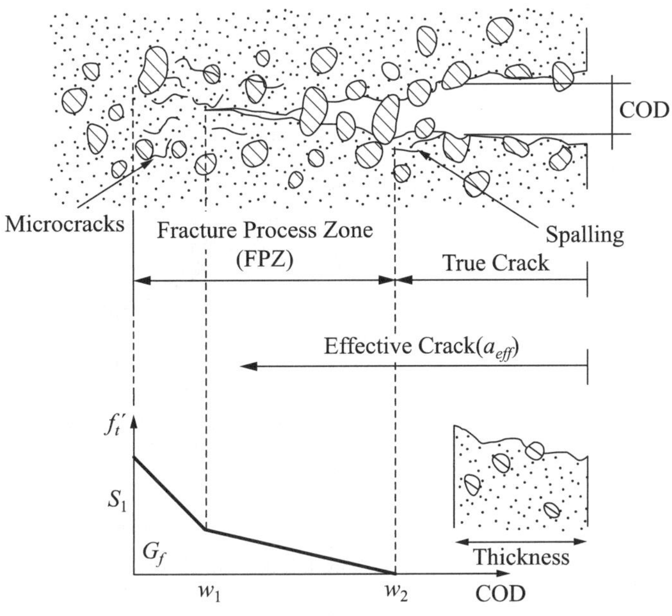

[그림 14.5] Hillerborg의 가상균열 모델의 개념도

(출처 : Hillerborg, A., Modeer, M., and Petersson, P. E., “Analysis of crack formation and crack growth in concrete by means of fracture mechanics and finite elements”, 1976)

즉, 균열 선단에서 미세균열이 열려지게 될 때, 인장전달 능력은 균열 폭 크기에 따라 점차적으로 감소한다는 모델이다.

여기서는 균열을 실재 균열(true crack)과 파괴진행영역(fracture process zone)으로 구분한다. 실재 균열 구간에서는 응력과 변위는 모두 불연속이지만, 파괴전달구간에서는 변위는 불연속이나 응력은 연속으로 전달된다고 본다. 파괴전달구간에는 선단 응력이 인장강도 f_t'에 도달되면 균열이 발생한다. 이후 변위는 w_1를 거치며, w_2에 도달될 때, 비로소 응력이 0이 된다. 응력－변위 곡선의 면적은 재료의 파괴에너지 G_f와 같다.

그림 14.6과 같이 Dugdale 가상균열 모델에서는 균열 선단에 소성영역이 존재하며, 이 소성영역 내에서 재료의 항복응력 σ_y와 같은 응력이 발생하게 되어 소성영역 내의 응력은 변형의 함수로 가정한다. 즉 균열선단의 응역이 인장응력 f_t에 도달하면 균열이 발생하지만 균열이 발생한 후에도 응력이 0에 도달하는 것이 아니라 균열 폭이 증가하는 방향으로 응력은 감소하며 균열 폭이 w_1 되는 지점에서 0이 된다. 즉 균열이 $w<w_1$인 지역에서는 실재로 균열이 발생하고 있지마는 응력을 부담할 수 있으며 이러한 영역이 있기 때문에 에너지가 흡수된다. 흡수된 에너지는 에너지 방출률과 같아질 때까지 진전된다.

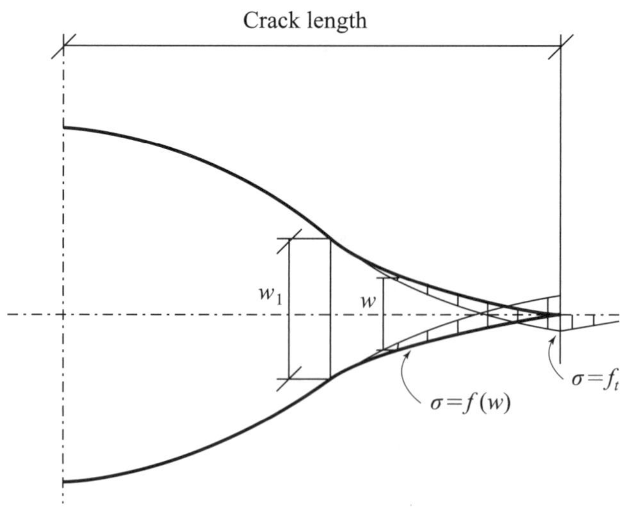

[그림 14.6] Dugdale의 가상균열 모델

14.2.3 콘크리트 파괴역학 활용

가상균열 모델은 유한요소 해석으로 자주 활용되며 균열의 특성을 재현하는데 유용하다. 균열 발전 능력과 현상을 그림 14.7과 같이 응력−변위 곡선으로 나타낼 수 있고 실제 해석에서는 선형으로 단순화 시킨다(Petersson 1980).

균열 폭이 w_o에 도달될 때, 비로소 인장응력이 0값이 되며 이 동안의 콘크리트가 여전히 파괴에너지를 부담한다. 즉 균열 폭이 w_o에 도달되는 동안 흡수되는 에너지는 응력−변위 곡선의 면적이 되며 다음 식으로 표현한다.

$$G_c = \int_0^{w_o} \sigma dw \tag{14.43}$$

여기서 G_c는 파괴에너지, σ는 균열 면에 작용되는 인장응력, w는 균열 폭 크기, w_o는 인장응력이 0값이 될 때의 균열 폭으로 정의한다.

유한요소해석의 한 사례로 두 절점 사이에 봉(rod) 요소를 사용하고 균열의 특성을 부여한다. 이 봉 요소는 두 균열 면을 절점으로 구성하는 부재로 인장응력이 인장강도에 도달할 때에 균열이 발생된다. 일단 균열 발생 이후에는 정의한 응력−변위 곡선을 따르게 한다. 즉 초기 강성은 매우 크게 하여 변위가 발생되지 않지만 일단 응력이 인장강도에 도달 한 이후에는 급격히 변위가 발생되고 인장응력이 0값이 되는 균열 폭 크기의 변위에 도달한다.

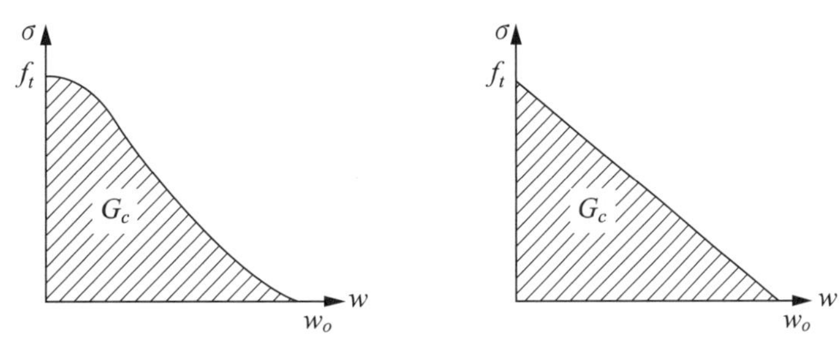

(a) 균열 발생 응력−변위 곡선 (b) 선형으로 이상화한 응력−변위식

[그림 14.7] 균열 재현을 위한 응력−변위 곡선

(출처 : Petersson, P. E., "Fracture energy of concrete : method of determination" 1980)

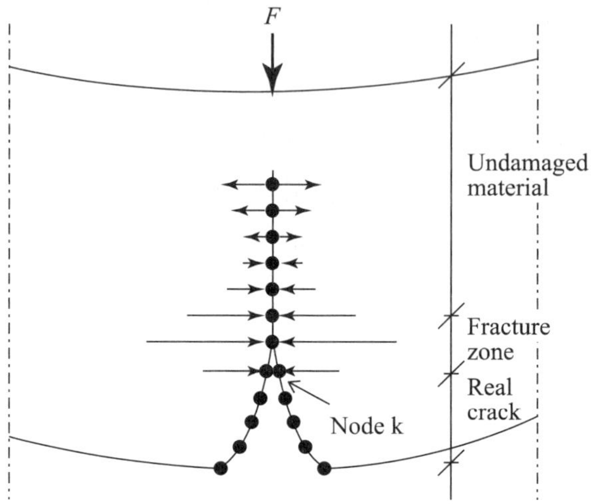

[그림 14.8] 초기균열이 있는 부재의 균열 진전 모델

그림 14.8은 초기균열이 있는 부재에 힘이 가해졌을 때의 균열 주위에 절점을 부여하고 하중을 증가시킴에 따라 균열이 진전되는 양상을 모델화 한 것이다. 계산을 단순화하기 위하여 실제의 $\sigma - w$ 곡선은 이상화 하게 된다. 이 때 $\sigma(w)$ 함수는 다음과 같이 정의할 수 있다.

$$\sigma(w) = \begin{cases} f_t(1 - w/w_o), & \text{if } 0 \le w \le w_o \\ 0, & \text{if } w \ge w_o \end{cases} \tag{14.44}$$

그림 14.9는 응력－변위 곡선의 예를 보여주고 있으며, 이 모델은 단순 열림(opening mode) 균열의 특성을 재현하는데 유용하며 비선형 유한요소 해석으로 활용된 한 사례이다. 콘크리트 재료성능으로 과거 인장강도만으로는 파괴 이후 비선형 감소, 특히 하강 곡선을 재현할 수 없었던 반면에 몇몇 파괴역학 값을 입력함으로서 실험에서 관찰되는 연성 곡선을 추정할 수 있다. 여기에 입력되는 값은 콘크리트 탄성계수, 인장강도, w_o, 그리고 인성지수 G_c이다. 이러한 자료로부터 철근과 콘크리트에서 부착 파괴를 재현하고자 하였으며, 특히 콘크리트의 피복두께가 쪼개지는 쪼갬파괴에 대한 균열 생성과 균열 진전 및 피복두께가 다름으로 인한 부착 강도의 차이를 적절하게 예측하였다.

다른 사례로서 콘크리트 댐의 균열에 대하여 파괴역학을 사용하여 거동을 적절히 재현하고 있다. 콘크리트 댐의 균열은 시공 중에 발생하는 균열 및 시공 완료 후에 균열로 나눌 수 있으며 균열 진전 예측 상황을 유한요소를 대체로 적절하게 해석한 결과가 발표되고 있다. 보의 휨파괴에 적용한 결과, 초기 균열의 발생, 균열의 진전,

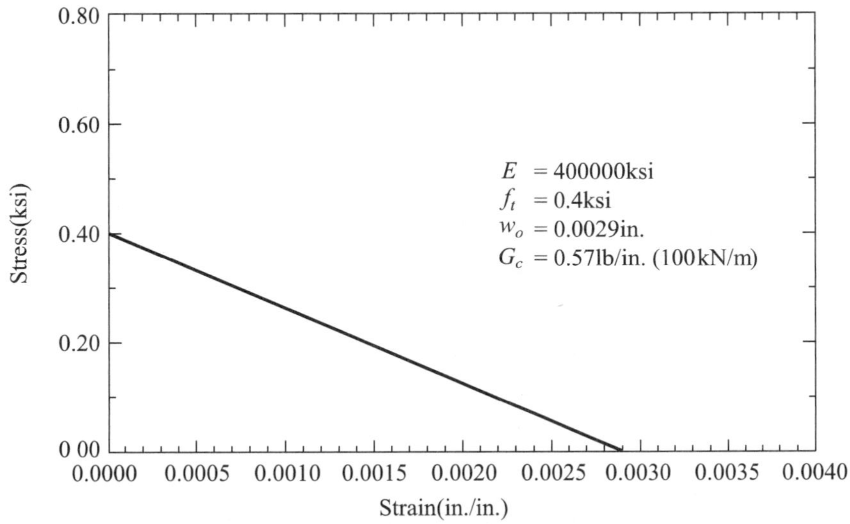

[그림 14.9] 균열 요소를 나타내는 응력-변형률 곡선의 실제 예

(출처 : Choi O.C., Darwin, D., Hadge-Ghaffari, H., and McCabe S., "Bond Strength of Epoxy-coated Reinforcement to Concrete", 1990)

노치가 없는 보의 휨강도를 예측하게 된다. 보의 사인장 파괴에 대하여 스터럽이 없는 경우와 있는 경우에 이르기까지 파괴역학 해석이 시도되고 있다.

파괴역학을 콘크리트 균열에 적용하고자 파괴에너지 인자에 대해 여러 가지 이론과 기법이 제안되고 있다. 응력확대계수 기법은 선형탄성 파괴역학에 근거 두고 있는 반면에 균열 선단 부근에 소성 영역이 균열 길이에 비해 큰 상태 등에서는 비선형 파괴역학이론이 적용된다. 대표적으로 J－적분법, CTOD, R－곡선법이 등이 있다. R－곡선 모델(R-curve model)은 시편의 크기와 형상에 무관하게 파괴에 저항하는 능력 R은 에너지 방출량 G와 같다는 가정에서 출발한다. 균열 길이와 에너지 방출과의 관계를 나타내는 R－곡선을 구축하고 이때 R－곡선의 기울기는 균열의 커짐에 따라 증가한다.

R－곡선법이 건조수축균열을 줄이기 위한 재료 개발에 적용된 사례를 소개하고자 한다. 여러 가지 섬유 보강재를 사용하였을 때 건조수축과 크리프를 고려한 응력과 균열 발생되는 시기를 예측하고 성능을 비교하고자 하였다(Shah 등 1998). 이 기법에서 기본 개념은 파괴기준(failure criteria)으로 재료의 파괴에 대한 저항곡선(R-curve)과 균열이 발생되는 에너지곡선(G-curve)을 함께 그리고 만나는 점을 찾으며, 그림 14.10은 섬유 보강으로 균열 제어를 위한 R－곡선 모델의 개념을 보여주고 있다.

그림에서 저항 R－곡선은 재료의 임계응력확대계수 K_c 값과 CTOD를 실험에 의해 측정하여 작성한다. 섬유 보강으로 재료의 인성이 높아짐에 따라 R－곡선의

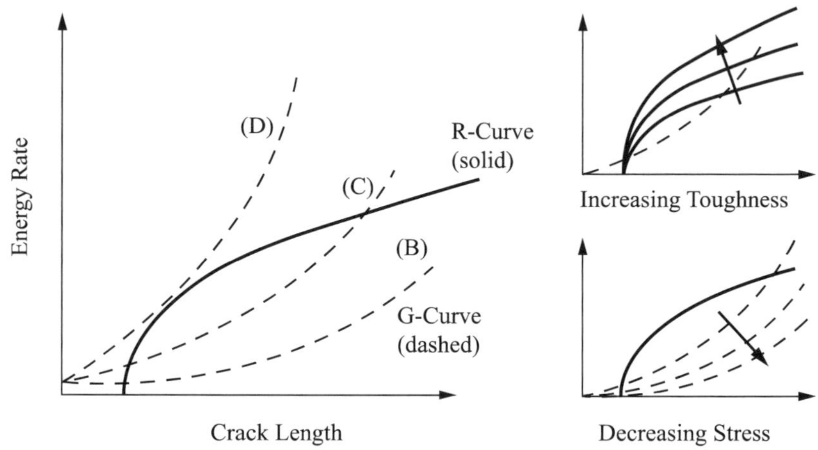

[그림 14.10] 섬유 보강으로 균열 제어를 위한 R-곡선 모델의 개념도

(출처 : Shah S., Weiss J., and Yang W., "Shrinkage cracking -can it be prevented?", 1998)

기울기가 증가하고 반면에 응력 수준을 낮춤으로서 G-곡선의 기울기는 내려간다. 이 기법은 균열을 저감시킬 수 있는 여러 가지 재료로부터 실험 결과를 예측하고 결과를 분석하는데 활용할 수 있을 뿐 아니라 균열 제어 설계에도 적용할 수 있다.

14.3 • 전기화학적 성능

14.3.1 콘크리트의 전기화학적 특성

콘크리트 내에서 일어나는 화학 반응은 전자의 이동을 포함하고 이는 전기장을 형성하며 전기적인 특성을 평가함으로 재료 특성을 이해할 수 있다. 최근 콘크리트 구성재료의 특성, 굳지않은 콘크리트의 물리, 화학적 성질을 파악하고자 하는 연구에 전기적 특성 연구 기법이 활용되고 있다. 콘크리트 내의 철근의 부식은 전기장을 형성하는 하나의 사례이며 그 외에도 여러 가지 형태로서 전기화학적 현상이 일어날 수 있다.

콘크리트 내에서 부식 과정에서 일어나는 에너지의 변화는 열역학의 기본이다. 금속을 수용액 담그게 되면 금속과 수용액 사이에서 전위차가 발생되며 전위차에 의해 전기화학적 반응이 일어난다. 전기화학 반응물의 생성 속도와 전하의 계면에서 이동 속도는 금속과 수용액 전위차 크기에 관계된다.

수용액에서의 부식은 전자(electron) 또는 전하(charge)의 이동으로 일어난다. 금속 표면에서의 전자의 활동도(activity)가 부식 반응의 속도에 영향을 미치며 부식은

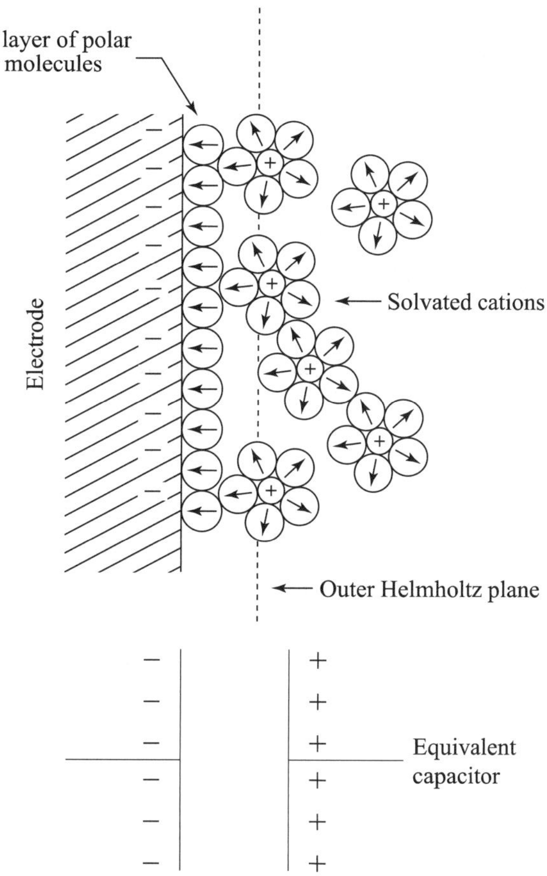

[그림 14.11] 전극 표면에서 생성되는 계면의 전기이중층

(출처 : Jones D., "Principles and Prevention of Corrosion," 1996)

전기화학적 반응으로, 열역학(thermodynamics)을 통하여 설명할 수 있다.

가동성 전자를 포함하고 있는 전도성 금속이 수용액에 놓이게 되면 복잡한 계면이 형성된다. 극성인 H_2O 분자가 전도성인 금속 표면에 가까이 하게 되면 방위성을 갖는 용매체가 형성되고 이 용매층은 용액 내로부터 이온들이 가까이 오는 것을 저지한다. 그림 14.11에서 볼 수 있듯이 두께 몇 십 Å의 범위로 음과 양의 전하가 마주대한 상태이며 이 계면은 전기이중층(electrical double layer) 일컬어지는 조직을 형성하며 충전기(capacitor) 역할을 한다. 이러한 이중층 조직은 전기장을 형성하고 전기화학적 반응에서 저항 역할을 하며 콘크리트내의 부식속도나 콘크리트의 여러 가지 전기화학적 특성을 추정하는데 중요한 역할을 한다.

부식은 금속이 추출된 광물과 같은 유사한 화합물로 되돌아가는 자연현상이다. 부식은 수용액에서 전하 또는 전자의 이동으로 발생되며 전자의 활동도를 전기화학적 전위로서 부식속도를 가늠하며 자유에너지(Gibb's free energy)의 변화값을 측정함으로부터 시작한다. 열역학에서 자유에너지의 변화 G와 전기화학적 전위 E는 평형 조건으로부터 다음의 관계식으로 나타낸다.

$$\Delta G = -nFE \tag{14.45}$$

여기서 n은 반응 중에 교환되는 전자의 수이고, F는 패러데이상수(96,500 coulomb/mole)이며 자유에너지 G가 $-$일 때 자발적인 반응으로 정의한다. 즉, 평형에서 전하 nF와 전극전위 E의 곱은 자유에너지 변화 ΔG과 동등하다는 열역학의 기본 관계식을 알 수 있다. 전기화학적 반응인 부식의 속도는 금속의 표준 반전지 전위의 값이 $-$일수록, 반응물질의 농도가 클수록 증가한다.

그림 14.12에서와 같이 수용액에서 금속의 부식의 전기화학적 반응을 고찰하기로 하자. 염산에서 아연(Zn)의 부식에 대한 반응은 다음 식으로 나타낼 수 있다.

$$Zn + 2HCl \longrightarrow ZnCl_2 + H_2 \tag{14.46}$$

이 때 아연이 산용액과 반응하여 가용성 염화아연을 생성하며 표면에 수소 기체가 발생한다. 이를 간단한 이온의 형태로 나타내면 다음과 같다.

$$Zn + 2H^+ \longrightarrow Zn^{2+} + H_2 \tag{14.47}$$

위의 식은 다시 다음과 같이 전자 즉 e^-의 교환을 포함하는 반전지화학반응(half-cell electrochemical reaction)으로 나누어질 수 있다.

$$Zn \longrightarrow Zn^{2+} + 2e^- \tag{14.48}$$

$$2H^+ + 2e^- \longrightarrow H_2 \tag{14.49}$$

식 (14.48)과 식 (14.49)를 합하면 식 (14.47)이 된다.

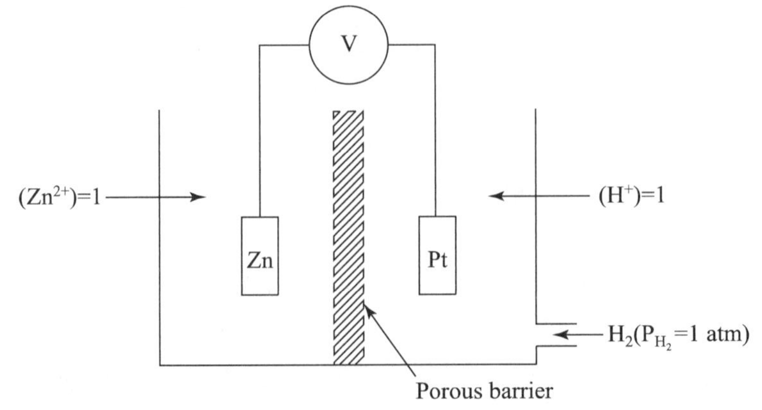

[그림 14.12] 표준상태에서 아연전극과 표준수소전극 사이의 전지전위 측정

위의 화학반응은 그와 관련된 자유에너지 변화 ΔG가 있게 되고 생성물이 반응물보다 낮은 에너지를 가져 ΔG는 $-$가 되며 자발적 반응이라 지칭한다.

위의 반전지 반응의 자발적 여부를 판단하기 위하여 ΔG를 계산하여야 하며 각각의 반전지 전위값을 계산한다. 일반적인 반전지 화학반응은 다음 식으로 나타 낼 수 있다.

$$aA + mH^+ + ne^- = bB + dH_2O \tag{14.50}$$

위 반응에 대하여 반전지 전위값은 다음의 네른스트 방정식(Nernst equation)으로 계산한다.

$$E = E_o - \frac{RT}{nF}\ln\left(\frac{a_p}{a_r}\right) \tag{14.51}$$

여기서 R는 기체 상수, T는 절대온도, E_o는 기준 전극전위(standard electrode potential)이며, a_p와 a_r는 생성물과 반응물의 활동도(activity)이다. 위의 식에서 철이 산화될 때의 반응에 대해서 표준조건에서 식 (14.51)로부터 계산되는 반전지 전위값은 각각 -0.447 volt, 0 volt이다. 이들 값을 식 (14.45)에 대입하여 에너지 변화를 계산하여 자발적 반응 여부를 결정할 수 있다. 즉 전지전위(cell potential)를 계산하고 자발적 반응의 방향(spontaneous direction)을 결정할 수 있다. 전극전위에 대한 열역학적 자료와 네른스트 식으로부터 금속 또는 금속화합물들이 안정한 영역을 결정할 수 있다.

예제 14.2 **다음 반응물과 생성물이 표준상태에 있다고 가정하고 전지전위를 계산하고 반응에 대한 자발적인 방향을 결정하라.**

$$Zn + 2HCl = ZnCl_2 + H_2$$

풀이 위 반응은 다음과 같이 두 개의 반전지 전위의 합으로 볼 수 있다.
즉,

$Zn \longrightarrow Zn^{2+} + 2e^-$ (양극반응) $E_{Zn} = -0.762$ volts (표 14.1)

$2H^+ + 2e^- \longrightarrow H_2$ (음극반응) $E_H = 0$ volts

$2H^+ + Zn \longrightarrow H_2 + Zn^{2+}$ (전지반응)

따라서

$$E_{cell} = E_H - E_{Zn} = 0-(-0.762) = 0.762 \text{ volts}$$

또한

$$\Delta G = -nFE = -2 \times 96{,}500 \times 0.762 \text{ volts} = -147.3 \text{ kJ} < 0$$

따라서 위 양극, 음극 반응의 방향이 자발적 반응임.

대부분의 금속은 물이나 공기 등 주위 환경과 반응을 일으켜 부식되려는 경향을 가진다. 이와 같이 금속은 주위환경과 접함으로서 열역학적으로 불안정하게 되고 따라서 산화물로 변하면서 에너지를 방출하게 된다. 주요 금속의 반전지 전위(half-cell potential) 값을 나열한 표를 기전력계열(EMF Series)이라고 표 14.1과 같다. 표에서 보듯이 + 방향은 귀(noble)방향, − 방향은 활성(active)방향이라 일컫는데 금(Au), 백금(Pt)이 귀금속이며 나트륨(Na), 칼륨(K)이 활금속에 해당되며 각 금속의 반전지 전위를 이해하는데 도움이 될 것이다.

[표 14.1] 금속의 기전력계열(EMF Series)

	Reaction		Standard Potential, e° (volts vs. SHE)
Noble	Au^{3+}	$+ 3e^- = Au$	+1.498
	Cl_2	$+ 2e^- = 2Cl^-$	+1.358
	O_2	$+ 4H^+ + 4e^- = 2H_2O$ (pH 0)	+1.229
	Pt^{2+}	$+ 2e^- = Pt$	+1.118
	NO_3^-	$+ 4H^+ + 3e^- = NO + 2H_2O$	+0.957
	O_2	$+ 2H_2O + 4e^- = 4OH^-$ (pH 7)	+0.82
	Ag^+	$+ e^- = Ag$	+0.799
	Hg^{2+}	$+ 2e^- = Hg$	+0.799
	Fe^{3+}	$+ e^- = Fe^{2+}$	+0.771
	O_2	$+ 2H_2O + 4e^- = 4OH^-$ (pH 14)	+0.401
	Cu^{2+}	$+ 2e^- = Cu$	+0.342
	Sn^{4+}	$+ 2e^- = Sn^{2+}$	+0.15
	$2H^+$	$+ 2e^- = H_2$	0.000
	Pb^{2+}	$+ 2e^- = Pb$	−0.126
	Sn^{2+}	$+ 2e^- = Sn$	−0.138
	Ni^{2+}	$+ 2e^- = Ni$	−0.250
	Co^{2+}	$+ 2e^- = Co$	−0.277
	Cd^{2+}	$+ 2e^- = Cd$	−0.403
	$2H_2O$	$+ 2e^- = H_2 + 2OH^-$ (pH 7)	−0.413
	Fe^{2+}	$+ 2e^- = Fe$	−0.447
	Cr^{3+}	$+ 3e^- = Cr$	−0.744
	Zn^{2+}	$+ 2e^- = Zn$	−0.762
	$2H_2O$	$+ 2e^- = H_2 + 2OH^-$ (pH 14)	−0.828
	Al^{3+}	$+ 3e^- = Al$	−1.662
	Mg^{2+}	$+ 2e^- = Mg$	−2.372
	Na^+	$+ e^- = Na$	−2.71
Active	K^+	$+ e^- = K$	−2.931

출처 : Jones D., "Principles and Prevention of Corrosion," 1996

14.3.2 분극저항법과 부식속도

전기화학적 반응은 전극을 소모하거나 생산하며, 이 때 전자 흐름의 속도가 반응속도의 척도이다. 일반적인 전기화학적 반응은 한정된 속도로 진행된다. 만일 반응에 여분의 전자가 공급된다면 금속 표면의 전위는 －값으로 이동한다. 즉 금속/용액 계면에 －전하를 가진 과잉전자들이 반응을 일으키기 위하여 대기 하면서 축적된다. 다시 말해서 모든 전자들을 소비시킬 수 있을 만큼 반응속도가 충분히 빠르지 않다. －방향으로 이러한 전위변화를 음극분극(cathodic polarization)이라 일컫는다. 한편 반응에 의해서 방출되는 전자가 부족한 경우에는 금속표면의 전위가 ＋방향으로 변화하며 이를 양극분극(anode polarization)이라 일컫는다.

수용액의 전해질 용액에서 표면은 정상전위상태(steady state potential) E_{corr}에 도달하게 되는데 그 값은 양극반응과 음극반응에 의하여 전자들이 교환될 수 있는 능력과 속도에 관계된다. 이 때 인가된 전위와 측정된 전류밀도 사이에는 다음과 같은 Ohm의 법칙으로 나타낼 수 있다.

$$R_p = \Delta E / \Delta i \tag{14.52}$$

여기서 R_p는 분극저항(polarization resistance), ΔE는 인가된 전위, Δi는 측정된 전류밀도이다. 위 식에서 분극저항은 부식속도, 부식전류밀도에 반비례한다. 인가 전위에 대한 전류값은 그림 14.13과 같이 부식전위 부근에서 비교적 선형으로 나타나기 때문에 이 부분에서 대체로 정확한 분극저항을 구할 수 있다. 이와 같이 부식전위 부근에서의 기울기, 즉 분극저항값을 구하는 방법을 분극저항법(polarization resistance method), 또는 선형분극법(linear polarization method)이라고 한다. 분극저항법은 분극곡선에서 선형특성을 나타내는 타펠(Tafel) 거동에 근거한다. 이렇게 구한 분극저항은 부식의 저항을 나타내며, 다음 식에 의해 부식전류밀도(corrosion density)로 환산한다.

$$i_{corr} = B / R_p \tag{14.53}$$

여기서 B는 Tafel 계수로 양극과 음극의 기울기로 얻어지는 상수이며 다음 식으로 나타낸다.

$$B = \frac{\beta_a \beta_c}{2.3(\beta_a + \beta_c)} \tag{14.54}$$

콘크리트내 철근인 경우 B값으로 26～52 mV를 사용한다.

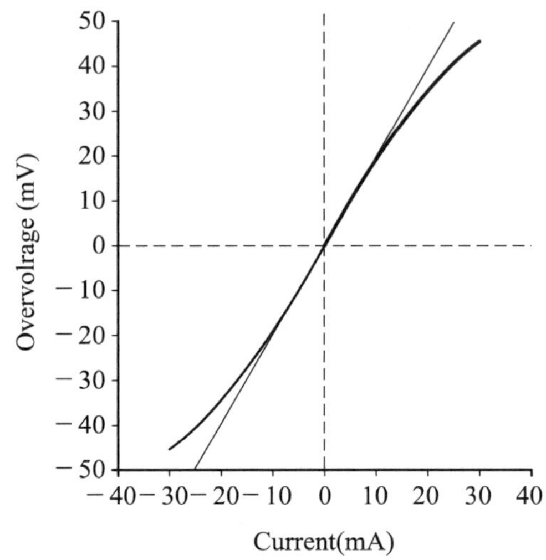

[그림 14.13] 분극곡선의 이상 선형화

실험에서는 시료 또는 활동전극(working electrode)과 기준전극(reference electrode)으로 회로를 구성하고 전원 공급장치를 통하여 전류를 인가한다. 분극곡선은 대체로 ±10 mV 범위 내에서 직선화로 나타난다.

부식 실험의 결과는 부식속도로 표현하여 평가한다. 전기화학 반응에서 전자를 생산하거나 소비하는 즉, 반응 계면을 향하여 이동하는 전자의 흐름으로부터 부식속도를 측정하여 평가한다. 전자이동은 전류 즉 암페어 I에 의해 측정하게 된다. 여기서 1암페어는 1초당 1쿨롱의 전하(6.2×10^{18}개의 전자)와 같다. 전기화학적 반응에서 전류 I와 반응물질 양 m 사이에 존재하는 비례식을 패러데이 법칙이라 하고 다음과 같이 표현된다.

$$m=\frac{Iat}{nF} \tag{14.55}$$

여기서 F는 패러데이상수(96,500쿨롱/몰), n은 원자당 교환된 전자의 수, a는 원자량(g/몰), t는 시간(초)이다. 위의 식을 시간 t와 면적 A로 나누면 부식속도 r이 된다.

$$r=\frac{m}{tA}=\frac{ia}{nF} \tag{14.56}$$

여기서, $i=I/A$이며 이를 전류밀도(current density)로 지칭한다. 전류밀도는 10^{-3} $\mu A/cm^2$에서부터 A/cm^2에 이르는 값까지 정확하게 측정할 수 있다. 또한 식 (14.56)을 금속의 밀도 D로 나누면 단위시간당 부식으로 인한 침투의 단위로 표현할 수 있으며 부식속도를 corrosion rate로 나타내어 다음 식을 쓸 수 있다.

$$\text{Corrosion rate} = k\frac{ia}{nFD} \tag{14.57}$$

여기서 부식속도의 단위는 μm/year가 된다. 이 부식속도는 시간당 부식에 의한 침투 깊이의 단위가 되어 현실적으로 부식속도를 가늠하는 값으로 사용된다.

분극저항법(또는 다음의 교류임피던스 측정법)으로 부식속도를 측정한 결과로 부터 표 14.2에 따라 부식 가능성을 판단한다. 분극저항법은 인가전위구간이 짧기 때문에 시험체 영향이 적으며 단시간에 측정할 수 있어 편리한 장점이 있다. 그러나 측정시 용액저항과 콘크리트 비저항 등이 측정치에 영향을 주므로 정확한 분극저항값을 구하기 어려운 단점이 있다. 또한 측정시 온도와 상대습도 등 환경적인 영향을 받기 때문에 이 측정 단독으로 부식성을 판단하기는 어려운 점이 있다.

그림 14.14는 콘크리트 슬래브 시험체에서 48주가 경과한 후, 분극저항법으로 부식속도를 측정한 실험의 결과를 보여주고 있다. 그림에서 보듯이 실험 결과는 거의 직선에 일치함을 보여주고 있다. 더욱 중요한 것은 직선의 기울기가 분극 저항, R_p로서 기울기가 작을수록 그 역수인 부식속도는 커짐을 보여주고 있다. 실험 결과로서, (a)는 방청제 처리가 안 된 철근, (b)는 에폭시 도막 철근을 사용하고 콘크리트에 방청제를 혼화제로 사용한 시험체이다. 방청처리가 안된 시험체는 R_p, I_{corr}, corrosion rate의 값은 각각 0.036 ohm $\text{cm}^2 \times 10^6$, 0.715 $\mu\text{A/cm}^2$, 8.28 μm/year으로서 부식이 상당히 진행된 경우이다. 또한 방청처리가 된 시험체는 2.72 ohm $\text{cm}^2 \times 10^6$, 0.0096 $\mu\text{A/cm}^2$, 0.110 μm/year로서 부식이 거의 진행되지 않은 상태라고 판정할 수 있겠다.

[표 14.2] 측정된 부식속도로부터 부식 상태 추정 기준(ASTM C 109-92)

Corrosion rate($\mu\text{A/cm}^2$)	Corrosion condition
$I_{corr} < 0.1$	Passive condition
$0.1 < I_{corr} < 0.5$	Low to moderate corrosion
$0.5 < I_{corr} < 1.0$	Moderate to high corrosion
$1.0 < I_{corr}$	High corrosion

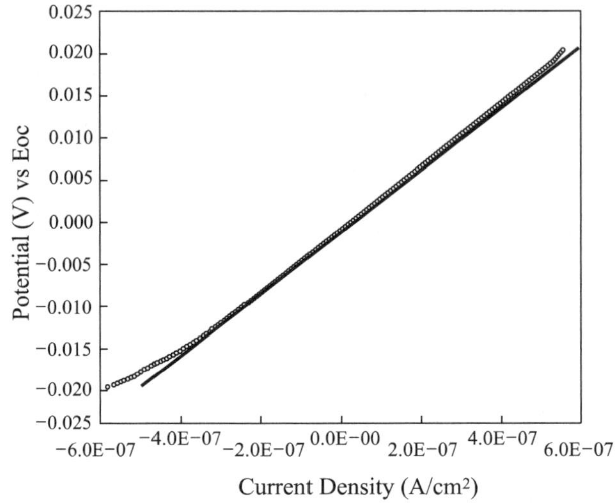

(a) 부식된 철근

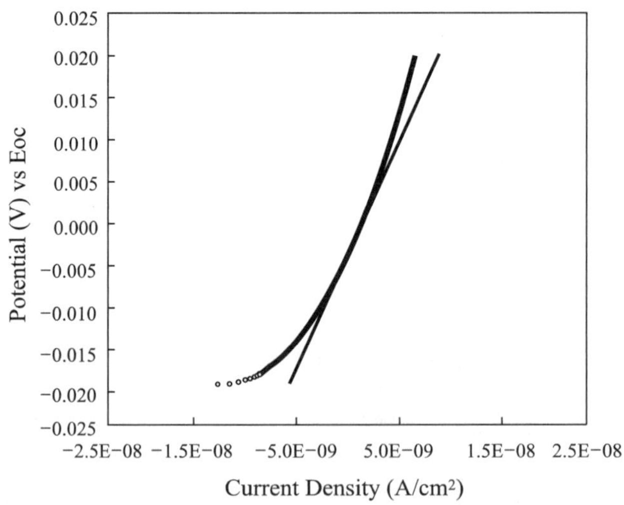

(b) 부식되지 않은 에폭시 도막 철근

[그림 14.14] 콘크리트 슬래브 시험체의 분극저항법에 의한 부식 측정

(출처 : Choi, O. C., Jung, S. Y., and Park, Y. S., "Corrosion Evaluation of Epoxy-coated Bars in Chloride Contaminated Concrete Using Linear Polarization Tests," 2006)

14.3.3 교류임피던스법

전기화학적 임피던스 분광학(electrochemical impedance spectroscopy : EIS) 또는 교류임피던스(AC impedance)법이 콘크리트 분야에서 응용이 확대되고 있다. 교류임피던스법은 측정 실험 회로에 교류를 인가하여 교류 특성상 얻어지는 부식전극의 반응을 여러 범위의 주파수에 걸친 결과에 의하여 분석한다. 임피던스법은 부식 연구이외에 콘크리트 구성재료 특성, 굳지않은 콘크리트의 물리 화학적인 성질을 파악하는 연구에 시도되고 있다. EIS를 이용함으로서 전기화학적 반응역학(kinetics)의 여러 인자들을 결정할 수 있으며 이들과 관련된 많은 연구가 진행되고 있으며 향후 콘크리트 분야에 활용이 확산되리라 본다.

임피던스는 전기회로에서 전류의 통로에 방해가 되는 저항(resistance), 축전기(capacitor), 및 유전기(inductor) 등으로부터 생기는 복합저항이라고 볼 수 있다. 교류임피던스 측정법은 전기전도도가 각 주파수의 함수로 되어 있기 때문에 전극/전해질 계면 반응과 전해질 내부를 통한 확산/이동을 자세히 관찰할 수 있어 부식, 전지반응을 분석하는데 유효하게 사용된다.

임의 전기회로에 사인곡선 형태의 교호전위시그널 $V(t)$을 인가함에 따라 시간의존전류 $I(t)$가 각 주파수에 따라 달라지며 이 때 임피던스 $Z(t)$는 다음 식으로 나타낼 수 있다.

$$Z(t) = \frac{V(t)}{I(t)} = R + jX \tag{14.58}$$

$$|Z| = (R^2 + X^2)^{1/2} \tag{14.59}$$

$$\phi = \tan^{-1}(X/R) \tag{14.60}$$

여기서 R, X는 실수부와 허수부이며, j는 허수단위($j^2 = -1$), ϕ는 위상각(phase angle)이다. 표면에서 발생하는 여러 반응이 각 주파수에 걸쳐 전기에너지를 흡수함에 따라 시간지연(time lag)이 일어나고 반응 시 그날 사이의 위상각을 발생하게 된다. 또한 시간의존여자(time-dependent excitation)와 반응시그널 사이의 위상각 측정이 가능하도록 한다. 이러한 과정들에서 저항–용량회로(resistance-capacitance circuit)를 임의 구성하고 결과를 모사한다. 그 결과에 의하여 임피던스의 특성을 분석하고 분극저항 R_p 값을 찾아내며 부식속도를 얻게 된다.

유사하게 주파수(angular frequency)를 변수로 할 때 임피던스 $Z(\omega)$는 실수부와 허수부로 나타나며 다음 식과 같이 표현할 수 있다.

$$Z(\omega) = Z'(\omega) + Z''(\omega) \tag{14.61}$$

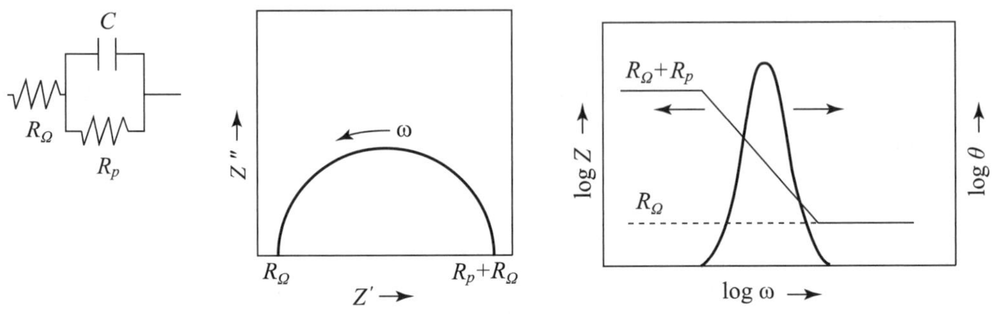

(a) 니퀴스트도표 (b) 보데도표

[그림 14.15] 단순 병렬 연결된 저항-용량회로(resistance-capacitance circuit)를 나타내는 도표

전극의 임피던스 결과를 그림으로서 표현하는데 $Z'(\omega)$에 대한 $Z''(\omega)$의 변화를 니퀴스트(Nyquist)도표, 또한 주파수에 대한 log Z의 변화를 보데(Bode)도표라고 하며, 이들 도표로부터 각 임피던스의 특성을 분석한다. 그림 14.15는 단순 병렬 연결된 저항-용량회로를 나타내는 니퀴스트도표와 보데도표이다. 그림에서 R_p는 분극저항, C는 축전기, R_Ω는 용액저항이다.

니퀴스트도표는 대체로 반원으로 나타내며 반시계방향으로 갈수록 주파수는 증가한다. 고주파수 영역에서는 허성분 $Z''(\omega)$는 사라지고 오직 용액저항 R_p만 남게 된다. 또한 저주파수 영역에서도 허성분 $Z''(\omega)$는 사라지고, 용액저항과 분극저항만이 남게 된다. 따라서 저주파수에서 측정한 $R_\Omega + R_p$에서 고주파수에서 측정한 R_Ω를 빼면 분극저항 R_p를 구할 수 있다. 보데도표도 비슷한 결과를 보여주고 있다.

전해액, 표면피막, 또는 코팅으로부터 확산에 의해 지배되는 경우, 와버그 임피던스(Warburg impedance), W라고 지칭하는 저항요소가 추가된다. 그림 14.16에서와 같이 와버그 임피던스는 저주파 영역에서 45°를 이루며 직선으로 나타난다.

임피던스 기법을 이해하기 위하여 수학적 전개와 화학 반응을 좀 더 고찰하여 보자. 여러 가지 전기량을 나타내기 위하여 단자(phasor) E_m의 운동에 대하여 실수부와 허수부를 지수함수(exponential form)로 나타낼 수 있다. 그림 14.17의 저항 R과 유전기 L로 구성된 회로에 대해서,

$$E_m = E_m e^{j(\omega t + \alpha)} \tag{14.62}$$

여기서 평형방정식은 다음과 같이 나타낼 수 있다.

$$Ri + L\frac{di}{dt} = E_m = E_m e^{j(\omega t + \alpha)} \tag{14.63}$$

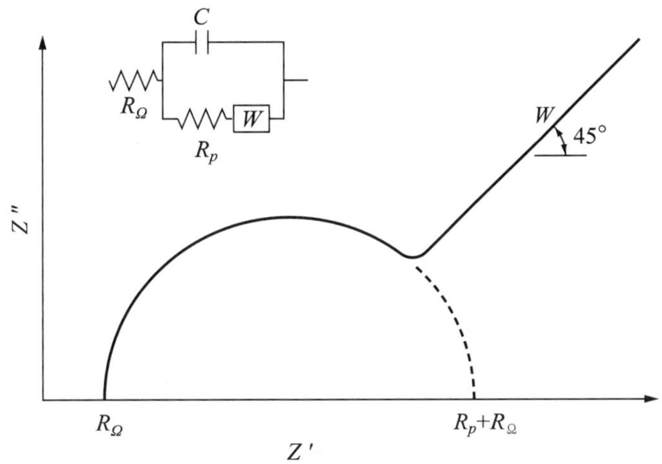

[그림 14.16] 와버그임피던스

전류 또한 동일한 형태로 나타내면 다음과 같다.

$$I_m = I_m e^{j(\omega t + \alpha - \theta)} \tag{14.64}$$

또한 이들 식으로부터

$$I_m = \frac{E_m}{R + jX_L} \tag{14.65}$$

여기서 $R + jX_L$은 복소수 형태를 갖게 되며 임피던스 Z는 동일한 형태로 다음과 같다.

$$\frac{E_m}{I_m} = Z = (R + jX_L) \tag{14.66}$$

여기서 $Z = \sqrt{R^2 + X_L^2}$ 이며 위상각 $\theta = \tan^{-1}\left(\frac{X_L}{R}\right)$이다. 이와 같이 임피던스 수식에서 복소수 형식으로 처리하면 수식의 전개가 훨씬 간편하여 질 수 있다. 즉, Z는 복소수 평면으로 나타낼 수 있고, 시간 변수에 대해 단자가 회전(rotate)하지 않으며, 이는 시간에 따라 크기가 일정하며 각도가 변하지 않는 특성을 갖고 있다고 볼 수 있다.

한편, 전기화학 분야에서 임피던스는 용액 내에서 물질의 반응으로 표현하기도 한다. 두 물질 O와 R의 생성에 있어 전자의 흐름으로 다음 식으로 나타낼 수 있다.

$$O + e^- \leftrightarrow R \tag{14.67}$$

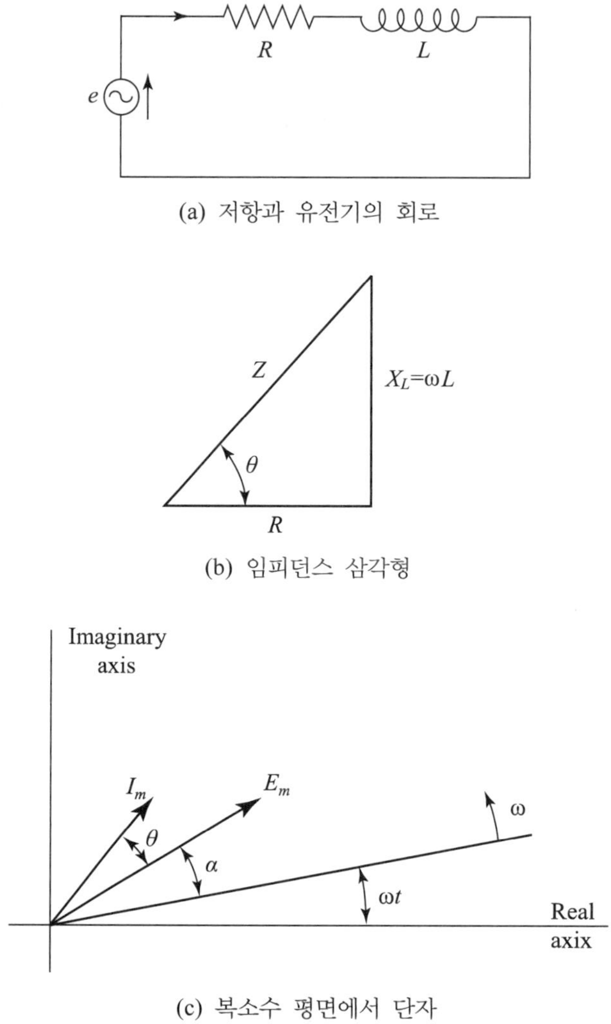

[그림 14.17] 저항 R과 유전기 L로 구성된 회로에서 임피던스와 복소수 평면

위의 반응을 다음 전위 식으로 나타낼 수 있다.

$$\frac{dE}{dt} = \left(\frac{\partial E}{\partial i}\right)\frac{di}{dt} + \left(\frac{\partial E}{\partial C_o(0,t)}\right)\frac{dC_o(0,t)}{dt} + \left(\frac{\partial E}{\partial C_R(0,t)}\right)\frac{dC_R(0,t)}{dt} \tag{14.68}$$

또는

$$\frac{dE}{dt} = R_{ct}\frac{di}{dt} + \beta_o\frac{dC_o(0,t)}{dt} + \beta_n\frac{dC_R(0,t)}{dt} \tag{14.69}$$

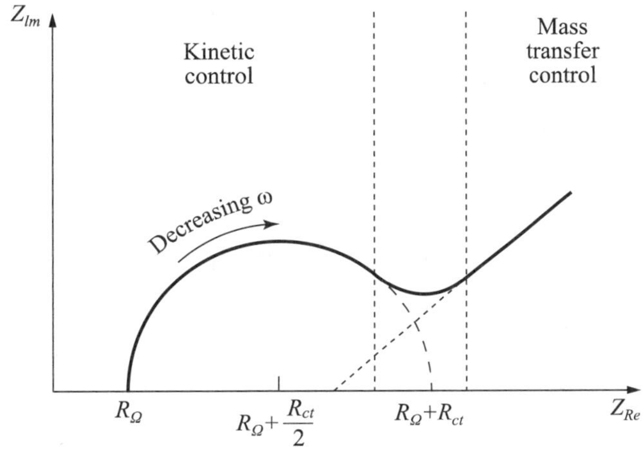

[그림 14.18] 전기화학적계에서 물질전달과 운동학 영역의 임피던스 개념도

로 나타낼 수 있다. 여기서 계수들은 여러 가지 저항들의 특성을 나타내고 있다. 용액저항 R_{ct} 외에도 전하이동저항(charge transfer resistance), 이중층저항(double layer resistance), 와버그 저항(Warburg resistance)등을 나타내는 계수들이다. 이들 값은 전극 반응에서 동역학적 특성에 관계 된다.

그림 14.18은 전기화학적 계에서 물질전달(mass transfer) 영역과 운동학(kinetics) 영역으로 구분되며 고주파수와 저주파수 영역에서 각각의 특성을 임피던스 도표로서 파악할 수 있음을 보여주고 있다.

14.3.4 교류임피던스 기법의 활용

교류임피던스 기법이 콘크리트 내의 특성 변화에 대한 연구가 여러 분야에서 시도되고 있다. 실제 부식에 적용하기 위한 연구에 많이 이용되고 있다. 교류임피던스를 실험하고 해석하기 위한 장치는 그림 14.19와 같다. 광범위한 사인 형태의 전위주파수를 신속하게 정전위계(potentiostat)에 인가하고 입력치를 변환하기 위해 함수분석기(function analyzer)를 사용하며, 정전위계는 시그널을 부식전위에 전달한다. 전극으로부터 반응은 디지털 함수분석기로 돌아오며 각 주파수에 대한 임피던스 값과 위상각을 제공한다. 자료 저장, 처리 등은 컴퓨터를 통해서 이루어진다. 수행 과정은 다음과 같이 3단계로 이루어진다.

1. 광범위한 사인 형태의 전위주파수를 정전위계에 인가
2. 입력값으로부터 출력값을 도출하기 위해 변환 함수(transfer function) 결정
3. 적절한 전기회로를 가정하고 모사하여 전기화학 특성치 추출

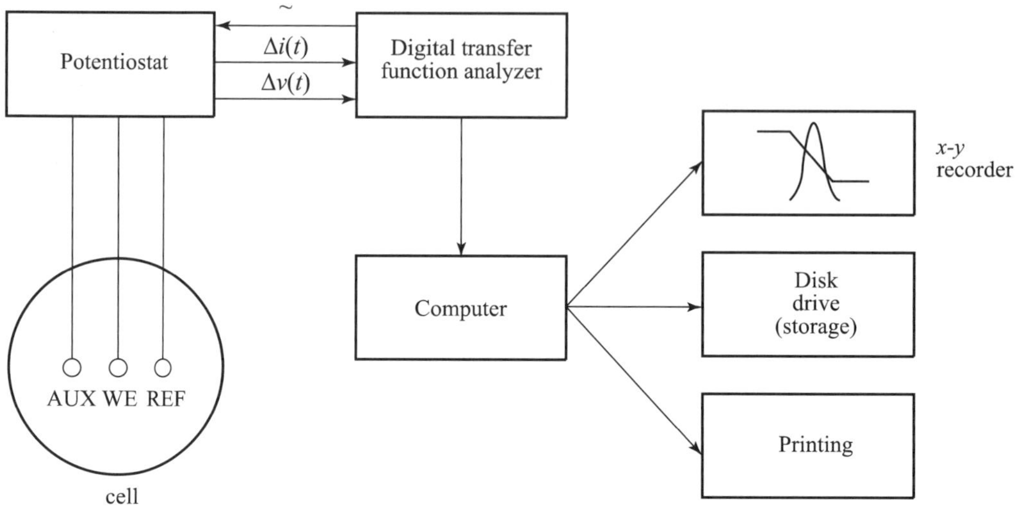

[그림 14.19] 교류임피던스 실험장치

(출처 : Jones D., "Principles and Prevention of Corrosion," 1996)

교류임피던스를 이용하여 콘크리트 내 철근의 부식 진행 정도를 탐사하는 연구는 이미 많이 시도되고 있다. 부식 억제제의 성능을 비교 평가하기 위하여 실험을 수행한 연구 사례로서 그림 14.20은 대표적인 부식 실험 장치로 철근의 위치, 염수용액 침지 및 회로 구성 상태를 보여주고 있으며 그림 14.19와 유사하다. 부식 촉진을 위하여 슬래브 상부에 15 %의 NaCl 염수 용액을 침지하고 상부에 두 개의 철근과 하부에 철근을 서로 연결하여 부식 전기회로를 구성하고 있다. 실험을 위하여 G사의 EIS 시스템을 사용하였으며 10 mV의 작은 전압 시그널을 인가하며 주파수 범위는 0.05 Hz와 100 kHz의 범위이다.

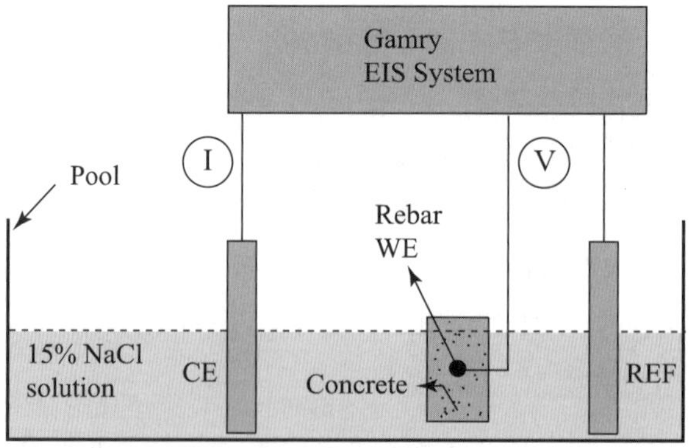

[그림 14.20] 부식실험을 위한 시험체 장치

(출처 : Choi, O. C., Park, Y. S., and Ryu, H. Y., "Corrosion Evaluation of Epoxy-coated Bars by Electrochemical Impedance Spectroscopy," 2008)

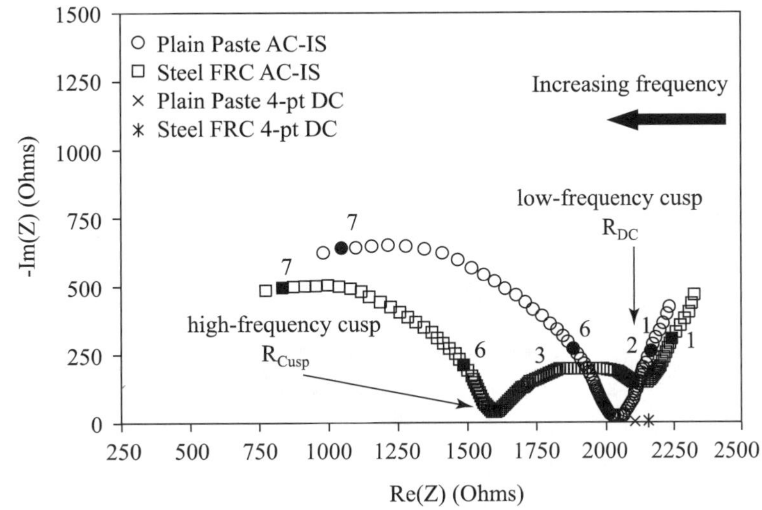

[그림 14.21] 섬유 유무에 따른 니퀴스트도표 결과 예

(출처 : Ozyurt, N. Woo, L. Mason, T. and :Shah S. "Monitoring Fiber Dispersion in Fiber-Reinforced Cementitious Materials : Comparison of AC-Impedance Spectroscopy and Image Analysis", 2006)

그림 14.21은 교류임피던스 기법을 섬유보강 콘크리트에 적용한 사례를 보여주고 있다. 교류임피던스 기법에서는 섬유 혼입한 콘크리트에서 섬유분산의 영향을 니퀴스트도표 차이를 실험결과로 알 수 있다. 섬유혼입으로 섬유의 방향, 섬유의 간격 등으로부터 주파수를 증가함에 따라 구분이 확실하게 보여주고 있다. 이는 섬유가 존재함으로 콘크리트의 전기 전도성이 달라짐으로 인해 발생하는 현상이다. 이 연구 결과로 교류임피던스 기법이 콘크리트 내에 여러 가지 섬유나 다른 물질이 혼입될 경우에서 비파괴 시험법으로서 효과적으로 내부 성능을 파악하는데 활용될 것으로 기대된다.

그림 14.22는 교류임피던스를 측정한 니퀴스트도표의 한 예이며 부식 억제제의 성능을 비교 평가하기 위하여 실험을 수행한 결과를 보여주고 있다. 그림에서 허수부가 최소가 되는 점의 실수부 값이 R_p, 즉 분극 저항이 된다. 에폭시도막 철근이면서 DCI(calcium-nitrite) 부식억제제를 투여한 시험체에서 저항값이 가장 크게 나타나며 방식효과가 가장 우수한 것을 알 수 있다.

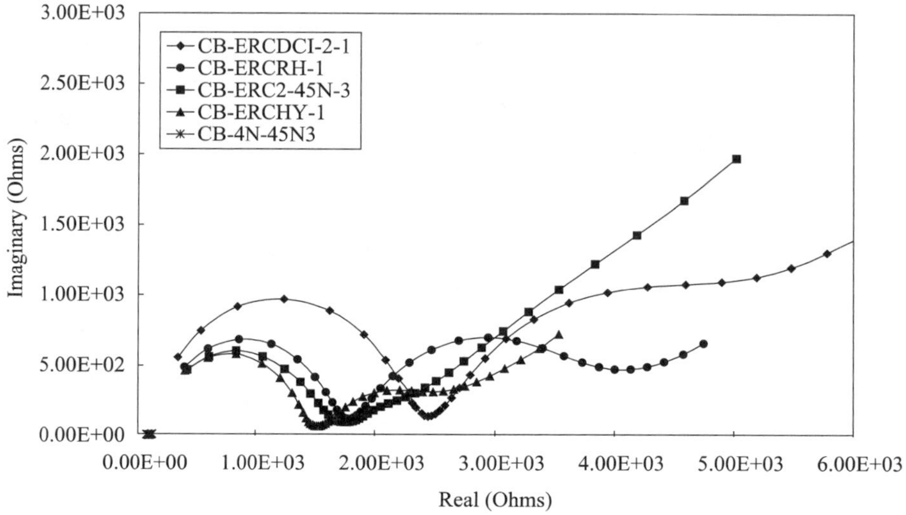

(a) 부식 실험의 임피던스 측정 결과

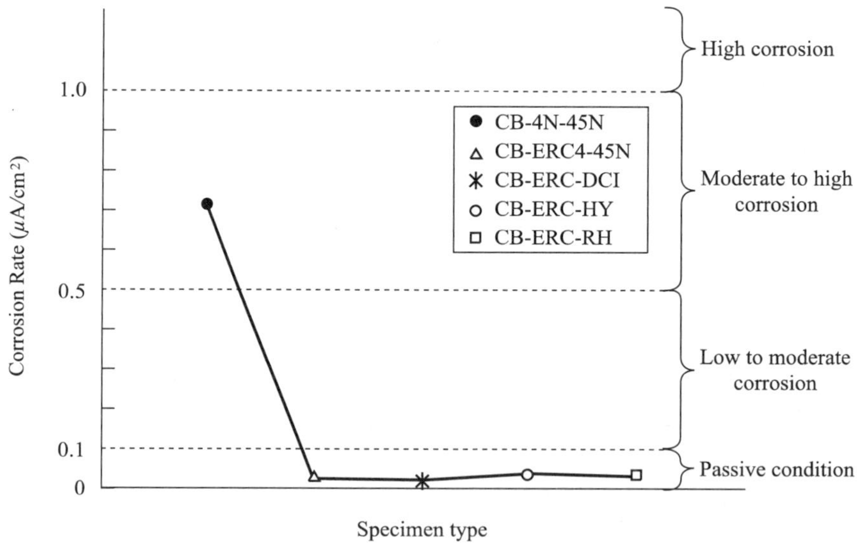

(b) 방청제 처리에 따른 철근의 부식판정

[그림 14.22] 임피던스 실험법에 의한 부식평가 사례

(출처 : Choi, O. C., Park, Y. S., and Ryu, H. Y., "Corrosion Evaluation of Epoxy-coated Bars by Electrochemical Impedance Spectroscopy," 2008)

실험 결과로서, 방청제 처리가 안 된 철근과 에폭시 도막 철근을 비교하였고 콘크리트에 여러 가지 방청제를 사용한 시험체들에서 임피던스 측정으로부터 부식판정 결과를 보여주고 있다. 방청 처리가 안 된 시험체에서는 R_{Ω}, R_p, I_{corr}의 값은 각각 95.7 ohm, 0.030 ohm $cm^2 \times 10^6$, 0.893 μA/cm^2로서 부식이 상당히 진행된 것을 알 수 있다. 이에 비해 방청 처리된 시험체는 1,710 ohm, 0.52 ohm $cm^2 \times 10^6$, 0.050 μA/cm^2로서 부식이 거의 진행되지 않은 상태의 실험 결과로서 저항은 크고 부식속도는 낮음을 보여주고 있다. 표 14.2의 부식 상태 추정 기준으로부터, 그림에서 부식속도로 환산하였을 때, 방청 처리되지 않은 시험체는 상당한 부식이 발생된 상태(moderate to high corrosion)로, 방청 처리된 시험체는 부식이 발생되지 않은 상태(passive condition)로 쉽게 판정할 수 있다. 이와 같이 교류임피던스 측정법은 부식 측정분야에 효과적이며 이외에 여러 가지 콘크리트 특성 측정에 활용될 수 있다.

연습문제

1 금속의 반전지 전위값과 귀방향, 활방향에 대하여 설명하라.

2 방식 성능을 평가하기 위해서 활용되는 분극저항법에 대하여 설명하라.

3 교류임피던스법에 대하여 설명하고 콘크리트 성능평가의 활용성에 대하여 기술하라.

4 다음의 반응물과 생성물이 표준상태에서 반응하는 것으로 보고 전극전위를 계산하고 자발적 반응의 방향을 결정하라.

1) $Cu + 2HCl = CuCl_2 + H_2$

2) $Fe + 2HCl = FeCl_2 + H_2$

5 파괴역학에서 응력확대계수를 정의하고 어떻게 파괴를 판단하는지 설명하라.

6 폭이 200 mm이고 두께가 20 mm인 강판에 인장응력이 항복강도의 1/2이 작용될 때, 설계에서 허용 균열 폭은 얼마인지 계산하라. 예상될 수 있는 결함은 모서리 균열로서 균열의 깊이의 비가 0.1 이하이며, 재료의 항복강도 σ_{ys}은 1,500 MPa이고 K_{IC}는 80 MPa $\sqrt{\mathrm{m}}$ 이다.

7 콘크리트 파괴역학의 특성으로 이용되는 가상균열모델에 대하여 설명하라.

참고문헌

1. 한국콘크리트학회, "최신콘크리트공학", 기문당, 2011, 930 pp.
2. Schaffer J., Saxena A., Antolovich A., Sanders T. and Warner S., "The Science and Design of Engineering Materials", 1999.
3. Erwin Kreyszig, Advanced Engineering Mathematics, 4 ed., *John Wiley and Sons*, 1979, 937 pp.
4. Cook, R.D., Malkus, D.S., Plesha, M.E., Concepts and Application of Finite Element Analysis, 3 ed., *John Wiley and Sons*, 1989, 630 pp.
5. Kropp J. and Hisdorf H. K., "Performance Criteria for Concrete Durability," RILEM Report 12, *E & FN Spon*, 1995, 327 pp.
6. Jones, D. A., Principles and Prevention of Corrosion, *Macmillan Publishing Company*, New York, NY, 1996, 572pp.
7. Bonanos, N., Steele, B.C. H., Buter, E. P. Johnson, W. B., Worrell, W. L., MacDonald, D.D.,and McKubre, M.C.H., Application of Impedance Spectroscopy, Ch.4, edited J.R. MacDonald, *Wiley&Sons*, NY, 1987.
8. Choi, O. C., Park, Y. S., and Ryu, H. Y., "Corrosion Evaluation of Epoxy-coated Bars by Electrochemical Impedance Spectroscopy," 2008
9. Barsom, J. and Rolfe, S., "Fracture and Fatigue Control in Structures", *Prentice Hall*, 1987, 628 pp .
10. Griffith, A.A., The Phenomena of Rupture and Flow in Solids, Philosophical. Transactions, *Royal Society of London*, Series A 221, pp 163-241, 1920.
11. Bazant, Z,P., Proceedings of the Academy of Sciences, Vol. 101, pp. 13400-13407, 2004.
12. Hillerborg, A., Modeer, M., and Petersson, P. E., "Analysis of crack formation and crack growth in concrete by means of fracture mechanics and finite elements", 1976
13. Choi O.C., Darwin, D., Hadge-Ghaffari, H., and McCabe S., "Bond Strength of Epoxy-coated Reinforcement to Concrete", 1990
14. Shah S., Weiss J., and Yang W., "Shrinkage cracking -can it be prevented?", 1998
15. Ozyurt, N. Woo, L. Mason, T. and :Shah S. "Monitoring Fiber Dispersion in Fiber-Reinforced Cementitious Materials: Comparison of AC-Impedance Spectroscopy and Image Analysis", 2006
16. Alberto Carpinteri, "Applications of Fracture Mechanics to Reinforced Concrete", *Elsevier applied science*, 1992. pp. 616.
17. Zdenek P. Bazant and Jaime Planas, "Fracture and Size effect in Concrete and Other Quasibrittle Materials", *CRC Press*, 1998, pp. 616.
18. M. L. Boas, "Mathematical Methods in the Physical Sciences", *Tower Press*, 1966, pp. 778.
19. Zoldners N., "Temperature and Concrete," *SP-25*, American Concrete Institute, Detroit, MI, 1971, pp. 1-31.

15

CHAPTER

콘크리트 시공

소정의 성능을 갖기 위해서 콘크리트는 결국 시공이 잘 되어야 함은 말 할 나위가 없다. 구조물에 타설되는 콘크리트는 균질한 품질을 가져야 하고, 내부 기포와 불연속이 없어야 하고, 양생이 잘 되어야 한다. 콘크리트 배합설계는 강도와 내구성 확보에 중요하지마는 좋은 배합설계라도 마지막 시공이 잘 되어야 한다.

이 장에서는 콘크리트 재료의 취급, 계량, 비빔, 운반, 타설, 다짐, 마감, 양생에 걸쳐 공사 전반에 대해 서술한다. 구조물에 타설되는 콘크리트가 적정 배합비로 된 구성재료가 균질하게 섞여져 잘 타설되고 잘 보양되기 위한 현장 조치 사항을 기술한다. 기후에 따라 적절한 대책이 긴요하며, 타설 후의 여러 가지 보양 기법도 논의한다. 올바른 양생을 위해 양생에 미치는 영향요인을 알아보고 습윤양생, 증기양생, 고온고압양생의 특징을 소개한다.

15.1 • 재료의 취급, 계량, 비빔

15.1.1 재료의 취급

콘크리트는 비중과 크기가 다른 여러 입자와 물의 혼합물이기 때문에 분리되지 않고 균질하게 되도록 하는 것이 중요하다. 균질의 콘크리트가 되도록 혼합하고 운반, 치기에 있어서도 재료분리가 일어나지 않는 방법이어야 하며 치밀한 콘크리트를 위하여 충분한 다짐 및 적절한 양생이 이루어져야 한다.

시멘트는 수송 또는 저장시에 건조되도록 유지하여야 한다. 시멘트 수송은 가루시멘트(bulk cement)나 포대 시멘트로 수송하며 1포대는 40 kg이다. 시멘트는 저장 중에 공기에 접하면 공기 중의 수분을 흡수하여 가벼운 수화작용을 일으켜 강도 저하의 원인이 될 수 있다. 포대 시멘트는 받침대 위에 보관되어야 하고 습기로부터 보호되어야 한다. 응고에 의해 야기되는 문제를 방지하기 위해서 60일간까지는 14포대 이하로 쌓여서 보관할 수 있으나 그 이상이 되면 7포대 이하로 쌓아야 한다. 통풍은 풍화를 촉진하므로 가능한 개구부를 만들지 않는다. 보관 응고로 굳어진 시멘트는 손가락으로 쥐었을 때 가루가 만들어져야 사용할 수 있으며 이 경우에도 건조된 상태에서 유지되었음이 확인되어야 하며 또한 여러 번 뒤집어서 부수어 사용하여야 한다.

골재는 크기별로 분리되는 현상을 방지하여야 한다. 굵은골재를 미리 굵은골재, 중간골재, 잔골재로 구분하여 보관하고 그 다음에 적절한 입도로 계량하는 설비를 사용하여 문제를 최소화하고 있다. 잔골재의 분리는 습윤상태를 유지함으로서 방지할 수 있다. 잔골재의 입도분포의 변이는 배합비를 결정할 때 보정하여야 하며, 골재의 입도분포는 적어도 하루에 한번 이상 검사하여야 한다.

외기 날씨에 대하여 골재를 잘 보호하고 적절한 배수 시설을 설치하여 골재의 함수량이 크게 변동하는 것을 억제하여야 한다. 배합할 때 계량을 잘 관리하기 위하여 함수량에 대한 오차를 가능한 줄여야 한다. 이러한 변동은 잔골재나 작은 굵은골재에서 크므로 모래나 가장 작은 굵은골재에 대하여 함수량을 관찰하는 설비를 배치플랜트 공장에 설치하여야 한다.

15.1.2 재료의 계량

콘크리트 품질은 재료의 선택, 배합의 산정이 적절하고 혼합, 다짐, 양생 등의 작업이 적절히 이루어진다하더라도 계량 오차에 의한 영향이 매우 크다. 예컨대, 믹서에 약간의 세척용 물을 유지할 수 있는데, 이러한 세척용 물도 배합할 때에는 반드시 고려

[표 15.1] 콘크리트 재료의 계량 오차 범위

	개별	총합
시멘트	±1%	±1%
물	±1%	±3%
골재	±2%	±1%
혼화재	±3%	N.R.

하여야 한다. 재료는 중량 계량이 원칙이며, 용적 계량도 사용할 수 있으나 큰 오차를 유도할 수 있다. 물과 액체 혼화제만은 체적에 의해 계량할 수 있다. 골재의 함수비에 변화가 있을 때, 중량에 의한 배합은 골재와 물의 중량을 손쉽게 조정할 수 있다. 재료량은 정확하게 계량되어야 하나 통상적으로 허용되는 오차의 범위는 표 15.1과 같다.

15.1.3 비빔

균질한 콘크리트를 생산하기 위해서는 확실한 비빔으로 배합재료를 충분히 혼합하여야 한다. 부적절한 비빔은 강도를 저하시킬 뿐만 아니라 계량 된 재료사이의 품질 변동성을 크게 한다. 그러나 과도하게 긴 시간의 비빔은 콘크리트의 품질을 오히려 저하시킬 수 있다. 장시간의 비빔은 공기량을 감소시키고 골재의 분리를 야기시킬 수 있다.

최적의 비빔시간은 믹서기의 크기, 회전속도, 용량, 배합재료의 특성에 좌우될 수 있다. 가장 효율적인 비빔시간은 각 배치에서 재료의 변동성과 비빔 조건을 검토하여 현장에서 결정하여야 한다. 빈배합, 건배합, 거친배합은 장시간 비빔을 하여야 한다.

비빔시간에 대하여 **표준시방서**에서는 재료 투입 후 가경식 믹서는 90초 이상, 강제식 믹서는 60초 이상 혼합하는 것을 표준으로 하고 있다. 믹서는 고정식 믹서를 원칙으로 하며 KS F 2455에 의해 비비기 시험을 하여 성능을 만족하여야 한다. 즉, 콘크리트 중 모르타르의 단위질량의 차이가 0.8 % 이하이어야 하며 또는 단위 굵은골재량의 차이가 5 % 이하이어야 한다. 이는 믹서의 구조가 적당하지 않거나 비비는 날개가 많이 닳지 않아야 하기 때문이다. 또한 비빈 콘크리트의 강도시험을 수행하여 성능을 확인할 수 있다. 표 15.2는 믹서의 혼합 성능을 확인하기 위한 자료이다.

[표 15.2] 믹서의 혼합 성능

항목		콘크리트의 혼합량(%)	
		공칭용량의 경우	공칭용량의 1/2
콘크리트 중 모르타르의 단위질량의 차이		0.8 이하	0.8 이하
콘크리트 중 굵은골재의 단위질량 차이		5 이하	5 이하
평균값의 차이	압축강도	7.5 이하	–
	공기량	10 이하	–
	슬럼프	15 이하	–

우리나라 대부분의 콘크리트는 소량인 경우를 제외하고 레디믹스트 콘크리트로 지원된다. 레디믹스트 콘크리트의 장점은 양질의 콘크리트를 만들 수 있는 자동화 설비 및 오랫동안의 숙련공을 갖추고 있을 뿐 아니라 복잡한 공사 현장에 재료 보관을 하지 않아도 된다는 것이다. 배치 플랜트가 건설 현장에 충분히 가까워야 하며, 그렇지 못할 때에는 현장에 설치하게 된다. 트럭배합은 중앙 배치 플랜트에서 콘크리트 재료를 투입한 후, 이동 시간 동안 믹서 내에서 완전하게 혼합하는 것이다. 경우에 따라서는 배합수와 고형 재료를 별도로 보관하다가 현장에서 타설 직전에 혼합할 수 있다. 대부분 경우, 콘크리트는 운반 중에 부분적, 또는 전체적으로 혼합되고 현장에 도달할 때 완전 혼합하여야 한다.

콘크리트는 요구 수준의 슬럼프를 얻기 위하여 현장에서 적절하게 추가되는 감수제를 제외하고, 현장에서 재료 투입을 원칙적으로 금지하고 있다. 이는 현장에서 다른 배합재료를 정확하게 계량하는 것이 어렵고 품질관리에 문제를 일으키며 결국 문제만을 야기시키기 때문이다. 콘크리트 배합은 타설 시간에 정확한 품질을 얻을 수 있도록 계획하여야 한다. 타설할 때 규정된 슬럼프보다 큰 슬럼프를 계획하는데, 보통 일어날 수 있는 슬럼프 손실을 미리 감안하여야 한다.

15.2 • 운반

15.2.1 운반 방법

콘크리트의 운반에는 운반차, 버킷, 콘크리트 펌프, 콘크리트 플레이서, 벨트 컨베이어, 손수레, 트롤리차, 슈트 등이 사용되고 있다. 이 과정에서 재료분리, 슬럼프 및 공기량 감소들이 적게 일어나는 방법으로 빨리 운반하여 타설하는 것이 우선 중요하다.

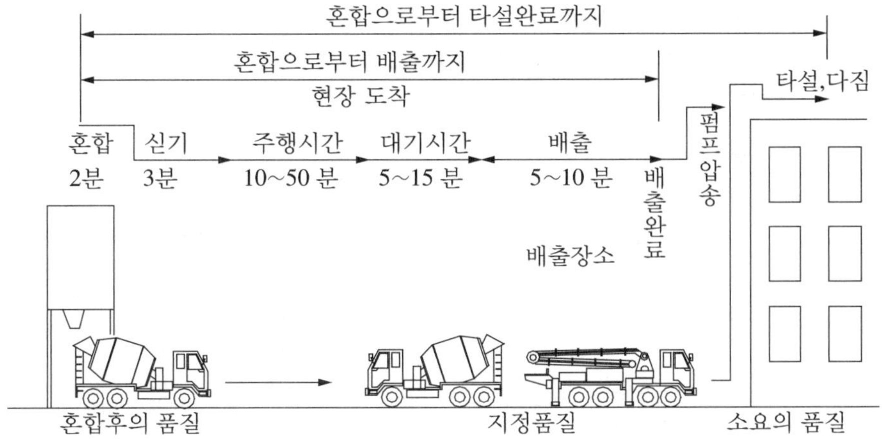

[그림 15.1] 레디믹스트 콘크리트의 시간별 운반 경로

(출처 : 최신콘크리트공학, 기문당, 2011)

현재 대다수의 건설에서는 레디믹스트 콘크리트를 사용하고 있으나 교통의 혼잡으로 인하여 운반 시간에 대한 제약이 발생할 경우가 있다. 콘크리트의 응결 경화 속도를 지연해 주는 지연제의 사용 기술이 계속 발달되고 있으며 지연제 사용시 콘크리트의 품질에 영향을 미치지 않아야 한다.

비비기로부터 타설이 끝날 때까지의 시간은 **표준시방서**에서 원칙적으로 외기온도가 25℃ 이상일 때에는 1.5시간, 25℃ 이하일 때에는 2시간 이내로 규정하고 있다. 이와 같이 대부분의 공사시방서에서는 콘크리트를 비비기 시작할 때와 배출되는 사이의 최대 시간을 제한하고 있다. 콘크리트 온도에 따라서는 더 세부적으로 최대 취급시간을 연장, 또는 단축하게 된다. 콘크리트 온도 4℃에서 32℃범위에 대해서 온도가 2.8℃ 증가 또는 감소함에 따라 취급시간을 15분 감소 또는 증가시킬 수 있다. 그림 15.1은 레디믹스트 콘크리트의 일반적인 시간별 운반 경로이다.

15.2.2 현장 내의 운반

현장 내의 운반 기계로서는 콘크리트 버킷, 콘크리트 타워, 손수레, 콘크리트 펌프, 벨트 컨베이어 및 슈트 등이 있으나 가장 많이 이용되는 것은 콘크리트 펌프이며 표 15.3에 각 특징이 서술되어 있다. 버킷에 의한 운반은 혼합 후 콘크리트를 적당한 구조의 버킷에 받아 크레인에 의해 타설 장소까지 운반하는 방법으로 상하, 수평 어느 방향으로도 운반이 용이하다.

펌프압송 되는 콘크리트는 강관이나 유연한 관을 통한 압력으로 운반되며, 현장의 원하는 곳에 타설된다. 이 방법은 초고층 건축물은 물론, 터널과 같이 협소한 장소

[표 15.3] 콘크리트의 운반 방법

운반기계	운반방법	운반거리 (m)	운반량 (m^3)	동력	적용범위	비고
버킷	수평 수직	10~15	0.5~1.0	크레인	일반적	재료분리가 적어 현장내 운반에 적합
타워	수직	50~120	0.2~0.6	전동	높은 장소	수평방향은 손수레, 펌프, 벨트 컨베이어 등의 조합방식으로 운반
손수레	수평	10~60	0.05~0.2	인력	소규모, 특수공사	진동하지 않는 통행로가 필요하다.
펌프	수평 수직	80~600 20~140	20~120/h	기관	높은 장소	반죽은 펌프압송을 위해 특별 설계
벨트 컨베이어	수평	50~100	10~50/h	전동	된 반죽용	재료분리가 생기기 쉽다.
슈트	수직 경사	5~30	10~50/h	중력	지하구조물, 보조수단	묽은 반죽에 사용하면 좋지만 재료분리가 생기기 쉽다.

에서도 사용하기 좋다. 콘크리트 펌프는 콘크리트관의 세척, 연장, 배출 입구의 위치 이동용이 등의 조건이 중요하다. 콘크리트 펌프의 능력은 90년대 수평방향으로 80~600 m, 수직방향으로 20~140 m 정도였으나 지금은 수평방향으로 1,500 m, 수직방향으로 450 m까지 가능하며 앞으로 수직, 수평거리의 운반 능력은 더 커질 것이다.

콘크리트가 펌핑 압송될 수 있는 거리와 높이 산정은 펌핑 용량, 파이프라인의 직경, 일정 흐름에 대한 장애 요소, 펌핑속도, 콘크리트 배합 특성에 의해 결정된다. 펌프는 콘크리트 관내의 마찰력을 이겨낼 수 있는 충분한 압력을 지지할 수 있어야 한다. 파이프라인이 굽어지거나 직경이 감소하면 마찰 손실이 커지고 추가 압력이 필요하며, 관과 결합부에 대한 유지관리가 잘 이루어져야 한다.

콘크리트를 펌프압송하기 위해서는 특별한 배합설계를 시행하여야 한다. 압송을 위해서는 적절한 성형성과 점성이 확보되어야 하며, 거친배합이나 건배합은 압송이 잘 되지 않는다. 관의 막힘 현상을 방지하기 위하여 파이프 내경에 대한 골재의 최대 크기는 원형 강자갈인 경우 0.4, 일반적인 골재인 경우 0.33을 초과하지 않아야 한다. 굵은골재의 양 또한 보통 배합에 비해 약 10 % 줄이는 것이 일반적이다. 잔골재의 역할이 유동적인 모르타르를 공급하는데 매우 중요하며, 따라서 잔골재는 펌프를 사용하지 않는 경우에 비하여 2~5% 증가시킨다. 50~150 mm의 슬럼프를 갖는 콘크리트는 적절히 배합설계 하면 펌프압송에 크게 무리가 없다. 큰 슬럼프는 과도한 블리딩과 골재 재료분리를 초래할 수 있으며 오히려 관을 막게 할 수 있다.

15.3 • 콘크리트 타설, 다짐 마감

15.3.1 타설

콘크리트는 재료의 계량과 혼합이 정확하여도 타설 방법이 적절하지 않으면 좋은 콘크리트를 얻을 수 없기 때문에 사전에 충분히 검토된 계획에 따라 타설 작업이 이루어져야 한다. 타설 계획을 세울 때에는 구조물의 종류, 콘크리트의 워커빌리티, 타설 순서, 혼합 플랜트, 운반 설비의 능력, 타설 속도, 기상 조건 등을 충분히 고려하여 계획을 세우고 그에 따라 작업 인원, 기계 배치, 타설 방법 등을 정한다.

타설작업은 콘크리트에 콜드 조인트가 생기지 않고 다짐이 충분히 될 수 있는 범위 내에서 연속적으로 타설한다. 일반적으로 먼저 타설한 콘크리트에 영향을 주지 않기 위하여 운반 거리가 먼 장소부터 콘크리트를 치며 또한 거푸집의 변형이 일어나지 않도록 균형을 맞추어 타설한다. 균질한 콘크리트를 얻기 위하여 한 구획 내에서 표면이 거의 수평이 되도록 콘크리트를 타설하며 균일하게 진동다짐을 한다.

유동화 콘크리트는 유동화제의 첨가에 의해 유동성을 크게 한 콘크리트로 그 제조를 적절히 이행하면 유동화제를 첨가하기 전의 콘크리트의 강도 및 기타의 품질이 나쁘게 되는 일은 거의 없다. 따라서 유동화 콘크리트의 사용은 콘크리트의 품질을 변화시키는 것이 아니라 타설 및 다짐 등의 시공성을 개선하는 방법으로 이용되어야 한다. 일반적인 유동화 콘크리트의 현장 타설의 슬럼프 범위는 120~180 mm 정도를 사용하고 있으나 앞으로는 타설 및 다짐을 용이하게 하기 위하여 더욱 큰 슬럼프의 콘크리트가 예상된다.

콘크리트는 수직으로 낙하시켜야 하고 대부분의 경우 낙하 높이는 1~1.5 m 이하로 제한하는 것이 바람직하다. 그러나 거푸집 내에 철근이 없다든지 다른 장애물이 없어 골재 분리가 일어나지 않는다면 더 높은 곳에서 낙하시킬 수 있다. 낙하 슈트나 파이프를 이용하여 낙하되는 콘크리트를 보호할 수 있다.

경사진 경우에는 타설된 콘크리트에 아래부터 다짐이 시작되어야 함이 원칙이다. 경사진 면에 콘크리트를 타설할 경우에도 골재분리가 되지 않도록 주의하여야 한다. 타설하는 동안 항상 골재분리가 일어나지 않도록 관찰하고 문제 발생 시 즉시 수정하여야 한다. 다음은 콘크리트 타설에 있어서 잘못 된 경우와 대책을 간략히 기술한다.

급속 타설

레미콘의 수급이 불균형을 이루면 균열의 발생 가능성은 매우 높아진다. 레미콘의 배차간격이 길어지면 이음 타설한 부위에 콜드 조인트가 발생할 수 있으며, 한 동안 수급이 안 되던 레미콘이 한꺼번에 수급이 되어 현장에서 무리하게 타설작업을 실시하면 콘크리트의 낙하가 거푸집의 측압에 변화를 주거나 재료분리가 나타나 균열이 발생할 수 있다. 콘크리트의 타설이 급속히 이루어져 재료의 낙하거리가 크면 타설 후 거푸집에 측압이 증가하게 된다. 측압이 증가하면 거푸집이 변형될 가능성이 높으며 거푸집이 변형되면 초기 경화가 이루어지는 콘크리트 표면에는 균열이 발생하게 된다. **표준시방서**에서 벽체에서 콘크리트 타설 속도는 2.1 m/hr를 기준으로 하고 있으며 그 이상의 타설 속도일 때에는 벽체의 측압 계산식을 달리 적용하도록 규정하고 있다.

부적절한 타설 순서

건조수축에 기인하는 콘크리트의 균열은 건조수축, 인장크리프, 변형능력 및 구속정도의 균형으로 결정된다. 건조수축이 상당히 크고 실제의 구조물에서는 구속도가 높아 균열을 완전히 방지하기는 어렵다. 그러나 건조수축저감에 시공단계에서 유효한 대책은 분할타설이다. 특히 분할타설은 균열저감에 효과적이며, 타설순서는 건조수축 균열 제어에 가장 중요한 요인이 된다. 침하균열을 줄이기 위해서 벽 또는 기둥을 콘크리트를 타설하여 침하가 끝난 다음 슬래브나 보의 콘크리트를 타설하는 수직재/수평재(V/H) 분리 타설을 수행하여야 한다.

콜드 조인트

콜드 조인트(cold joint)란 콘크리트 타설시 장비고장이나 운반지연 등으로 인하여 콘크리트 타설이 일시 중지되어 먼저 타설한 콘크리트와 나중에 타설한 콘크리트 사이에 완전히 일체와가 되지 않은 이음을 말하며, 계획된 시공줄눈에 비하여 접합면이 불완전하므로 구조적, 재료적으로 취약부가 되기 쉽다. 특히 콜드 조인트는 예상하지 못한 곳에서 임의로 발생하여 건조수축 등의 영향으로 결함을 유발할 가능성이 있으며, 응력이 크게 걸리는 부분에서 줄눈이 형성된 경우에는 균열이 발생할 수 있다.

콜드 조인트의 발생을 최소화하기 위해서는 철저한 운반, 배차간격, 타설계획이 수립되어야 한다. 전회 타설한 콘크리트 윗면에 콘크리트를 다시 부어 넣을 때, 먼저 타설하여 굳기 시작한 콘크리트와 접하고 있는 부위에 블리딩으로 인하여 떠올라 가라앉은 미립자 층인 레이턴스(laitance 또는 scaling)를 말끔히 제거한 후 타설하여 일체가 되게 하여야 한다.

15.3.2 다짐

다짐 방법으로 다짐봉, 나무망치, 진동 다짐에 의한 다짐이 있으며 특수한 방법으로 진공 매트에 의한 도로 포장 및 슬래브 콘크리트를 치밀하게 다지는 방법이 있다. 다짐에는 콘크리트의 봉형 진동기가 가장 널리 사용되며 특히 슬럼프가 작은 된 반죽 콘크리트에 대하여 충전성이 좋고 콜드 조인트를 방지하는 효과가 우수하다. 진동기에는 봉형 진동기, 거푸집 진동기, 평면식 진동기 및 진동대가 있다. 봉형 진동기의 진동시간은 한 장소에서 5~15초간 진동을 시킴이 원칙이다. 진동의 효과는 봉의 직경, 진동수, 진폭, 중량 등에 따라서 다르며 진동가속도에 비례하기 때문에 진동수가 큰 것일수록 다짐의 효과가 크다.

15.3.3 표면 마감과 보양

굳지않은 콘크리트의 건조수축은 노출 면적이 넓은 슬래브와 같은 구조부재에서 타설 직후에 발생한다. 이러한 초기의 건조수축에 의해 발생하는 균열을 소성수축균열이라고 하고 이러한 균열은 길편한 면이 건조한 바람이나 고온 저습한 외기에 노출될 경우에 급격한 수분의 손실에 기인하여 발생한다. 타설 후 콘크리트 표면의 수분은 노출된 표면에서 빨리 증발하기 때문에 내부 구속에 의해 콘크리트의 표면에는 인장응력이 발생한다. 이 인장응력이 콘크리트의 초기 인장강도를 초과하는 경우 소성수축균열이 발생한다.

콘크리트 타설 초기 몇 시간 동안은 콘크리트는 가소성상태에 있으며 강도는 거의 없다. 수분은 자유롭게 이동이 될 수 있으며 블리딩에 의해 무거운 재료는 침강하고 잉여수는 상승하게 된다. 수분은 내부에서 외부로 서서히 확산되고 표면에서 증발된다. 이러한 수분 증발은 온도가 높을 때, 바람이 불어서 건조할 때 당연히 빠르게 작용하게 된다. 블리딩 속도에 비하여 표면 수분 증발속도가 빠르게 일어날 때, 표면의 수분량이 손실이 커지고 수축하게 되며 내부 콘크리트 수축량과 차이를 발생된다(그림 15.2).

내외부 콘크리트 구속의 차이로 표면 콘크리트에는 인장응력이 발생되고 가소성상태의 낮은 콘크리트 인장강도를 초과함으로서 소성수축균열이 쉽게 발생되며 현장에서는 이에 대한 적절한 대책을 강구 하여야 한다. 소성수축균열을 방지하기 위해서는 방풍막으로 햇빛이나 바람으로부터 노출되지 않도록 조치하여야 할 것이며 살수 보양, PE 필름 보양, 피막양생제를 도포하거나, 때로는 나무 흙손으로 두들겨 균열을 방지하기도 한다.

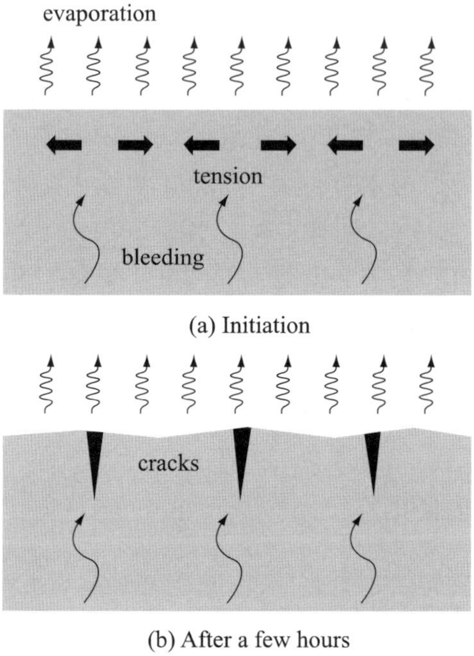

[그림 15.2] 소성건조수축균열 개념도

소성수축균열은 양생이 시작되기 전이나 마감 직전에 주로 발생하며 균열형상의 특징으로는 방향성이 불규칙하고 균열 폭은 콘크리트 표면에서 1~2 mm정도로 큰 편이나 슬래브의 두께방향으로 들어가면 급격히 줄어든다. 이와 같이 소성상태에서 습도와 온도에 대한 시공 대책이 적절히 강구되어야 한다.

바닥판 구조물의 표면 마감 처리의 편리를 위해 바닥판의 표면 마무리가 필요 없는 고유동의 콘크리트를 사용하는 유동화 콘크리트(self-leveling concrete)도 조만간 널리 활용될 것이다. 현재는 건축물의 바닥판에 모르타르 형태로 바닥에 치기하여 따로 바닥판을 손질할 필요가 없어 공기를 단축시키나 아직은 사용이 미미하다.

15.3.4 바람과 외기온도로부터 보양

소성수축균열은 증발량과 관계가 밀접한데, 증발량의 임계값으로 시간당 1 kg/m^{2}를 초과하는 경우에 발생할 가능성이 매우 높은 것으로 알려져 있다. 콘크리트 표면에서 수분의 증발량을 추정할 수 있는데 그림 15.3을 이용하며 임계값 이하가 되도록 보양 대책을 수립할 수 있다.

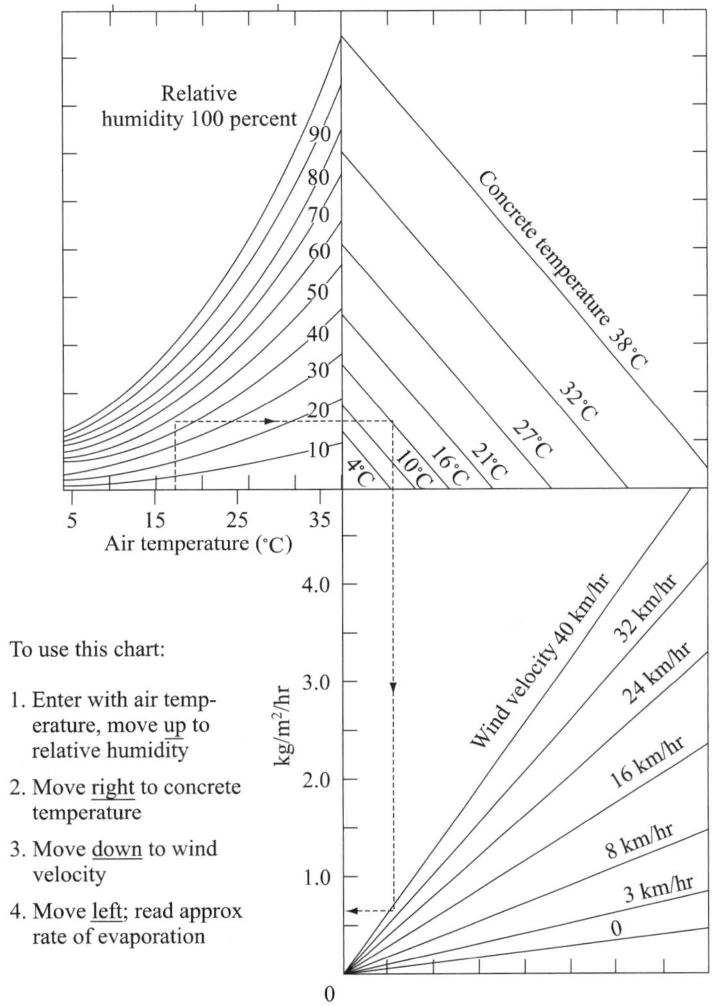

[그림 15.3] 콘크리트 표면에서 증발속도율

(출처 : Design and Control of Concrete Mixtures, Portland Cement Association, 1994)

먼저 외기온도에서 위로 올라가 상대습도와 만나는 점에서 오른쪽으로 이동한다. 콘크리트 온도와 만나는 점에서 아래로 이동하여 풍속과 만나는 점에서 왼쪽으로 이동하면 증발량을 읽을 수 있다. 이 도표에서 관찰할 수 있듯이 온도가 10℃에서 38℃로 상승하면 증발속도는 약 7배 증가하며, 상대습도가 90 %에서 10 %로 떨어지면 증발속도는 약 8배 증가한다. 또한 풍속이 0에서 11.2 m/sec 로 증가하면 증발속도는 약 9배 증가한다. 따라서 기상 데이터와 예상되는 콘크리트 온도를 토대로 예상 증발량과 콘크리트의 최대온도 제한치를 산정하고 만약 예상 증발량이 임계값 이상으로서 소성수축균열을 유발시킨다면 적절한 보양조치를 취하여야 한다.

위 도표 15.3은 1954년 Carl Menzel이 작성한 것으로 이후 1998 Paul Uno에 의해 다음과 같은 수식으로 표현하고 있다. 즉, 표면수의 증발속도는 다음 식으로 나타낼 수 있다

$$E = 5([T_c + 18]^{2.5} - r[T_a + 18]^{2.5})(V + 4) \times 10^{-6} \tag{15.1}$$

여기서 E는 증발속도(kg/m^2/hr), T_c는 콘크리트의 표면온도(C), T_a는 공기온도(℃), r는 상대습도(%/100), V는 풍속(km/hr)이다.

예제 15.1 **기온이 27℃, 콘크리트 온도가 30℃이고 풍속이 32 km/hr이며 상대습도가 50 % 일 때, 표면수의 증발속도를 계산하라. 결과를 임계값과 비교하고 평가하라.**

위의 식 (15.1)에 다음의 값을 대입한다.

- 기온 T_a=27℃
- 콘크리트 온도 T_c=30℃
- 상대습도 RH=50 %
- 풍속 V=32 km/hr

계산한 결과는 E=1.60 kg/m^2/hr으로 이 값은 위의 도표로부터 찾은 결과와 일치한다. 이 결과는 임계값 1.00 kg/m^2/hr 보다 크므로 풍속의 영향을 줄일 수 있는 바람막이 등의 대책을 마련하여야 할 것이다.

상대습도에 따른 소성수축이 발생할 수 있는 콘크리트 임계온도를 계산할 수 있으며 표 15.4로 나타내었다. 풍속이 16 km/hr, 콘크리트 온도가 외기보다 5℃ 높은 상태에서 작성한 자료로 상대습도가 낮을수록 임계온도가 낮아지는 것을 알 수 있다.

[표 15.4] 소성수축균열이 발생할 수 있는 임계온도(상대습도별)

콘크리트 온도(℃)	40	38	35	32	29	27	24
상대습도(%)	90	80	70	60	50	40	30

15.4 • 양생

15.4.1 올바른 양생

콘크리트의 최적의 성능이 발현되기 위해서는 양생이 올바르게 이루어 져야 한다. 올바른 양생은 시멘트의 수화반응을 촉진시켜 공극을 최대한 줄여 강도와 내구성을 높이고, 또한 건조수축으로 인한 체적 변화를 최소로 유지하게 하여야 한다. 좋은 콘크리트를 얻기 위해서는 콘크리트를 친 후 경화의 초기 단계에서부터 적절한 환경으로 양생하여야 한다. 양생기간의 콘크리트는 취약하기 때문에 습윤양생과 더불어 직사광선이나 바람, 비 등으로부터 콘크리트를 보호하여 급격한 건조나 온도 변화가 생기지 않도록 하고, 과대한 하중이나 유해한 진동 및 충격 등이 작용하지 않도록 하여야 한다.

시멘트의 수화반응에 필요한 이론적인 수량은 시멘트 중량의 약 40 %로 보며 이것은 시멘트 중의 각 성분과 화학적으로 결합하는 수량이 25 %, 수화물에 고착되는 수량이 15 % 정도이다. 그러나 물-시멘트비를 40 % 이상으로 하고 건조하지 않도록 해도 외부로부터 수분을 계속 공급받지 않으면 완전한 수화는 일어나지 않는다.

콘크리트는 완전 습윤상태가 아니더라도 수화가 일어난다. 이것은 100 % 상대습도가 아닌 상태에서도 수분이 표면장력에 의해 모세관 공극에 갇혀 있기 때문이다. 시멘트는 이 저장된 수분을 이용하여 수화를 진전시킬 수 있지만, 만일 시멘트 풀 내의 상대습도가 낮아지면 수화반응이 급격히 느려진다. 특히, 시멘트의 수화반응이 일어나기 위해서는 시멘트 풀 내의 가까운 곳에 있는 수분을 사용하며, 따라서 부분적으로 수분이 부족하게 된다. 더욱이 포화상태가 아닌 부분에서 수분 이동은 느리고 이것이 수화반응을 더욱 느리게 하여 강도 발현이 충분히 되지 않는다.

밀봉 양생된 콘크리트는 연속적으로 수중 양생한 콘크리트에 비하여 수화반응이 늦어진다. 밀봉한 콘크리트 안으로 물이 들어가지 못하므로 수화반응으로 수분이 소모되면 내부의 상대습도가 낮아지고 따라서 수화속도가 느려진다. 상대습도가 80 % 이하이면 수화반응이 거의 진전이 없고, 이것은 가끔 물-시멘트비가 낮은 콘크리트가 밀봉 양생될 때 일어날 수 있다. 외기의 상대습도는 콘크리트의 건조와 관련이 되고, 초기 강도 발현에 영향이 매우 크다. 콘크리트의 건조속도는 콘크리트 두께, 온도, 풍속, 상대습도 등에 영향을 받는다.

기온이 높으면 그에 따라 콘크리트의 온도가 높아져서 운반 중의 슬럼프 저하, 연행공기량의 감소, 콜드 조인트의 발생, 표면 수분의 급격한 증발에 의한 균열의 발생,

온도균열의 발생 등 위험성이 증가한다. 따라서 콘크리트 칠 때와 친 직후에는 가능한 온도를 낮아지도록 재료의 취급, 비비기 운반, 치기 및 양생 등에 대하여 적절한 조치를 취함이 양생의 기본이다.

15.4.2 습윤양생

습윤양생은 외부로부터 수분을 공급하는 방법과 노출면을 피복하여 수분의 증발을 막는 방법으로 나누어진다. 실험실에서 공시체의 양생은 일반적으로 수온 18~24℃의 수중에서 양생하지만 현장에서는 살수양생이 사용된다. 살수양생을 하려면 습윤상태를 계속 유지시키는 것이 중요하며 스프링클러나 바늘구멍을 뚫은 비닐호수로 살수한다. 이때 살수양생을 효과적으로 하기 위해서는 보수성이 좋은 매트류로 노출면을 덮는 것이 좋다.

노출면으로부터 물의 증발을 방지하는 방법으로는 봉합 양생이 행해진다. 방수지나 플라스틱 수지를 사용하여 콘크리트에 수분을 충분히 가한 후 덮어준다. 또한 백색 안료를 섞어서 콘크리트에 피막을 형성하도록 하는 막양생제도 사용되고 있다.

콘크리트가 설계기준압축강도를 나타낸 이후라도 가능한 오랫동안 습윤양생을 하는 것이 이상적이지마는 이것은 비현실적이다. 일반적인 조건에서 습윤양생을 7일 정도 실시하면 종국적으로 28일간 양생한 정도의 강도를 얻는 것으로 알려져 있다. 또는 설계기준강도의 70 %가 얻어질 때까지 습윤양생을 하도록 규정하고 있다. 이러한 규정은 4℃ 이상의 온도에서 타설되고 양생된 경우에 해당되며 더 낮은 온도에서 별도 시방을 따라야 할 것이다.

표준시방서는 일평균 기온이 4℃ 이하가 되는 경우 한중콘크리트이 적용을 받도록 규정하고 있다. 기온이 0~4℃에서는 간단한 주의와 보온으로 시공하여 −3~0℃에서는 물 또는 물과 골재를 가열할 필요가 있는 동시에 어느 정도의 보온이 필요하다. −3℃ 이하에서는 물과 골재를 가열하여 콘크리트의 온도를 높일 뿐만 아니라 필요에 따라 적절한 보온, 급열에 의하여 타설한 콘크리트를 소요의 온도로 유지하는 등의 조치를 취하여야 한다.

유사하게 콘크리트를 타설할 때에 일평균 기온이 25℃를 넘을 때 서중콘크리트로 시공할 수 있도록 준비하야야 한다. 기온이 높으면 그에 따라 콘크리트의 온도가 높아져서 운반 중의 슬럼프 저하, 연행 공기량의 감소, 콜드 조인트의 발생, 표면 수분의 급격한 증발에 의한 균열의 발생, 온도균열의 발생 등 위험성이 증가한다. 따라서 콘크리트 친 직후부터 온도와 건조에 대비하여 습윤양생이 이루어지도록 적절한 조치를 취한다.

15.4.3 증기양생

상압 증기양생(low-pressure steam curing)

대기압에서 증기를 콘크리트 주변에 보내 습윤 상태로 가열하여 콘크리트의 경화를 촉진시키는 양생 방법으로 콘크리트 제품의 제조나 한중콘크리트 시공에서 이용된다. 증기양생을 하면 콘크리트의 강도 발현속도가 매우 빨라진다. 증기양생은 주로 PS 보, 벽 판넬, 파이프, 프리캐스트 제품이나 둘러싸여진 구조물의 현장에 적용할 수 있다. 증기양생을 하면 몰드나 거푸집을 빠르게 재사용할 수 있고 출하 혹은 프리스트레싱 도입 전 양생기간을 줄일 수 있다.

가열 양생온도는 65~80℃의 범위가 최적으로 알려져 있다. 앞에서 보았듯이 초기 온도가 너무 높으면 최종강도가 낮아지며, 따라서 강도 발현 속도와 최종 강도 사이에서 조절하여야 한다. 최적의 온도는 구조물에 따라 달라지며, 낮은 온도를 사용하면 더 긴 양생기간이 필요하지마는 최종강도는 그만큼 더 높아진다. 그림 15.4는 양생온도에 따른 시간별 강도 증진 곡선이다. 높은 온도인 85 또는 90℃ 양생의 콘크리트는 10시간에서 20시간 범위에서 빠르게 강도 발현이 일어나지마는 이후 강도 증가는 미미하며, 55℃에서 양생한 콘크리트는 지속적으로 강도가 증가하고 있음

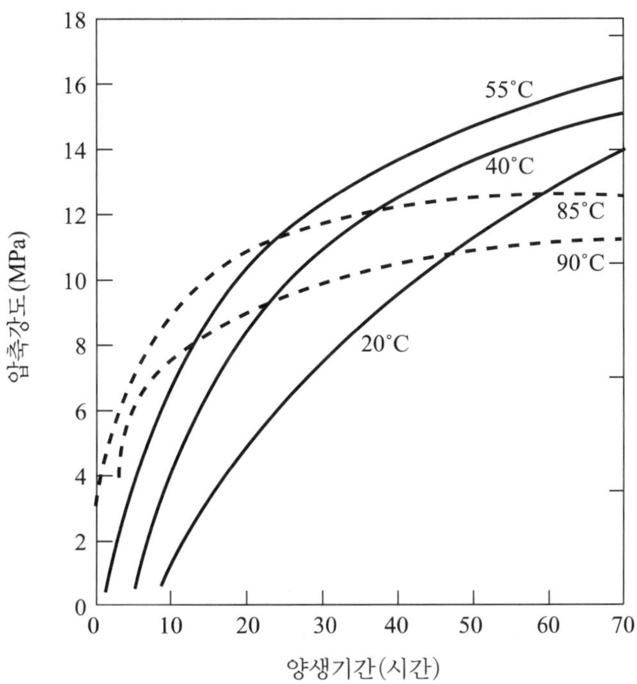

[그림 15.4] 양생온도에 따른 시간별 강도 증진 곡선

(출처 : Concrete Manual, 8th ed., U.S. Bureau of Reclamation, 1975)

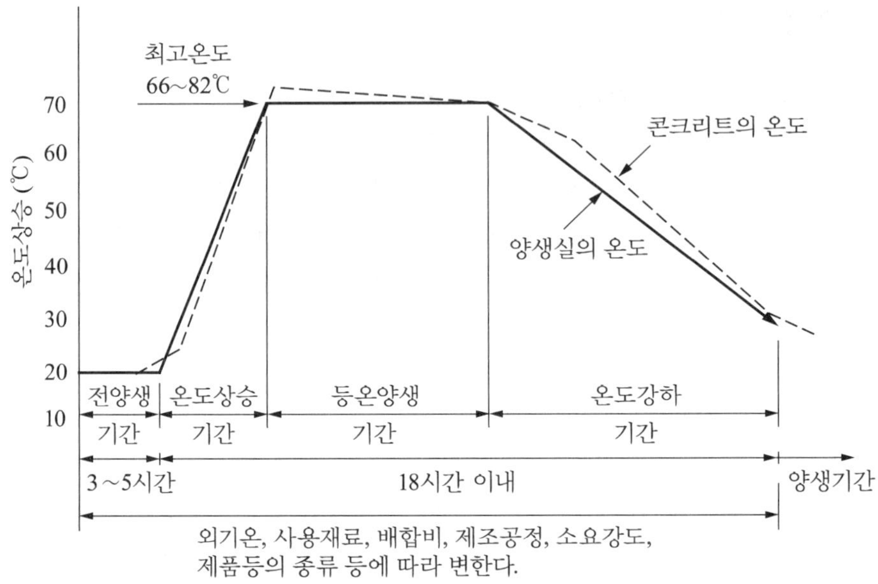

[그림 15.5] 증기양생 시의 양생 사이클

(출처 : 최신콘크리트공학, 기문당, 2011)

을 보여주고 있다.

양생기간 동안 가열과 냉각에 대해서 시간별 제어가 중요하다. 그림 15.5는 증기양생의 일반적 순서를 나타내고 있다. 콘크리트는 타설 후 증기양생 전에 실온에서 일정 시간 두어야 하는데, 초기 수화반응이 자연적으로 일어나고 제품의 안정성도 높일 수 있으며 종국강도도 높아진다. 최적의 전 양생시간(pre-steaming period)은 3~5시간이다. 가열속도는 시멘트 종류, 최대 양생기간 등에 따라 달라지며, 대체로 시간당 11℃ 이하가 되어야 한다. 높은 온도와 지속되는 기간에 의해 강도가 결정되며, 시간－온도의 곱, 적산온도(time-temperature product)로 표현될 수 있다. 양생의 마지막 단계에는 온도강하 속도를 조절하게 된다.

증기양생 된 콘크리트는 보통 콘크리트에 비하여 열 충격에 의한 영향을 덜 받게 되며 따라서 가열속도에 비하여 냉각속도는 크게 중요하지 않다. 일반적으로 냉각속도는 시간당 22~33℃의 범위이다. 전체 소요시간은 외기온, 사용재료, 배합비, 제조공정, 소요강도, 제품에 따라 변하며 대체로 20~24시간이다.

저압 증기양생하면 콘크리트는 일반적으로 크리프 변형률과 건조수축 변형률이 줄어든다. 초기 수화속도가 빨라서 시멘트 풀 속의 수화 생성물이 균일하게 형성되지 않아 투수성이 다소 높아지지마는 큰 차이는 아니고 내구성에 별 영향이 없는 것으로 알려져 있다. 이러한 상압 증기양생 방법은 고강도의 품질이 요구되는 구조물에 적용이 되고 있으며 콘크리트 구조물의 품질관리에 유용할 것이며 결과적으로 공기도 단축시킬 수 있을 것이다.

고압 증기양생(high-pressure steam curing)

100℃ 이상에서 양생하려면 밀봉하고 증기압을 가하게 되는데 이를 고압 증기양생, 또는 오토클레이브 양생이라고 한다. 사용되는 압력 용기가 오토클레이브(autoclave)이며 규산석 회벽돌을 만들 때 이용된다. 오토클레이브 양생에서 양생되는 온도는 증기압 6~20 atm에서 160~210℃ 범위이다. 이러한 고압 증기양생 조건에서는 수화반응이 달라지고 수화 생성물이 변하게 된다.

오토클레브 양생으로 만족할 만한 강도를 얻기 위해서는 규산질 재료를 첨가한다. 고온 고압에서 반응성 실리카를 첨가하면 다음과 같이 수화반응이 일어난다.

$$(C_3S + C_2S) + S \rightarrow C-S-H + S \rightarrow C-S-H \rightarrow C_5S_6H_5 \qquad (15.2)$$

위에서 생성되는 $C_5S_6H_5$는 토버모라이트(tobermorite)라고 불리는 또 다른 결정질 수화물이다. 그림 15.6은 실리카 첨가량에 따라 오토클레이브 양생한 콘크리트의 강도 발현 양상을 보여주고 있다. 양생 조건에 따라, 즉 고온 단기양생 또는 저온 장기양생이냐에 따라 최고의 강도를 얻기 위해서 최적의 양이 존재하며, 30~40 %의 실리카가 첨가되어야 함을 보여주고 있다. 실리카와 수산화칼슘 사이에서 일어나는

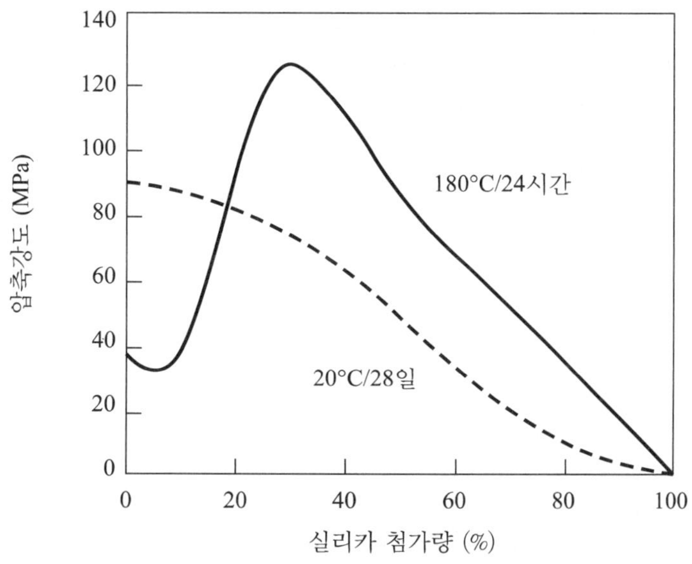

[그림 15.6] 실리카 첨가량에 따라 오토클레이브 양생한 콘크리트의 강도 발현

(출처 : C.A. Menzel, *J. of ACI*, Vol. 31, No. 2, 1934)

포졸란 반응은 높은 온도에서 더 빠르게 진행되며 따라서 양생기간을 크게 단축시킬 수 있다.

오토클레이브 양생을 실시하면 콘크리트의 건조수축은 급격히 줄어들어 외기 양생한 콘크리트의 1/3 정도가 된다. 결정질 토버모라이트에서 수분이 상당량 제거되며 그외 물리화학적 특성에 영향을 주지 않는다. 건조 동안에 약간의 수축이 일어나지마는 대부분이 회복되고 이후 함수율이 낮아진다. 따라서 장기적 크리프 변형률도 상당량 줄어든다.

매트릭스 안에 칼슘 설포알루미나 수화물이 현저히 줄어들고 따라서 황산염 침식에 대한 저항성이 커진다. 석회가 남아있지 않으므로 제품에서 백화현상이 발생되지 않는다.

이상에서 고압 증기양생의 장점으로 다음과 같이 요약할 수 있다.

1. 제품을 24시간 내에 생산할 수 있다.
2. 양생 후 함수율이 낮아진다.
3. 크리프와 건조수축 변형률이 낮아진다.
4. 백화현상이 없어진다.
5. 황산염에 대한 저항성이 커진다.

단점으로는 고압 증기양생은 보통 양생한 것에 비하여 철근의 부착강도가 꽤 많이 감소되어 철근콘크리트 부재에 고압 증기양생을 시키는 것은 적당하지 않다. 기술적인 이유로 오토클레이브 양생을 적용할 수 있는 제품의 종류에 제한이 있고 또한 설비비가 많이 든다는 단점이 있다.

연습문제

1 시멘트 보관방법에 대하여 설명하고 잘못되었을 때의 나타나는 현상에 대해 설명하라.

2 습윤양생의 중요성과 양생에 미치는 요인에 대하여 설명하라.

3 하절기 콘크리트 타설 시에 바람의 영향을 설명하고 대책을 제시하라.

4 기온이 27℃, 콘크리트 온도가 32℃이고 풍속이 35 km/hr이며 상대습도가 60 %일 때, 표면수의 증발속도를 계산하고 결과를 임계값과 비교하고 평가하라.

5 상압 증기양생의 장점과 유의점을 설명하라.

6 고압 증기양생의 장점과 유의점을 설명하라.

참고문헌

1. 한국콘크리트학회, "콘크리트구조설계기준 해설", 기문당, 2012, 599 pp.
2. 한국콘크리트학회, "콘크리트표준시방서 해설", 기문당, 2009, 854 pp.
3. 한국콘크리트학회, "최신콘크리트공학", 기문당, 2011, 930 pp.
4. Mehta K. and Monteiro P., "Concrete", 3rd ed., *Prentice Hall*, 2006, 659 pp.
5. Mindess S., Young F., and Darwin D., "Concrete", 2nd ed., *Prentice Hall*, 2003, 644 pp.
6. Neville A. M., "Properties of Concrete", 4 th ed., *John Wiley & Sons, Inc*., New York, 1996, 844 pp.
7. Concrete Manual, 8th ed., U.S. Bureau of Reclamation, Denver, 1975.
8. C.A. Menzel, *J. of ACI*, Vol. 31, No. 2, 1934.
9. Samman T., Mirza W. and Wafa F., "Plastic Shrinkage Cracking of Normal and High-Strength Concrete: A Comparative Study", 1996.
10. Design and Control of Concrete Mixtures, Portland Cement Association, 1994
11. Caijun Shi and Fouad H. Fouad, "Autoclaved Aerated Concrete-Properties and Structural Design", *ACI SP-226*, 2005, pp. 152.

16 CHAPTER

용도별 콘크리트

보통 포틀랜드시멘트로 제조되는 콘크리트는 특수한 목적에 사용되기에는 다소 한계가 있다. 이러한 한계를 극복하고 특별한 용도에 합당한 콘크리트가 개발되어 활용되고 있다. 이러한 용도에 따라 특별한 재료를 사용하고 배합 설계하여 시공하는 특성을 이 장에서 논의한다.

현재까지 여러 가지 목적으로 콘크리트가 개발 사용되고 있으며 보편적으로 널리 사용되거나 기본개념이 필요한 특수 콘크리트를 기술하고자 한다. 이 장에서 다루는 특수 콘크리트는 다음과 같다.

- 고강도콘크리트
- 경량골재콘크리트
- 매스콘크리트
- 서중콘크리트
- 한중콘크리트
- 섬유보강 콘크리트

16.1 • 고강도콘크리트

16.1.1 개요

최근 여러 나라에서 초고층 콘크리트 건축물이 건설되고 있다. 초고층 건축물에 고강도콘크리트의 사용은 수직재의 단면 감소 이외에도 횡력에 대한 저항 능력, 장기변형 감소효과를 기대할 수 있다. **표준시방서**에서는 보통콘크리트는 40 MPa 이상, 그리고 경량콘크리트는 27 MPa 이상의 설계강도를 갖는 콘크리트를 제조 공정의 차이로 고강도로 정의하고 있다. 그러나 각 나라마다 압축강도 100~150 MPa의 초고강도 콘크리트가 상용화되고 있다.

미국의 경우 1987년 시애틀의 유니언 스퀘어 빌딩에 130 MPa의 초고강도 콘크리트를 사용한 실적이 있으며, 국내에서도 설계강도 150 MPa의 초고강도 콘크리트를 현장에 적용한 사례가 알려지고 있다. 콘크리트 강도의 급격한 증가는 주로 고유동화제의 개발과 광물 혼화재, 특히 실리카퓸의 사용에 의해 이루어졌다. 성과가 확산됨에 따라 고강도콘크리트의 적용이 일반화되어 건물의 전단벽, 내력벽, 교량의 거더, 특히 플랜지의 두께가 콘크리트의 강도에 의해 결정되는 장경간의 교량에 활용되고 있다.

고성능 및 고강도콘크리트 제조를 가능하게 한 가장 큰 이유가 고성능 감수제(고유동화제)의 개발이다. 여러 종류의 감수제가 개발 시판되고 있으나, 제품마다 그 효과가 다르기 때문에 그 품질을 확인하는 시험배합을 한 다음 가능한 한 현장시험배합까지 실시한 후 사용하여야 한다. 고강도콘크리트 제조 시 시멘트의 강도 및 품질이 강도발현에 크게 영향을 끼치기 때문에 보통콘크리트 제조 때 보다 엄격히 관리하여야 한다.

16.1.2 재료와 배합

고강도콘크리트는 부배합 즉, 단위시멘트량이 많기 때문에 시멘트 대체 재료인 플라이애쉬, 고로슬래그분말 등을 쓰기도 하고, 높은 강도를 내기 위해 실리카퓸 등을 시멘트 대신 대체 재료로 쓴다. 그러나 플라이애쉬 등 혼화재 사용시 조심할 점은 제조공정상 품질의 균일성 확보가 어려운 점이 있어, 이들 혼화재는 시험배합을 거쳐 품질을 확인한 후 사용하여야 한다. 고성능 AE 감수제는 공기연행성이 있고 AE 감수제 보다는 높은 감수성능과 양호한 슬럼프 유지 성능을 갖는다. 높은 감수 효과는 시멘트 입자를 고도로 분산시킴으로서 얻어지며 이는 정전기 반발력을 이용한 것이 대부분이다.

단위시멘트량은 어느 정도까지는 많을수록 강도가 크게 나오지만 건조수축 또한 비례하여 커지는 특성이 있으므로 가능한 적은 범위 내에서 결정하여야 한다. 단위수량은 최대 180 kg/m^3 이하로 해서 워커빌리티를 확보할 수 있는 범위 내에서 가능한 작게 한다. 잔골재율은 소요의 워커빌리티를 얻을 수 있는 범위 내에서 시험에 의해 결정하며 가능한 작게 정한다. 고성능감수제의 양 역시 소요의 워커빌리티를 얻을 수 있는 범위 내에서 시험에 의해 결정하여야 한다.

보통 강도를 갖는 콘크리트의 경우 시멘트 페이스트가 골재에 비해 상대적으로 약했기 때문에 골재성능은 거의 고려되지 않았으나, 고강도콘크리트는 콘크리트 성능 발현에서 골재가 차지하는 중요도가 크게 강조되어 오고 있다. 잔골재 또한 강하고 내구적인 것으로 입도가 규준에 맞게 분포되어 있어야 한다.

고강도콘크리트는 시멘트 페이스트 강도가 골재강도보다 상대적으로 강하기 때문에 굵은골재 파괴가 선행되는 경우가 많으며, 굵은골재 자체의 강도는 콘크리트 강도에 크게 영향을 미치므로 단단하고 견고한 골재를 선별 사용하여야 한다. 또한 고강도콘크리트에 사용되는 굵은골재는 여러 가지 연구결과 작은 크기의 골재가 우수하므로 최대크기는 구조물의 단면 크기에 관계없이 25 mm 이하로 정하고 있다. 고강도콘크리트를 위한 굵은골재 선정 시의 고려사항은 다음과 같다.

1. 골재 강도 : 파쇄강도 80 MPa 이상
2. 입형과 표면조직 : 편석량이 최소인 입방형 쇄석골재
3. 물리적 성능 : 탄성계수가 높고 열팽창계수는 낮을 것
4. 최대크기 : 강도수준별 최적의 최대골재크기
5. 청정도 : 유해분진 제거

표 16.1은 고강도콘크리트의 성능을 일반강도 콘크리트, 초고강도 콘크리트와 비교하고 있다. 고강도콘크리트를 위하여 감수제가 필요하며, 초고강도 콘크리트에서는 필수이다. 마찬가지로 고강도콘크리트를 위하여 여러 가지 광물혼화재가 필요하며, 초고강도 콘크리트에서는 필수이다. 또한 보통강도, 고강도 콘크리트에는 섬유가 성능개선에 도움이 되지마는 초고강도, 또는 초고성능 콘크리트에서 섬유보강이 필수적이며 고온 양생이 필요하다.

[표 16.1] 보통강도, 고강도, 초고강도 콘크리트의 성능 비교

	Conventional concrete	High strength concrete	Ultra high strength concrete
Compressive strength(MPa)	<50	>50 and <100	>200
Water-binder ratio	>.4	~.30	<.2
Water reducing admixture	not necessary	necessary	essential
Mineral additive	not necessary	fly ash, (and/or) silica fume commonly used	silica fume, (and/or) fine powder
Fibers	beneficial	beneficial	essential
Processing	conventional	conventional	heat treatment and finish
Steady state chloride diffusion ($\times 10^{-12} m^2/s$)	1	.6	.02

16.1.3 시공과 성능 특성

고강도콘크리트의 수요가 급격히 증가하면서 동시에 시공성이 향상된 유동성을 확보한 콘크리트의 활용이 확대되어 가고 있다. 또한 고유동콘크리트에서는 슬럼프 기준에서 슬럼프 플로우 기준으로 유동성 평가가 옮겨지는 것을 반영한다. 최근 60 MPa 이상의 콘크리트의 경우 필요에 따라 슬럼프 플로우를 극히 높이는 경우가 있으므로 구조물의 타설 작업이 원활히 이루어지도록 슬럼프 플로우를 정하여 사용한다.

고강도, 고성능콘크리트의 비비기는 부배합으로 응집력이 강한 콘크리트를 배합하는 데는 재료들을 잘 섞을 수 있는 믹서 사용이 효과적이다. 가경식 믹서보다는 강제식 팬 믹서가 좋고, 팬 믹서는 한쪽만으로 회전시키는 것과 반류팬(counter current pan) 믹서가 있으며 내부팬과 회전팬이 있어 반대방향 회전을 동시에 시키는 비비기가 가장 효과적이다. 또한 최근 수평축으로 이루어진 트윈믹서가 광범위하게 사용되기도 한다. 이러한 믹서를 사용함으로써 압축강도를 20~30 % 증가시킬 수도 있다.

믹서에 재료를 투입하는 순서에 따라서도 민감하게 강도 발현이 달라진다. 사용재료는 시멘트, 잔골재, 굵은골재, 실리카퓸, 혼화제를 섞은 배합수로 한 번에 전 재료를 투입, 일정시간 비비는 것을 기준하여 일부 재료부터 투입, 회전시킨 후 나머지 재료를 넣고 30초 정도 비비기를 하는 등 여러 가지 조합에 따라 단순한 비비기 방법만으로도 20 % 전후의 강도 차이를 보이는 경우도 있다.

사례 : 설계강도 150 MPa 초고강도 콘크리트 현장 적용

다음에서는 국내 S사에 의한 설계강도 150 MPa 초고강도 콘크리트 현장 적용의 사례를 소개 한다. 초고강도 콘크리트는 지상 49층과 지하 5층 규모의 건축물로서 지하층 기둥에 사용한 실례이다.

사용재료

시멘트 : 4성분계 프리믹스 시멘트
잔골재 : 세척사 (비중 2.59)
굵은골재 : 부순 골재(비중 2.5) 13 mm
고성능감수제 : 폴리카르본산계(D사)

배합설계

물－결합재비 : 15 % 이하
단위수량 : 140～150 kg/m^3
굵은골재 최대 치수 : 20 mm 이하
잔골재율 : 35～40 %
잔골재 조립률 : 2.8～3.0
고성능감수제 : 결합재의 3.0～3.5 %

사용재료로서 시멘트는 고강도화를 위하여 1종 보통 포틀랜드시멘트와 고로슬래그 미분말, 무수석고, 실리카퓸으로 구성되는 4성분계 프리믹스를 개발하여 사용하고, 이를 통해 화학적으로 수화열을 저감시키고 수화 생성물 증대와 공극의 감소를 통해 치밀한 조직을 형성하도록 한다. 물리적으로는 프리믹싱으로 인해 균질성을 확보하고 실리카퓸을 분산 코팅시켜 강도와 유동성을 확보한다. 굵은골재의 강도는 200 MPa 이상이며 저융점 성분인 Fe_2O_3, MgO K_2O의 함량이 낮은 화강암계 골재를 선정하여 1,200℃에서의 내화성능을 검증한다. 배합 설계 결과, 슬럼프 플로우는 700±100 mm, 공기량 1.5±0.3 %, 재령 91일에서 183 MPa을 얻게 된다.

콘크리트 생산 시 타설온도는 30℃ 이하에서 관리할 수 있도록 타설 전 배합재료의 온도를 관리한다. 배합시간은 3분으로 11회 배합량은 2.5 m^{3}으로 레미콘 차량으로 현장에 배달한다. 현장 도착 시에 측정한 슬럼프 플로우는 평균 76.1 cm이고 50 cm 도달시간은 10초 이내로 점성이 낮아 원활한 타설이 가능하다.

유동성이 좋아 다짐을 하지 않으며 보온 양생은 거푸집 조립식 양생포와 비닐을 재단하여 부착시켜 타설이 종료된 후 부재의 수화열 상승에 따른 표면부와 중심부의 온도차를 줄여 주고 보습의 효과를 발휘하도록 한다. 수화열 계측 결과 타설 후 1.5일 경과한 시점에서부터 수화열이 발생되기 시작하여 2.1일에 최고온도인 91℃를 나타내었으며 이후 중심부와 측면의 온도차가 20℃ 이내에서 유지되면서 0.9℃/hr의 하강속도를 나타내었다. 타설 5일 후 탈형하여 표면상태가 양호하고 소정의 성능을 확보한다.

16.2 • 경량골재콘크리트

16.2.1 개요

경량골재콘크리트용의 골재는 인공경량골재, 천연경량골재, 부산물경량골재로 분류된다. 표준시방서에서는 품질이 안정되어 있어서 고강도경량콘크리트를 만들 수 있는 구조용 경량골재를 포함하고 있다. 구조용 경량골재 알의 내부는 다공질로서 표면은 유리질의 피막으로 덮여져 있고, 밀도는 입경에 따라 다르며, 일반적으로 입경이 클수록 가볍다.

일반적으로 단위질량이 2,000 kg/m^3 이하인 콘크리트를 경량골재콘크리트, 2,300~2,500 kg/m^{3}인 콘크리트를 보통콘크리트라 한다. 경량골재의 경량성을 보다 효과적으로 발휘시키기 위해서는 잔골재와 굵은골재 모두 경량골재로 하는 것이 좋다. 이 경우 경량골재콘크리트의 단위질량은 1,600 kg/m^3 정도까지 경감할 수가 있다. 경량골재콘크리트의 단위질량은 콘크리트의 자연건조의 정도에 따라서 매우 큰 차이가 나서는 안 되며, 안전율을 고려하는 등으로 단위질량을 굳지않은 콘크리트에 대하여 측정하도록 한 것이다. 다만 늘 건조된 상태에 놓이게 되는 부재에 사용되는 경량골재콘크리트의 경우는 콘크리트가 건조함에 따라 단위질량이 감소함을 고려하여 아직 굳지않은 콘크리트 대신 적절한 측정방법에 의하여 단위질량을 구하여도 좋다. 그림 16.1은 경량골재콘크리트 종류별 단위질량과 압축강도의 범위를 나타내고 있다. 일반골재를 사용한 콘크리트의 단위질량은 2,900 kg/m^{3}의 범위이며 팽창고로슬래그, 팽창점토를 경량골재로 사용한 콘크리트는 각각 2,200 kg/m^3, 1,800 kg/m^3 범위에 있다.

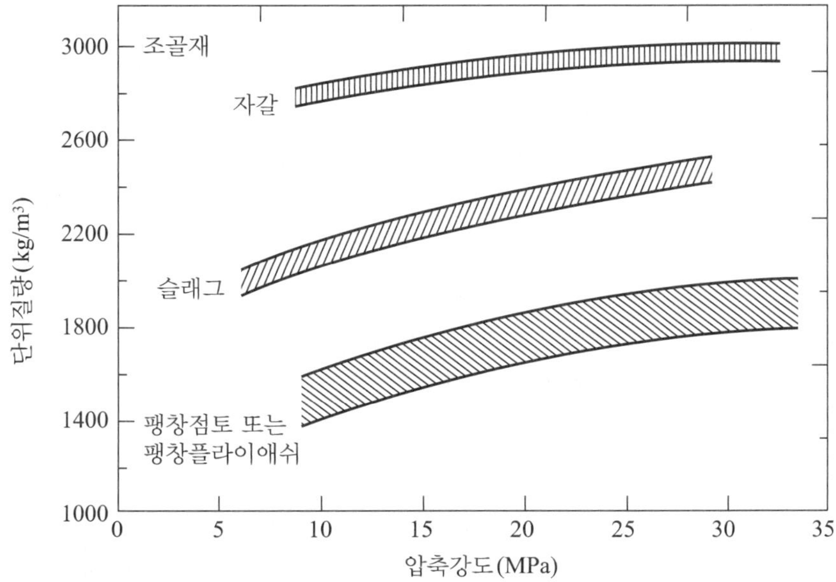

[그림 16.1] 경량골재콘크리트 종류별 단위질량과 압축강도의 범위

(출처 : A. Short and W. Kinnerburg, Lightweight aggregate, 3ed ed., *Applied science Publishers*, Ltd, London, 1978).

16.2.2 재료와 배합

경량골재는 종류가 많고, 그 성질도 다르기 때문에 모든 것이 구조물에 사용되는 것이 아니다. 이 때문에 **표준시방서**에서도 가벼우며 강한 경량콘크리트를 얻을 수 있는 팽창성 고로광재, 팽창성 점토, 규조토암 등을 주원료로 하여 소성한 인공경량골재를 대상으로 하고 있다. 인공경량골재는 공장에서 제조되기 때문에 일반적으로 청결, 강경하고, 적당한 입도를 가지며, 품질의 변화가 적은 것이 특징이다. 그러나 공장의 제조방법의 품질관리가 적당하지 않을 경우에는 이와 같은 양호한 품질의 경량골재를 얻을 수 없으며, 이 때문에 경량골재 사용 시에는 양질의 제품을 선정하여야 한다. 경량골재는 대체로 다음의 종류로 구분된다.

- **팽창고로슬래그** : 고로슬래그를 사용하여 만든 인공경량골재로서 고로에 남아있는 슬래그를 꺼낼 때에 냉각을 시키고 스팀을 가하여 제조하게 된다. 고로에서 슬래그를 취할 때에 녹은 상태의 슬래그에 일정량의 물을 고압분사하여 통기성이 큰 다공질 경량골재를 만든다.
- **펄라이트(perlite)** : 진주암, 흑요석 또는 이에 준하는 석질을 분쇄하여 소성 팽창시켜 제조한다. 이들 암석을 미분쇄하여 1,000℃ 정도까지 급속히 가열하면 암석의 껍질

부분에 기포가 생성되고 10~20배 팽창한다. 이 후 냉각시키면 많은 기공이 포함되어 일정한 강도를 갖으며, 경량성, 수분침투 저항성을 갖는다.

- **팽창질석** : 질석(vermiculite)은 운모와 유사한 광물로 매우 얇은 층으로 이루어져 있으며, 가 층에는 일정 수분이 포함되어 있다. 이 광석을 일정하게 분쇄하고 650~1,000℃까지 가열하면 각 층의 수분이 원래 크기의 수배로 팽창하여 무수한 기공을 가지게 한다. 팽창질석은 경량성, 단열성, 내화성, 흡음성, 절연성의 장점을 가지고 있으나, 질석 자체의 높은 흡수율과 강도성능이 낮은 단점이 있다.
- **플라이애쉬** : 화력발전소에서 사용되는 가루석탄을 연소할 때, 불연성 재료로서 곱게 부서진 작은 입자이다. 여기에 점토 슬러리를 넣고 회전 킬른에서 1,200℃까지 가열 소성하여 얻는다.
- **팽창혈암, 팽창점토** : 혈암(shale), 점토(clay), 점판암(slate)을 회전로에서 100~1,200℃로 가열하여 냉각시킴으로서 팽창을 유도하여 얻는다. 보통 원료를 작은 크기로 분쇄하거나 플라이애쉬로 표면을 얇게 코팅하기도 한다. 이렇게 표면을 처리한 반투수 유리질 골재는 흡수력이 낮아 관리가 용이하다. 우수한 워커빌리티를 유지할 수 있으나 상대적으로 가격이 높다.
- **발포 폴리스티렌 비드** : 직경 4~6 mm 정도의 구형 발포 플라스틱을 심재로 쓰고 표면에 강력 접착제를 도포한 후 시멘트 모르타르를 다시 피복하여 양생시켜 생산한다. 또는 플라스틱 심재에 무기질 점토 재료를 접착시킨 후 600~1,000℃로 소성함으로서 일정한 기공을 형성시켜 생산한다.

표 16.2는 골재 종류에 따른 여러 가지 경량콘크리트의 특성을 요약하고 있다. 경량골재는 입경에 따라서 밀도가 다르고, 일반적으로 입경이 작을수록 밀도가 커진다. 이 경향은 잔골재의 경우에 특히 현저하여 0.1~0.2 정도 밀도의 차이가 생기게 된다. 이런 종류의 입도를 규정하기에는 용적백분율로 표시하는 것이 합리적이지만, 각 입경마다 골재의 밀도를 측정하는 것은 용이하지 않으므로 질량백분율로 표시한다.

경량골재는 그 종류에 따라서 입형, 밀도, 흡수량, 강도 등의 품질이 다소 다르므로 사용할 경량골재에 따라서 소요의 품질을 갖는 콘크리트가 얻어지는지를 시험에 의하여 확인한 뒤 배합을 정해야 한다. 경량골재콘크리트의 경우도 단위수량이 많은 콘크리트를 사용하면 단위시멘트량이 많아져 비경제적으로 될 뿐만 아니라, 재료의 분리가 일어나기 쉽고 균열이 생길 우려도 많다.

[표 16.2] 골재 종류에 따른 여러 가지 경량콘크리트의 특성

경량콘크리트의 종류	골재의 종류	골재의 기건 단위 중량 (kg/m^3)	28일 압축강도 (MPa)	콘크리트의 단위중량 (kg/m^3)	열전도율 (W/m·K)
기포 콘크리트		–	0.5～24	300～1,900	0.05～1.30
부분 다짐 콘크리트	팽창 질석 및 진주암	65～250	0.4～3.0	300～1,120	0.07～0.10
	부석	500～900	1.0～3.0	800～1,800	0.15～0.30
	팽창 슬래그	500～1,000	1.0～4.5	960～1,520	0.16～0.42
	플라이애쉬	600～1,000	2.0～5.5	1,120～1,280	0.17～0.30
	팽창 혈암, 점토, 점판암	550～1,050	4.5～6.6	960～1,200	0.27～0.42
무잔골재 콘크리트	일반 골재	720～1,040	1.7～5.5	720～1,520	0.22～0.42
	경량 골재	1,350～1,600	3.0～14	1,600～2,000	–
구조용 경량 골재 콘크리트	팽창 슬래그	500～1,050	2.0～5.5	880～1,360	–
	플라이애쉬	500～1,000	8.0～50	1,440～2,080	0.34～0.74
		600～1,000	11～63	1,440～1,900	00.52～1.10
	팽창 혈암, 점토, 점판암	550～1,050	11～50	1,360～1,840	0.51～0.95

출처 : Mindess S., Young F., and Darwin D., “Concrete”, 2003

경량골재의 종류에 따라서는 소요의 워커빌리티를 얻기 위해 필요한 단위수량이 보통골재를 사용한 경우에 비하여 커질 수 있다. 단위수량을 크게 하면 재료분리가 일어날 뿐만 아니라 단위시멘트량도 증가하여 균열발생 가능성이 높아진다. 그러므로 AE감수제, AE제 등을 적당히 사용하여 단위수량을 줄이는 것이 매우 중요하다. 또한 이 결과 경량골재콘크리트의 내동해성도 상당히 개선시킬 수가 있다. 따라서 경량골재콘크리트는 AE콘크리트로 하는 것을 원칙으로 한다.

골재의 내구성시험에서는 KS F 2507 「골재의 안전성 시험방법」이 있으나, 인공경량골재의 경우에는 일반적으로 이 방법에 의해서 만족할 만한 내구성 시험을 할 수가 없다. 또한 경량골재콘크리트의 동결융해에 대한 내구성은 골재 내부의 공극구조와 주위의 모르타르 내의 공극구조와 관련되어 정해진다. 그러므로 골재만을 단독적으로 내구성을 규정하지 않고 경량골재콘크리트의 실제 사례나 동결융해시험에 의해서 그 골재의 내구성을 확인할 수 있도록 규정하고 있다.

현장에서는 골재의 함수량의 변화, 재료계량의 오차 등을 고려하여 물－시멘트비는 일반적으로 소정의 값보다 2～3 % 정도 작은 값을 목표로 하는 것이 좋다.

[그림 16.2] 팽창점토 경량골재

16.2.3 시공과 성능 특성

경량골재콘크리트는 단위질량이 작기 때문에 동일한 반죽질기를 갖는 보통골재콘크리트에 비하여 슬럼프가 작아지는 경향이 있으므로 단위수량을 많이 하여 슬럼프를 크게 하는 것이 보통이다. 경량골재콘크리트의 워커빌리티는 진동다짐을 하는 경우, 동일한 슬럼프의 보통 골재를 사용한 콘크리트와 같은 정도 또는 그보다 더 좋다고 생각되므로, 경량골재콘크리트의 슬럼프는 보통콘크리트와 같게 하거나 또는 그 이하로 하여도 좋다.

경량골재콘크리트는 보통골재를 사용한 콘크리트와 마찬가지로 유동화제를 사용하여 유동화콘크리트로 할 수가 있다. 콘크리트의 펌프에 의한 운반, 혹은 배근이 조밀한 개소에 타설되는 콘크리트에서 슬럼프가 큰 경량골재콘크리트를 사용할 필요가 있는 경우에는 유동화콘크리트를 적절하게 사용하면 콘크리트의 품질을 손상시키는 일 없이 양호한 시공을 할 수 있다.

경량골재는 특유의 다공성 내부구조로 되어 있기 때문에 보통 골재보다 높고 빠른 흡수력을 가지고 있다. 이러한 경량골재 자체의 물리적 특성을 고려하여 배합에서 흡수량의 관리가 매우 중요하다. 경량골재콘크리트의 배합 시에 경량골재를 사전 처리 없이 그냥 사용할 경우, 흡수량이 크게 늘어나며, 이에 따라 워커빌리티가 급격히 감소하게 된다. 이를 방지하기 위하여 배합수의 일부를 골재와 먼저 섞어서 어느 정도 사전흡수(pre-wetting)를 유도하여 골재의 성질을 안정시킨 후에 시멘트를 투입하는 방법이 제안되고 있다. 사전에 흡수에 의한 함수율은 콘크리트 펌프사용 유무, 압송 조건, 내동해성 등을 고려하여 하며, 24시간 이상 스프링클러 등으로 살수한다.

16.3 • 매스콘크리트

16.3.1 개요

표준시방서에서 매스콘크리트로 다루어야 하는 구조물의 부재치수는 넓이가 넓은 평판구조에서는 두께 0.8 m 이상, 하단이 구속된 벽체에서는 두께 0.5 m로 규정하고 있다. 매스콘크리트에서 균열 발생의 방지 또는 균열 발생 위치나 균열 폭의 제어가 필요한 구조물에 대해서는 실제의 사용재료, 시공방법에 대해서 적절한 대책을 세워야 한다. 콘크리트를 배합할 때에 수화반응이 진행되는 동안 내부에서 열을 발산하여 온도가 올라간다.

규모가 큰 구조물의 경우, 심한 온도 차이를 보이기도 하는데 이 차이는 체적의 변화를 발생시키며 체적 변화로 인한 인장응력이 콘크리트의 인장강도를 초과할 때 균열이 발생된다. 온도균열이 발생한 콘크리트는 상당히 큰 폭의 온도 상승이 발생한 것으로, 온도균열은 방향이나 위치, 폭에 상당히 규칙성이 있으며, 콘크리트 타설 후 약 2주일 이내로 발생하는 특징을 나타내고 있다.

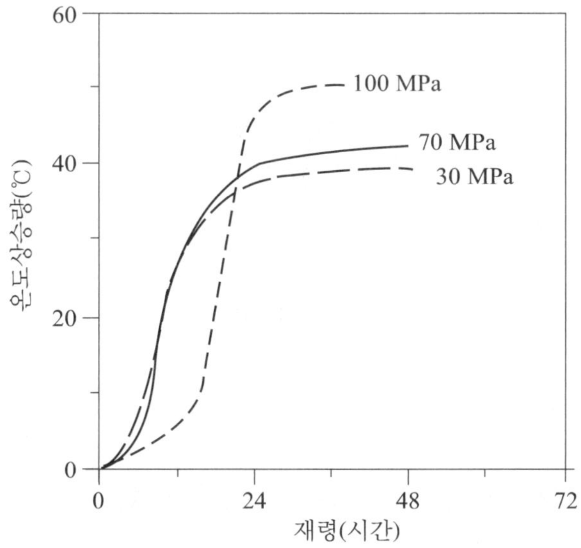

[그림 16.3] 콘크리트 강도에 따른 온도 상승 곡선

(출처 : Khan A., Cook W. and Mitchell D., "Tensile Strength of Low, Medium, and High Strength Concretes at Early Age," 1996)

16.3.2 재료와 배합

수화열에 의한 온도균열은 단면 내외의 온도차에 의한 내부구속에 의해 발생되는 경우와 기존구조물에 의한 외부구속으로 발생되는 경우로 구분된다. 단면 내부와 외부의 온도차에 의해 생기는 내부구속 온도균열은 단면치수가 큰 댐이나 교량기초 등의 매스콘크리트 구조물에서 발생한다. 기존구조물 등에 의한 외부구속 온도균열은 내부온도가 하강함에 따라 수축하는 콘크리트를 기존구조물이 구속하므로 발생한다. 벽체구조물과 같이 길이가 긴 구조물은 외부구속 온도균열을 발생시킬 수 있으며, 따라서 타설 길이를 줄이고 높이를 크게 하는 방법이 균열 제어에 효과적이다.

콘크리트는 배합할 때에 물이 시멘트와 혼합하여 수화반응이 진행되는 동안 내부에서 열을 발산하여 온도가 올라간다. 수화열에 의한 온도 상승은 강도가 증가함에 따라 최대 온도도 증가한다. 그림 16.3은 재령에 따른 콘크리트 온도 상승을 보여주고 있으며 고강도일수록 당연하게 온도 상승량이 높다.

수화열 균열에 대한 대책으로서 온도 상승량을 작게 하는 것이 우선이다. 이를 위해 저발열성 시멘트를 사용하거나 단위시멘트를 적게 하기 위해 플라이애쉬 등 혼화재를 사용할 수 있다. 단위시멘트 사용량을 10 kg/m^3 줄이면, 내부 약 1℃, 내외부 0.3~0.4℃ 정도의 온도 상승량을 줄일 수 있다. 재료나 콘크리트를 냉각시키는 프리쿨링 또는 파이프쿨링 공법을 도입할 수 있다. 프리쿨링 방법은 기본적으로 냉수, 냉풍, 얼음, 액체질소 등의 냉각매체를 사용하여 콘크리트 재료를 개별적으로 냉각시키는 방법, 콘크리트 제조 시 또는 제조 후 굳지 않은 상태에서 콘크리트를 직접 냉각하는 방법이 있다. 파이프쿨링은 콘크리트 타설 전에 파이프를 적절한 간격으로 배치해 놓았다가 타설 직후부터 파이프에 냉각수를 순환시켜 내부에 발생하는 콘크리트의 수화열을 저감시키는 방법이다.

매스콘크리트는 일반콘크리트에 비하여 응결시간을 지연시키는 배합을 사용하는 경우가 많게 되며 블리딩에 의한 타설 후의 침강이 많아 소성침하균열이 생길 가능성이 매우 높다. 이러한 균열은 적절한 마감으로 방지하지 않으면 수화열에 의한 균열이 유발됨으로 주의하여야 한다. 수화열의 한 예로 그림 16.4에서 가로, 세로가 각각 5 m이고 깊이가 4.5 m 콘크리트는 배합 시에 온도가 20℃이었는데 2~3일 후 75℃까지 상승함을 나타내고 있다.

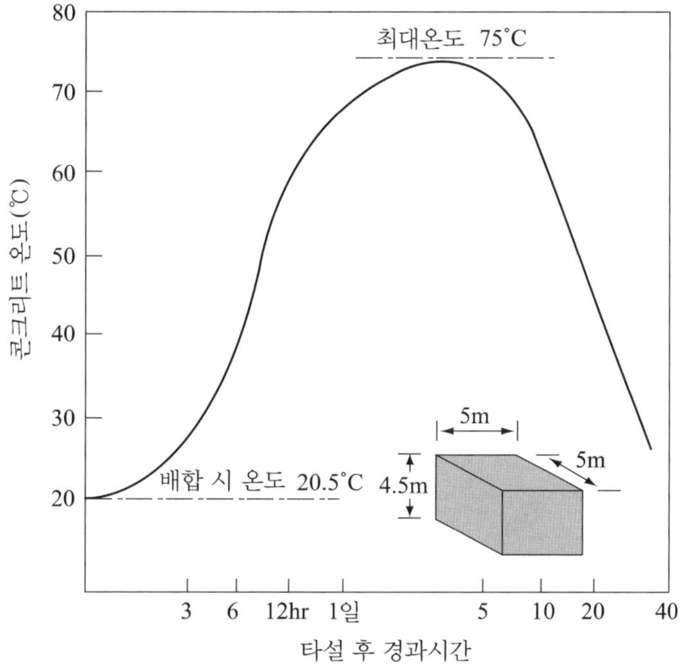

[그림 16.4] 콘크리트 타설 후의 온도 상승

16.3.3 시공과 성능 특성

매트 형태의 매스콘크리트 기초의 경우는 시공면적이 넓어 마감 후 건조수축균열이 발생하기 쉬우므로 마감 직후의 양생에 충분한 주의를 기울여야 한다. 내부구속이 강한 매스콘크리트 부재에서는 각종 기상조건으로부터 보호하여야 하며 내·외부 온도차를 감소시킬 수 있는 적절한 양생이 필요하다. 내부와 외부의 온도 차이를 20℃ 이내로 제어함으로서 균열 발생 가능성을 쉽게 줄일 수 있다. 외기온의 급격한 변화나 바람 등에 의해 표면이 급냉할 경우, 단열재를 덮거나 온수에 의한 침수 양생법을 이용하여 내부와 표면 간에 급격한 온도변화가 생기지 않도록 하여야 한다. 수화열에 의한 온도균열을 방지하기 위해서는 콘크리트가 최고 온도에 도달한 후에 표면온도가 급격히 저하되지 않도록 가능한 완만하게 콘크리트 온도가 외기온도와 평형을 이루도록 하여야 한다.

균열 제어가 곤란하다고 판단되는 경우에는 재료조건, 시공조건을 조정하여 재해석하거나 보다 적극적으로 팽창 신축줄눈(expansion joint)이나 균열유발줄눈(induced crack joint), 또는 수축 신축줄눈(contraction joint)을 설치하여야 한다. 신축줄눈은 수화열에 의한 신축이외에도 온도변화, 건조수축, 침하 등에 의해 구조물에 나쁜 영향을 끼치는 것을 피하기 위하여 약 15 m 간격 이내로 설치한다. 균열유발줄눈은 단면의 일부를 손상하여 그 부분에 응력집중이 되어 균열이 특정한 부위에 발생하도록 유도하는 줄눈이다. 균열을 유발시키기 위하여 줄눈의 깊이는 전체 두께의 1/3~1/2 정도이고 설치 간격은 보통 1회 타설 높이의 1~2배 정도 또는 4~5 m 또는 슬래브 두께의 24~36배 이내로 한다. 이 때, 수밀구조에는 합성수지판이나 동판 등의 지수판(water stop)을 설치하여 지수 대책을 수립하여야 한다. 이상에서 온도균열에 대한 대책은 다음과 같이 요약할 수 있다.

1. 단위시멘트량을 조절하여 온도상승량을 저감한다.
2. 타설시 콘크리트 온도를 낮추는 프리쿨링을 한다.
3. 타설 구조물의 크기를 조정하여 하부 구속체의 구속 정도를 낮춘다.
4. 두께에 따라서 1회 타설 높이를 낮도록 간격을 정한다.
5. 신축줄눈과 균열유발줄눈을 적절히 설치한다.
6. 직경이 작은 철근을 좁은 간격으로 배치한다.
7. 파이프쿨링을 적당한 간격으로 배치한다.
8. 내부와 외부 표면 사이에 급격한 온도 변화가 생기지 않도록 표면 보호 및 보온 양생을 철저히 한다.

매스콘크리트에서는 온도균열 발생 위험성을 사전에 판단하기 위해서는 콘크리트의 물성값을 가정하고 온도응력해석 기법을 실시하게 된다. 해석 결과 발생할 것으로 예측되는 최대인장응력과 그 시점에서의 인장강도의 비로서 온도균열지수를 구하고 매스콘크리트의 균열 위험을 판단한다.

표준시방서에서 매스콘크리트의 온도균열 발생에 대한 검토는 온도균열지수에 의해 평가하는 것을 원칙으로 하고 있다. 매스콘크리트에서 균열 발생의 방지 또는 균열 발생 위치나 균열 폭의 제어가 필요한 구조물에 대해서는 실재의 사용재료, 시공방법, 환경조건 등을 고려하여 온도변화, 온도 응력의 계산을 실시하여 이것으로부터 온도균열지수를 구해 균열 발생의 가능성을 평가하며 제10장에서 이미 다루었다.

수화열에 의한 균열 발생 우려가 크지 않다고 판단되는 구조물의 경우에는 온도해석만을 실시하여 간이법으로 온도균열지수를 구해 안정성을 평가할 수 있다. 수화열에 대해 우려가 높고 엄밀히 산출하기 위해서는 수치해석을 실시하여 콘크리트의 온도응력을 구할 필요가 있다. 다음에서는 매스콘크리트에 적용되는 온도균열지수에 의한 평가방법과 온도응력을 예측하기 위한 사례에 대해서 설명한다.

사례 : 초대형 매트기초의 매스콘크리트 시공

다음은 국내 R사에 의한 초대형 매트기초 콘크리트 현장 적용의 사례를 소개한다. 지상 123층 초고층 건축물로서 지하층 매트기초의 크기는 72×72×6.5 m이었다.

설계요건

설계강도 : 50 MPa
굵은골재 최대 치수 : 20 mm
슬럼프 플로우 : 650 mm
온도균열지수 : 1.0 이상

사용재료와 배합설계

시멘트 : 초발열 프리믹스 혼합시멘트(OPC : BS : FA = 18 : 55 : 27)
고성능감수제 : PC계 고성능감수제
물-결합재비 : 31.5 %
단위수량 : 145 kg/m^3
결합재량 : 460 kg/m^3
잔골재율 : 48.6 %
고성능감수제 : 4.6 kg/m^3

사용재료로서 결합재는 이산화탄소 저감용 고유동 초저발열 프리믹스 혼합시멘트를 사용하여 수화열을 저감시키고자 하였다. 단위수량을 최소화하여 블리딩 및 레이턴스를 최소화하고 결합재량이 상대적으로 낮고, 혼화제를 다량 사용하여 수화열을 낮추는 초저발열 콘크리트를 배합설계 한다.

일체화 타설을 위해 매트기초의 중심부 온도는 71℃ 이하, 내외부 온도차는 최대 25℃ 이하, 온도균열지수는 1.0 이상으로 한다. 수화열 해석을 위한 단열온도 상승실험 결과 최대온도 상승량(K)값은 25.8℃, 반응속도 값이 1.4℃/hr로 도출되었는데 이는 50 MPa 일반 저발열 콘크리트에 비해 최대온도 상승량을 약 50 % 저감시킨 결과이다. 유한요소 해석을 실시하여 콘크리트 양생온도, 보양조건별로 사전해석을 실시한 뒤, 실제 부재에서의 수화발열 특성과 효과적인 양생방법을 결정하기 위하여 6.5×6.5×6.5 m 크기의 실물 Mock-up 시험을 한 결과, 중심부 최대 수화온도는 약 58℃ 내외부 온도차는 24.7℃ 발현되었고, 이때의 균열지수는 부재 상부 1.22, 부재 측면부 1.58로서 목표기준을 만족한다.

매트 기초용 철근으로 HD 500 강도의 D51 mm 대구경 철근을 사용하며, 하부철근으로 200 mm 간격으로 5단 배치하고 상부철근으로 D35 철근을 200 mm 간격으로 3단 배근한다. 수화열에 의한 온도균열 저감을 목적으로 D25 철근을 100 mm 간격으로 설치한다.

수화열 측정 결과 최대수화온도는 타설 종료 후 48시간 경과 때에 59.6℃로 가장 높게 나타났고 이때의 내·외부 온도차는 22.4℃, 온도균열지수는 1.11로 설계 요구조건을 만족하였다. 콘크리트 타설량은 32,000 m^3(약 80,000톤)이며 시간당 약 1,000 m^3 정도, 30시간 연속 타설로 기록적인 공사를 성공적으로 수행한 사례이다.

16.4 • 서중콘크리트

16.4.1 개요

콘크리트를 타설할 때에 기온이 30℃를 넘으면 서중콘크리트로서의 여러 가지 성상이 현저해지므로 일평균 기온이 25℃를 넘을 때 서중콘크리트로 시공할 수 있도록 준비하야야 한다. 기온이 높으면 그에 따라 콘크리트의 온도가 높아져서 운반 중의 슬럼프 저하, 연행공기량의 감소, 콜드 조인트의 발생, 표면 수분의 급격한 증발에 의한 균열의 발생, 온도균열의 발생 등 위험성이 증가한다. 따라서 콘크리트 칠 때와 친 직후에는 가능한 온도를 낮아지도록 재료의 취급, 비비기 운반, 치기 및 양생 등에 대하여 적절한 조치를 취한다.

대부분의 화학 반응은 높은 온도에서 촉진된다. 일반적으로 온도 10℃ 증가에 따라 반응속도는 2배 빨라진다. 즉, 다른 조건이 동일할 때 온도 10℃ 증가하면 어떤 조건에 도달되는 시간이 반으로 줄어들어 매우 빠르게 일어난다고 볼 수 있다.

콘크리트를 타설할 때의 기온이 30℃를 넘게 되면 시멘트 수화반응이 매우 빠르게 일어나고 따라서 서중콘크리트 시방에 따라 양생과 보양을 하도록 규정하고 있다. 기온이 높으면 콘크리트 온도가 높아져서 운반 중의 슬럼프 저하, 공기량의 감소, 콜드 조인트의 발생이 쉽게 일어난다. 또한 표면 수분의 급격한 증발에 의한 균열의 발생, 온도균열의 발생, 장기강도의 저하 및 콘크리트 표층부의 밀실도 저하 등의 위험성이 높아진다. 이 때 발생되는 균열은 관통되어 심각할 수도 있다.

16.4.2 재료와 배합

콘크리트의 재료는 온도가 될 수 있는 대로 낮아지도록 선택하여야 한다. 먼저 시멘트는 중용열 포틀랜드 사용이 추천될 수 있다. 고로슬래그 시멘트, 플라이애쉬 시멘트 등도 수화열을 낮게 할 수 있다. 시멘트의 온도 변화가 굳지않은 콘크리트의 온도에 영향은 크지 않지마는 서중에서는 온도가 높은 시멘트는 피하는 것이 좋다.

골재는 콘크리트 용적 중에 7할을 차지하기 때문에 골재를 냉각시키는 방법이 가장 효과적이다. 그러나 골재를 냉각시키기 위해서 냉각시설이 용이하지는 않다. 손쉬운 방법으로 적어도 골재를 직사광선에 직접 노출시키지 말아야 할 것이며, 물을 뿌리거나 해서 냉각 효과를 갖도록 하여야 한다.

물은 콘크리트의 사용재료 중에서 가장 비열이 크기 때문에 콘크리트 온도에 큰 영향을 미친다. 지하수 등의 차가운 물을 사용하거나 배합수에 일부 얼음을 사용하는 방법이 효과가 있고 널리 취해진다.

콘크리트 온도는 재료 성분의 온도를 제어함으로서 조절할 수 있다. 각 재료의 기여도는 그 재료의 온도, 비열, 중량에 의해 결정된다. 재료의 온도를 알 수 있을 때, 비빈 직후 콘크리트의 온도는 다음 식으로 추정할 수 있다.

$$T = \frac{0.22(T_a W_a + T_c W_c) + T_a W_{wa} + T_w W_w}{0.22(W_a + W_c) + W_{wa} + W_w} \tag{16.1}$$

여기서 T, T_a, T_c는 각각 콘크리트, 골재, 시멘트의 온도이며, W_a, W_c, W_{wa}, W_w는 골재, 시멘트, 표면수, 배합수의 질량이다. 이 식으로부터 배합수를 냉각시켜 사용하는 것이 콘크리트 온도를 낮추는데 효과적임을 알 수 있다. 물의 비열이 골재에 비해 높음으로 기여도가 높다는 것을 알 수 있다.

16.4.3 시공과 대책

하루 평균기온이 25℃를 초과하는 날로 예상되는 경우에는 서중콘크리트로 규정하여 위의 문제를 해결하기 위한 대책을 마련하고 재료의 취급, 비비기, 운반, 타설, 양생 등에서 특별히 시공하여야 한다.

표준시방서에 의하면 타설할 때, 콘크리트 온도는 35℃ 이하이어야 한다. 서중콘크리트는 비빈 후 빨리 타설하는 것이 바람직하며 일반 콘크리트는 비빈 후 30분 이내, 유동화 콘크리트는 20분 이내에서, 그리고 지연형 감수제를 사용하는 경우에라도 1.5시간 내에 타설을 완료하도록 규정하고 있다.

시멘트의 수화반응에 따른 수축은 기능상 불가피하고, 또 가장 큰 원인은 수분 증발에 의한 것이기 때문에, 건조 조건을 억제하는 것이 중요하다. 건조 조건은 기상에 의해 크게 지배를 받기 때문에 전적으로 방지하기는 어렵지만, 급속건조만이라도 방지 한다면 균열 발생을 많이 줄일 수 있다. 따라서 실제 현장에서는 다음과 같은 대책을 사용한다.

1. 타설 후부터 양생을 개시하기까지의 시간을 가능한 짧은 시공 방법을 선택
2. 콘크리트 표면의 풍속을 줄이기 위하여 바람막이를 설치
3. 콘크리트 표면의 온도 상승 또는 온도 변화를 막기 위하여 차양을 설치

예제 16.1 **하절기에 단위시멘트량이 360 kg, 골재(표면건조포수)가 1,730 kg, 배합수가 180 kg 이고, 시멘트와 골재의 온도가 30℃, 배합수가 4℃일 때, 콘크리트의 온도를 계산하라.**

풀이 식 (16.1)에 각각의 값을 대입한다. 즉

$$T = \frac{0.22(30 \times 1730 + 30 \times 360) + 4 \times 180}{0.22(1730 + 360) + 180} = 22.7$$

계산 결과 콘크리트의 온도는 22.7℃로 예측된다. 즉 시멘트와 골재의 온도가 30℃일 때, 배합수를 4℃로 프리쿨링함으로서 약 7℃ 낮출 수 있음을 알 수 있다.

16.5 • 한중콘크리트

16.5.1 개요

표준시방서는 일평균 기온이 4℃ 이하가 되는 경우 한중콘크리트이 적용을 받도록 규정하고 있다. 기온이 0~4℃에서는 간단한 주의와 보온으로 시공하여 −3~0℃에서는 물 또는 물과 골재를 가열할 필요가 있는 동시에 어느 정도의 보온이 필요하다. −3℃ 이하에서는 물과 골재를 가열하여 콘크리트의 온도를 높일 뿐만 아니라 필요에 따라 적절한 보온, 급열에 의하여 친 콘크리트를 소요의 온도로 유지하는 등의 조치를 취한다. 콘크리트의 운반에는 배치 플랜트로부터 공사 현장까지 운반, 공사 현장내의 운반으로 구분할 수 있으며 이때 호퍼, 콘크리트 펌프의 배관, 슈트 등 냉각되기 쉬운 장소는 필요에 따라서 보온 처리를 하여 운반 중 콘크리트의 온도가 가능한 저하되지 않도록 한다. 한중콘크리트에서 발생할 수 있는 문제는 다음 3가지로 요약된다.

1. 초기 동해
2. 느린 강도 발현
3. 주변 온도의 급격한 저하로 인한 열 충격

시공 초기에 콘크리트가 굳지 않은 상태에서 동결되어 강도에 손상을 입힐 때, 초기 동해라 한다. 초기 동해는 콘크리트가 타설 후 시멘트의 수화가 충분히 진행되지 않고 콘크리트의 강도가 5 MPa에 도달되기 이전에 발생하며, 아직 수화되지 않은 수분이 영하날씨에 노출되어 내부 수분이 얼음으로 변하게 된다. 수분이 얼음으로 변하는 과정에서 수분은 얼음의 핵이 형성되는 곳으로 집중되는 것으로 알려져 있으며, 국소부위에 직경이 큰 공극이 형성되고 그 후 수화작용이 잘 이루어지지 못하며 콘크리트 동결은 표면에서부터 진행된다. 초기 동해를 받은 콘크리트는 강도가 발현되지 않아 푸슬푸슬해지며 결국 부스러진다. 그림 16.5에서 보듯이 초기 동해에 대한 실험으로 재령이 낮을수록, 즉 타설 후 4시간에서 동결에 의한 팽창률이 매우 높음을 보여주고 있다. 이에 비해 타설 후 36시간이 경과한 시험체는 동결에 의해 팽창이 크지 않음을 나타내고 있다. 따라서 콘크리트 동해는 초기 몇 시간이 매우 중요하고 초기 동해 팽창에 의한 피해에 특히 주의하여야 한다.

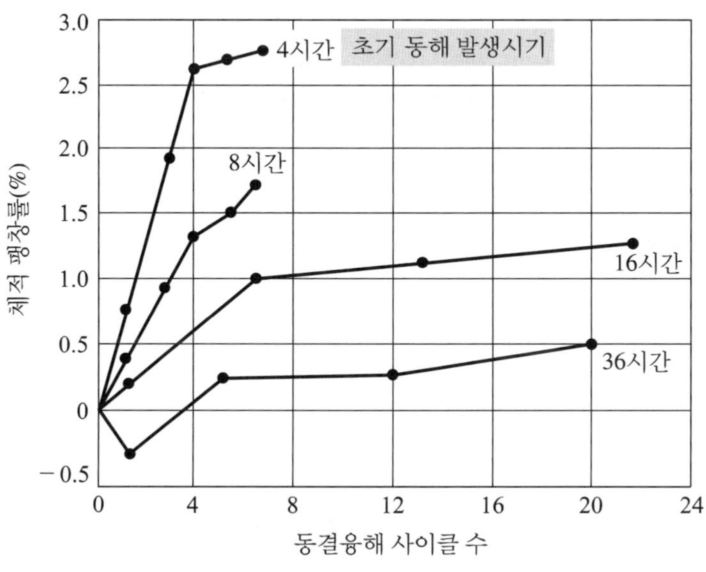

[그림 16.5] 재령별 초기 동해로부터 체적 팽창률

(출처 : Moller G., "Tests of resistance of concrete to early frost action," 1956)

16.5.2 재료와 배합

시멘트는 초기에 발열이 크고 강도 발현이 빠른 것이 적합하여 일반적으로 보통 포틀랜드시멘트가 사용되고 있지마는 때로는 조강 포틀랜드시멘트나 초속경시멘트가 사용된다. 혼합시멘트는 강도발현이 비교적 늦기 때문에 한중콘크리트로서는 적합하지 않다.

재료는 가능한 저온이 되지 않도록 보관하여야 한다. 시멘트 외의 재료는 필요에 따라 적절한 설비로 가열할 수 있다. 적어도 비닐 등으로 덮어 눈이나 얼음이 섞여 들어가지 않도록 한다. 한중콘크리트는 동결융해에 피해를 받을 수 있으므로 AE 콘크리트로 하는 것이 바람직하다. 단위수량이 적은 콘크리트는 동해를 받을 가능성이 낮고 따라서 작업이 가능한 범위에서 단위수량을 줄일 필요가 있다.

16.5.3 대책

초기 동해를 방지하기 위하여 **표준시방서**에서는 하루의 평균기온이 4℃ 이하가 되는 기상조건에서는 한중콘크리트 시방에 따라 시공하도록 규정하고 있다. 표 16.3에 규정한 바와 같이 콘크리트 압축강도가 보통의 노출상태에서는 5 MPa에 도달될 때까지는 콘크리트의 온도를 5℃까지 유지하여야 하며 이를 초기 양생이라고 한다. 초기 양생 종료 후에라도 바로 외기에 콘크리트를 노출시키면 온도 충격(thermal shock)에 의해 표면에 균열이 발생할 가능성이 있으므로 최소한 2일 이상 구조물은 어느 부위라도 0℃ 이상이 되도록 양생에 주의하여야 한다.

외기온도가 4℃에서 영하 1℃까지는 보온조치와 혼화재료를 사용하며, 영하 1℃에서 영하 4℃까지는 보온조치와 혼화재료 및 급열장치를 가동하게 되며 영하 4℃ 이하에서는 습식공사를 중지하는 것이 일반적이다.

한중콘크리트에서는 레미콘의 운반, 대기, 타설시 온도가 10℃ 유지되어야 한다. 아울러 시공자가 제출한 동절기 시공 계획서의 온도는 기상청 발표 최저 기온을 기준으로 하며 타설시 최저기온에 도달하는 온도를 확인하고 양생하여야 한다.

[표 16.3] 심한 기상작용을 받는 콘크리트에서 양생 종료 시의 소요 압축강도의 표준

구조물의 노출 \ 단면	얇은 경우	보통의 경우	두꺼운 경우
(1) 계속해서 또는 자주 물로 포화되는 부분	15	12	10
(2) 보통의 노출상태에 있고 (1)에 속하지 않는 부분	5	5	5

[표 16.4] 한중콘크리트에서 콘크리트 온도에 대한 추천값(℃ : ACI 306)

타설 및 양생조건	단면의 크기		
	얇은 단면	보통 단면	두꺼운 단면
배합 시 주변 외기온도에 따른 굳지않은 콘크리트의 최소온도 :			
외기온도가 0℃ 이상	16	13	10
외기온도가 −18~0℃	18	16	13
외기온도가 −18℃ 이하	21	18	16
타설 시 최소온도	13	10	7
보양 후 처음 24시간 동안의 콘크리트 온도의 하강에 대한 최대 허용값	28	22	17

한중콘크리트에서 콘크리트 온도에 대한 최소값은 외기온도와 단면의 크기에 따라 달라질 수 있다. ACI 306에서는 표 16.4와 같이 한중콘크리트에서 콘크리트 온도에 대한 값을 추천하고 있다. 예컨대 외기온도가 −18℃에서 0℃ 사이에 있을 때, 얇은 단면용 콘크리트의 배합 시 온도는 18℃ 이상일 것을 추천하고 있다. 또한 보양 이후 처음 24시간 동안 콘크리트의 강하 온도는 얇은 단면일 경우 28℃ 이하가 될 것을 권고하고 있다. 외부 열원을 통해서 가열 양생한 후에는 열 충격의 위험이 있으므로 낮은 외기에 직접 노출 시켜서는 안 되며 온도가 점진적으로 내려갈 수 있도록 하여야 하며 특히, 얇은 단면일수록 더욱 조심하여야 한다.

한중콘크리트에서 양생기간 동안 비교적 최저기온이 높은 경우에는 즉, 일반적으로 −3℃ 보다 높은 경우에는 시트 등의 간단한 피복 양생만을 실시하고, 초기 양생기간의 기온이 이 보다 낮은 경우에는 단열보온양생 및 가열보온양생을 계획하여야 한다. 콘크리트에 열을 가할 경우 급격히 건조하거나 가열할 경우에 건조수축에 의한 균열이 발생할 수 있으므로 이에 유의하여야 한다. 급열 양생을 실시하는 경우에는 가열 설비의 수량이나 배치는 시험가열을 실시한 후 결정하는 것이 좋다. 가열보온양생 방법은 크게 공간가열방법, 표면가열방법, 내부가열 방법이 있다. 단열보온양생을 실시할 경우, 열손실이 적은 재료를 선택하고, 바람의 영향을 고려하여야 한다. 굳지 않은 콘크리트와 접하여 흡수하는 재료는 열전도율이 좋지 않으므로 방수성이 좋은 재료를 선택하여야 한다.

16.6 • 섬유보강 콘크리트

16.6.1 공법의 개요

일반 콘크리트는 매우 낮은 인장강도와 인장변형률을 갖는 취성재료이다. 이러한 단점을 보완하기 위하여 오래전부터 섬유보강 콘크리트가 사용되기 시작하였고 최근 점점 더 널리 사용되고 있다. 섬유보강 콘크리트란 상대적으로 짧고, 분산된 불연속 섬유를 섞어 만든 콘크리트이다. 일반적으로 강도를 약간 증대시키지만 섬유의 주된 목적은 콘크리트에서 발생하는 균열의 제어이다. 콘크리트 매트릭스가 균열이 발생하기 시작하면 균열을 가로 질러 물림작용(bridging)을 일으켜 재료의 거동을 변화시키는 것으로서 균열 후 연성거동을 일으키게 한다.

콘크리트의 균열을 발생시키는 원인으로 콘크리트 타설 후 굳지 않은 소성상태에 있을 때 발생하는 소성균열과 콘크리트가 경화하면서 지속적인 수분 증발로 인하여 발생하는 건조수축균열을 주로 들 수 있다. 이러한 소성 및 건조수축균열을 제어하기 위하여 여러 가지 방법들이 모색되어 왔으며 그 중에서도 콘크리트가 굳지 않은 소성상태에서 발생하는 균열을 제어하기 위하여 단섬유를 혼입하여 사용하는 기술이 꾸준한 섬유 개발과 더불어 보편화 되고 있다.

일반적으로 섬유보강은 철근 보강과는 개념적으로 서로 다르며 역할도 다르다. 철근은 콘크리트 내력을 증가시키는데 사용하는 반면 섬유는 균열제어에 효과적이다. 그러나 섬유 성능이 개선됨에 따라 일부 철근 대용으로 사용되는 경우가 일어나고 있다. 섬유보강 보에서 일부 전단강도를 담당하도록 규정이 바뀌지고 있다. 또한 최근 일부 플랫슬래브에서 철근을 대용으로 사용되는 사례가 발표되고 있다.

16.6.2 보강섬유의 종류와 특징

강섬유(steel fiber)

일반적으로 강섬유는 직경 0.1~1.0 mm, 길이 10~70 mm 정도이고 재질은 탄소강, 또는 스테인리스강으로 제조된다. 강섬유는 강선절단법, 박판절단법 등으로 제조되며 기본적인 형상, 치수, 품질 특성 등이 제조법에 따라 영향을 미친다. 섬유의 길이가 짧을수록 시공성은 좋지만 보강효과가 저하하는 것을 고려하여 형상비를 적정하게 하여야 한다.

비정질 강섬유(amorphous-steel fiber)

최근에 마이크로 단위의 비정질 강섬유가 개발되어 콘크리트에 활용되고 있다(그림 16.6). 이 기술은 Fe계 비정질非晶質(amorphous) 합금 분말 기술을 이용하여 생산된 마이크로 스틸 파이버를 보강 섬유로 이용한다. 비정질 합금은 일반 결정 구조 합금에서 나타나는 이방성, 입계, 면결함, 편석 등이 없는 균질한 등방성 성질을 가지고 있다. 콘크리트내의 시멘트 페이스트와 마이크로 섬유의 부착 단위 표면적이 증가함에

(a) 비정질 마이크로 강섬유

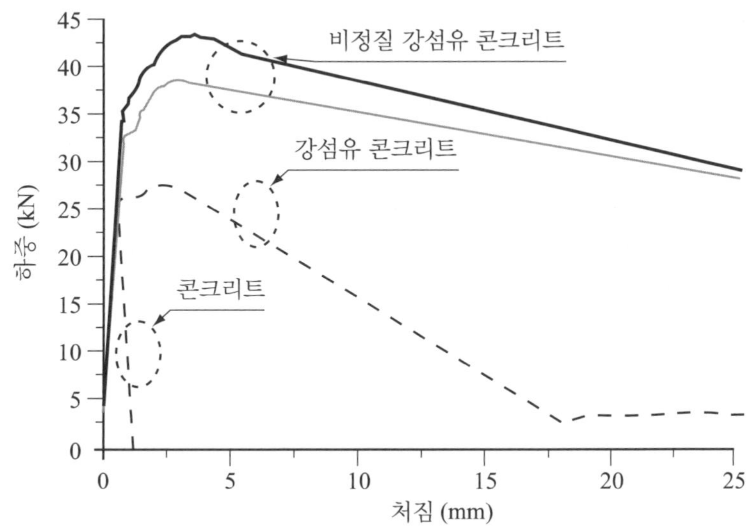

(b) 비정질 강섬유와 훅크형 강섬유의 인성 비교

[그림 16.6] 비정질 강섬유 연구사례

(출처: 최완철외 "비정질 강섬유를 이용한 초고성능 콘크리트 개발" 2009)

따라 계면 부착력(interfacial bond)이 좋아 짐으로서 인성, 균열 저항성 등 역학적 성능이 크게 개선된다. 또한 비중이 적절하여 콘크리트 내에 뜨거나 가라앉지 않으며 마이크로 섬유로서 콘크리트와 섞었을 때 균질성이 개선되어 얽힘이 줄어들며 시공성이 우수하고, 시공 후에 눈에 띄지 않을 정도로 나타나고 있다.

셀룰로오스(cellulose)

셀룰로오스의 주요생산 자원은 목재이며 목재로부터 추출된 섬유를 화학적인 방법으로 가공하여 특수 셀룰로오스 섬유를 만들며 이 섬유는 비교적 높은 탄성계수와 시멘트 풀과 강한 부착강도를 가진다. 셀룰로오스 섬유의 표면은 수산기로서 산성 및 알칼리에 안정적이고 콘크리트 내에서의 부착과 분산을 촉진시키는 효과를 갖는다. 또한 시멘트 입자 크기와 비교하여 작은 유효직경(약 0.015 mm)을 가지고 있어 섬유복합체에 발생하는 균열을 제어하는 역할을 하나, 재료의 특성상 흡수율이 높기 때문에 슬럼프 저하 등의 문제를 발생시킨다.

나일론(nylon)

나일론 섬유는 석탄, 수소, 암모니아를 원료로 하여 작은 단위의 분자를 길게 결합, 합성하여 만든 폴리아미드섬유로서 아미드결합(-CON-)에 의하여 단량체를 연결하여 중합체를 이룬다. 나일론은 필라멘트(filament)를 그대로 사용하거나 가공한 가공사(textured yarn)로도 사용한다.

폴리프로필렌(polypropylene)

석유정제 과정에서 다량 발생하는 프로필렌을 중합하여 만든 복합섬유로서 의류 외에 다른 산업자재로 널리 사용되고 있다. 토목, 건축 분야에서 시공초기에 미소 균열제어 용도로 사용되어지다가 표면 마감 불량 및 균열제어 효과 미비 등의 이유로 현재는 제한적으로 사용되고 있다. 최근에 들어 고강도콘크리트의 화재 시 폭열 현상을 방지하는 용도로서 연구 개발되고 있다.

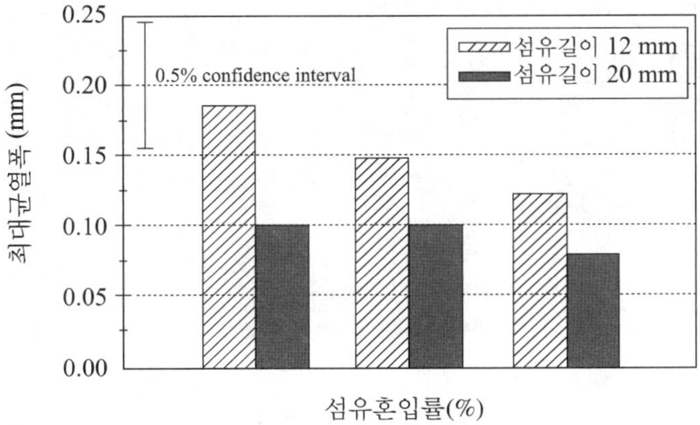

[그림 16.7] 폴리프로필렌 섬유 길이와 혼입량에 따른 균열폭 감소효과

(출처 : Parviz Soroushian, Faiz Mirza, and Abudulrahman Alhozaimy, "Plastic Shrinkage Cracking of Polypropylene Fiber Reinforced Concrete", 2005)

16.6.3 공법의 활용

콘크리트의 균열을 발생시키는 원인으로 콘크리트 타설 후 굳지 않은 소성상태에 있을 때 발생하는 소성균열과 콘크리트가 경화하면서 지속적인 수분 증발로 인하여 발생하는 건조수축균열을 주로 들 수 있다. 이러한 소성 및 건조수축균열을 제어하기 위하여 여러 가지 방법들이 모색되어 왔으며 그 중에서도 콘크리트가 굳지 않은 소성상태에서 발생하는 균열을 제어하기 위하여 단섬유를 혼입하여 사용하는 기술이 꾸준한 섬유 개발과 더불어 보편화 되고 있다.

사용되는 섬유 종류로는 폴리프로필렌, 셀룰로오스, 나일론, 강섬유 등이 있다. 단섬유를 콘크리트 배합 시에 첨가하여 콘크리트 조성물에 골고루 분산시키고 섬유의 가교, 뽑힘, 부착작용을 통하여 초기에 발생하는 응력을 조기에 안정시키고 균열을 제어 한다. 균열 제어 실험연구 결과에 따르면 소성수축균열에 가장 영향을 미치는 요인으로 모르타르 및 콘크리트의 배합시 섬유의 혼입량, 투입시기 및 섬유 특성에 따라 뭉침현상 및 분산성을 들 수 있다. 또한 합성섬유를 이용한 연구에서는 화학구조식에 따라서 친수성, 비친수성으로 분리되는 섬유의 특성이 주요변수가 되고 있다. 그림 16.8은 0.1 % 탄소섬유를 혼입하였을 때, 균열폭의 저감 효과를 보여주고 있다. 무보강 콘크리트에 비하여 섬유보강 콘크리트의 균열폭은 현저하게 약 1/3 정도로 줄어들고 있다.

최근 고강도콘크리트의 균열 발생 문제를 섬유 보강으로 건조수축균열을 해결하고자 한다. 고강도콘크리트 배합으로 낮은 물－시멘트비와 더불어 실리카퓸을 사용함에 따라 건조수축균열이 문제가 되고 있다.

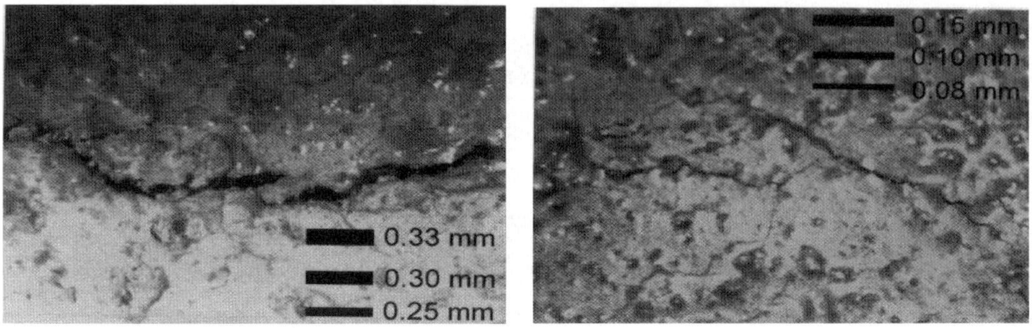

(a) 무보강 콘크리트　　　(b) 0.1 % 탄소섬유 보강 콘크리트

[그림 16.8] 탄소섬유 보강에 의한 균열폭 감소효과

(출처 : Antoine Naaman, Thanasak Wongtanakitcharoen, and Gabriel Hauser, "Influence of Different Fibers on Plastic Cracking of Concrete" 2005)

고강도콘크리트에서 실리카퓸 사용의 증가로 인하여 초기 자기수축량이 증가하게 되는 반면에 비크리프는 감소하게 된다. 이러한 변화는 콘크리트의 취성을 높이고 따라서 조기 균열 발생의 가능성을 높인다. 그림 16.9는 실리카퓸 사용량에 따라 균열폭이 증가함을 보여주고 있다. 초기 균열 발생은 낮은 크리프 이완 특성에서 초래 된 것이며 장기 균열 또한 높은 자기 수축량에 기인하는 것으로 추정된다.

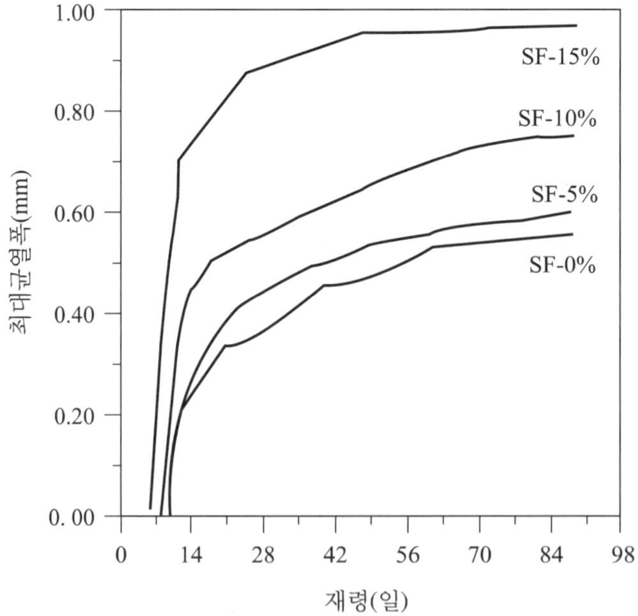

[그림 16.9] 고강도콘크리트에서 실리카퓸 증가에 따른 균열폭 증가

(출처 : Shah P., Ouyang C., Marukunte S., Yang W. and Becq-Giraudon E., "A Method to Predict Shrinkage Cracking of Concrete", 1998)

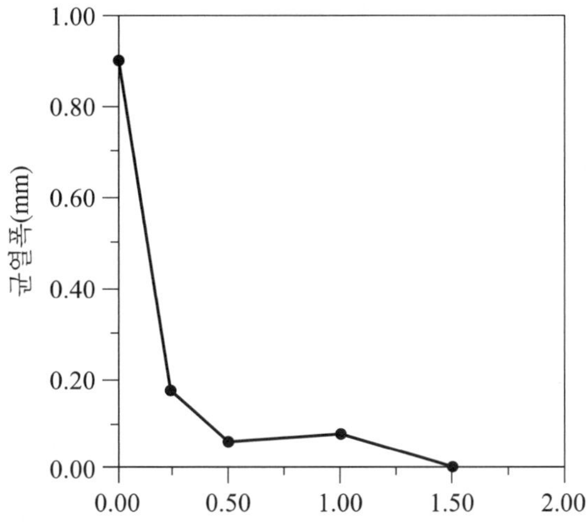

[그림 16.10] 재령 42일에서 강섬유 혼입량에 따른 균열폭 감소

(출처 : Shah P., Ouyang C., Marukunte S., Yang W. and Becq-Giraudon E., "A Method to Predict Shrinkage Cracking of Concrete", 1998)

또한 그림 16.10은 재령 42일에서 강섬유 혼입량에 따른 균열폭 감소를 보여주고 있다. 섬유보강하지 않은 시험체의 균열 폭이 1 mm에 도달 된데 비교하여 강섬유 1 % 혼입 콘크리트의 균열은 0.1 mm로 대폭 감소함을 나타내고 있다. 고강도콘크리트의 취성을 개선시키기 위하여 여러 가지 단섬유를 혼입하여 균열 진전에 저항능력을 실험한다. 강섬유, 폴리프로필렌, 셀룰로오스 단섬유를 체적비 1 % 정도를 투입하여 소성건조수축을 감소시키는 결과를 얻고 있다.

단섬유는 자기수축을 감소시키지는 못하는 것으로 나타나나 균열 저항능력이 크게 증가하고 균열폭을 감소시킴에 매우 효과적이다. 단섬유는 콘크리트의 인장강도를 증가시켜 콘크리트 내에서 발생하는 미소균열의 억제효과가 있다. 섬유 사용으로 소성수축균열 저감 성능을 평가하기 위한 국제기준이 최근 제시되고 있으며, ACI 544에서 제안한 강제 링을 사용하는 방법, 바닥판에 구속섬유를 설치하여 균열 제어를 실험하는 방법이 통용되고 있다.

섬유보강 콘크리트 바닥설계에서는 적재하중, 장비로부터 특수 하중에 대하여 휨 인장응력을 산정하고 균열저항모멘트를 예측하여, 바닥의 두께, 섬유 혼입량 등을 결정하여야 한다. 배합설계에서는 섬유보강 콘크리트의 특성인 슬럼프 손실을 미리 고려하여야 하며, 제조과정에서도 벨트 컨베이어를 사용하여 투입하는 공정을 검토하여야 한다.

창고, 점포, 공장들의 바닥은 건조수축에 의해 또는 사용 중에 여러 가지 장비에 의해 손상되고 균열이 발생되기 쉽다. 실제로 섬유보강 콘크리트를 활용한 바, 건조수축에 대한 저항성, 균열억제 효과, 반복하중에 의한 피로저항 성능 등이 개선되고 있다. 또한 기존 방법인 무근 콘크리트 타설 부위의 용접철망을 배근함에 따른 현장의 번잡함을 크게 줄일 수 있고, 이에 따라 시공성 향상, 공기단축, 공사비 절감으로 인하여 토목, 건축분야의 바닥 공사에 활용도가 증가하고 있다.

연습문제

1 콘크리트 표준시방서에서 매스콘크리트로 다루어야하는 부재치수 규정과 배경을 설명하라.

2 매스콘크리트에 특별히 사용되는 시멘트 종류와 혼화제를 들고 설명하라.

3 콘크리트 표준시방서 매스콘크리트에서 정의하는 온도균열지수를 식으로 나타내고 설명하라.

4 콘크리트 표준시방서 매스콘크리트에서 규정한 온도응력을 예측하기 위한 해석기법에 대하여 설명하라.

5 동절기 콘크리트 타설 시에 대책에 대하여 기술하라.

6 하절기 외기온도가 30℃를 초과할 때 콘크리트에서 발생할 수 있는 문제들을 기술하라.

7 초기 동해를 정의하고 문제점과 대책을 설명하라.

8 단위시멘트량이 360 kg, 골재(표면건조포수)가 1,730 kg, 배합수가 180 kg이고, 시멘트와 골재의 온도가 25℃, 배합수가 8℃일 때, 콘크리트의 온도를 계산하라.

9 섬유보강 콘크리트에서 균열이 진전할 때, 섬유의 작용을 설명하라.

10 현재 콘크리트에 사용되고 있는 섬유의 종류를 나열하고 각각의 용도를 설명하라.

11 콘크리트에 섬유를 혼합할 경우 소성수축과 건조수축에 미치는 영향을 각각 설명하라.

참고문헌

1. 한국콘크리트학회, "콘크리트표준시방서 해설", 기문당, 2009, 854 pp.
2. 한국콘크리트학회, "최신콘크리트공학", 기문당, 2011, 930 pp.
3. 손유신 외, "설계강도 150 MPa 초고강도 콘크리트 현장 적용", 한국콘크리트학회지, 2006년, pp. 59-64.
4. 최완철, 김화중, 김진근 "비정질 강섬유를 이용한 초고성능 콘크리트 개발", 한국콘크리트학회, 2009, 74 pp.
5. 김진 외, "잠실제2롯데월드 신축공사 현장 초대형 매트기초 시공사례", 대한건축학학회지, 2011년, pp. 80-85.
6. 한천구, 한민철, 송승헌, 윤섭, "팽창재와 수축저감제를 병용한 콘크리트의 건조수축 특성", 한국콘크리트학회 논문집, 제 18권 제 3호, 2006, pp. 397-404.
7. Mindess S., Young F., and Darwin D., "Concrete", 2nd ed., *Prentice Hall*, 2003, 644 pp.
8. ACI Committee 224R-01, "Control of Cracking in Concrete Structures", *ACI, Mich.*, 2001, 46 pp.
9. ACI 544, "Fiber Reinforced Concrete," *ACI*, 2001.
10. Fintel M., "Handbook of Concrete Engineering", 2 nd ed., *VNR* 1985.
11. Naaman Antoine, Wongtanakitcharoen, Thanasak and Hauser, Gabriel, "Influence of Different Fibers on Plastic Cracking of Concrete," *ACI Materials Journal,* Jan-Feb 2005, pp. 49-58.
12. Shah P., Ouyang C., Marukunte S., Yang W. and Becq-Giraudon E., "A Method to Predict Shrinkage Cracking of Concrete", *ACI Materials Journal,* July-Aug, 1998, pp. 339-346.
13. Soroushian, P., Mirza, F. and Alhozaimy, A., "Plastic Shrinkage Cracking of Polypropylene Fiber Reinforced Concrete", *ACI Materials Journal,* Sep-Oct 2005, pp. 553-560.
14. A. Short and W. Kinnerburg, Lightweight aggregate, 3ed ed., *Applied science Publishers, Ltd,* London, 1978.
15. Khan A., Cook W. and Mitchell D., "Tensile Strength of Low, Medium, and High Strength Concretes at Early Age," 1996.
16. M.E. FitzGibbon, Large pours-2, Heat generation and control, Concrete, 10, No. 1, pp. 33-5 London, 1976.
17. Parviz Soroushian, Faiz Mirza, and Abudulrahman Alhozaimy, "Plastic Shrinkage Cracking of Polypropylene Fiber Reinforced Concrete", 2005.

18. Bekir Yilmaz Pekmezci, Thomas Voigt, Kejin Wang, and Surendra P. Shah, "Low Compaction Energy Concrete for Improved Slipform Casting of Concrete Pavements", *ACI Materials Journal*, May-June. 2007, pp. 251-258.
19. Michael D. Brown, Cuyler A. Smith, J. Greg Sellers, Kevin J. Folliard, and John E. Breen, "Use of Alternative Materials to Reduce Shrinkage Cracking in Bridge Decks", *ACI Materials Journal*, Nov-Dec. 2007, pp. 629-637.
20. M. W. Hyer, "Stress Analysis of Fiber-Reinforced Composite Materials", *McGraw-Hill*, 1997, pp. 627.
21. Antonio Nanni, "Fiber-Reinforced-Plastic(FRP) Reinforcement for Concrete Structures: Properties and Appllications", *Elsevier applied science*, 1993, pp 450.

17

CHAPTER

특수 콘크리트

콘크리트의 활용도가 점차 확대되고 있는 반면에 일부 단점을 보완하기 위한 많은 연구가 꾸준히 수행되고 성과를 거두고 있다. 그 결과, 특수한 용도에 적합한 콘크리트 기술도 빠르게 활용하고 있다. 이 장에서는 특수 목적에 따라 특별한 성능을 갖는 재료를 사용하여 시공하는 특수 콘크리트를 소개하고 쓰임새를 논의한다.

현재까지 개발하여 사용되고 있으며 특별히 다루어야 하는 콘크리트 기술을 위주로 소개 차원에서 서술한다. 이 장에서 다루는 특수 콘크리트는 다음과 같다.

- 팽창콘크리트
- 고유동콘크리트
- 방사선차폐콘크리트
- 숏크리트
- 콘크리트 보수재료
- 콘크리트 보수공법
- FRP 복합재에 의한 콘크리트 보강공법

17.1 • 팽창콘크리트

17.1.1 팽창재

팽창콘크리트는 팽창재를 사용하여 수화반응에 따라 에트린자이트 또는 수산화칼슘 등을 생성시켜 모르타르 또는 콘크리트를 팽창시킴으로서 균열을 감소키는 균열저감 기술의 하나이다. 팽창재는 시멘트 수화반응에 따른 결정생성에 의해 경화가 시작한 후 재령 약 1주 정도의 기간 내에 콘크리트에 미세한 팽창력을 부여하게 한다.

팽창재는 주로 건조수축을 상쇄하기 위하여 사용됨으로 수축보상시멘트(shrinkage compensating cement)라고도 한다. ASTM에 따른 K형 시멘트가 대표적으로 칼슘 설페이트(calcium sulfoaluminate, $3CaO\ 3Al_2O_3\ CaSO_4$)와 석고 및 산화칼슘으로 구성되어 있으며 물과 반응하여 에트린자이트를 생성시켜 팽창한다. 그 외 알루민산삼 칼슘과 석고의 혼합물이 S형, 알루미나시멘트와 석고의 혼합물인 M형이 있으며 석회계 O형 팽창재가 있다. 에트린자이트를 생성하는 알루민산염 화합물의 특성에 따라 구분하며 다음 식과 같다.

$$\text{calcium aluminate} + S + H \longrightarrow \text{ettringite} \tag{17.1}$$

팽창재가 수화할 때 실제로 용적증가가 생겨 팽창하며, 이 팽창은 수화물의 생성속도와 시멘트 페이스트의 수화, 경화속도, 수화물의 생성량과 시멘트 경화체의 미세구조 등에 따라 다르다. 팽창기구에 대해서는 현재까지 확실히 규명되지 않고 있지마는 일반적으로 수화물 결정이 성장할 때 이에 더하여 동반하는 성장압력에 의하여 시멘트 입자간 혹은 수화물 사이를 밀쳐내는 힘에 의한 것으로 설명하고 있다.

그림 17.1에서 팽창시멘트와 1종 시멘트 사용에 따른 건조수축의 차이를 보여주고 있다. 그림에서 보는 바와 같이 팽창시멘트 시험체는 초기 팽창이 상당량 일어나고 이후 재령 30일 이후 서서히 줄어서 상쇄되고 설계 목표에 도달한다. 따라서 건조하기 전에 팽창량을 산정하여야 하며 동시에 콘크리트의 건조기간이 연장됨에 따라 약간의 압축력이 남아 있도록 하여야 한다. 에트린자이트의 형성으로 인해서 생길 수 있는 팽창은 일반적으로 철근을 사용하여 제어한다. 철근은 전체적인 체적팽창을 구속하기 때문에 콘크리트 내부에 약간의 프리스트레스가 발생하며, 이로 인해 철근은 인장력을 그리고 콘크리트는 압축력을 받게 된다. 따라서 팽창력을 가능한 정확하게 예측하여 철근을 적정량으로 배치하는 것이 구속을 제대로 활용하기 위하여 중요하다.

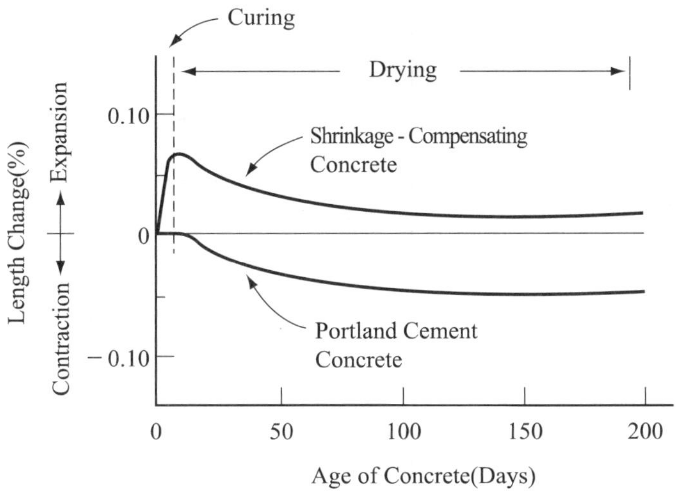

[그림 17.1] 팽창시멘트 사용에 따른 건조수축

(출처 : ACI 224R, 2001)

팽창시멘트를 사용함에 있어 수화중에 시멘트의 팽창을 적절하게 제어 하여야 한다. 세부 인자로서 시멘트량, 시멘트의 분말도, 물-결합재비, 혼화재료 등 배합과 관련된 사항 외에 철근의 배근량, 배근위치도 중요한 변수가 되며 혼합, 운송, 타설시간 등 타설조건은 물론 습윤양생기간, 양생온도 등 양생조건도 고려하여야 성공적인 팽창콘크리트가 된다.

표준시방서에서는 팽창콘크리트의 시공에서 필요한 사항과 일반적인 표준을 규정하고 있다. 팽창콘크리트는 수축보상용 콘크리트, 화학적 프리스트레스용 콘크리트 및 충전용 모르타르와 콘크리트로 구분하고 각 적용에 대해서 설명하고 있다.

팽창콘크리트의 팽창속도는 단위팽창재량, 양생온도, 및 건조습윤 정도에 따라 다르며, 재령 7일에서의 팽창률을 기준으로 한다. 콘크리트 팽창률에 대한 시험은 KS F 2562 "콘크리트용 팽창재"의 규정을 따르며 수축보상용 콘크리트의 팽창률은 150×10^{-6} 이상 250×10^{-6} 이하를 표준으로 한다. 화학적 프리스트레스용 콘크리트의 팽창률은 200×10^{-6} 이상 700×10^{-6} 이하를 표준으로, 공장제품에 사용되는 화학적 프리스트레스용 콘크리트의 팽창률은 200×10^{-6} 이상 $1{,}000 \times 10^{-6}$ 이하를 표준으로 한다. 공장제품에서 사용되는 화학적 프리스트레스용 콘크리트는 팽창률의 관리, 철근배치의 관리 등이 현장 타설 콘크리트 보다 양호하며, 또 팽창콘크리트의 사용효과를 실제 제품에서 확인할 수 있기 때문에 상한치를 높게 한다.

팽창시멘트는 다양한 구조물에 사용되고 있다. 주차장 바닥, 공항의 바닥 포장공사, 공항터널에 사용된 사례가 있으며, 그 외 수처리 시설로서 물 저장 탱크, 수영장,

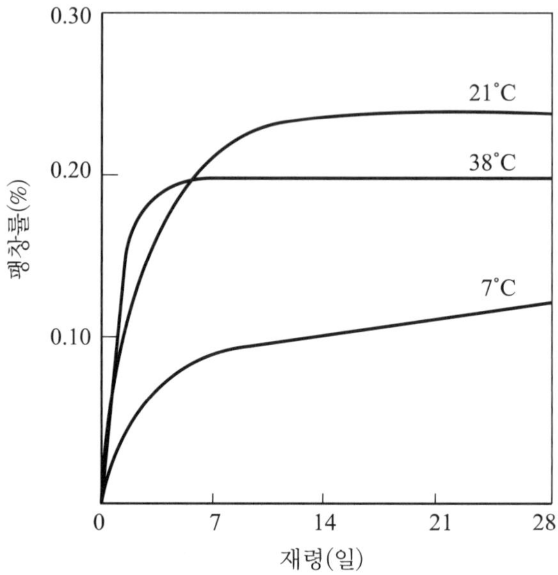

[그림 17.2] K형 팽창시멘트 콘크리트의 습윤양생온도가 팽창에 미치는 영향

(출처 : Mindess S., Young F., and Darwin D., "Concrete", 2003)

스케이트장처럼 방수가 중요한 경우에 사용 될 수 있으며, 개구부 주위 균열문제와 같이 처리가 어려운 경우에도 팽창시멘트의 사용으로 해결이 가능하겠다.

팽창재를 사용함에 있어 습윤양생기간, 양생온도 등 양생조건을 고려하여야 한다. 그림 17.2는 K형 시멘트를 사용할 때, 양생온도에 따른 팽창률의 차이를 보여주고 있으며 대체로 높은 온도에서 양생할 때 팽창이 증가한다.

팽창재와 수축저감제를 병용함으로서 콘크리트의 건조수축을 저감하는 국내의 연구결과가 발표되고 있다. 글루콜계 수축저감제와 석고계 팽창재를 함께 사용한 실험결과에 의하면 복합 상승효과로 건조수축이 크게 감소하는 것으로 나타났다.

17.1.2 수축저감제

일반적으로 시멘트 경화체는 다공체이고, 그 수화물의 겔공극 또는 모세관 공극 중에 유리수가 흡착되어 있어서 건조에 의해 일부 유리수가 휘발하면 그 간극을 좁히려고 하는 모세관 장력이 발생하여 수축을 일으킨다. 모세관수의 장력과 액면의 주곡률 반경 사이에 관계식에 대해서는 이미 제9장에서 설명하였듯이, 액의 주곡률 반경이 작을수록 모세관 장력은 작아지고 액의 표면장력이 작게 될수록 건조수축은 감소한다. 수축저감제(shrinkage reducing admixture)는 수축을 지배하는 모세관 응축수에 용해되어 그 표면장력을 저하시킴으로서 콘크리트 내의 자유수가 증발할 때 발생하는 모세관 장력을 적게 하여 수축을 감소시킨다.

수축저감제는 건조수축을 감소시키는 성능을 가진 혼화제로서 모르타르, 콘크리트에 있어서 균열의 감소나 방지에 자주 사용된다. 수축을 감소시키는 방법으로 물의 물리적 특성을 변화시켜 수축을 감소시키거나 콘크리트에 팽창성을 부여하는 혼화제를 사용하는 방법이 대표적이다.

국내외에 상용화되고 있는 수축저감제는 알코올계 유기화합물로 계면활성제의 일종이다. 대부분 액상으로 외관은 대체로 무색 혹은 담황색이며 비중은 약 1.0이다. 이들을 사용할 때 액상의 표면장력은 물의 표면장력(73 dyn/cm)에 비하여 작은 값으로 수축저감기능을 잘 발휘한다. 수축저감제는 강알칼리 용액 속에서 시멘트 입자에 흡착되지 않아 시멘트의 수화반응에 영향을 주지 않아야 한다. 대표적인 수축저감제의 조성과 표준사용량은 표 17.1과 같다.

수축저감제는 경화 후 건조수축을 감소시키는 용도로 사용되어 사용량의 증가에 따라 감소효과가 커지는 반면에 응결시간 변화를 초래할 수 있으므로 예비실험으로 사전에 검토하여야 한다. 수축저감제는 특히, 부재두께가 얇아 수축의 영향을 받기 쉬운 구조물, 벽, 슬래브, 뿜칠용 콘크리트 등에 널리 사용된다.

[표 17.1] 수축저감제의 물성

유형	주성분	외관	비중	점도[1] (Cps)	pH[2]	표면장력[3] (dyn/cm)	용해성	표준 사용량
A	저알코올 알킬렌옥시드	무색투명 액체	0.98	16	6±1	41.9	쉬움	12kg/m^3 (C×4 %)
B	저급알코올 알킬렌옥시드	청색투명 액체	1.00	20	6	29.6	쉬움	7.5kg/m^3 (C×2.5 %)
C	폴리에테르	무색~담색 액체	1.02	100±201	7±1	39.5	쉬움	(C×2~6 %)
D	폴리글리콜	담황색 액체	1.04	50	6±1	33.5	어려움	(C×1~4 %)

1) 20℃ 때 값
2) A~C는 1 % 수용액, D는 물/메탄올 혼합액에 1 % 용해된 값
3) 수축저감제를 시멘트 2 % 혼합한 모르타르에서 측정

17.2 • 고유동콘크리트

17.2.1 개요

고유동콘크리트란 굳지 않은 상태에서 높은 유동성 및 재료분리 저항성을 가진 콘크리트로 다짐작업 없이 거푸집 구석구석까지 재료분리를 일으키지 않고 밀실하게 충전이 가능한 일명 자기충전(self-consolidating) 콘크리트를 말한다. 따라서 여기서 고유동콘크리트는 다짐작업과 같은 어떠한 기계적인 작업을 가하지 않고 단지 자중에 의해서 충전하는 고유동콘크리트를 대상으로 한다.

자기충전성을 가진 고유동콘크리트는 일반콘크리트로는 충전이 곤란한 과밀배근 및 단면 형상이 복잡한 구조물의 경우에도 별도의 다짐작업 없이 양호한 충전성 확보를 기대할 수 있다. 다짐작업이 필요 없기 때문에 다짐작업에 소요되는 인력 및 장비를 줄일 수 있을 뿐만 아니라 다짐작업시 수반되는 소음, 진동의 발생을 피할 수 있다. 또한 연속적으로 콘크리트의 타설작업이 가능함에 따라 공사기간이 단축될 수 있으며, 콘크리트 표면에 벌집모양과 같은 표면공동, 블리딩에 의한 표면자국 및 변색이 발생되지 않으면서 매끄러운 표면을 형성할 수 있다. 고유동콘크리트는 이러한 효과 이외에도 다짐공의 숙련도에 의존하지 않으면서 소요의 역학적 특성을 만족하는 균질한 콘크리트 구조체를 만들 수 있다.

고유동콘크리트의 자기충전성은 높은 유동성과 적절한 점성을 확보함으로써 다짐작업을 실시하지 않아도 자중만으로 채워지는 굳지않은 콘크리트의 성질이다. 요구되는 자기충전성의 수준은 타설 대상이 구조물의 형상, 크기 및 배근상태에 따라 다르며, 이외에도 타설 시 콘크리트의 낙하높이, 유동거리, 타설방법에 따라 다르기 때문에 이런 상황을 고려하여 적절한 방법 및 기준을 설정하여 평가하여야 한다.

표준시방서에서는 자기충전성 등급을 콘크리트의 형상, 치수 및 배근상태에 따라 다음과 같이 3가지 등급으로 구분하고 있다.

- **1등급** : 최소철근순간격 35~60 mm 정도의 복잡한 단면형상, 단면치수가 작은 부재 또는 부위에서 자기충전성을 가지는 성능
- **2등급** : 최소철근순간격 60~200 mm 정도의 철근콘크리트구조물 또는 부재에서 자기충전성을 가지는 성능
- **3등급** : 최소철근순간격 200 mm 정도 이상으로 단면치수가 크고 철근량이 적은 부재 또는 부위, 무근콘크리트구조물에서 자기충전성을 가지는 성능

17.2.2 재료 및 배합

높은 유동성과 재료분리 저항성이 요구되는 고유동콘크리트에서 시멘트의 역할은 매우 크다고 할 수 있다. 재료분리 저항성은 콘크리트가 가지는 고유한 점성에 따라 결정되며, 이것은 점성을 높여주는 증점제를 사용하거나 분체량을 비교적 많게 함으로써 가능하다. 따라서 고유동콘크리트용 시멘트는 이러한 성능을 만족시키기 위하여 각종 혼화재 또는 미분말을 시멘트와 함께 적절히 사용할 수 있다.

결합재는 시멘트 페이스트 부분의 경화에 기여하는 분체를 가리키며, 고유동콘크리트에서는 수화열 저감과 재료분리 저항성의 증대를 위하여 결합재를 다량으로 사용하는 경우가 있다. 증점제는 굳지않은 고유동콘크리트의 점성을 높여 재료분리 저항성을 확보하는 혼화제로서 일반적으로 물에 용해되어 점성을 증가시키는 수용성 증점제를 사용하고 있다. 고유동콘크리트의 재료분리 저항성을 확보하기 위한 방법으로 분체량을 증가시킨 분체계, 증점제를 다량 사용한 증점제계 및 분체량을 증가시키며 증점제를 동시에 사용한 병용계 등의 3가지 방법이 있다. 일반적으로 분체계의 경우 분체량이 비교적 많고, 잔골재율을 조절하여 재료분리 저항성을 높이는 방법으로 잔골재의 함수율 조절에 유의하여야 한다. 다량의 증점제를 사용한 증점제계의 경우 분체량과 잔골재율은 일반 콘크리트와 큰 차이가 없지만 증점제를 사용하여 재료분리 저항성을 높이는 방법으로 증점제의 종류에 따라 콘크리트 온도변화에 민감한 문제가 있다.

고유동콘크리트에 사용되는 콘크리트용 화학혼화제는 고성능AE감수제를 사용하는 것이 성능의 발현 및 관리에 용이할 것이다. 현재 시판되고 있는 고성능AE감수제는 사용원료에 따라 나프탈린계, 멜라민계, 폴리칼본산계의 3종류로 대별되지만 그 성능이 원재료에 따라 차이가 많으므로 반드시 시험 후 결정하여야 한다.

콘크리트용 화학 혼화제의 성능은 고유동콘크리트가 현장의 특수요건에 따라 사용되는 경우가 많으므로 현장의 품질기준에 대한 적합성이 우선하여야 한다. 고유동콘크리트의 재료분리 저항성을 확보하기 위하여 사용하는 증점제는 셀룰로오스계, 바이오폴리머계, 아크릴계 등이 있으며, 이들은 상당히 다른 특성을 가지고 있으므로 충분한 시험 후 사용하여야 한다. 특히 고성능AE 감수제와의 병용이 그 성분들에 따라 다르므로 주의하여야한다.

이러한 성능을 만족하기 위해서는 구조물의 구조조건 이외의 운반방법, 운반시간, 타설방법 등의 시공조건도 고려하여 타설하기 전의 콘크리트가 자기충전성을 만족하도록 배합설계를 진행하여야 한다. 따라서 고유동콘크리트의 배합강도는 일반콘크리트에서 정하는 방법을 적용하고, 유동성과 재료분리 저항성을 동시에 만족할 수 있는 충전성을 함께 고려하여야 한다.

고유동콘크리트는 일반콘크리트와 비교하여 사용재료 및 배합이 다를 뿐만 아니라, 특히 굳지않은 콘크리트에서의 특성이 일반콘크리트와는 크게 다르다. 그 때문에 고유동콘크리트의 제조에는 굳지않은 콘크리트의 요구 품질이 얻어지도록 설비가 정비된 플랜트에서 계량, 혼합 등의 공정이 적절히 실시되어야 한다. 고유동콘크리트는 높은 유동성과 자기충전성이 요구되므로, 단위수량이 낮고, 분체량이 많아 이를 분산시키기 위해 사용하는 고성능감수제가 충분히 성능을 발휘할 수 있는 혼합시간이 길어지게 된다. 이를 위해서는 충분한 예비실험을 거친 후에 배합에 적당한 혼합시간을 결정하여야 한다.

표 17.2는 최근 국외에서 유동화 콘크리트를 사용한 사례들의 배합과 재료특성이다.

[표 17.2] 유동화 콘크리트를 사용한 사례들의 배합과 재료특성

Mix No.	A	B	C	D	E
Mix proportions, kg/m^3					
Ordinary portland cement	400	465	120	207	330
Fly ash	–	–	127	207	–
Slag	–	–	184	–	–
Standard sand	1170	710	964	845	960
Coarse aggregate	630	915	822	843	900
Water	190	175	176	188	180
Superplasticizer	7.0	4.6	5.0	0.5	3.0
Viscosity modifying agents					
Welan gum	–	–	–	–	0.13
Silica fume	–	65	–	–	30
Ultrafine colloidal silica	–	–	8	–	–
Properties					
Slump, mm	260	–	–	240	220
Slump flow, mm	–	730	800	–	–
w/c	0.47	0.33	0.40	0.45	0.50
28-day compressive strength (MPa)	–	95	40	33	46

출처 : Mehta K. and Monteiro P., "Concrete", 1993

17.2.3 시공

유동성은 고유동콘크리트의 대표적인 성질로 작업성을 향상시키는 성질로서 주로 슬럼프 플로우로 측정한다. 유동성은 배합, 사용재료, 구조물 형상에 따라 다르지만, 특히 고성능감수제의 영향을 크게 받는다. 재료분리 저항성은 중력이나 외력 등에 의한 재료분리 작용에 대하여 콘크리트를 구성하는 각 재료분포가 당초의 균질한 상태를 유지시키려는 굳지않은 콘크리트의 성질이다. 고유동콘크리트에서 재료분리 저항성을 평가하는 방법은 주로 슬럼프 플로우 시험 후 재료분리 상황을 육안관찰에 의한 방법, 슬럼프 플로우 500 mm에 도달하는 시간 및 V형 깔때기 등을 이용한 유하시험에서의 유하시간으로 평가한다.

일반 콘크리트구조물 또는 부재에 대해서는 자기충전성 등급을 2등급으로 정하는 것을 표준으로 한다. 또한 자기충전성을 평가하는 방법으로는 U형 또는 Box형 충전장치를 이용한 간극통과성 시험장치에 의해 충전높이를 평가하는 방법 및 ACI 237 R-07에 규정된 J-Ring 방법 등이 있다. 고유동콘크리트의 슬럼프 플로우 시험을 실시할 때는 깨끗한 철판 또는 아크릴판의 중앙에 슬럼프콘을 위치시키고 일반 콘크리트와 달리 3층 다짐 채우기를 하지 않고 자중을 이용하여 일시에 채워서 콘크리트의 흐름을 방해할 수 있는 것을 제거한 후 콘을 서서히 들어 올린다. 슬럼프콘을 들어 올려서 콘크리트가 유동하기 시작하는 시점으로부터 500 mm에 도달하는 시간을 측정하는 것으로 재료분리 저항성에 대한 평가 기준이 된다.

일반적으로 슬럼프 플로우 600 mm 이상인 경우에는 다짐작업이 없이 타설이 가능하고, 600 mm 이하인 경우에는 유동성이 부족하여 충전성에 문제가 발생할 수 있으며, 700 mm 이상일 경우에는 펌프압송이나 타설 중에 재료분리가 발생하기 쉽기 때문에 주의할 필요가 있다. 고유동콘크리트를 적용하는 구조물의 요구성능 및 시공상의 조건을 만족시키기 위해서는 상기의 유동성 및 재료분리 저항성 이외에 적절한 자기충전성을 선정하여야 한다.

고유동콘크리트는 유동성이 크므로 타설 후에 거푸집에 작용하는 측압은 거의 액압으로 작용한다. 아울러 일반콘크리트에 비교하여 일반적으로 응결시간이 길어지므로, 타설 후에도 장시간에 걸쳐 측압이 작용되는 경향이 있다. 이 때문에 거푸집에 작용하는 고유동콘크리트의 측압은 원칙적으로 액압으로 설계해야 한다.

고유동콘크리트는 일반콘크리트에 비하여 분체량이 많기 때문에 시멘트 페이스트나 모르타르 양이 많아져 거푸집 이음면이 견고하게 밀착되지 않으면 누출될 수 있으므로 주의하여야 한다. 폐쇄공간 내의 공기는 콘크리트 치기 작업과 동시에 거푸집 밖으로 배출하여야 하므로, 타설장소의 형상, 크기, 타설방법을 고려하여 거푸집의

[그림 17.3] 고성능 유동화 콘크리트

적절한 위치에 공기빼기 구멍을 설치하여야 한다. 고유동콘크리트는 거푸집면의 콘크리트 표면에 기포가 많이 잔존하는 경우가 있다. 기포가 미관상 결점으로 되는 구조물에는 거푸집의 재질 및 박리제 종류가 콘크리트 표면의 기포잔류에 영향을 미치므로 그 선정에는 주의를 요한다.

17.3 • 방사선차폐콘크리트

17.3.1 개요

생체 차폐체를 설계할 때에 고려해야 할 방사선에는 일반적으로 감마선과 중성자선의 2종류가 있다. X선은 그 선원에 차이가 있지만, 콘크리트의 차폐성능(radiation shielding)과 연관지어서는 기본적으로는 감마선과 동일하게 고려한다. 감마선용 차폐체는 알파선, 베타선 등에 대해서도 유효하다. 감마선의 차폐성능은 차폐체의 밀도와 두께에 비례한다. 두께가 일정하다면 밀도가 큰 만큼 차폐성능은 향상되어 일명 중량콘크리트(heavy-weight concrete)가 된다.

차폐용 콘크리트 공사를 필요로 하는 구조물은 소규모의 방사선 의료용, 방사선 연구용 시설, 원자력발전소 시설, 핵연료 재처리, 저장시설 등이 있다. 대상으로 하는 공사에 따라 요구되는 콘크리트의 성능이나 시공방법은 매우 다르기 때문에 공사시방서에 정하여야 한다.

차폐용 콘크리트는 설계조건에 따라 필요로 하는 성능항목, 성능치가 다르기 때문에 시방서에 이를 명기하도록 한다. 콘크리트의 주요한 성능항목에는 밀도, 압축강도, 설계허용온도, 결합수량, 붕소량 등이 있으며 특히 결합수는 중성자의 운동에너지를 감소시켜 방사선 생성량을 줄이고 붕소는 선원인 중성자를 흡수하여 방사선을 차폐시킨다. 따라서 중성자의 차폐를 필요로 하지 않는 경우에는 결합수량과 붕소량 등은 기술하지 않아도 된다. 또한, 차폐설계상의 요구조건을 만족하고 있는지의 여부는 시험이나 문헌으로 검토하는 것이 바람직하다.

핵발전을 위한 프리스트레스트 콘크리트 원자로 압력구조(prestressed concrete reactor pressure vessels : PCRV)는 다른 형태의 방사선 차폐보다 더 높은 성능의 중량 콘크리트를 요구한다. 압력용기 구조물은 일반적인 구조물보다 더 높은 온도와 높은 응력에서 운용되어 상당한 열과 습기의 변화를 격게 된다. 콘크리트는 이러한 심한 환경상태에서 일체성을 유지하여야 하며, 따라서 열에 대한 특성이 설계에서 중요한 고려 사항이 된다.

17.3.2 재료와 배합설계

차폐용 콘크리트 제조에는 여러 가지 종류의 포틀랜드시멘트를 사용할 수 있지만, 부재단면이 일반적으로 크기 때문에 중용열시멘트, 플라이애쉬 시멘트와 같이 수화열 발생이 적은 시멘트를 선정하는 것이 유리하다. 차폐설계상 요구되는 콘크리트의 밀도는 일반 구조용 콘크리트와 같이 2,300 kg/m^3 정도라면 강모래, 강자갈, 쇄석을 차폐용 콘크리트의 골재로 사용할 수 있다. 그러나 콘크리트의 밀도를 보통의 경우보다 높게 할 필요가 있는 경우에는 표 17.3과 같은 바라이트(barite), 자철광(magnetite), 적철광 등 밀도가 높은 중량골재를 사용하여야 한다.

일반 구조용 콘크리트와 다르게 중량골재나 결합수 등을 함유하고 있는 골재와 같은 특수 재료를 사용한 콘크리트 배합을 계획할 경우에는 사전에 시험비비기를 실시하고, 차폐설계상의 요구조건에 만족하는 콘크리트의 제조가 가능한지를 확인할

[표 17.3] 방사선 차폐용 중량골재

골 재	밀 도
바라이트	4.0~4.4
자 철 광	4.6~5.2
적 철 광	4.6~5.2

필요가 있다. 배합계획상 소요조건을 만족하더라도 콘크리트 타설 중에 과도한 침하, 분리, 공극 등이 생기면 앞에서 언급한 결함부를 통하여 방사선이 누출될 수 있으므로 차폐체로서의 성능확보가 되지 않은 것으로 간주된다. 특히, 복잡한 단면형상이나 과밀로 배근된 부분, 매설한 철물이 많은 부분에 있어서의 충전성을 타설시험에 의해 검토하여야 한다.

차폐용 콘크리트에서는 소요의 밀도를 확보하기 위해 일반구조용 콘크리트보다 슬럼프를 작게 하는 것이 바람직하다. 그러나 배근상태나 매설철물 등의 조건에 따라 밀실한 부위의 타설이 곤란하기 때문에 슬럼프를 150 mm 이하로 규정하였다. 물－시멘트비는 단위시멘트량이 과다로 되지 않는 범위 내에서 가능한 적게 하는 것이 원칙이다. 방사선 차폐용 콘크리트의 규정한 물－시멘트비는 일반적으로 50 % 이하가 바람직하다. 실제로 사용되고 있는 차폐용 콘크리트의 물－시멘트는 대개 30~50 % 범위이다.

열팽창계수가 낮은 콘크리트가 열응력을 최소화하기 위하여 기본적으로 필요하다. 굵은골재와 시멘트 경화체 사이의 계면에서 온도변위차에 의해 부착 파괴가 발생할 수 있다. 규산질 성분을 갖는 골재는 온도팽창계수가 높고, 따라서 전체적으로 콘크리트의 열팽창을 증가시킨다. 사용기간 동안 열로 인한 수분의 손실은 부등수축 변형을 초래하고 내부 응력을 발생시키므로 원자로 설계에 중요한 고려 사항이다. 콘크리트의 열전도성의 변화는 온도변화시에 온도 응력에 영향을 주게 된다.

17.3.3 시공

적용할 차폐용 콘크리트 공사의 규모에 따라 다르지만, 중량골재 등 특수한 재료를 사용할 필요가 있는 경우에 있어서도 제조설비를 잘 갖추고 있는 레디믹스트콘크리트 공장에서 콘크리트를 제조하는 것이 좋다. 이 경우, 차폐용 콘크리트에 사용하는 굵은골재나 잔골재 등이 보통골재와 혼입되지 않도록 저장하거나 계량할 수 있는 장치를 갖추어야 한다. 방사선은 고체 및 액체와 같이 일정한 질량을 갖춘 물질과 달리 파장을 지닌 선으로 물체를 통과할 수 있으므로 이어치기에서 특히 주의를 기울이지 않을 경우 누설의 위험성이 커질 수 있다.

시공이음 및 이어치기는 차폐 측면에서 결함이 되기 때문에 가능한 실시하지 않도록 한다. 부득이 이어치기를 할 경우에는 미리 계획을 세워 책임기술자의 승인을 얻을 필요가 있다. 이어치기 위치 및 형상은 완성한 방사선 시설에 있어 선원에서의 방사선이 인체 혹은 측정기구가 있는 장소 등으로 직진하지 않도록 계획하여야 한다. 이와 같은 의미에서 가능한 평면이 아닌 요철면으로 하는 것이 바람직하다.

차폐용 콘크리트에서 요구되는 성능 중 경화 후의 콘크리트 밀도, 결합수량 등 이

외는 보통콘크리트에서 규정하고 있는 방법에 따라 시험하면 된다. 경화 후의 밀도와 결합수량은 차폐설계상 최고온도 조건 하에서 규정값을 만족하도록 시험조건을 설정할 필요가 있다. 차폐체의 차폐성능은 차폐계산을 하여 가정한 것이므로, 이 가정이 적절한지를 확인하기 위한 검사가 필요하다. 방사선의 유출검사에서 불합격이 되면 결함부를 납으로 메워주는 보수작업이 이루어지게 된다.

17.4 • 숏크리트

17.4.1 개요

숏크리트는 압축공기를 이용하여 노즐로부터 분사하여 콘크리트를 대상면에 뿜어 붙이는 공법이다. 굴착 후 터널의 안정을 위하여 숏크리트는 지반에 밀착 시공함으로서 지반의 변형과 이완을 조기에 억제하고, 암반의 변형에 지보압력을 제공할 수 있다. 따라서 가능한 빠른 시간 안에 지보효과를 발휘할 수 있어야 하며, 굴착면에 밀착될 수 있게 시공되어야 한다.

숏크리트는 건비빔 또는 습식비빔으로 적용되며 습식콘크리트는 레미콘 트럭에 의해 대게 운반된다. 건비빔 공정의 경우, 재료는 분사하기 전에 혼합되며, 노즐로부터 분출되기 직전에 물이 첨가된다. 이에 비해 습식비빔에서는 물을 포함한 모든 재료는 운반 장비 안에 들어가기 이전에 혼합된다.

국내에서는 1990년대 초까지 와이어메쉬를 대상면에 설치한 후 건식 숏크리트를 시공하는 것이 터널공법의 대종을 이루었으나 지금은 대부분 강섬유 보강 숏크리트를 사용하고 있다. 섬유 숏크리트는 콘크리트의 취성을 보완하고, 어느 한도까지 변형을 허용하면서 강도 저하를 방지할 수 있다. 또한 콘크리트의 균열 발생이 지연되고 발생 후에도 섬유 콘크리트의 특성인 인성이 크게 발휘된다. 따라서 내구성 증진에 효과가 높고 내부 지반을 장기에 걸쳐 보호하기에 적절하다.

숏크리트는 재료 유출을 방지하고 수밀성을 확보하기 위하여 균열 등이 발생하지 않아야 하며, 섬유를 사용함으로서 이러한 성능을 향상시킬 수 있다. 숏크리트에 보강 섬유를 포함하는 경우, 충분한 안전성을 확보할 수 있는 범위의 휨강도와 휨인성 지수를 설정하여야 한다. 숏크리트에 보강 섬유를 사용할 경우 섬유 뭉침과 노즐막힘 현상이 발생 되지 않도록 유의하여야 한다. 적정한 섬유의 형상비와 굵은골재의 최대 치수를 배합에서 고려함으로서 펌핑과 숏팅의 시공성을 높일 수 있다.

최근 숏크리트는 법면보호, 보수 보강에도 사용되고 있다. 숏크리트에 의한 보수 보강은 콘크리트의 손상부를 충분히 제거하여 일체가 확실하게 되어야 하며, 보수 보강 재료는 소요의 품질이 얻는데 적합한지 확인 후 사용하여야 한다.

17.4.2 재료와 배합설계

숏크리트는 시멘트, 골재, 보강섬유, 광물질 혼화재 및 급결제 등의 특성에 따라 성능이 결정되므로 숏크리트의 적용목적에 맞게 초기 및 장기강도, 뿜어붙이기 성능 등을 만족시킬 수 있는 재료를 선택하여 배합비를 결정하여야 한다. 또한 숏크리트가 보수보강 목적으로 사용될 경우 비교적 얇게 타설 되기 때문에 소요의 목적을 달성할 수 있게 적절한 재료를 선택하여야 한다.

숏크리트용 시멘트로는 일반적으로 보통 포틀랜드시멘트가 사용되고 있다. 그러나 적용 대상 구조물에 따라 조기에 강도를 발현시킬 필요가 있는 경우, 또는 시공후의 양생기간을 충분히 취할 수가 없는 경우에는 조강 포틀랜드시멘트, 초속경시멘트 등을 사용하는 경우가 있다. 또한 숏크리트가 염분의 영향 등을 받는 특수조건에 노출되는 경우에는 내구성이 높은 고로슬래그 시멘트 등을 사용하는 것도 가능하다. 굵은 골재에는 부순돌 및 강자갈이 사용되고, 최대치수로는 8~20 mm로 하며 적용 구조물의 용도에 따라 결정한다. 특히 골재의 선택 시 고려사항으로는 노즐의 막힘현상 및 리바운드량을 최소화하도록 하여야 한다.

뿜어붙임 작업 중에 숏크리트의 탈락을 방지하고 빠른 경화에 의해 지반 이완과 변위발생을 최소화하기 위하여 숏크리트에서 급결제의 사용은 필수적이다. 급결제로서 바람직한 성능은 콘크리트의 응결과, 경화를 촉진시키고, 최종강도의 저하가 적으며, 작업원의 건강에 해를 주지 않는 것 등외에 강섬유나 구조용 합성섬유, 철망을 사용할 경우에는 섬유보강 숏크리트의 성능을 저하할 수 있는 외부환경을 함께 고려하는 것이 중요하다. 특히 초기 강도의 발현이 지연되거나 장기강도가 크게 저하되지 않도록 급결제의 사용량을 유의하여 결정해야 한다. 또한 급결제의 효과는 사용 시멘트의 종류 및 품목, 물-시멘트비, 콘크리트의 온도, 기온 등에 따라 달라질 수 있다.

리바운드 및 분진량을 줄이고 장기 강도와 장기 내구성을 향상시키기 위한 목적으로 실리카퓸, 메타카올린이나 분진저감제 등의 특수한 혼화재료를 사용할 수 있다. 또한 습식공법의 경우에는 적절한 반죽질기를 얻기 위해 감수제, AE 감수제 또는 고성능 AE 감수제를 사용하는 경우가 많다. 이들 혼화재료의 종류와 첨가량에 따라 숏크리트의 품질을 저하시키는 경우가 있을 수 있으며, 특히 분진저감제는 숏크리트의 초기강도와 장기 재령에서의 강도발현을 지연시키는 경우도 있으므로 주의할 필요가

[그림 17.4] 숏크리트 공사

있다. 특수 혼화재료의 사용 시에는 숏크리트의 제반 성능을 시험에 의하여 확인하고 책임기술자의 승인을 얻어야 한다. 또한 실리카퓸 및 메타카올린, 고로슬래그, 플라이애쉬 등과 같은 광물질 혼화재는 관련규정을 적합한 재료를 사용하는 것을 원칙으로 한다.

섬유보강 숏크리트는 터널라이닝, 굴착법면의 보호·보강, 가설 콘크리트 구조물의 보수·보강 등에 널리 사용되고 있다. 강섬유는 숏크리트의 휨, 인장, 전단 등의 강도와 인성(toughness)을 개선하여 숏크리트 두께의 감소 및 내구성의 향상을 기대할 수 있다. 숏크리트에 사용되는 강섬유는 비비기 및 뿜어 붙일 때에 강섬유가 휘는 것이 있으므로, 부착된 숏크리트에 규정된 강섬유 혼입률이 확보된 경우에도 고르게 섞이지 않거나 강섬유의 변형으로 인해 소요의 강도 및 인성을 기대할 수 없는 경우가 있다. 따라서 강섬유는 비비기, 압송, 뿜어붙임 시에 강섬유의 휨이 적고 호스 속에서의 막힘현상이 없는 형상과 치수를 가진 것이어야 한다. 강섬유 이외의 섬유에는 구조용 합성섬유, PP섬유, PVA섬유, 탄소섬유, 비정질 강섬유 등이 있다. 어느 섬유든지 소요의 품질이 얻어지는지 충분히 확인한 다음에 하여야 한다.

17.4.3 시공

숏크리트 타설시 작업기계와 환경 분진 등의 의하여 작업자의 안전을 확보해야 하며 이를 위하여 운반, 뿜어붙이기 작업, 사후 처리 등의 작업에 관한 시공계획을 세운 후 이에 따라 시공을 하여야 한다. 숏크리트 작업은 일반적으로 재료분리 및 시공효과 등을 고려하여 공법에 따라 건식은 배치 후 45분 이내 습식은 60분 이내에 뿜어붙이기를 실시하여야 한다. 숏크리트는 일반 콘크리트와 마찬가지로 온도에 영향을

[표 17.4] 리바운드율, 분진농도 및 초기강도의 측정(콘크리트표준시방서 2009)

항 목	시험 및 검사방법	시기 및 횟수	판정기준
리바운드율	리바운드 된 재료의 전 질량을 토출된 재료의 전 질량으로 나눈 값	숏크리트 작업시작 전 및 시공 중의 소정의 빈도	소정의 값을 초과하지 않을 것
분진농도	별도로 정하는 기준	숏크리트 작업시작 및 시고 중의 소정의 빈도	소정의 값을 초과하지 않을 것
숏크리트의 초기강도	KCI－SC 103 방법 KCI－SC 104 방법	시공시작 전 및 시공 중, 소정의 배합조건 변화 시	소정의 값 이상일 것

받기 때문에 이를 고려한 타설을 실시하여야 한다. 즉, 대기의 온도가 38℃ 이상이 되면 재료의 온도를 낮추는 등의 대책을 세운 후 뿜어붙이기를 해야 하며 이러한 대책을 세우지 않았을 경우 뿜어붙이기를 해서는 안 된다. 또한 뿜어붙일 면의 온도 및 보강재의 온도 역시 38℃ 이하가 되게 온도를 사전에 조절한 후 타설해야 한다. 이는 수분의 급속한 증발로 인하여 균열 등의 발생가능성이 높기 때문이다.

숏크리트는 10℃ 미만에서는 뿜어붙이기를 하지 않고 10℃ 이후가 되도록 한 후 뿜어붙이기를 해야 한다. 또한 숏크리트에 사용되는 재료 역시 온도는 10~32℃ 범위에 있도록 하며 이를 벗어날 경우 적절한 대책을 세워야 한다.

17.5 • 콘크리트 보수재료

17.5.1 개요

콘크리트 구조물의 보수 유지관리 기술은 21세기에 발전될 중요기술로서 예측되고 있으며, 각 나라마다 콘크리트 구조물의 노후화에 따라 보수 및 성능개선에 소요되는 비용은 꾸준히 증가되는 추세이다. 보수공사에서 재료선정이 구조체의 환경, 사용 여건에 따라 매우 중요하며, 기후조건, 하중조건, 화학성 침해 조건에 따라 요구되는 보수재의 제반 성능이 달라진다. 손상이 발생한 이후 보수가 필요한 경우에 요구 조건을 면밀히 검토하고, 현재 다양하게 개발되고 있는 여러 가지 보수재료와 보수공법을 적절히 선정 활용하여야 한다.

보수재료는 성분에 따라 시멘트계 보수재료, 폴리머 콘크리트계 보수재료, 합성수지로 크게 구분할 수 있다. 시멘트계 보수재료는 결합재(binder)의 주성분이 포틀

- 보수재료
  - 시멘트계
    - 콘크리트(conventional concrete)
    - 모르타르(mortar)
    - 그라우트(grout)
    - 시멘트그라우트(cement grout)
    - 화학그라우트(chemical grout)
    - 프리플레이스트 콘크리트(preplaced concrete)
    - 급결시멘트(rapid-setting cement)
    - 숏크리트(shotcrete)
  - 폴리머 콘크리트계
    - 폴리머함침콘크리트(PIC: polymer impregnated concrete)
    - 폴리머 시멘트 콘크리트(PCC: polymer cement concrete 또는 polymer modified concrete)
    - 폴리머 콘크리트(PC: polymer concrete concrete)
    - 폴리머 시멘트 페이스트(PMP: polymer modified paste)
    - 폴리머 시멘트 모르타르(PMM: polymer-modified mortar)
  - 합성수지
    - 에폭시 수지(epoxy resin)
    - 폴리에스테르 수지(polyester resin)
    - 폴리우레탄 수지(polyurethane resin)

[그림 17.5] 보수재료의 분류

랜드시멘트이며 기타 첨가제(additives)에 따라 성능이 달라진다. 콘크리트 재료에 폴리머를 첨가 혼합한 폴리머 콘크리트계 보수재료는 조기강도 발현 외에 인장에 강하고 연성적인 거동을 하여 보수재로 우수하다. 시멘트계는 대체로 저렴하고 탄성계수나 열팽창률이 콘크리트와 가까운 장점이 있으며, 폴리머 콘크리트계는 대부분의 우수한 성능으로 인해 각 특성별로 보수에 널리 활용되고 있다. 보수공법은 보수 대상의 크기, 손상의 정도에 따라, 환경 조건에 따라서 달라지며, 그 결과에 따라 적절한 보수재료를 선정하게 된다.

보수공법을 논하기 전에 보수재료 이해가 중요하며 각 재료의 특성을 예견하는 것이 선행되어야 할 것이다. 그림 17.5는 보수재료의 분류를 보여주고 있다.

17.5.2 시멘트계 보수재료

콘크리트/모르타르

대량 단면을 보수할 때, 흔히 보통 콘크리트(conventional concrete)를 사용한다. 보통 콘크리트에 대해서는 우리가 익숙하며 대부분의 특성이 잘 알려져 있기 때문에 용도에 맞게 사용할 수 있어 장점이 크다. 강도와 내구성, 슬럼프 외 특별 요구조건에 맞도록 기본적인 시멘트, 골재 외에 공기연행제나 지연제 또는 촉진제, 감수제, 고성능 감수제 등을 여러 가지 혼화제를 사용할 수 있다. 보통 콘크리트는 건조수축의 영향을 덜 받는 해양구조물을 보수할 때나 수중보수에 널리 사용된다. 수중 콘크리트 보수공사에서는 타설된 콘크리트의 일체성 유지가 중요하여 트레미관(tremie)이나 특수 펌프를 사용한다.

보통 콘크리트를 사용하여 보수할 때는 기존 콘크리트의 성능저하 원인을 철저히 분석하고 새로운 성능을 갖기 위해 용도에 알맞은 혼화제를 포함하는 개선된 시방을 가져야 한다. 기존 콘크리트가 산에 의해 침해를 받았거나 또는 마모에 의해 침식되었다면 동일한 콘크리트에 의한 보수는 당연히 실패하게 될 것이다. 보통 콘크리트로 보수할 때에는 콘크리트와 관련된 기본 시방이 필수적이며 특별히 건조수축이나 부착력이 높게 요구된다면 소요 성능이 명시되어야 한다.

보통 시멘트 모르타르는 포틀랜드시멘트, 세골재, 물이 주요 구성 재료이다. 여기에 감수제, 팽창제, 기타 혼화제를 사용하여 용도에 적절하게 배합한 보통 모르타르(conventional mortar)를 보수공사에 자주 사용하고 있다. 모르타르는 콘크리트와 같이 일반적으로 그 특성이 잘 알려져 쉽게 사용할 수 있으며, 특히 단면이 얇거나 주입 보수 부위에 널리 사용된다.

모르타르는 단위수량과 시멘트량이 많아지고 골재에 대한 시멘트 페이스트량이 증가하여 결과적으로 건조수축이 문제 된다. 따라서 보통모르타르는 적절한 혼화제를 사용하여 건조수축량을 감소시켜야 함이 중요하다. 모르타르에 공기량도 증가시키게 되는데 동결융해 저항성이 높아지고 염에 의한 표면박리(salt scaling) 방지에도 도움이 된다.

그라우트(grout)

수경성 포틀랜드시멘트, 골재, 그리고 혼화제를 사용하여 물과 교반하여 흙손질(trowelling) 마감이 가능한 보수재를 말한다. 그라우트는 유동성이 좋아야 하며 펌프, 흙손질 시에 골재와 분리가 일어나지 않아야 한다. 시멘트 수화작용이 우선되는 시멘트그라우트(cement grout)와 혼화제의 화학반응에 의해 겔이나 고형화 되는 화학제그라우트(chemical grout)로 대별된다.

시멘트그라우트

유동성이나 내구성을 높이기 위하여 여러 가지 기능성 혼화제를 사용한 시멘트그라우트가 다양한 용도로 활용한다. 가끔 대량으로 사용될 때에는 적절하게 골재량을 증가시켜 저렴하게 한다. 시멘트그라우트는 골재 또는 기타 고형물이 있기 때문에 주입 시에 투입구 크기의 제한을 받는다. 일반적으로 그라우트 보수재가 주입되기 위해서는 균열의 크기가 최소한 3 mm 이상이어야 한다. 그라우트는 콘크리트의 크고 작은 결함 보수에 널리 사용되며, 특히 무수축 모르타르는 박리(spall), 허니콤(honeycomb)의 보수와 앵커볼트 고정에 널리 사용된다.

화학제그라우트

화학제와 구성재료 사이의 반응에 따라 성능이 크게 달라지며, 반응에 따라 유동성이나 고형화 속도가 달라져 그라우트가 주입될 때 공극에 채워지는 성능이 결정된다. 화학제 사용여하에 따라 겔상태, 응결시간, 점성(viscocity) 등 광범위한 사양을 갖는 제품이 생산되고 있다. 초미립자 화학제그라우트는 0.05 mm의 미세한 균열까지 침투한다. 에폭시를 사용하는 화학제 그라우트는 콘크리트와 부착력이 매우 뛰어나 균열 전의 구조 강도를 완전하게 회복한다. 폴리우레탄 화학제 그라우트는 투습성과 투과성이 낮아 물 흐름이 있는 부위의 보수에 성공적으로 사용되고 있다. 화학제그라우트는 성능이 특출한 반면에 고가임으로 사용할 때에는 성능과 용도를 정확하게 인지하는 고도한 기술을 보유하여야 한다.

프리플레이스트 콘크리트(preplaced aggregate concrete)

조골재를 형틀 안에 미리 채워 넣고 그라우트를 주입하는 보수재로 사용된다. 프리플레이스트 콘크리트는 사용되는 골재량이 많음으로 건조수축량이 크게 줄어드는 장점이 있어 일반콘크리트와 차별화 된다. 골재가 미리 채워져 있고 그라우트를 펌프 압력에 의해 밀실하게 주입함으로 골재 분리가 일어나지 않는다. 특히 철근이나 기타 매입물로 혼잡하여 타설이 어려울 경우, 미리 골재를 배치하고 주입을 시행한다. 수중공사에서와 같이 골재를 미리 채워 고정할 경우에 타설 속도가 빠름으로서 보통 콘크리트 공사에 비하여 쉽고 경제적이다.

프리플레이스트 콘크리트는 여러 가지 장점이 있음에 비하여 공사 시 주의가 요구되고 있다. 먼저 거푸집공사에서 주입제가 새어 나오지 않도록 하여야 한다. 또한 그라우트 재료는 펌프를 원활하게 하기 위하여 상대적으로 함수량이 많으므로 충전과정에서 미세한 결함으로도 누수 가능성이 높다. 따라서 환경요건이 엄격한 구조물에서는 주의가 필요하며 현장에서 주입 시에 고도의 기술이 요구된다.

프리플레이스트 콘크리트는 보수 부위가 대형일 때 유용하며, 특히 수중 보수공사에서 일반 콘크리트에 비해 유리하다. 댐, 교량, 지주 토대, 기초의 보수공사나 보나 기둥 부재, 저장고, 케이슨 기초에 자주 사용된다.

급결시멘트(rapid-setting cement)

빠른 응결과 높은 조기 강도를 얻을 수 있는 보수재료이며, 보통 3시간 이내에 일정 강도(7.0 MPa)에 도달한다. 수화반응이 신속히 일어나 에트린자이트를 만들고 수 분 후에 경화가 시작되어 급결한다. 강도 증진이 매우 빠른 만큼 에트린자이트 형성 시기 차이로 인하여 최대 강도는 다소 낮을 수 있다. 또한 알칼리 성분이 높아짐으로 황산 침해나 골재 반응에 대하여 유의 하여야 한다. 조강 포틀랜드시멘트와 속경 혼화제가 일반적으로 급결시멘트 보수재로 널리 사용되고 있다.

급결보수재는 교통 통제가 어려운 공사, 즉 도로 포장, 교량 이음부, 공항 활주로 보수에 사용된다. 급결보수재에서 부착강도, 동결융해 저항성, 내황산 저항성, 알칼리 반응 등에 대한 성능이 시방에 제시되는 것이 바람직하다. 최근 급결보수재에 대하여 많은 기술 발전이 있어 왔으며, 대량으로 혼합할 수 있는 기법이 제시되고 있다.

숏크리트(shotcrete)

시멘트, 골재, 물의 혼합재를 컴프레서 혹은 펌프를 이용하여 압축공기에 의해 시공면에 뿜어서 만드는 콘크리트를 말한다. 숏크리트는 터널, 지하공간 건설 등에 흔히 사용되지만 특정 구조물의 보수공사에도 자주 시용된다. 숏크리트는 강도와 내구성, 수밀성이 모두 만족될 수 있어야 하며 기존 콘크리트 모재와 부착성이 관건이다.

숏크리트의 품질은 리바운드율, 분진농도 및 초기강도 검사를 수행하여 평가한다. 또한 현장에서 육안으로 숏크리트 상태를 관찰하고 숏크리트의 두께, 유해한 균열이나 변상이 있는지를 검사하여야 한다. 숏크리트에 보강섬유를 사용할 경우, 섬유뭉침 현상(balling)이나 노즐막힘 현상이 발생하지 않도록 유의하여야 하며, 휨강도, 휨인성을 만족할 수 있도록 적정 혼입률을 결정하여야 한다.

숏크리트 공법은 보수 두께가 150 mm 이하로 얇은 경우, 면에 굴곡이 있거나 불규칙할 때 널리 사용되며 다른 콘크리트 보수공법에 비하여 거푸집공사에서 절약되기 때문에 경제적이다. 숏크리트 기계는 소요 배합 재료를 연속하여 압송하면서 뿜어 올릴 수 있어야 하며 제반 기계가 소정의 성능을 발휘하여야 한다. 숏크리트 작업은 노즐 작업자의 숙련도에 크게 좌우되며 예비 시행을 통하여 소정의 기술 확보 여부를 사전에 평가하여야 한다.

숏크리트 공법은 교량, 건물, 댐, 터널, 수문벽 등의 보수에 널리 사용되고 있다. 대부분 성공적인 반면에 기존 면처리가 잘못된 경우 실패한 사례가 발표되고 있다. 숏크리트 공사에서 보수하는 기존 면처리 공사가 무엇보다 중요하다.

[그림 17.6] 교량 바닥 보수공사

17.5.3 폴리머 콘크리트계 보수재료

콘크리트는 인장에 약한 취성재료이기 때문에 인장에 강하고 연성적이 거동을 하는 폴리머계의 재료를 혼합하는 기술이 발달되고 있다. 현재 폴리머계 재료는 콘크리트의 내구성을 높이기 위하여 다음의 4가지 방법으로 사용되고 있으며 모두가 대부분 콘크리트 보수재로서 활용되고 있다.

1. 유해물질 또는 수분이 콘크리트 내부로 침투되는 것을 방지하기 위하여 콘크리트 표면에 보호 도포제(protective coating)로 사용
2. 콘크리트 구조의 보수 또는 이음부의 접착을 위한 접착제(adhesive)로 사용
3. 굳은 콘크리트에 모노머를 침투(impregnation)시켜 현장에서 폴리머화 하여 사용
4. 콘크리트를 배합할 때 폴리머 라텍스(polymer latex)를 시멘트와 함께 결합재 일부로 사용.

폴리머 함침 콘크리트(polymer-impregnated concrete: PIC)

경화된 콘크리트 내부 공극에 액상의 반응성 모노머를 함침 침투시켜 중합함으로서 콘크리트와 폴리머를 일체화 시킨 복합체라 할 수 있다. 함침용 모노머는 메타크릴산 메틸이나 스티렌과 같은 저점도 화합물이 주로 사용되며, 중합 후 폴리머 조직을 강화시킬 목적으로 가교제가 첨가되기도 한다.

폴리머 함침 콘크리트는 콘크리트 내부의 미세한 공극에 폴리머가 충전되기 때문에 유해물질의 투과성을 크게 개선시킨다. 또한 압축강도와 휨강도가 현저히 증가하며, 내마모성, 내동결융해성, 내약품성 등의 내구성능이 우수해지는 효과가 있다. 콘

크리트 내부에 존재하는 폴리머는 내부로 수분이 확산되는 것을 방지하여 내동결성도 크게 개선된다. 콘크리트에 비하여 폴리머는 산이나 알칼리에 대한 저항성이 월등히 좋아지기 때문에 내식성이 크게 증대되는 효과가 있다. 폴리머 함침 시에 일부 균열이 봉합되지 않을 경우, 오히려 균열을 통하여 급속히 침투하게 됨으로 완전하게 균열 봉합이 처리된다. 폴리머 함침공법은 대형 콘크리트 슬래브나 보 등에 제한적으로 응용되고 있다. 모노머를 콘크리트 내부로 침투시키기 위하여 예열과 함침장치 등에 대한 기술이 계속 연구되고 있다.

폴리머 시멘트 콘크리트

포틀랜드시멘트와 골재를 혼합할 때, 폴리머를 투입하여 분산시키거나 배합수에 폴리머가 분산되는 경우, 폴리머 시멘트 콘크리트(polymer-cement concrete: PCC)라 정의하며 폴리머 개질 콘크리트(polymer-modified concrete)라고도 부른다. 천연고무 라텍스를 사용하는 라텍스 개질 콘크리트(latex-modified concrete)도 일종의 폴리머 시멘트 콘크리트라고 할 수 있다. 보수재로서 폴리머 시멘트 콘크리트는 모르타르와 콘크리트를 모두 지칭한다.

공기연행제나 감수제 등 화학혼화제의 대부분은 콘크리트가 굳지 않은 상태에서 그 성능을 발휘하지만, 굳은 후에는 혼화제 자체가 성능개선에 영향을 주지 않는다. 이에 비하여 폴리머 디스퍼션, 재유화형 분말수지 및 액상 폴리머 등을 이용한 폴리머 시멘트 콘크리트는 시멘트 수화물과 폴리머상이 일체로 된 결합재 조직을 형성하기 때문에 굳지 않은 상태에서는 물론 굳은 후에도 다양한 성능을 발휘한다.

폴리머 디스퍼션이 콘크리트에 투입될 때, 우선 콘크리트 모재와 부착성능이 크게 개선된다. 폴리머 보수재에 의해 유연성과 내충격성이 개선되며 수분이나 염에 대한 투과 저항성능이 좋아지며 동결융해 저항성도 높아진다.

스티렌 부타디엔(styrene butadiene)과 아크릴 라텍스(acrylic latex) 재료 등이 폴리머 콘크리트계 보수재로서 성능이 우수한 것으로 알려져 있다. 비닐 아세테이트(vinyl acetate)도 라텍스 보수재로 자주 사용된다. 라텍스 콘크리트는 표면처리(overlay) 재료로서 장기성능이 우수한 것으로 평가되고 있다. 교량 상판의 보수공사에 사용되어 상당기간동안 부착성능이 우수하고 동결융해 저항성도 높은 것으로 보고되고 있다.

폴리머 시멘트 콘크리트는 보통 콘크리트와 달리 사용 시에 기후 조건에 유념하여야 한다. 외기온도는 7~30℃가 적합하며 이 범위를 벗어날 때에는 특별 조치를 하여야 한다. 보통 콘크리트와 달리 양생기간은 짧아 2~3일 동안에는 습식양생이 필요하다. 특히, 타설 시에 건조수축균열이 발생할 수 있음으로 주의하여야 한다. 탄성계수가 보통 콘크리트 보다 작음으로 기둥이나 수직재에 사용할 때에는 내력 발휘에 주의하여야 한다. 비닐 아세테이트는 수분에 약하며, 에폭시 에멀젼은 태양으로부터 변색되며 노후화 될 수 있다.

폴리머 콘크리트

결합재로서 시멘트를 전혀 사용하지 않고 열경화성 또는 열가소성 수지와 같은 액상 수지를 사용하여 골재를 결합시킨 것을 폴리머 콘크리트(polymer concrete: PC)라고 칭한다. 결합재로 가장 많이 사용되는 것은 불포화 폴리에스테르 수지이며, 에폭시 수지나 우레탄 수지 등도 사용되고 있다.

폴리머 콘크리트의 성능은 주로 결합재의 주성분인 액상 폴리머와 그 사용량, 골재에 의해 영향을 받는다. 폴리머 콘크리트는 경화가 매우 빠르고, 인장강도, 압축강도, 휨강도가 우수하며, 부착성능이 높다. 또한 동결융해 저항성이 높고, 투과성이 낮아 습기나 유해물 투과 저항성이 좋으며, 내화학성도 우수하다.

폴리머 콘크리트는 양생이 빠르고 강도 발현이 좋으므로 보수재로 우수하다. 골재를 소량 사용하는 폴리머 모르타르도 보수재로 자주 사용되고 있다. 사용처에 따라 골재의 입도를 특별히 조절하여 사용된다. 에폭시 모르타르는 수축량이 적으며 수축량이 큰 폴리에스테르나 아크릴 모르타르는 골재량을 조절하여 개선시킬 수 있다. 폴리머 모르타르는 얇은 단면의 보수에 자주 사용된다. 연신율이 높고 탄성계수가 낮아 건축물이나 교량의 바닥 보수에 널리 사용되며, 특히 화학적 침해가 있을 경우 유용하다.

폴리머 콘크리트는 양생이 빠른 반면 작업가능시간이 짧다. 액상 폴리머에 가해지는 경화제의 종류와 첨가율에 따라 작업가능시간과 경화시간을 광범위하게 조절할 수 있다. 일반 콘크리트에 비하여 속경성이므로 타설 후 몇 10분에서부터 1~3시간 이내에 탈형이 가능하며 조기강도 발현이 요구되는 급속공사, 공장제품, 한냉지, 동절기 공사에 유리하다. 폴리머 콘크리트의 탄성계수는 보통 콘크리트에 비해 낮아 변형률이 크므로 구조부재로 사용될 때에는 주의를 요한다. 또한 폴리머 콘크리트의 열팽창계수는 일반 콘크리트 보다 크고, 따라서 온도 변화가 있는 구조물에 사용될 때에는 열 변형이 큼으로 사용 시에 주위 온도를 고려하여야 한다.

[표 17.5] 보수재료 성능 비교

재료시간	구성재료			재료두께 (mm)	작업가능온도 (℃)	양생	건조 수축*	열팽창 계수	압축강도		탄성계수 (MPa)	투수성 (%**)	동결융해 저항성	발열성
	결합재	혼화재	혼화제						3일	28일				
시멘트 모르타르	포틀랜드 시멘트		감수제 공기연행제	15~50	5~32	7일	보통	모재와 동일	17	35	2.3×10^4	90	좋음	낮음
시멘트 콘크리트	포틀랜드 시멘트		감수제 공기연행제	50 이상	5~32	7일	낮음	모재와 동일	17	35	2.6×10^4	90	좋음	낮음
프리플레이스트 콘크리트	포틀랜드 시멘트	포졸란	유화제	75 이상	5~32	7일	매우 낮음	모재와 동일	15	30	2.6×10^4	100	좋음	낮음
숏크리트	포틀랜드 시멘트	포졸란 실리카퓸	감수제 급결제	15 이상	5~32	7일	보통	모재와 동일	15	35	2.6×10^4	60	좋음	낮음
폴리머시멘트 콘크리트(라텍스)	포틀랜드 시멘트		라텍스 SBR	30 이상	7~35	2일	낮음	모재와 유사		42	1.7×10^4	50	우수	낮음
폴리머시멘트 모르타르(아크릴)	포틀랜드 시멘트		아크릴 파우더	6~50	7~35	3일	보통	모재와 유사	10	34	1.7×10^4	50	우수	보통
에폭시수지 모르타르	에폭시 수지	세골재		0.4~1.2	10~32	4시간 ~2일	낮음	모재의 1.5~5배		80	1.5×10^4	10	우수	높음

* 건조수축 : 매우 낮음 < 0.025 %, 낮음 < 0.025~0.05 %, 보통 0.05 % 이상
** 콘크리트에 대한 %

17.6 • 콘크리트 보수공법

17.6.1 개요

보수공법은 목적상으로 균열보수에서부터 표면처리, 단면복구, 수중보수, 화재 후 보수 등으로 구분되며 기능상으로 방청공법, 탄산화억제, 탈염 및 재알칼리 등으로 분류할 수 있다. 보수공법은 보수 대상의 크기, 손상의 정도에 따라 달라지며, 특수 환경 조건에 따라서 적절한 보수재료와 공법이 정해진다.

일반적으로 콘크리트 구조물은 균열이 발생할 수 있도록 설계된 구조물로서 경미한 균열은 구조상의 큰 문제점을 유발하지 않는 경우가 많다. 그러나 미관과 수밀성의 관점에서 보수가 필요하게 되며, 미세한 균열 위에 도막을 형성하여 궁극적으로는 철근의 부식까지 방지하고자 한다.

보수공법을 이해하기 전에 각 공법을 분류하여 각 공법의 특성을 예견하는 것이 중요할 것이다. 그림 17.7은 보수공법의 분류를 보여주고 있다.

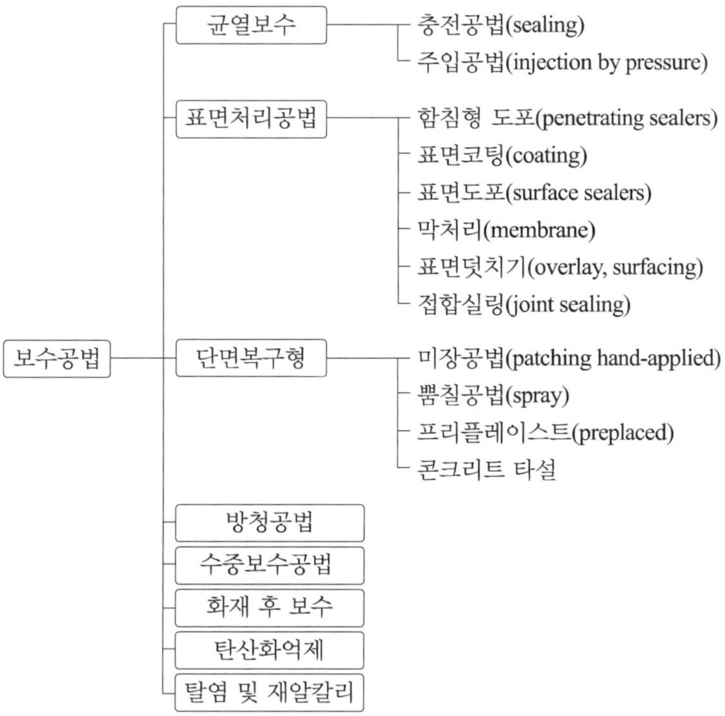

[그림 17.7] 보수공법의 분류

17.6.2 균열보수

콘크리트 균열 발생 시에 보수하여야 할 균열의 폭은 0.3 mm 이상으로 규정하고 있으며 균열의 원인과 형태에 따라서 균열 보수 여부 및 균열 공법이 달라진다. 균열보수는 건축물은 미관을 고려하여 적절히 대처하여야 하며, 미세 균열이라도 누수가 예상 되는 경우에는 철저히 보수하여야 한다. 균열은 시간이 경과함에 따라 폭과 길이가 증가하는 진행성과 그렇지 않는 비진행성으로 구분되며 보수재료와 공법이 달라지고 균열이 계속 진행될 징후가 있는 경우에는 보수 후의 변화에 대한 대책을 강구하여야 한다.

균열보수의 고유 목적은 철근의 부식을 방지함이다. 균열을 통하여 수분이 침투되며, 특히 철근 길이방향의 균열은 향후 철근 부식을 촉진시키게 됨으로 당연히 보수하여야 한다. 균열보수는 균열 폭, 철근 부식 여부, 균열의 진행성 여부에 따라 공법과 보수재료가 달라질 수 있다. 표면에 폭 1 mm 정도의 균열은 마른 시멘트 가루를 뿌리고 가볍게 살수하거나, 시멘트 페이스트를 주입하여 균열을 충전(sealing)할 수 있다.

일반적인 균열보수에 흔히 사용되는 공법으로 콘크리트 표면에서 균열이나 틈 부분의 내부에 보수재를 자연 또는 가압으로 주입하는 주입공법(injection)이 흔히 적용된다. 균열을 메움으로 누수, 철근부식, 중성화 방지 그리고 구조물의 강도와 내구성을 향상시키기 위한 목적으로 수행한다. 주입으로 휨 또는 전단 내력이 거의 회복되고 부재의 강성이 초기 수준으로 회복될 수 있다. 0.5 mm 이상의 비교적 큰 폭을 가진 균열이나 이음부(joint)에는 균열을 따라서 콘크리트를 V 또는 U-cut 한 후 그 부분에 보수재를 채워 넣는 충전공법이 적용된다. 폭 2 mm 이상의 균열은 균열 선을 따라 5~10 mm의 홈을 파고 시멘트계 주입재로 충전할 수 있다.

주입재료로는 시멘트계 그라우트, 폴리머 시멘트 슬러리, 폴리머 등 다양하다. 슬래브 표면에 폭 1 mm 정도의 균열은 마른 시멘트 가루를 뿌리고 가볍게 살수하여 시멘트 페이스트를 주입하여 균열을 충전할 수 있다. 이 때 균열 상부는 충전되나 시멘트 페이스트의 침투깊이는 일정하지 않다. 이 방법으로 균열을 완전히 충전할 수 없으나 포틀랜드시멘트계 이외의 재료를 사용한 경우에 비하여 균열보수 부위가 시각적으로 덜 나타날 수 있는 장점이 있다. 그라우트 충전공법은 추가공사로 공사비가 증가되나 확실하게 충전할 수 있는 이점이 있다. 다만, 주위의 콘크리트와 채워 넣은 그라우트의 질감이 차이가 나게 되며 그라우트가 경화하게 됨에 따라 장기적으로 색의 변화가 나타나게 됨으로 유의하여야 한다.

17.6.3 표면처리공법

도포재는 방수성을 개선시키거나 취약해진 콘크리트의 표면을 강화시키는 재료로서 용도에 따라 함침 도포재, 콘크리트 표면 코팅재, 표면 도포재, 바탕 조정 및 보호재로 구분할 수 있다. 함침 도포재란 콘크리트 표면에 액상의 물질을 도포, 침투하여 그 표면부를 개량하는 재료를 말하며, 표면 도포재는 철근 콘크리트 구조물의 내구성 부여, 보호 및 미장을 목적으로 최종 표면에 사용하는 재료를 의미한다. 바탕 조정 및 보호재는 바탕 콘크리트와 충전재와의 밀착성 일체성을 확보 및 특수기능을 부여하기 위한 재료이다.

표면처리공법(surface treatments)은 목적에 따라 그 두께 등 처리방법과 재료 특성이 상이하며 용도에 적절한 방법을 선정하여야 한다. 표면처리공법은 그 목적에 따라 다음과 같이 함침, 도포두께로 구분한다.

- **함침형 도포재**(penetrating or impregnation sealers) : 함침형 도포재는 도포 후 보수재가 모재에까지 함침하여 콘크리트 모재의 투습성을 향상시킨다. 동결융해 저항성을 높이고 제설제 침투를 방지하여 철근 부식을 억제시키는 방청공법에 사용된다. 보수재에 따라 모재 콘크리트의 성능에 따라 침투 깊이가 다르게 되며, 침투 깊이는 함침형 보수재의 분자 크기에 상관되며 동시에 콘크리트 기공의 크기에 좌우된다. 실란계나 아마유 등이 대표적이며 스프레이로 도포하여 처리한다. 도포 전에 표면 청결이 침투 효과를 증진시킴은 당연하므로 표면을 건조시키고 깨끗하게 하여야 한다. 모든 균열에 주입될 정도는 되지 못하므로 특별한 균열은 사전에 별도로 처리하여야 한다. 함침형 도포재는 일정기간 후에 주기적으로 도포하여야 하는 단점이 있다.
- **표면 코팅재**(coating) : 도포 표면두께 0.25 mm 이하인 경우 표면 도포는 도포 두께에 따라 그 공법을 달리한다. 표면 코팅재는 얇은 보수재로서 에폭시, 폴리우레탄, 아크릴 수지를 사용한다. 표면 코팅재는 콘크리트 모재를 보호하기 위함이 기본 목적이며 일부 균열에는 주입됨으로 균열주입의 효과가 있으며 종국적으로 제설제가 콘크리트에 침투될 때 저항력을 향상시킨다. 마모나 미끄럼 저항력을 향상시킨다. 두께가 얇으므로 콘크리트 표면의 결함이 도포 후에도 여전히 보일 수 있다.
- **표면 도포재**(surface sealers) – **도포 표면두께 0.25~0.75 mm인 경우** : 표면 두께가 비교적 두터워짐으로 작은 균열이나 결함이 묻어지는 장점이 있으므로 이러한 콘크리트 표면 노후상태에 효과적이다. 보수재는 아크릴, 폴리비닐아세테이트, 우레탄, 폴리에스터, 에폭시 등의 폴리머 재료를 사용한다. 이러한 표면 도포재는 대체로 UV 저항, 산화, 자외선에 저항력이 있어야 한다. 바닥재로 사용될 때에는 마모

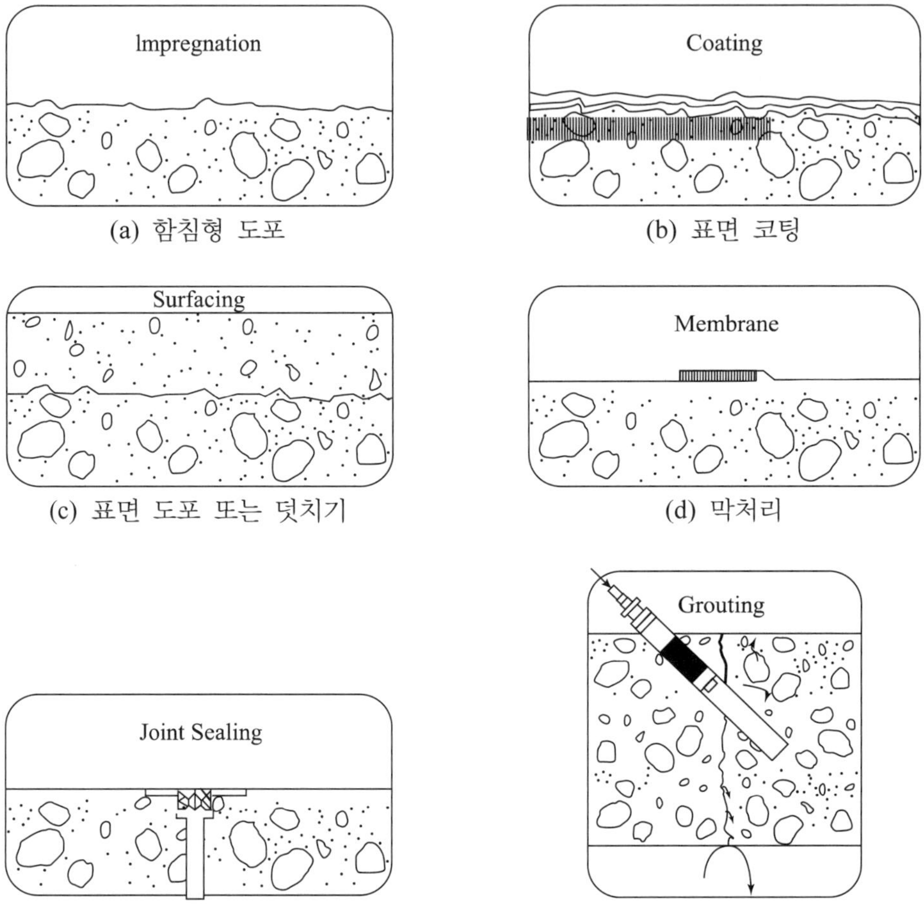

(a) 함침형 도포 (b) 표면 코팅 (c) 표면 도포 또는 덧치기 (d) 막처리 (e) 접합 실링 (f) 그라우팅

[그림 17.8] 표면처리공법 개념도

(출처 : Emmons P., "Concrete Repair and Maintenance Illustrated", 1993)

뚫림 등 기계적 저항 외에 제설제, 산, 기름, 세제에 대한 저항성도 있어야 한다. 투수 성능, 동결융해 저항성능이 개선되며 작은 균열에 주입된다. 표면 도포재는 콘크리트 모재와 충분히 부착되어야 하며 혹시 두 재료 계면에 습기가 침투하여 박리되지 않도록 하여야 한다. 폴리머 재료는 세골재와 혼입하여 미끄럼에 대한 저항력이 높아져서 차도 또는 보도에 활용된다.

– **도포 표면두께 0.7~6mm인 경우** : 이 정도의 두께는 막(membrane)을 형성함으로서 콘크리트 표면을 보호한다. 재료로는 우레탄, 아크릴, 에폭시, 네오프렌, 시멘트, 폴리머 콘크리트, 아스팔트가 사용된다. 꽤 두꺼워짐에 따라 콘크리트 결함을 묻어버려 외관이 달라진다. 이러한 재료는 대체로 탄성을 갖는 탄성체(elastomeric)로서

[표 17.6] 표면처리공법 특성 구분

구 분	재 료	공법 목적과 특성
함침 도포형	실란계, 아마유	모재의 투습성 향상, 방청공법
0.25 mm 이하	에폭시, 폴리우레탄, 아크릴 수지	표면 코팅, 모재 보호, 균열 주입, 방청효과
0.25~0.75 mm	아크릴, 우레탄, 에폭시 폴리비닐아세테이트	균열 주입, 투수성능, 동결융해 성능 마모 뚫림 저항, 산화, 자외선 저항
0.75~6 mm	우레탄, 아크릴, 에폭시 네오프렌, 시멘트, 폴리머콘크리트, 아스팔트	균열주입, 막 형성, 탄성으로 신축성, 투수저항성, 마모성, 기계 저항력
6 mm 이상	폴리머콘크리트, 콘크리트 폴리머시멘트콘크리트	덧치기(overlay), 미리 균열 주입, 와이어매쉬나 철근, 철망 설치

신축성을 갖는다. 막처리 보수재는 투수저항성이 높고 0.3 mm 정도의 균열은 봉입된다. 사용 용도로서는 주차장, 차량 통로, 램프 등에 널리 사용된다. 성능을 확인하기 위해서는 투수성, 투습성, 연신율, 인장강도, 탄성계수, 마모성, 기계저항력, 저온에서 휨성능 등을 시험하여야 한다.

– **도포 표면두께 6 mm 이상인 경우** : 다소 두꺼운 덧치기(overlay 또는 surfacing)를 형성하고 콘크리트에 부착시켜 보호하는 보수공법이다. 사용되는 재료는 폴리머 콘크리트, 콘크리트, 폴리머 시멘트 콘크리트를 들 수 있다. 몇 개 층으로 나누어 콘크리트 표면에 타설하며 모재의 표면을 덮음으로 기존의 외관과는 달라진다. 일정 두께가 더해짐으로 추가하중에 대한 검토가 있어야 한다. 기존 모재와 일체가 되어야 하며 와이어매쉬나 철근, 철망으로 보강하기도 한다. 이 보수재는 균열을 덮음으로 미리 균열 주입으로 보수를 하는 것이 좋다. 표면 공사를 수행하기 전에 콘크리트 모재 표면을 깨끗이 처리하여 부착이 잘 되도록 하여야 한다.

17.6.4 단면복구 공법

단면복구재는 보수부위의 불건전부위를 잘라낸 후 콘크리트 손상부위를 채우거나, 단면의 크기를 확대할 경우에 사용된다. 단면복구 시에는 모재 콘크리트에 대한 접착성 및 성능저하 인자 침입의 억제 효과에 대한 확인이 필요하다. 보수 부위가 클 경우에는 콘크리트와 역학적 성질이 유사한 단면복구재의 사용이 유리하다.

단면복구재는 시멘트계의 단면복구재, 수지계 단면복구재로 크게 구분되며, 시멘트계의 단면복구재중에서는 폴리머 시멘트 모르타르, 수지계 단면복구재중에서는 경량에폭시모르타르가 대표적인 재료이다. 폴리머 시멘트 모르타르는 시멘트 모르타르에 폴리머를 첨가한 것으로 일회의 복원두께를 크게 하기 위해서 경량화한 모르타르도 사용되고 있다.

단면복구 공법은 규모에 따라 공법이 달라진다. 비교적 규모가 작을 때에는 미장공법으로 행해지며 폴리머 시멘트 모르타르 혹은 경량에폭시수지 모르타르가 사용된다. 공사 규모가 큰 경우에는 여러 가지 장비가 사용되어 드라이팩 공법, 프리플레이스트 공법, 습식 뿜칠공법, 건식 뿜칠공법 등이 적용된다. 이 경우 재료로서는 폴리머 시멘트 모르타르, 무수축 모르타르, 보통 콘크리트, 폴리머 시멘트 콘크리트가 사용된다.

각종 단면복구 공법 중에서 미장공법에는 1회의 도포두께는 7 mm 이하로 하고, 두꺼운 경우는 수회에 나누어 시공하여야 한다. 다만, 결손 면적이 적고 깊은 경우에는 시험 시공에서 문제가 나타나지 않는다고 확인된 경우에는 1회의 도포 두께를 10 mm 정도로 하여도 좋다. 통상 보수공사의 경우에는 공사기간의 문제로 신축의 경우와 같이 반복적으로 바를 수 있는 시간 간격을 충분히 잡을 수 없기 때문에 건조수축이 작은 성능을 가진 우수한 재료를 사용하여야 한다. 에폭시수지 모르타르에 의한 미장에서는 에폭시수지의 경화시간에 미치는 온도의 영향이 크므로 동절기용과 일반용으로 구분하여야 한다.

대단면의 복구공법은 종류가 많으나, 구조물의 환경, 용도, 긴급도, 부위, 시공의 정밀도 등의 요구조건에 의해 선택된다. 예를 들면 속경성이 요구되는 경우에는 건식 뿜칠공법이 적절하며 보의 하단부는 프리플레이스트공법과 모르타르 주입공법이 선택될 수 있다. 이때 어떠한 공법도 대단면이 되므로, 건조수축 및 열에 의한 치수안정성, 탄성계수 등의 재료의 적합성이 중요하고 각 공법에 적합한 재료가 선택되어져야 한다.

17.6.5 수중보수공법

일반적으로 수중구조물은 항상 물과 접촉하고 있기 때문에 흐르는 물의 산도나 알칼리도, 염분, 유수에 의한 바위 등과의 충돌 등에 의해 영향을 받아 세월이 지나면서 구체 표면이 침식되고 세굴, 균열 등의 현상이 일어난다. 이러한 현상은 수중에서 진행되므로 오랜 세월 동안 방치할 경우, 구조물의 안전도를 저해하게 된다.

수중보수공사는 수중에서 이루어짐으로 보수공사는 물론 보수 후에도 점검이 쉽지 않고 따라서 많은 비용과 어려움이 따른다. 수중보수공사에 적용할 수 있는 공법의 많은 부분은 약간의 수정으로 수중보수공사에 적용할 수 있다. 그러나 육상에 쓰이는 보수재의 일부는 전혀 수중보수공사에 적용할 수 없는 것도 있다. 수중보수공사의 범위는 가능한 축소시키고 간단하게 시행할 수 있도록 하며, 보수방법은 접근성 여부에 따라 적절히 정하여야 한다. 해수에 침해된 부분은 철근 부식, 황산염 침해 등에 대해 정밀 조사되어야 하며 장기 성능저하를 고려하여 보수되어야 한다.

보수재료는 수중에서 타설과 양생 두 가지 면을 고려하여 적합한 것을 선정하여야 한다. 대부분의 수지계 보수재료는 수중 사용에 적합하지 못하나 시멘트계는 수중 보수공사에 적합하다. 수중에서 보수재료는 가능한 초결응결시간이 짧아야 하며 블리딩 현상이 적어 강도 발현뿐만 아니라 재료분리로 인한 환경 오염유발도 적은 재료이어야 하며, 수중불분리 그라우트재료 등이 적절하다. 여러 가지 수중불분리(anti-washout) 혼화제로가 제시되고 있으며, 고중량폴리머, 셀룰로오스, 검(gum), 감수제 등의 혼합으로 구성되고 있는 것으로 알려져 있다.

보수재료의 타설과 거푸집 공사는 보수재료와 물이 혼합됨을 최소화 시킬 수 있어야 한다. 보수 부위의 준비에 특수한 기술이 요구되며 보수작업 중에 점검과 준공 후 검사에도 어려움이 따른다.

17.6.6 화재 후 보수공법

철근콘크리트 구조물은 내화성이 우수하며, 화재에 의해 급격하게 붕괴나 큰 변형이 발생하지 않는 것으로 알려져 있다. 화재에 의해 보수 대책은 피해 등급으로 구분하여 적절히 보수 대책을 마련하여야 한다. 화재로부터 보수 수준을 평가하기 위한 항목으로, 재료 강도를 평가하고, 내구성, 외관, 화재 피해범위를 조사하게 된다. 평가결과에 따라 단순한 미관회복, 내구성확보, 내력 회복의 단계로 구분하여 보수하게 된다.

화재 피해를 받은 후, 조사항목으로 가열 온도 수준, 온도분포, 화재 지속시간, 화해를 입은 콘크리트의 깊이, 범위, 철근의 강도를 들 수 있다. 콘크리트 변색(분홍색)이나 균열, 폭열, 강도저하, 탄산화 정도와 깊이, 철근의 강도 손실 정도를 평가한다. 조사 과정에서 전 표면에 걸쳐 해머로 두들겨 봄으로서 콘크리트의 건전성을 대략 판단하고 그 결과 강도가 떨어지거나 손상(defective) 되었다고 추정되면 그 부위를 철저히 제거하여야 한다.

표면에 화해를 입은 부위가 경미할 경우, 미관회복을 위한 수준의 보수를 하게 된다. 표면의 변색이 심하고 균열이 발생되거나 취약한 경우, 건전성을 잃은 부위를 제거하고 표면피복 처리(sprayed concrete)를 수행한다. 탄산화 진행 여부에 따라 표면을 제거하고 모르타를 등을 이용하여 단면을 복구한다. 화재에 의한 피해가 철근 위치를 초과하여 내부까지 도달한 경우에는 내부 콘크리트까지 파취(cutting)하고 강도가 저하한 철근을 절단하여 구조체 보강을 수행하여야 한다. 구조 보강은 피해 정도에 따라 단면 증설이나 심지어 새로운 부재의 신설까지도 이를 수 있다.

17.7 • FRP 복합재에 의한 콘크리트 보강공법

17.7.1 개요

콘크리트 구조물은 손상의 정도가 클 때, 보수를 하게 되며, 구조체 손상이거나 용도 변경 등의 이유로 구조보강을 하게 된다. 부재의 보강방법에는 단면을 증가시키는 콘크리트 증타법, 철골부재로 보강하는 방법, 강판 보강법, 복합섬유판 접착보강법, 프리스트레스에 의한 방법이 일반적이다.

보수 공사는 계획된 보수 목적이 달성 되도록 설계하고, 특히 재료 선정에 신중하여야 한다. 구조 보강의 각 방법은 장단점이 있음으로 적절하고 경제적인 방법의 선택이 중요하다. 여기서는 FRP 복합재에 의한 보강공법에 대해 특성과 시공 관련한 사항을 서술한다. 또한 최근 내부식성 및 내구성을 요하는 콘크리트 구조물에 사용이 증가되고 있는 섬유복합 신소재인 섬유보강 폴리머 재료의 특성을 소개한다.

17.7.2 FRP 복합재

건설구조물이 장수명화됨에 따라 콘크리트 구조재료의 대표적 취약점인 균열과 강재의 부식에 기인하는 내구성 문제가 부각되면서 이를 해결하기 위한 획기적인 신소재가 요구되고 있다. 이 중에서 섬유 복합재료인 섬유보강 플라스틱 또는 폴리머(Fiber Reinforced Plastic 또는 Polymer : 이하 FRP) 복합신소재(이하 복합재)는 화학적 침해에 효과적으로 내부식성 및 내구성을 요하는 구조물에 사용이 증가되고 있다.

FRP 복합재는 철근 및 프리스트레싱 대체재로 콘크리트 구조물의 내구년한을 확보하기 위한 목적으로, 또는 높은 인장강도를 이용하여 구조물의 지지 능력 보강과 성능 개선의 목적으로 활용되고 있다. 향후 한계 구조물의 시공에서도 공사기간을 현저히 단축시키고 경제성을 높일 수 있다. 또한 자성이 없으므로 고속전철용 구조물, 고감도 장비의 설치를 요하는 건물이나 공장 등에 활용될 것이며, 스마트 구조물이나 지능 구조물 축조 기술의 일반화로 사용성 및 유지 관리 면에서 개선이 이루어질 전망이다.

[표 17.7] 복합섬유의 인장특성

섬유 종류	탄성계수 (GPa)	인장강도 (MPa)	파단시 변형률 (%)
탄소섬유			
일반용	220~240	< 3,900	> 1.2
고강도	220~240	3,900~4,900	> 1.4
초고강도	220~240	4,900~6,300	> 1.5
고탄성	350~530	> 3,200	> 0.5
고탄성	530~700	> 2,500	> 0.2
유리섬유			
E-glass	70~74	1,900~2,700	> 4.5
S-glass	110~130	3,500~4,900	> 5.4
아라미드섬유			
일반용	70~80	3,500~4,200	> 2.5
고성능	110~130	3,500~4,200	> 1.6

섬유보강 복합재는 응력을 주로 지지하는 섬유(fiber)와 이들을 고정시키고 성형하는 모재(matrix)로 구성되며, 기타 별도로 요구되는 성질을 얻기 위해 추가하는 채움재가 있다. 섬유의 종류로서 탄소, 유리, 아라미드섬유가 주로 사용되고 있으며, 기타 보론(boron), 폴리에틸렌, 세라믹섬유 등도 있다. 이 섬유들은 단일 또는 여러 방향으로 배치된 다발, 매트, 스트랜드, 섬유조직형태 등 다양한 형상으로 생산된다. 이들의 인장강도는 표 17.7에 나타낸 바와 같이 섬유의 종류와 등급에 따라 4,000 MPa를 초과하는 매우 높은 강도를 보유하고 있다.

모재는 풀(glue)처럼 보강섬유를 일체로 묶어 섬유를 보호하고 응력을 보강섬유에 분배하여 전달해주는 역할을 한다. 모재에는 수지계통, 금속, 세라믹, 콘크리트 등이 있으나, 그 중 주로 수지계통의 열경화성 고분자형 플라스틱이 사용된다. 플라스틱 종류에는 폴리에스터, 비닐에스터, 에폭시, 페놀계 등이 있으며 구성성분과 생산방법에 따라 다양한 성질을 갖는 여러 제품들이 개발되고 있다. 섬유보강 복합재는 이들을 구성하는 섬유의 종류와 방향, 모재의 종류, 이들의 구성비와 생산방법 등에 따라서 다양한 재료특성을 갖는다.

17.7.3 부재별 보강법

FRP 복합재 보강 공법을 구성하는 요소가 충분한 강성과 강도를 가진다는 가정 하에 보강 설계가 이루어지며, 이러한 가정에 적합하도록 재료의 선정 및 시공의 질적

확보가 이루어져야 한다. 보강 설계에서 구조해석이나 설계의 절차와 방법은 특별히 규정하지 않는 한 일반적인 방법을 따를 수 있다. 따라서 FRP 보강공법의 설계는 **구조기준**에서 규정한 하중계수와 강도감소계수를 적용한다.

FRP 복합재 보강공법으로 보강되는 구조물은 사용 고정하중과 활하중에 대해서는 보강 전 구조체로 저항할 수 있어야 한다. 이는 화재나 건물의 파괴 등으로 인한 FRP 보강의 손상 시에도 구조체가 안전하게 하중을 지지할 수 있어야 하기 때문이다. 화재나 기타 이유로 보강재가 소실되어 보강성능이 없어지고 또한 화재로 2시간 이후 저하한 설계 강도가 보강 후의 최소 소요내력 보다 크게 함으로서 대피할 때까지 안전을 확보하게 한다. 여기서는 FRP 복합재에 의한 보와 기둥의 보강법에 대해 간략히 설명한다.

보 보강법

대표적인 FRP 복합재 보강공법으로 콘크리트 휨 부재의 인장면에 부재의 길이를 따라 섬유로 외부 접착하는 방법이다. FRP 복합섬유판은 강재의 강도를 초월하는 탄소섬유 등의 고인장 섬유를 레진으로 접착한다. 복합섬유판은 부식되지 않아 교량에도 널리 적용되며 가벼워 시공이 편이하고 빠른 장점으로 건축물의 보강에도 사용이 증가하고 있다.

강판접착공법과 유사하게 접착재인 에폭시의 선택이 중요하며 보강공사의 성패를 좌우한다. 복합섬유판 접착 보에서 파괴유형은 복잡하며, 철근에서 발생할 수 있는 인장재의 파괴, 압축콘크리트의 파괴 외에 복합섬유판의 항복, 섬유판파단, 박리(debonding) 등이 있어 해석과 설계가 용이하지 않다.

FRP 공법에 의한 휨 내력은 증가는 연성과 사용성 측면을 고려하여 10 %에서 40 % 정도가 적절하다. 철근콘크리트 휨 부재의 인장 면에 길이방향으로 FRP를 보강하는 휨 보강 설계법에 대해서는 그동안 많은 연구자들로부터 제시되었다. 강도 설계법에 근간을 두고 유효섬유 변형도 개념을 도입하여 섬유의 강도를 조정하는 방식으로 설계식이 정리되어 통용되고 있다(ACI 440).

보강공법에서 소요 겹침 길이는 재료의 제조자에 의해 제시되어야 하며 실험을 통해 입증되어야 한다. 단면의 휨 내력은 파괴 모드에 따라 달라지며, 다음의 휨 파괴 모드는 FRP 보강 단면에 주로 발생하는 형태를 나타낸 것이다.

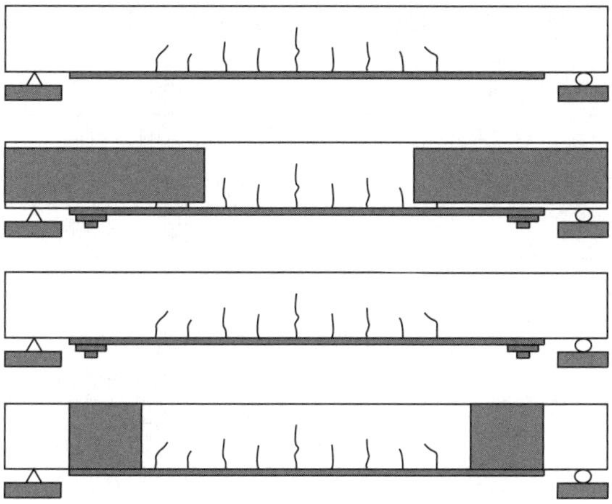

(a) 휨과 전단보강

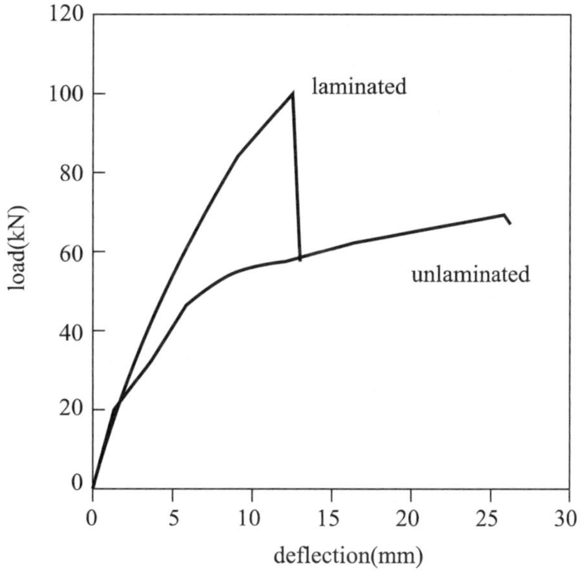

(b) 강도와 강성 증가 효과

[그림 17.9] 복합섬유판 접착법에 의한 휨보강

1. 압축 측에서 콘크리트 파괴가 철근 항복 전에 발생
2. 인장 측에서 철근 항복이 FRP 판의 인장 파괴와 함께 발생

[표 17.8] 외부 노출상태에서 FRP 재료의 환경 감소계수

외부 상태	섬유 종류	감소계수, C_E
실내 환경	탄소섬유+에폭시	0.95
	유리섬유+에폭시	0.75
	아라미드 섬유+에폭시	0.85
옥외 환경 혹은 공기조화가 없는 환경	탄소섬유+에폭시	0.85
	유리섬유+에폭시	0.65
	아라미드 섬유+에폭시	0.75
매우 취약한 환경	탄소섬유+에폭시	0.85
	유리섬유+에폭시	0.50
	아라미드 섬유+에폭시	0.70

3. 인장 측에서 철근 항복이 콘크리트의 파괴와 함께 발생
4. 전단/인장으로 인한 콘크리트 피복 탈락(cover delamination)
5. 콘크리트 모재 면으로부터 FRP의 박리(debonding)

휨 설계 및 해석은 실제 부재의 역학적인 거동을 고려하여 변형 적합조건 및 힘의 평형조건을 만족하여야 한다. 또한 해석과 설계 시에는 평면 유지 등의 가정을 사용할 수 있다. 휨강도를 계산할 때 보강재의 단부 박리나 피복 탈락이 일어나지 않도록 검토하여야 한다. 섬유복합재 박리가 발생하지 않도록 단부 부착면적을 설계하여야 하며 모재의 수평전단응력과 인장응력에 기초하여 산정한다.

FRP 보강재는 외부 환경에 장기간 노출되면 인장성능, 피로강도가 감소될 수 있으므로 설계식에서 환경에 노출된 상태를 고려하여 재료의 성능을 감소시켜야 한다. 설계에서 적용하기 위한 극한 인장강도는 섬유형태와 노출상태에 따라 표 17.8에 주어진 환경감소계수를 적용하여야 하며, 각각의 섬유 종류의 내구성에 기초하여 만든 안전측 값이다.

기둥 보강법

구조형강이나 강판으로 감싸는 방법이 시공하기에 다소 어려우며, 복합섬유판으로 감싸는 기둥보강법이 새로운 기술로 제시되고 있다. 섬유판에 의한 감싸는 보강공법이 교량의 내진성능향상에 도움이 되고, 건축물의 리모델링에도 동일하게 적용될 수 있다. 이러한 기둥 보강법은 상대적으로 경제적이며 또한 기둥을 보호하고 전단과 휨 내력을 증가시킨다. 기둥의 섬유판 보강 순서에서는 먼저 손상된 콘크리트를 털어낸

후 폴리머 모르타르로 채우고 균열을 에폭시로 주입한다. 그 후 유리섬유로 감싸며 도포재로 마감한다. 복합섬유는 강하며 가볍고 내부식성의 여러 가지 장점으로 기둥 보강재로서 사용이 확산되고 있다.

휨과 압축을 동시에 받는 부재의 내력은 휨모멘트와 압축력의 상호작용을 고려한다. 압축재의 구조성능을 나타내는 상호작용곡선은 일반적인 방법을 따른다. 완전접착이 되었다고 판단되는 경우에는 각 재료의 압축성능을 합하여 부재의 압축내력을 산정할 수 있다.

FRP 압축재 보강공법은 FRP를 감싼 콘크리트 부재의 축력과 연성도를 증가시키기 위해서 사용된다. 콘크리트 부재를 감싸는 방법에 의한 축력의 증가는 섬유 방향이 부재의 가로 방향으로 위치하도록 하여 구속력을 증가시켜 이루어진다. 여기서, 감싸는 섬유는 기둥의 나선철근이나 띠철근을 배근하는 것과 동일한 역할을 하게 된다. 콘크리트 부재의 축력을 위해서는 기둥의 길이 방향의 섬유는 무시할 수 있다.

구속효과는 콘크리트 강도를 증가시키고 최대변형도를 증가시킨다. FRP 자켓에서 수직 변형, 단면 팽창, 크랙, 변형 제한으로 인해 추가적으로 발생하는 압축강도는 제한한다. 콘크리트 부재를 보강하기 위해서는 **구조기준**에서 요구되는 하중계수와 강도감소계수를 이용하여 계산할 수 있다.

[그림 17.10] FRP 복합재에 의한 기둥 보강

연습문제

1 수축저감제가 콘크리트의 수축을 저감하게 하는 기능과 활용성에 대하여 설명하라.

2 팽창시멘트를 사용할 경우에 1종 포틀랜드시멘트와 기능차이를 설명하고 활용성에 대하여 기술하라.

3 팽창시멘트를 사용할 때에 콘크리트 양생에서 주의할 시항은 무엇인가?

4 고유동콘크리트를 설명하고 활용도를 기술하라.

5 방사선차페콘크리트를 설명하고 활용도를 기술하라.

6 숏크리트를 설명하고 배합과 현장에서 주의할 사항을 기술하라.

7 바닥 보수재의 두께에 따라 사용할 보수재의 특성을 설명하라.

8 FRP 복합재의 재료 성능과 장점을 설명하라.

참고문헌

1. 대한건축학회, "콘크리트 구조물의 보수 보강," 1997, 181 pp.
2. 최완철 외, "에폭시접착 강판보강 철근콘크리트보의 역학적 거동에 관한 연구", 숭실대학교 생산기술연구소, 1994.
3. 최완철, "콘크리트 균열과 성능저하" 동화기술, 2010, 288 pp.
4. 한국콘크리트학회, "콘크리트 구조물의 보수 보강 요령," 2000, 155 pp.
5. 한천구, 한민철, 송승헌, 윤섭, "팽창재와 수축저감제를 병용한 콘크리트의 건조수축 특성", 한국콘크리트학회 논문집, 제 18권 제 3호, 2006, pp. 397-404.
6. A. Short and W. Kinnerburg, Lightweight aggregate, 3ed ed., *Applied science Publishers*, Ltd, London, 1978.
7. ACI 216R "Guide for Determining Fire Endurance of Concrete Elements," *ACI Committee 216*, 2001.
8. ACI 440.2R "Guide for the Design and Construction of Externally Bonded FRP Systems for Strengthening Concrete Structures," *ACI Committee 440*, 2001, 79 pp.
9. ACI 544, "Fiber Reinforced Concrete," *ACI*, 2001.
10. ACI 546.2R "Guide to Underwater Repair of Concrete," *ACI Committee 546*, 2001.
11. ACI Committee 224R-01, "Control of Cracking in Concrete Structures", *ACI*, Mich., 2001, 46 pp.
12. Buykozturk O. and Hearing B., "Failure Behavior of Precracked Concrete Beams Retrofitted with FRP", *Journal of Composit for Construction*, ASCE, August 1998, pp. 138~144.
13. Concrete Society Technical Report No. 33, "Assessment and Repair of Fire-damaged Concrete Structures," *The Concrete Society*, 1990.
14. Fintel M., "Handbook of Concrete Engineering", 2 nd ed., VNR 1985.
15. Khan A., Cook W. and Mitchell D., "Tensile Strength of Low, Medium, and High Strength Concretes at Early Age," 1996.
16. M.E. FitzGibbon, Large pours-2, Heat generation and control, Concrete, 10, No. 1, pp. 33-5 London, 1976.
17. Mindess S., Young F., and Darwin D., "Concrete", 2nd ed., Prentice Hall, 2003, 644 pp.
18. Naaman Antoine, Wongtanakitcharoen, Thanasak and Hauser, Gabriel, "Influence of Different Fibers on Plastic Cracking of Concrete," *ACI Materials Journal*, Jan-Feb 2005, pp. 49-58.
19. Newman, A., "Structural Renovation of Buildings," *McGraw-Hill*, 2001, 866 pp.
20. Parviz Soroushian, Faiz Mirza, and Abudulrahman Alhozaimy, "Plastic Shrinkage Cracking of Polypropylene Fiber Reinforced Concrete", 2005.
21. Shah P., Ouyang C., Marukunte S., Yang W. and Becq-Giraudon E., "A Method to

Predict Shrinkage Cracking of Concrete", *ACI Materials Journal*, July-Aug, 1998, pp. 339-346.

22. Soroushian, P., Mirza, F. and Alhozaimy, A., "Plastic Shrinkage Cracking of Polypropylene Fiber Reinforced Concrete", *ACI Materials Journal*, Sep-Oct 2005, pp. 553-560.

A PPENDIX

부 록

A.1 연습문제의 각 장별 부분 답

A.2 시멘트, 골재, 혼화재료 및 콘크리트에 관련된 표준

A.1 연습문제의 각 장별 부분 답

제2장

2.9 $H_T\,(cal/g)_{3일} = 57(0.672)+12(0.152)+210(0.103)+69(0.072) = 66.7\ cal/g$

$H_T\,(cal/g)_{1년} = 118(0.672)+54(0.152)+228(0.103)+90(0.072) = 117.5\ cal/g$

제3장

3.5 조립률(FM) = (각 표준체에 남은 양의 누적 백분율)/100

$= (97+90+80+55+25+5)/100 = 3.52$

3.6 골재의 표건비중(SSD) $= 1,000/(1,000-633) = 2.72$

제5장

5.10 $f_c = aX^3 = 235 \cdot 0.78^3 = 111.5\ MPa$

제7장

7.7 W = 181 kg, C = 393 kg, S = 686 kg, G = 1,040 kg, Air = 4.5 %(118 g)

7.8 W = 184 kg, C = 368 kg, S = 710 kg, G = 1,029 kg, Air = 4.5 %(92 g)

7.9 W = 182 kg, C = 366 kg, S = 749 kg, G = 973 kg, Air = 4.5 %(92 g)

7.10 $f_{ck} \leq 35$ MPa인 경우

$f_{cr} = (f_{ck} - 3.5) + 2.33s \quad \rightarrow \quad f_{cr} = (f_{ck} - 3.5) + 1.96s$

$f_{ck} > 35$ MPa인 경우

$f_{cr} = 0.9f_{ck} + 2.33s \quad \rightarrow \quad f_{cr} = 0.9f_{ck} + 1.96s$

제9장

9.3 실제 치수 $= l_1[1-(\epsilon_{sh})_t] \times l_2[1-(\epsilon_{sh})_t] = 3.5995 \text{ m} \times 2.3997 \text{ m}$

최종 수축량 $= 3.6 \text{ m} \times 329 \times 10^{-6} = 1.18 \text{ mm}$, $2.4 \text{ m} \times 329 \times 10^{-6} = 0.79 \text{ mm}$

9.8 1) $\varepsilon_{cr}(t=90) = C_{t=90} \times \varepsilon_e = 1.68 \times 2.52e^{-4} = 422.2 \times 10^{-6}$

2) $\varepsilon_{cr(10\text{MPa})} = \varepsilon_{cr(28\text{MPa})} \times \dfrac{\varepsilon_{e(10\text{MPa})}}{\varepsilon_{e(28\text{MPa})}} = 1200e^{-6}\dfrac{3.6 \times 10^{-4}}{10.1 \times 10^{-4}} = 427.7 \times 10^{-6}$

제10장

10.6 오차함수의 값$=0.876$, $T=44.4$℃

제11장

11.5 1.25×10^{14} sec

제14장

14.6 $a_{cr} = \dfrac{1}{\pi}\left(\dfrac{K_{IC}}{1.12\sigma_{ds}}\right)^2 = \dfrac{1}{\pi}\left(\dfrac{80}{1.12 \times 750}\right)^2 = 2.89 \text{ mm}$

A.2 시멘트, 골재, 혼화재료 및 콘크리트에 관련된 표준

여기에 수록한 재료와 시험법은 KS 표준을 따랐으며 부분적인 항목으로 전체를 나타내지 않았다. 또한 가장 최근 표준이 아닐 수 있다.

시멘트와 모르타르

재료 표준

KS L 5201 포틀랜드시멘트
KS L 5210 고로 슬래그 시멘트
KS L 5211 플라이애쉬 시멘트
KS L 5217 팽창성 수경시멘트
KS L 5401 포틀랜드 포졸란 시멘트
KS F 2567 콘크리트용 실리카 퓸
KS L 5205 내화물용 알루미나 시멘트
KS L 5216 박리 팽창질석을 사용한 단열 시멘트
KS L 5219 메이슨리 시멘트

시험법

KS L 5103 길모어 침에 의한 응결시간 시험법
KS L 5108 비카 침에 의한 응결시간 시험법
KS L 5109 수경성 시멘트 반죽 및 모르타르의 기계적 혼합 방법
KS L 5121 포틀랜드시멘트의 수화열 시험방법

골재

재료 표준

KS F 2523 골재에 관한 용어의 정의
KS F 2526 콘크리트용 골재

KS F 2527 콘크리트용 부순 골재
KS F 2543 콘크리트용 동슬래그 골재
KS F 2544 콘크리트용 고로 슬래그 골재
KS F 2573 콘크리트용 순환골재

시험법

KS F 2501 골재의 시료 채취 방법
KS F 2502 골재의 체가름 시험방법
KS F 2503 굵은골재의 밀도 및 흡수율 시험방법
KS F 2504 잔골재의 밀도 및 흡수율 시험방법
KS F 2505 골재의 단위 용적 질량 및 공극률 시험방법
KS F 2509 잔골재의 표면수 측정 방법
KS F 2510 콘크리트용 잔골재에 포함되어 있는 유기 불순물 시험방법
KS F 2511 골재에 포함된 잔 입자 (0.08mm 체를 통과하는) 시험방법
KS F 2512 골재 중에 함유되는 점토 덩어리량의 시험방법
KS F 2513 골재에 포함된 경량편 시험방법
KS F 2514 모르타르의 압축강도에 의한 잔골재 시험방법
KS F 2515 골재의 염화물 함유량 시험방법
KS F 2516 긁기 경도에 의한 굵은골재의 연석량 시험방법
KS F 2545 골재의 알칼리 잠재 반응 시험방법(화학적 방법)
KS F 2508 로스앤젤레스 시험기에 의한 굵은골재의 마모 시험방법
KS F 2546 시멘트와 골재의 배합에 따른 알칼리 잠재 반응 시험방법(모르타르봉 시험방법)
KS F 2550 골재의 함수율 및 표면 수율 시험방법
KS F 2503 유리 용기의 열 충격 시험방법
KS F 2507 골재의 안정성 시험방법
KS F 2576 순환골재의 이물질 함유량 시험방법

화학 혼화제

재료 표준

KS F 2560 콘크리트용 화학혼화재
KS F 2561 철근 콘크리트용 방청제
KS F 2562 콘크리트용 팽창재

시험법

KS F 2589 콘크리트내 철근의 염해 부식제어용 혼화제 시험방법
KS F 2588 콘크리트 내 철근부식 방청제의 초기 선별 시험방법
KS M 1852 인산염 및 규산염 방청제의 시험방법

광물 혼화재

재료 표준

KS F 2543 콘크리트용 동 슬래그 골재
KS F 2563 콘크리트용 고로 슬래그 미분말
KS F 2567 콘크리트용 실리카 퓸
KS F 2583 콘크리트용 연슬래그 골재
KS F 4571 콘크리트용 전기로 산화 슬래그 잔골재
KS F 5405 플라이애쉬

시험법

KS F 2585 콘크리트의 알칼리 실리카 반응성 판정 시험방법

배합수

시험법

KS F 2549 시멘트와 골재 배합에 따른 잠재적인 부피 변화 시험방법

굳지않은 콘크리트

재료 표준

KS F 4009 레디믹스트 콘크리트

시험법

KS F 2401 굳지않은 콘크리트의 시료 채취 방법
KS F 2402 포틀랜드시멘트 콘크리트의 슬럼프 시험방법
KS F 2403 콘크리트의 강도 시험용 공시체 제작 방법
KS F 2409 굳지않은 콘크리트의 단위 용적 질량 및 공기량 시험방법(질량 방법)
KS F 2421 굳지않은 콘크리트의 압력법에 의한 공기 함유량 시험방법(공기실 압력 방법)
KS F 4009 굳지않은 콘크리트의 단위 용적 질량 및 공기량 시험방법(질량 방법)
KS F 2428 진동식 반죽질기 측정기에 의한 콘크리트의 유동성 시험방법
KS F 2449 굳지않은 콘크리트의 용적에 의한 공기량 시험방법
KS F 2452 굳지않은 콘크리트의 반죽질기의 시험방법(다짐도 방법)
KS F 2455 믹서로 비빈 콘크리트 중의 모르타르와 굵은골재량의 변화율(차) 시험방법
KS F 2427 굳지않은 콘크리트의 반죽질기 시험방법(비비 방법)
KS F 2594 굳지않은 콘크리트의 슬럼프 플로 시험방법
KS F 2414 콘크리트의 블리딩 시험방법

굳은 콘크리트

시험법

KS F 2405 콘크리트의 압축강도 시험방법
KS F 2408 콘크리트의 휨강도 시험방법
KS F 2422 콘크리트에서 절취한 코어 및 보의 시험방법
KS F 2423 콘크리트의 쪼갬 인장강도 시험방법
KS F 2456 급속동결융해에 대한 콘크리트의 저항 시험방법
KS F 2713 콘크리트 및 콘크리트 재료의 염화물분석 시험방법
KS F 2714 모르타르 및 콘크리트의 산가용성 염화물 시험방법
KS F 2715 모르타르 및 콘크리트의 수용성 염화물 시험방법
KS F 2825 골재의 알칼리 실리카 반응성 신속 시험방법(콘크리트 생산 공정 관리용)

찾아보기

ㅎ

A

B

G

H

I

J

K

L

M

N

O

P

Q

R

S

T

U

V

W

Z

저자소개

최완철[崔完喆]은 서울대학교에서 건축공학 학사 및 석사, 미국 U. of Kansas 토목공학 박사 학위를 받았다. 대한건축학회 철근콘크리트 위원장, 한국콘크리트학회 콘크리트표준시방서 위원장을 역임하였다. 현재 숭실대학교 건축공학 교수이며, ISO 콘크리트분과 한국위원, ACI Fellow이다.

콘크리트공학 정가 24,000원

인 쇄 2014년 3월 2일 초판 1쇄
발 행 2014년 3월 10일 초판 1쇄
저 자 최완철
발행인 정우용
발행처 도서출판 동화기술
경기도 파주시 광인사길 201(문발동, 파주출판도시)
Tel (031)955-4211~6 donghwae@kornet.net
Fax (031)955-4217 www.donghwapub.co.kr
(등록) 1977년 12월 19일/9-16호

Copyright © 2014 by 최완철
Printed in Korea

ISBN 978-89-425-1852-4

불법복사는 지적재산을 훔치는 범죄행위입니다.
저작권법 제97조 5(권리의 침해죄)에 따라 위반자는 5년 이하의 징역 또는 5천만원 이하의 벌금에 처하거나 이를 병과 할 수 있습니다.